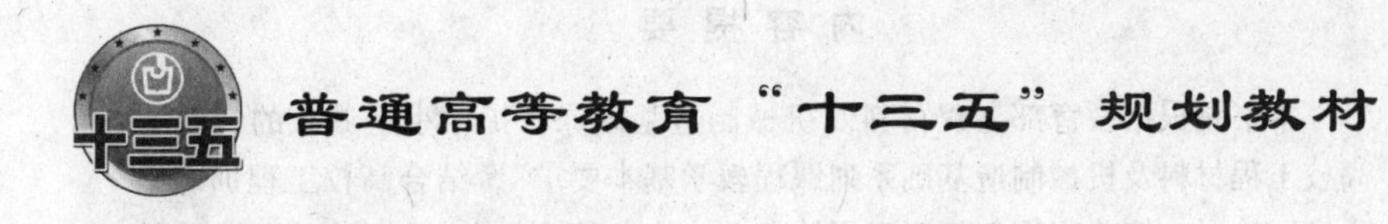

工程训练

孙方红　徐萃萍　主编

北　京
冶　金　工　业　出　版　社
2018

内容提要

本书是根据教育部工程材料及机械制造基础课程指导小组颁布的“普通高校工程材料及机械制造基础系列课程教学基本要求”，结合高校工程训练中心实际情况、培养应用创新型工程技术人才的实践教学特点和编者多年实践教学经验编写而成。全书共13章，内容包括工程材料基础知识，铸造，锻压，焊接，金属热处理，金属切削加工基本知识，车削加工，铣削、刨削和磨削加工，钳工，数控加工，特种加工、工业机器人及塑料成型，3D打印，电工等部分。

本书是高等工科院校机类、近机类等专业的工程训练教材，也可供非机类专业学生、企业技术人员和相关从业人员参考。

图书在版编目(CIP)数据

工程训练/孙方红，徐萃萍主编．—北京：冶金工业出版社，2016.8（2018.1重印）

普通高等教育“十三五”规划教材

ISBN 978-7-5024-7282-5

Ⅰ.①工…　Ⅱ.①孙…　②徐…　Ⅲ.①机械制造工艺—高等学校—教材　Ⅳ.①TH16

中国版本图书馆CIP数据核字（2016）第189371号

出 版 人　谭学余
地　　址　北京市东城区嵩祝院北巷39号　邮编　100009　电话　(010)64027926
网　　址　www.cnmip.com.cn　电子信箱　yjcbs@cnmip.com.cn
责任编辑　赵亚敏　美术编辑　吕欣童　版式设计　吕欣童
责任校对　卿文春　责任印制　牛晓波
ISBN 978-7-5024-7282-5
冶金工业出版社出版发行；各地新华书店经销；三河市双峰印刷装订有限公司印刷
2016年8月第1版，2018年1月第2次印刷
787mm×1092mm　1/16；16.75印张；402千字；253页
41.00元

冶金工业出版社　投稿电话　(010)64027932　投稿信箱　tougao@cnmip.com.cn
冶金工业出版社营销中心　电话　(010)64044283　传真　(010)64027893
冶金书店　地址　北京市东四西大街46号(100010)　电话　(010)65289081(兼传真)
冶金工业出版社天猫旗舰店　yjgycbs.tmall.com

前　言

目前，高等教育的发展定位在提高教育质量、搞好内涵建设上，注重学生能力的培养。教育部多次指出，当前高等教育突出的两个问题，一是实践能力不足，二是创新精神不够。因此，加强学生创新和实践能力的培养是当务之急。

工程训练是我国高校中实施工程教育的实践性公共教育平台，具有通识性基础工程实践教学特征，是培养大学生实践和创新能力的重要教育资源。

编者根据教育部工程材料及制造基础课程指导小组颁布的“普通高校工程材料及机械制造基础系列课程教学基本要求”，借鉴了国内兄弟院校的教学改革成果，结合多年工程训练课程教学实践经验，编写了这本《工程训练》教材。

本书根据工程教育实践性强的特点，强调理论与实践的结合，突出实践性和适用性，在充实和完善工程训练的同时，穿插一些实验内容，注重学生工程意识的培养和工程实践能力的提高；力求内容精练，以培养实践能力为出发点，结合生产实际，在精讲普通生产工艺和操作的基础上，对工艺操作中的难点和常见问题的处理方法进行了讲解，并介绍了新工艺和新技术。期望通过本教材的学习能提高学生工程训练的质量和综合素质。

本书由辽宁工程技术大学徐萃萍编写前言、第1章、第4章；孙方红编写第2章、第5章、第6~9章、第13章；王明国编写第3章；魏家鹏编写第10章；潘宏歌编写第11章、第12章。本书由孙方红副教授、徐萃萍教授主编，由大连理工大学梁延德教授主审。梁延德教授对本书提出了很多宝贵意见，在此表示衷心的感谢。

本书内容多、范围广，涉及传统与现代制造技术知识，由于编者水平所限，书中难免有许多不足，恳请读者批评指正。

编　者

2016年4月

目　录

工程材料基础知识

机械制造过程中的主要工作，就是利用各种工艺和设备将原材料加工成零件或产品。因此，工程训练的过程就是一个与各种材料打交道的过程。例如，工程训练过程中所加工的各种工件，训练中所使用的刃具、量具和其他工具，所操作的机床等，都是各种各样的工程材料制造出来的。由此可见，有必要对工程材料的基础知识有所了解。

1.1 工程材料分类

工程材料是指具有一定性能，在特定条件下能够承担某种功能、被用来制造零件和工具的材料。

1.1.1 工程材料的分类

工程材料有各种不同的分类方法。常用的工程材料（按成分）可分为以下类型：

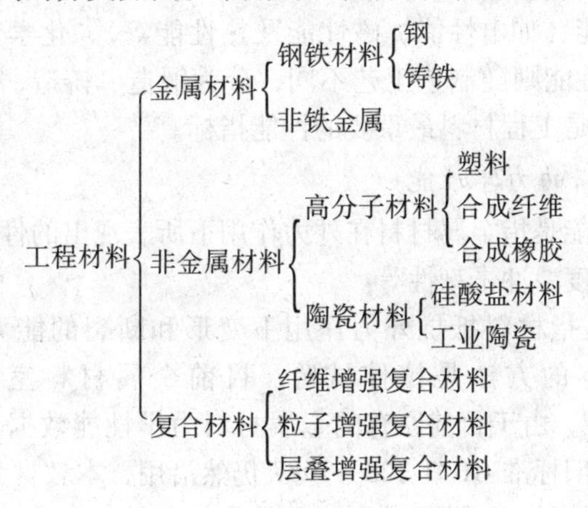

1.1.2 工程材料的应用

金属材料来源丰富，并具有优良的使用性能和加工性能，是机械工程中应用最普遍的材料，常用以制造机械设备、工具、模具，广泛应用于工程结构中，如船舶、桥梁、锅炉等。

但随着科技与生产的发展，非金属材料与复合材料的应用也得到了迅速发展。工程非金属材料具有较好的耐蚀性、绝缘性、绝热性和优异的成型性能，而且质轻价廉，因此发展速度较快。以工程塑料为例，全世界的年产量以300%的速度飞速增长，已广泛应用于轻工产品、机械制造产品、现代工程机械，如家用电器外壳、齿轮、轴承、阀门、叶片、汽车零件等。而陶瓷材料作为结构材料，具有强度高、耐热性好的特点，广泛应用于发动机、燃气轮机，如作为耐磨损材料，则可用作新型的陶瓷刀具材料，能极大提高刀具的使用寿命。复合材料则是将两种或两种以上成分不同的材料经人工合成获得的。它既保留了各组成材料的优点，又具有优于原材料的特性。其中碳纤维增强树脂复合材料，由于具有较高的比强度、比模量，因此可应用于航天工业中，如火箭喷嘴、密封垫圈等。

在工程训练中，遇到的大多是金属材料，而且主要是钢铁材料。

1.2 金属材料

金属材料是最重要的工程材料，包括金属和以金属为基的合金。工业上把金属和其合金分为两大部分：一类是钢铁材料，包括铁、锰、铬及其合金，其中以铁基合金（即钢和铸铁）应用最广；另一类是非铁金属，是指除钢铁材料以外的所有金属及其合金。由于钢铁材料力学性能比较优越，价格也较便宜，因此在工业中应用最广。

为了更合理地使用金属材料，充分发挥其作用，必须掌握各种金属材料制成的零、构件在正常工作情况下应具备的性能（使用性能）及其在冷、热加工过程中材料应具备的性能（工艺性能）。

1.2.1 金属材料的性能

金属材料的性能分为使用性能和工艺性能。使用性能包括力学性能（如强度、塑性及冲击韧度等）、物理性能（如电性能、磁性能及热性能等）、化学性能（如耐腐蚀性、抗高温氧化性等）。工艺性能则随制造工艺不同，分为锻造、铸造、焊接、热处理及切削加工性等。其中力学性能是工程材料最重要的性能指标。

1.2.1.1 金属材料的力学性能

金属材料的力学性能是指金属材料在外力作用下所表现出的性能。常用的力学性能主要有：强度、塑性、硬度、冲击韧性等。

（1）强度。强度是指材料抵抗外力作用下变形和断裂的能力，符号为 σ，单位为MPa。测定强度最基本的方法是拉伸试验。目前金属材料室温拉伸试验方法采用GB/T 228—2002新标准，由于目前原有的金属材料力学性能数据是采用旧标准进行测量和标注的，所以，原有旧标准GB/T 228—1987仍然沿用，本教材为叙述方便采用旧标准。关于金属材料强度与塑性的新、旧标准名词和符号对照见表1-1。从一个完整的拉伸试验记录中，可以得到许多有关该材料的重要性能指标，如材料的弹性、塑性变形的特点和程度，屈服强度和抗拉强度等。工程中常用的强度指标有屈服强度和抗拉强度。屈服强度是指材料刚开始产生塑性变形时的最低应力值，用 σ_s 表示。抗拉强度是指材料在破坏前所能承受的最大应力值，用 σ_b 表示。

表1-1 金属材料强度与塑性的新、旧标准名词和符号对照

新标准 GB/T 228—2002		旧标准 GB/T 228—1987	
名 词	符 号	名 词	符 号
屈服强度	—	屈服点	σ_s
上屈服强度	R_{eH}	上屈服点	σ_{sU}

续表 1-1

新标准 GB/T 228—2002		旧标准 GB/T 228—1987	
名 词	符 号	名 词	符 号
下屈服强度	R_{eL}	下屈服点	σ_{sL}
规定残余伸长强度	R_r（如 $R_{r0.2}$）	规定残余伸长应力	σ_r（如 $\sigma_{r0.2}$）
抗拉强度	R_m	抗拉强度	σ_b
断面收缩率	Z	断面收缩率	ψ
断后伸长率	A	断后伸长率	δ_5
	$A_{11.3}$		δ_{10}

对于大多数机械零件，工作时不允许产生塑性变形，所以屈服强度是零件强度设计的依据；对于因断裂而失效的零件，则用抗拉强度作为其强度设计的依据。

（2）塑性。塑性即在外力作用下，材料产生永久变形而不被破坏的能力。在拉伸、压缩、扭转、弯曲等外力作用下所产生的伸长、扭曲、弯曲等，均可表示材料的塑性。工程中常用的塑性指标有断后伸长率和断面收缩率。断后伸长率是指拉伸试样在拉断后标距的伸长量与原标距长度的百分比，用 δ 来表示，断面收缩率是指在试样拉断后，缩颈处横截面积的最大缩减量与原横截面积的百分比，用 ψ 来表示。

断后伸长率和断面收缩率越大，其塑性越好；反之，塑性越差。良好的塑性是金属材料进行锻造、轧制等的必要条件，也是保证机械零件工作安全，不发生突然脆断的必要条件。

（3）硬度。硬度是指材料抵抗局部塑性变形的能力，它是衡量材料软硬程度的力学性能指标。硬度试验，设备简单，操作方便，不用特制试样，可直接在原材料、半成品或成品上进行测定。对于脆性较大的材料，如淬硬的钢材、硬质合金等，只能通过硬度测量来对其性能进行评价，而其他如拉伸、弯曲试验方法则不适用。对于塑性材料，可以通过简便的硬度测量，来大致定量的估计其强度性能指标，这在生产实际中是非常有用的。常见的有布氏硬度（用 HB 表示）、洛氏硬度（用 HR 表示）和维氏硬度（用 HV 表示）等。

一般材料的硬度越高，其耐磨性越好，且材料的硬度与其本身的力学性能和工艺性能之间存在一定的对应关系，所以硬度是材料最常用的性能指标之一。

（4）冲击韧性。冲击韧性是指材料在冲击载荷作用下，抵抗冲击力的作用而不被破坏的能力。冲击韧度的测量方法，应用最普遍的是一次摆锤冲击试验。通常用冲击韧度 a_K 来度量，单位为 J/cm^2。a_K 值越大，表示材料的冲击韧性越好。一般情况下，把 a_K 值低的材料称为脆性材料，a_K 值高的材料称为韧性材料。

1.2.1.2 金属材料的工艺性能

工艺性能是指材料在加工过程中所表现出的性能。材料工艺性能的好坏，直接影响到制造零件的工艺方法和质量以及制造成本。所以，选材时必须充分考虑工艺性能。

（1）锻造性能。锻造性能是指材料是否易于进行压力加工的性能。锻造性能好坏主要以材料的塑性和变形抗力来衡量。一般来说，钢的锻造性能较好，而铸铁锻造性能极差，不能锻造。

（2）铸造性能。铸造性能是指浇注铸件时，材料能充满比较复杂的铸型并获得优质铸件的能力。对金属材料而言，铸造性能主要包括流动性、收缩率、偏析倾向等指标。流动性好、收缩率小、偏析倾向小的材料其铸造性也好。

（3）焊接性能。焊接性能是指材料是否易于焊接在一起并能保证焊缝质量的性能，一般用焊接处出现各种缺陷的倾向来衡量。低碳钢具有优良的可焊性，铜合金和铝合金的焊接性能较差，而灰铸铁的焊接性能很差。

（4）热处理工艺性能。钢的热处理工艺性能主要考虑其淬透性，即钢在淬火时淬透的能力，含锰、铬、镍等合金元素的合金钢淬透性比较好，碳钢的淬透性较差。

（5）切削加工性。切削加工性是指材料是否易于切削加工的性能。它与材料种类、成分、硬度、韧性、导热性及内部组织状态等因素有关。有利于切削的硬度为170～230HB，切削加工性好的材料，切削容易、刀具磨损小、加工表面光洁。

1.2.2 常用的钢材

工业中把含碳量在0.02%～2.11%的铁碳合金称为钢。由于钢具有良好的力学性能和工艺性能，因此在工业中获得了广泛的应用。

1.2.2.1 钢的分类

钢的种类很多，分类的方法也很多。常用的分类方法有以下几种：

（1）按化学成分可分为碳素钢和合金钢。

1）碳素钢：根据含碳量的多少可分为低碳钢（$w_C<0.25\%$）、中碳钢（$w_C=0.25\%\sim0.60\%$）、高碳钢（$w_C>0.60\%$）。

2）合金钢：按加入的合金元素含量多少可分为低合金钢（$w_{Me}<5\%$）、中合金钢（$w_{Me}=5\%\sim10\%$）、高合金钢（$w_{Me}>10\%$）。

（2）按用途可分为结构钢、工具钢和特殊性能钢。

1）结构钢：可分为工程结构用钢和机器零件用钢。

2）工具钢：用于制作各类工具，包括刃具钢、量具钢、模具钢。

3）特殊性能钢：可分为不锈钢、耐热钢、耐磨钢。

（3）按质量分为普通质量钢（$w_{s.p}\leq0.05\%$）、优质钢（$w_{s.p}\leq0.04\%$）、高级优质钢（$w_{s.p}\leq0.03\%$）。

1.2.2.2 钢的牌号、性能及应用

（1）碳素钢。它又可分为普通碳素结构钢、优质碳素结构钢和碳素工具钢：

1）普通碳素结构钢。普通碳素钢的牌号表示方法通常由屈服强度“屈”字汉语拼音第一个字母（Q）、屈服点数值、质量等级符号（A、B、C、D）及脱氧方法符号（F、b、Z、TZ）等四部分按顺序组成，如Q235-A·F，表示屈服强度为235MPa的A级沸腾钢。碳素结构钢一般以热轧空冷状态供应，主要用来制造各种型钢、薄板、冲压件或焊接结构件以及一些力学性能要求不高的机器零件。

2）优质碳素结构钢。优质碳素结构钢的牌号用“两位数字”表示。两位数字表示钢中碳的平均质量分数（含碳量）的万倍。如45钢，表示平均$w_C=0.45\%$的优质碳素结构钢。常用的优质碳素结构钢有：15、20钢，其强度、硬度较低，塑性好，常用作冲压件或形状简单、受力较小的渗碳件；40、45钢经适当的热处理（如调质）后，具有较好的综

合力学性能，主要用于制造机床中形状简单、要求中等强度、韧性的零件，如轴、齿轮、曲轴、螺栓、螺母；60、65 钢经淬火加中温回火后，具有较高弹性极限和屈强比（σ_s/σ_b），常用以制造直径小于 120mm 的小型机械弹簧。

3）碳素工具钢。碳素工具钢可分为优质碳素工具钢和高级优质碳素工具钢两类。它的牌号用“T＋数字”表示，两位数字表示碳平均质量分数（含碳量）的千倍。若为高级优质，则需在数字后加“A”。例如 T10A 钢，表示 $w_C=1.0\%$ 的高级优质碳素工具钢。碳素工具钢常用的牌号为 T7、T8、…、T13，各牌号淬火后硬度相近，但随含碳量的增加，钢的耐磨性增加，韧性降低。因此，T7、T8 钢适合制作承受一定冲击的工具，钳工錾子等；T9、T10、T11 钢适于制作冲击较小而硬度、耐磨性要求较高的小丝锥、钻头等；T12、T13 钢则适于制作耐磨但不承受冲击的锉刀、刮刀等。

（2）合金钢。为了提高钢的力学性能、工艺性能或某些特殊性能，在冶炼中有目的地加入一些合金元素，这种钢称为合金钢。生产中常用的合金元素有锰、硅、铬、镍、钼、钨、钒、钛等。通过合金化，大大提高了材料的性能，因此合金钢在制造机器零件、工具、模具及特殊性能工件方面，得到了广泛的应用。常用合金钢的名称、牌号及用途见表 1-2。

表 1-2　常用合金钢的名称、牌号及用途

名　称	常用牌号	用　途
低合金高强度结构钢	Q345、Q420	船舶、桥梁、车辆、大型钢结构、重型机械等
合金渗碳钢	20CrMnTi	汽车、拖拉机的变速齿轮、内燃机上的凸轮轴等
合金调质钢	40Cr、35MnB	齿轮、轴类件、连杆螺栓等
合金弹簧钢	65Mn、60Si2Mn	汽车、拖拉机减振板簧、ϕ25～30mm 螺旋弹簧等
滚动轴承钢	GCr15	中、小型轴承内外套圈及滚动体（滚珠、滚柱、滚针）等
刃具钢	9SiCr、W18Cr4V	丝锥、板牙、冷冲模、铰刀、车刀、刨刀等
量具用钢	9Cr18	卡尺、外径千分尺、螺旋测微仪等
冷作模具钢	Cr12	大型复杂模具
热作模具钢	5CrMnMo	中、小型热锻模

1.2.3　钢铁材料鉴别

钢铁材料品种繁多，性能各异，因此对钢铁材料的鉴别是非常必要的。常用的鉴别方法有火花鉴别法、色标鉴别法、断口鉴别法和音响鉴别法等。

1.2.3.1　火花鉴别

火花鉴别是将钢铁材料轻轻压在旋转的砂轮上打磨，观察迸射出的火花形状和颜色，以判断钢铁成分范围的方法。火花鉴别的要点是：仔细观察火花的火束粗细、长短、花次层叠程度和它的色泽变化。注意观察组成火束的流线形态，火花束根部、中部及尾部的特殊情况和它的运动规律，同时还要观察火花爆裂形态、花粉大小和多少。

（1）火花的形成和组成。火花由火花束、流线、节点、爆花和尾花组成。火花束是指被测材料在砂轮上磨削时产生的全部火花，常由根部、中部、尾部三部分组成，如图 1-1 所示。

流线就是线条状火花，每条流线都由节点、爆花和尾花组成，如图 1-2 所示。

节点就是流线上火花爆裂的原点，呈明亮点，如图 1-2 所示。

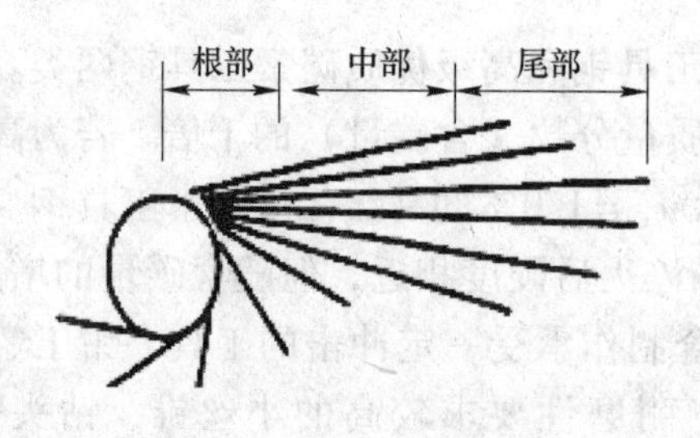

图 1-1　火花束

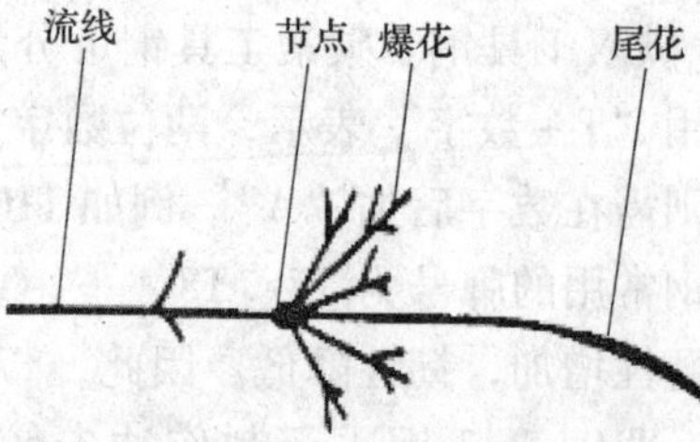

图 1-2　流线、节点、爆花、尾花

爆花就是节点处爆裂的火花，由许多小流线（芒线）及点状火花（花粉）组成，如图 1-2 所示。通常，爆花可分为一次、二次、三次等，如图 1-3 所示。

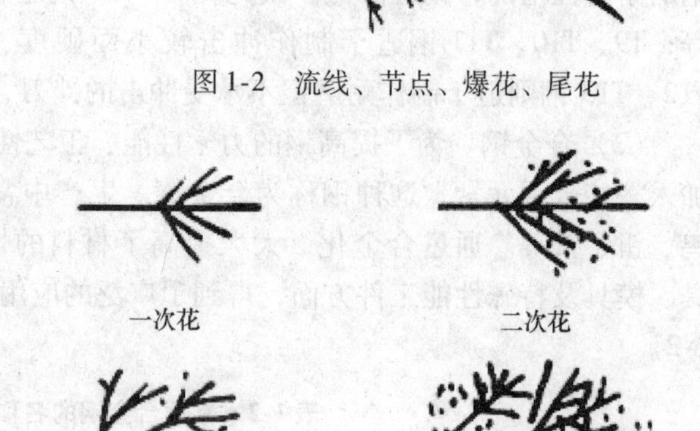

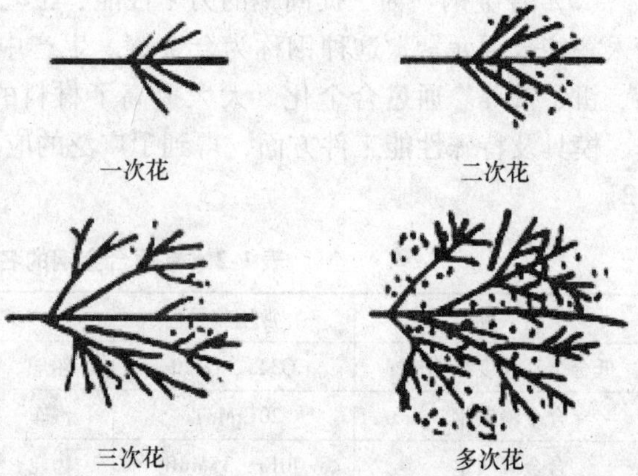

图 1-3　爆花的形成

尾花就是流线尾部的火花。钢的化学成分不同，尾花的形状也不同。通常，尾花可分为狐尾尾花、枪尖尾花、菊花状尾花、羽状尾花等。

（2）常用钢铁的火花特征。碳是钢铁材料火花的基本元素，也是火花鉴别法测定的主要成分。由于含碳量的不同，其火花形状不同。

1）碳素钢的火花特征：碳素钢的含碳量越高，则流线越多，火花束变短，爆花增加，花粉也增多，火花亮度增加。

20 钢：火花束长，颜色橙黄带红，流线呈弧形，芒线多叉，为一次爆花，如图 1-4 所示。

40 钢：火花束稍短，颜色橙黄，流线较细长而多，芒线多叉，花粉较多，爆裂为多根分叉三次花，如图 1-5 所示。

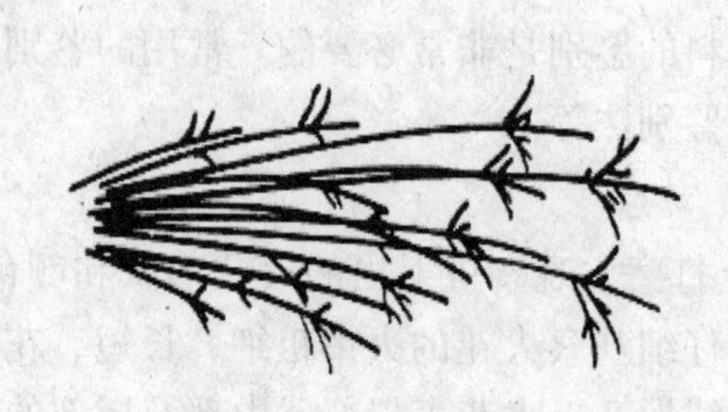

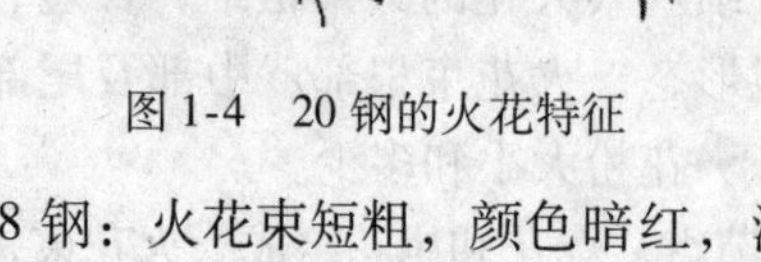

图 1-4　20 钢的火花特征

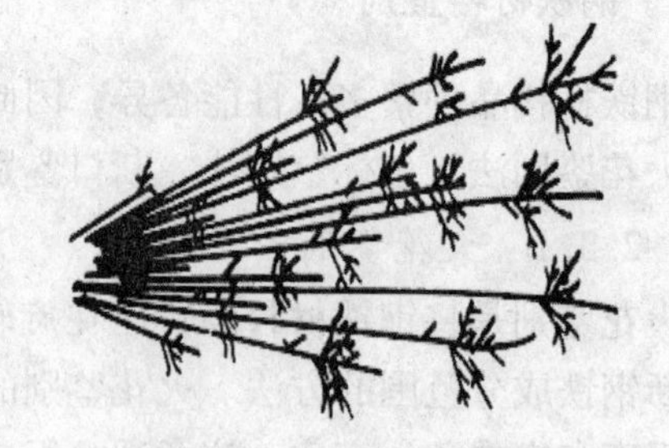

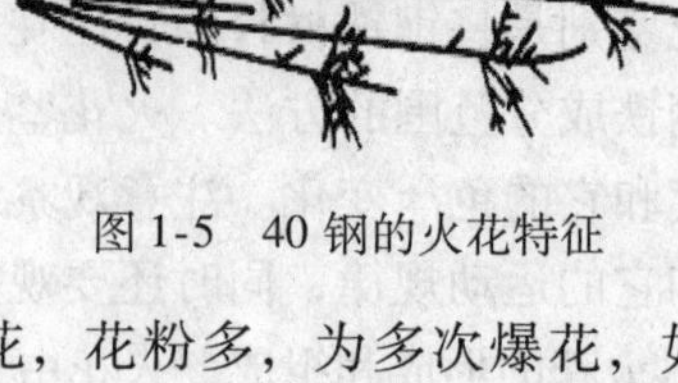

图 1-5　40 钢的火花特征

T8 钢：火花束短粗，颜色暗红，流线细密，碎花，花粉多，为多次爆花，如图 1-6 所示。

2）铸铁的火花特征：铸铁的火花束较粗，颜色多为橙红带桔红，流线较多，尾部渐粗，下垂成弧形，一般为二次爆花，花粉较多，火花试验时手感较软，图1-7为HT200的火花图。

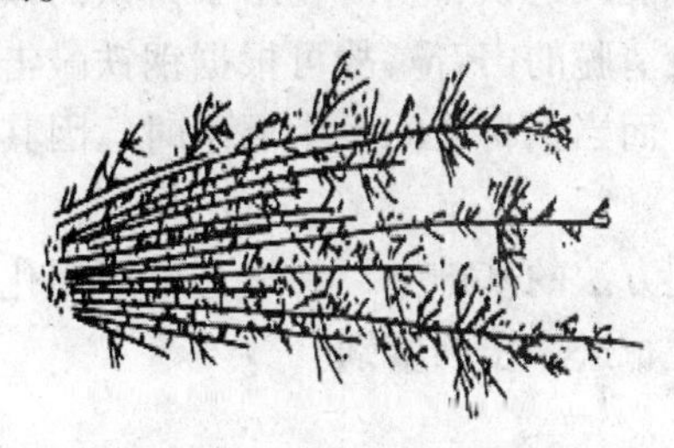

图1-6 T8钢的火花特征

图1-7 HT200的火花特征

3）合金钢的火花特征：合金钢中的各种合金元素对其火花形状、颜色产生不同的影响，如可抑制或助长火花的爆裂等。因此，也可根据其火花特征，基本上鉴定出合金元素的种类及大致含量，但不如碳钢的火花鉴定那样容易和准确，较难掌握。图1-8为W18Cr4V（高速钢）的火花特征示意图，其火花束细长，呈赤橙色，发光极暗，流线数量少，中部和根部为断续状，有时夹有波纹状流线；由于钨的影响，几乎没有火花爆裂，尾端膨胀、下垂成狐状尾花。

图1-8 W18Cr4V的火花特征

1.2.3.2 色标鉴别

生产中为了表明金属材料的牌号、规格等，在材料上需要做一定的标记，常用的标记方法有涂色、打印、挂牌等。金属材料的涂色标记是以表示钢种、钢号的颜色，涂在材料一端的端面或端部，成捆交货的钢应涂在同一端的端面上，盘条则涂在卷的外侧。具体的涂色方法在有关标准中做了详细的规定，生产中可以根据材料的色标对钢铁材料进行鉴别。如碳素结构钢Q235钢为红色；优质碳素结构钢20钢为棕色加绿色；45钢为白色加棕色；铬轴承钢GCr15钢为蓝色；高速钢W18Cr4V钢为棕色加蓝色；不锈钢1Cr18Ni9Ti钢为绿色加蓝色等等。

1.2.3.3 断口鉴别

材料或零部件因受某些物理、化学或机械因素的影响而导致破断所形成的自然表面称为断口。生产现场常根据断口的自然形态来判定材料的韧脆性，亦可据此判定相同热处理状态的材料含碳量的高低。若断口呈纤维状，无金属光泽，颜色发暗，无结晶颗粒，且断口边缘有明显的塑性变形特征，则表明钢材具有良好的塑性和韧性，含碳量较低；若材料断口齐平，呈银灰色，且具有明显的金属光泽和结晶颗粒，则表明材料属脆性断裂，含碳量较高；而过共析钢或合金钢经淬火及低温回火后，断口常呈亮灰色，具有绸缎光泽，类似于细瓷器断口特征。常用钢铁材料的断口特点大致如下：低碳钢不易敲断，断口边缘有明显的塑性变形特征，有微量颗粒；中碳钢的断口边缘的塑性变形特征没有低碳钢明显，断口颗粒较细、较多；高碳钢的断口边缘无明显塑性变形特征，断口颗粒很细密；铸铁极易敲断，断口无塑性变形，晶粒粗大，呈暗灰色。

1.2.3.4 音响鉴别

根据钢铁敲击时发出的声音不同，以区别钢和铸铁的方法称为音响鉴别法。生产现场有时也可采用敲击辨音来区分材料。如当原材料钢中混入铸铁材料时，由于铸铁的减振性较好，敲击时声音较低沉，而钢材敲击时则可发出较清脆的声音。故可根据钢铁敲击时声音的不同，对其进行初步鉴别，但有时准确性不高。而当钢材之间发生混淆时，因其敲击声音比较接近，常需采用其他鉴别方法进行判别。

若要准确地鉴别材料，在以上几种生产现场鉴别方法的基础上，一般还可采用化学分析、金相检验、硬度试验等实验室分析手段对材料进行进一步的鉴别。

1.2.4 常用铸铁

铸铁是含碳量在2.11%~6.69%的铁碳合金，主要组成元素为铁、碳、硅，并含有较多硫、磷、锰等杂质元素的铁碳合金。由于铸铁具有良好的铸造性能、切削加工性、减振性、耐磨性、低的缺口敏感性，并且成本较低，因此在机械工业中得到广泛的应用。

1.2.4.1 铸铁的分类

（1）根据铸铁中石墨形状不同，铸铁可分为：灰口铸铁（石墨呈片状），球墨铸铁（石墨呈球状）、可锻铸铁（石墨呈团絮状）和蠕墨铸铁（石墨呈蠕虫状）等。

（2）根据铸铁中的碳的存在形式不同，可将铸铁分成：白口铸铁（碳以 Fe_3C 形式存在），灰口铸铁（碳主要是片状石墨形式存在），可锻铸铁（碳以团絮状石墨存在），球墨铸铁（碳以球状石墨存在）。

1.2.4.2 铸铁的牌号、性能及应用

（1）灰口铸铁。灰口铸铁中碳主要以片状石墨的形式存在，断口呈暗灰色，故称灰口铸铁。灰铸铁的牌号表示方法为“HT+三位数字”，其中“HT”是灰铁两字汉语拼音的第一个字母，三位数字表示最低抗拉强度，单位为MPa。常用的牌号为HT100、HT150…、HT350。灰铸铁的抗拉强度、塑性、韧性较低，但抗压强度、硬度、耐磨性较好，并具有铸铁的其他优良性能，因此广泛应用于机床床身、手轮、箱体、底座等。

（2）球墨铸铁。球墨铸铁是石墨呈球状分布的灰口铸铁，简称球铁。球墨铸铁的牌号表示方法为“QT+数字-数字”，其中“QT”是球铁两字汉语拼音的第一个字母，两组数字分别表示最低抗拉强度和最小断后伸长率，如QT600-3，表示最低抗拉强度为600MPa，最小断后伸长率为3%的球墨铸铁。球墨铸铁通过热处理强化后力学性能有较大提高，应用范围较广，可代替中碳钢制造汽车、拖拉机中的曲轴、连杆、齿轮等。

（3）可锻铸铁。可锻铸铁是用碳、硅含量较低的铁碳合金铸成白口铸铁坯件，再经过长时间高温退火处理，使渗碳体分解出团絮状石墨而成。可锻铸铁牌号表示方法为“KT+H（或B，或Z）+数字-数字”，其中“KT”是可铁两字汉语拼音的第一个字母，后面的“H”表示黑心可锻铸铁，“B”表示白心可锻铸铁，“Z”表示珠光体可锻铸铁，其后两组数字分别表示最低抗拉强度和最小断后伸长率，如KTH300-06，表示最低抗拉强度为300MPa，最小断后伸长率为6%的黑心可锻铸铁。可锻铸铁具有较高的强度、塑性和韧性，多用于制造受振动、强度和韧性要求较高的小型零件。

（4）蠕墨铸铁。蠕墨铸铁的石墨呈蠕虫状，短而厚，端部圆滑，分布均匀。蠕墨铸铁的牌号表示方法为“RuT＋三位数字”，其中“RuT”是蠕铁两字汉语拼音的第一个字母，三位数字表示最低抗拉强度，如RuT420，表示最低抗拉强度为420MPa的蠕墨铸铁。蠕墨铸铁的强度、韧性、疲劳强度等均比灰铸铁高，但比球墨铸铁低，由于其耐热性能较好，主要用于制造柴油机气缸套、气缸盖、阀体等。它是一种有发展前景的结构材料。

1.2.5　常用非铁金属

非铁金属材料种类很多，由于在自然界储藏量少，冶炼较困难，价格较贵，大多数强度比钢低，因而其产品和使用量不如钢铁材料多。但由于非铁金属具有某些特殊性能，因而非铁金属已成为现代工业不可缺少的金属材料。

非铁金属中应用最广的是铝及铝合金，仅次于钢铁材料。主要是因为它的密度小，熔点低，具有良好的导热性和导电性，且在大气中有优良的抗蚀性等。其次，铜及铜合金的应用也较广，主要由于它具有很高的导电性、导热性，优良的塑性与韧性，高的抗蚀性能等。现将常用的铝合金与铜合金的牌号、性能与用途列于表1-3。

表1-3　常用铝合金和铜合金的牌号、性能与用途

名　称	牌号或代号	性　能　特　点	用　　途
铝硅合金	ZL101	铸造性能好，需热处理	形状复杂的砂型、金属型和压力铸造零件
铝锌合金	ZL401	不需要热处理	形状复杂的零件，工作温度不超过200℃
普通黄铜	H62	强度较高，有一点耐蚀性，价格便宜	电气上要求导电、耐蚀及适当强度的结构件
铅黄铜	HPb59-1	切削加工性和耐磨性好	可承受冷热压力加工，适用于切削加工及冲压加工的各种结构零件
普通青铜	ZCuSn10Pb1	铸造性能好，硬度高，耐磨性好	适于铸造要求减磨、耐磨零件
	ZCuSn5PbZn5	铸造性能好，耐磨性和耐蚀性好，易加工，气密性好	适于铸造配件、轴承、轴套等
铝青铜	ZCuAl9Mn2	有较高的强度、耐磨性及耐蚀性，可通过热处理强化，价格比锡青铜低	制造重载、耐磨零件

1.3　非金属材料

目前，工程材料仍然以金属材料为主，这在相当长的时间内不会改变。但近年来高分子材料、陶瓷等非金属材料的急剧发展，在材料的生产和使用方面均有重大的进展，正在越来越多地应用于各类工程中。在某些领域非金属材料已经不是金属材料的代用品，而是一类独立使用的材料，有时甚至是一种不可取代的材料。

1.3.1　高分子材料

高分子材料为有机合成材料，也称高聚物。它具有较高的强度、良好的塑性、较强的耐腐蚀性能，很好的绝缘性和重量轻等优良性能，在工程上是发展最快的一类新型结构材料。

高分子材料品种繁多、性质各异，根据其性质和用途，可分为橡胶、塑料、纤维等。下面对其做简要介绍。

1.3.1.1　塑料

塑料泛指应用较广的高分子材料。一般以合成树脂为基础，加入各种添加剂。塑料是通过化学方法从石油中获取的，其基本组织单元是可以与氢、氧、氮、氯或氟形成化合物的碳原子。塑料具有相对密度小，耐腐蚀性好（耐酸、碱、水、氧等），电绝缘性好，耐磨及减摩，消音、吸振等优点；缺点是刚度差、强度低、耐热性低、热膨胀系数大、易老化等。

塑料按树脂受热时的行为可分为热塑性塑料和热固性塑料。热塑性塑料加热时软化（或熔融），冷却后变硬，此过程可重复进行，且可溶于一定的溶剂；具有可熔、可溶的性质。热固性塑料加热软化（或熔融），一次固化成型后，将不再软化（或熔融）了，此过程不能反复成型和再生使用。按塑料的使用范围可分为通用塑料、工程塑料和特种塑料。

常用的塑料有聚氯乙烯（PVC）、ABS 塑料、聚酰胺（PA）、酚醛塑料（PF）等。

（1）聚氯乙烯（PVC）。分为硬质和软质两种。硬质聚氯乙烯强度较高，绝缘性和耐蚀性好，耐热性差，用于化工耐蚀的结构材料，如输油管、容器、离心泵、阀门管件等。软质聚氯乙烯强度低于硬质聚氯乙烯，伸长率大，绝缘性较好，用于电线、电缆的绝缘包皮，农用薄膜，工业包装等。因其有毒，不能包装食品。

（2）ABS 塑料。综合力学性能好，尺寸稳定性、绝缘性、耐水和耐油性、耐磨性好，长期使用易起层。常用于制造齿轮，叶轮，轴承，把手，管道，储槽内衬，仪表盘，轿车车身，汽车挡泥板，电话机、电视机、电动机、仪表的壳体等。

（3）聚酰胺（PA）。俗称尼龙或锦纶。强度、韧性、耐磨性、耐蚀性、吸振性、自润滑性、成型性好，无毒无味。常用的有尼龙 6、尼龙 66、尼龙 610、尼龙 1010 等。广泛用于制造耐磨、耐蚀的某些承载和传动零件，如轴承、机床导轨、齿轮、螺母及一些小型零件。

（4）酚醛塑料（PF）。俗称电木。具有良好的强度、硬度、绝缘性、耐蚀性、尺寸稳定性等。常用于制造仪表外壳，灯头、灯座、插座，电器绝缘板，耐酸泵，电器开关，水润滑轴承等。

1.3.1.2　橡胶

橡胶是在很宽的温度范围内（$-50 \sim 150$℃）都处于高弹性状态的高聚物材料。橡胶具有高弹性、耐疲劳性、耐磨性和良好的电绝缘性能等优点；缺点是耐热、耐老化性差等。

橡胶按材料来源可分为天然橡胶和合成橡胶两大类。天然橡胶从橡胶树的浆汁中获取；合成橡胶是以石油、天然气为原料，以二烯烃和烯烃为单体聚合而成的高分子。天然橡胶广泛应用于制造轮胎、胶带、胶管等。合成橡胶一般在性能上不如天然橡胶全面，但它具有高弹性、绝缘性、气密性、耐油、耐高温或低温等性能，因而广泛应用于工农业、国防、交通及日常生活中。

合成橡胶按其性能和用途可分为通用橡胶和特种橡胶两大类。通用橡胶是指凡是性能与天然橡胶相同或接近，物理性能和加工性能较好，能广泛用于轮胎和其他一般橡胶制品的橡胶；特种橡胶是指具有特殊性能的一类橡胶制品。人们常用的合成橡胶有丁苯橡胶、顺丁橡胶、氯丁橡胶等，它们都是通用橡胶。特种橡胶有耐油性的聚硫橡胶、耐高温和耐严寒的硅橡胶等。

橡胶在工业中应用相当广泛，如制作各种机械中的密封件（如管道接头处的密封件），减振件（如机床底座垫片、汽车底盘橡胶弹簧），传动件（如V带、传送带上的滚子、离合器）以及电器上用的绝缘件和轮胎等。

1.3.1.3 纤维

凡能保持长度比本身直径大100倍的均匀条状或丝状的高分子材料称为纤维，包括天然纤维和化学纤维。棉花、羊毛、木材和草类的纤维都是天然纤维。用木材、草类的纤维经化学加工制成的黏胶纤维属于人造纤维。利用石油、天然气、煤和农副产品作为原料制成单体，再经聚合反应制成的是合成纤维。合成纤维和人造纤维又统称化学纤维。

合成纤维是20世纪30年代开始生产的，具有比天然纤维和人造纤维更优越的性能。在合成纤维中，涤纶、锦纶、腈纶、丙纶、维纶和氯纶被称为“六大纶”。它们都具有强度高、弹性好、耐磨、耐化学腐蚀、不发霉、不怕虫蛀、不缩水等优点，而且每一种还具有各自独特的性能。它们除了供人类穿着外，在生产和国防上也有很多用途。例如，锦纶可制衣料织品、降落伞绳、轮胎帘子线、缆绳和渔网等。

随着新兴科学技术的发展，近年来还出现了许多具有某些特殊性能的特种合成纤维，如芳纶纤维、碳纤维、耐辐射纤维、光导纤维和防火纤维等等。

1.3.2 陶瓷材料

陶瓷是一种无机材料，种类繁多，应用很广。传统上“陶瓷”是陶器与瓷器的总称，后来发展到泛指整个硅酸盐材料，包括玻璃、水泥、耐火材料、陶瓷等。为适应航天、能源、电子等新技术的要求，在传统硅酸盐材料的基础上，用无机非金属物质为原料，经粉碎、配制、成型和高温烧结制得大量新型无机材料，如功能陶瓷，特种玻璃，特种涂层等。陶瓷材料具有高熔点、高硬度、高弹性模量及高化学稳定性等优点，缺点是塑韧性差、强度低等。

陶瓷材料可以根据化学组成，性能特点或用途等不同方法进行分类。一般归纳为工程陶瓷和功能陶瓷两大类。

工程陶瓷是指应用于机械设备及其他多种工业领域的陶瓷，可分为电子陶瓷、工具陶瓷和结构陶瓷。电子陶瓷是生产自动化控制系统中的关键元件，它可起多功能的传感器作用；工具陶瓷是制作刀具和模具的原材料，其性能可与金刚石、氮化硅相媲美；结构陶瓷是当今耐火材料的又一替代产品。功能陶瓷是具有电、磁、声、光、热、力、化学或生物功能等的介质材料。功能陶瓷材料种类繁多，用途广泛，主要包括铁电、压电、介电、热释电、半导体、电光和磁性等功能各异的新型陶瓷材料。例如铁氧体、铁电陶瓷主要使用其电磁性能，用来制造电磁元件；介电陶瓷用来制造电容器；压电陶瓷用来制造位移或压力传感器；固体电解质陶瓷利用其离子传导特性可以制作氧探测器；生物陶瓷用来制造人工骨骼和人工牙齿等。超导材料和光导纤维也属于功能陶瓷的范畴。

1.4 复合材料

复合材料是由两种或两种以上性质不同的材料组合而成的一种多相材料，由基体材料和增强材料两部分组成。基体材料主要起黏结作用，一般为强度较低、韧性较好的材料，主要有金属、塑料、陶瓷等。增强材料主要起强化作用，一般为高强度、高弹性模量材料，包括各种纤维、无机化合物颗粒等。

1.4.1 复合材料的分类及应用

复合材料有多种分类方法。按复合形式与增强材料种类的不同，复合材料可分为以下几种。

（1）层叠增强复合材料。如图1-9（a）所示，它是以树脂为基体，用叠合方法将层状增强材料与树脂一层一层相间叠合而成的复合材料。用层叠复合材料制成汽车发动机的齿轮，可使机构实现低噪声运转。层状材料还常用来制成天线罩隔板、机翼、火车车厢内壁、饮料纸包装等。典型材料有钢-铜-塑料三层复合无油润滑轴承材料。

（2）纤维增强复合材料。如图1-9（b）所示，它是目前应用最广泛、消耗量最大的一类复合材料。用树脂做基体，玻璃纤维做增强材料制成的纤维增强复合材料，俗称玻璃钢。玻璃钢问世以来，工程界才明确提出了“复合材料”这一术语。除玻璃钢外，常用材料还有纤维增强陶瓷、橡胶轮胎等。这类材料主要用来制造各种要求自重轻的受力构件，如汽车的车身、船体、各种机罩、储罐以及齿轮泵、轴承等。

（3）颗粒增强复合材料。如图1-9（c）所示，它是由一种或多种颗粒均匀分布在基体材料内而制成的，颗粒起增强作用。常见的种类有树脂与颗粒复合（如橡胶用炭黑增强）以及陶瓷颗粒与金属复合（如金属基陶瓷颗粒）。目前，应用最为广泛的碳化硅颗粒增强铝基复合材料早已实现大规模产业化生产，已批量用于汽车工业和机械工业中，生产大功率汽车发动机、柴油发动机的活塞、活塞环、连杆等。同时还用于制造火箭及导弹构件、红外及激光制导系统构件。

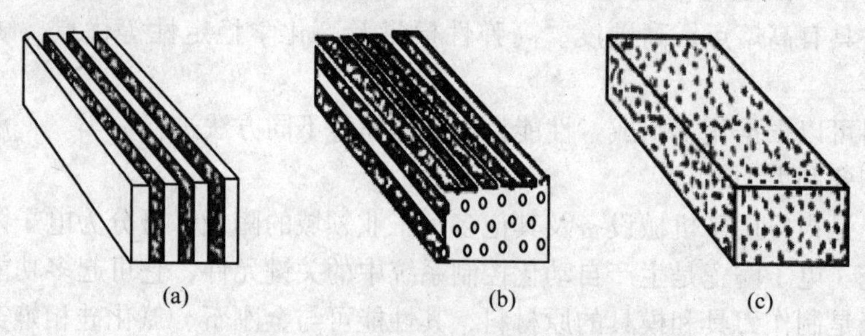

图1-9 复合材料的分类及结构

（a）层叠增强复合材料；（b）纤维增强复合材料；（c）颗粒增强复合材料

1.4.2 复合材料的特点

不同的复合材料具有不同的性能特点，非均质多相复合材料一般具有如下特点：

（1）高的比强度和比模量。例如碳纤维和环氧树脂组成的复合材料，其比强度是钢的7倍，其比模量比钢的大3倍，这对高速运转的零件、要求减轻自重的运输工具和工程构件意义重大。

（2）良好的抗疲劳性能。如金属材料的疲劳强度为抗拉强度的40%~50%，而碳纤维复合材料可达70%~80%。

（3）优良的高温性能。例如7075-76铝合金，在400℃时，弹性模量接近于零，强度值也从室温时的500MPa降至30～50MPa。而碳纤维或硼纤维增强组成的复合材料，在400℃时，强度和弹性模量可保持接近室温下的水平。

（4）减振性能好。因为结构的自振频率与材料比模量的平方根成正比，而复合材料的比模量高，因此可以较大程度地避免构件在工作状态下产生共振。又因为纤维与基体界面有吸收振动能量的作用，故即使产生振动也会很快地衰减下来。所以纤维增强复合材料有良好的减振性。

（5）断裂安全性好。纤维增强复合材料是力学上典型的静不定体系，在每平方厘米截面上，有几千至几万根增强纤维（直径一般为10～100μm），当其中一部分受载荷作用断裂后，应力迅速重新分布，载荷由未断裂的纤维承担起来，所以断裂安全性好。

（6）其他性能特点。许多复合材料都有良好的化学稳定性、隔热性、烧蚀性以及特殊的电、光、磁等性能。复合材料进一步推广使用的主要问题是，断裂伸长小，抗冲击性能尚不够理想，生产工艺方法中手工操作多，难以自动化生产，间断式生产周期长，效率低，加工出的产品质量不够稳定等。增强纤维的价格很高，使复合材料的成本比其他工程材料高得多。虽然复合材料利用率比金属高（约80%），但在一般机器和设备上使用仍然是不够经济的。上述缺陷的改善，将会大大地推动复合材料的发展和应用。

复习思考题

1-1　金属材料的力学性能主要包括哪几个方面，其主要指标有哪些？

1-2　什么叫金属的工艺性能，主要包括哪几个方面？

1-3　45钢、T12钢、HT200的名称是什么含义，它们常用于制造什么工件？

1-4　钢的火花由哪几部分组成，20钢与T8钢的火花有什么区别？

1-5　有一批20钢，混入了少量的T10钢，可用哪几种简易方法将它们分开？

1-6　试述灰口铸铁、可锻铸铁、球墨铸铁的性能特点及牌号表示方法。

1-7　复合材料分为哪几类，主要应用在哪些方面？

1-8　塑料和橡胶各具有哪些特点，其分别主要应用在哪些方面？

1-9　铝合金和铜合金有何性能特点？

2 铸造

2.1 实训内容及要求

A 铸造实训内容

(1) 了解铸造生产的工艺过程及其特点。

(2) 了解型砂、型芯砂的性能、组成及其设备。

(3) 掌握主要造型方法和工艺过程及其特点。

(4) 了解机器造型的特点，震压式造型机的造型过程。

(5) 熟悉铸件分型面的选择。掌握手工两箱造型（整模、分模、挖砂、活块等）的特点及应用。

(6) 了解常用铸造合金的设备及工艺。

(7) 了解常见铸件缺陷。

(8) 了解常用特种铸造的工艺过程。

B 铸造基本技能

(1) 掌握手工两箱整模、分模、挖砂和活块造型的操作技能，能正确使用造型所必用的工具，要求各工序的操作正确，不漏工序，舂砂松紧适度。

(2) 能制造较复杂的中、小型零件的砂型，并能合理地选择分型面、设置浇注系统和具有一定的修型能力。

(3) 了解不同的浇注工艺造成的常见铸造缺陷。

C 铸造安全注意事项

(1) 穿戴好工作服等防护用品。

(2) 造型时不要用嘴吹砂子。

(3) 浇注时，不做浇注的同学应远离浇包。

(4) 不可用手、脚触及未冷却的铸件。

(5) 不可在吊车下停留或行走。

(6) 清理铸件时，要注意周围环境，以免伤人。

2.2 铸造简介

铸造是熔炼金属、制造铸型，并将熔融金属浇入铸型，凝固后获得一定形状与性能铸件的成型方法。采用铸造方法获得的金属制品称为铸件。在机械制造中，大部分机械零件是用金属材料制成的，其中很多是采用铸造方法制成毛坯或零件，铸造生产是机械制造中毛坯或零件的主要生产方法之一。

砂型铸造的工艺过程如图 2-1 所示。

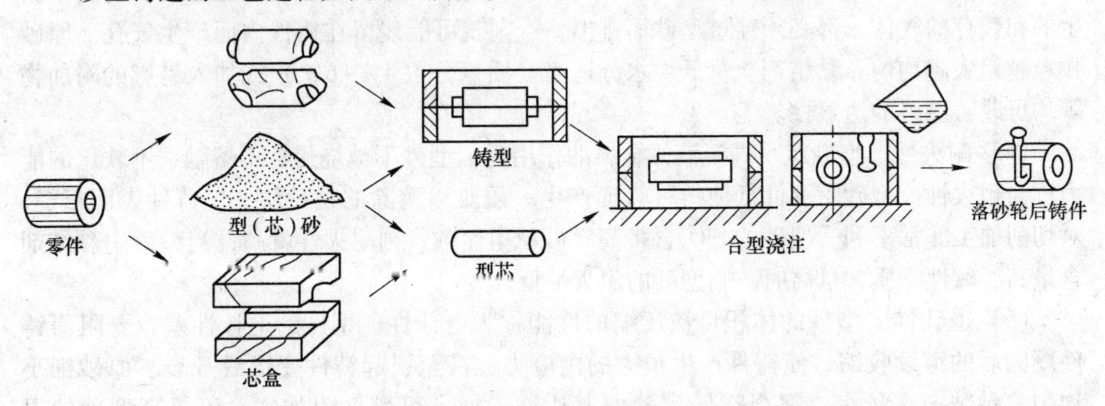

图 2-1　砂型铸造工艺流程

除了砂型铸造外，还有特种铸造，其主要有熔模铸造、金属型铸造、压力铸造、离心铸造等。

铸件在机械制造中占有很大比重，按重量计占 60%~80%，机床要占 90%。铸造有如下特点：

(1) 用铸造方法可生产形状复杂的工件，如各种箱体、床身、机器、叶轮等。

(2) 铸造适应性广，常用金属均可用于铸造。且铸件大小几乎不受限制，从几克到数百吨均可。

(3) 铸件生产成本低。铸造所用原材料来源广泛，价格低廉；一般不需要昂贵设备；节省金属和切削加工的工作量，因为铸件形状和尺寸与零件相近。

(4) 铸件力学性能差，组织粗大，常有缩松、缩孔、气孔等缺陷产生；而且工艺过程难以精确控制，这就使质量不稳定，废品率高。但随着铸造技术的发展，上述问题正在得到改善。

2.3　型砂和型芯砂

型砂（或型芯砂）是制造砂型（或型芯）的材料，它的质量对铸件质量有很大的影响，如果型砂（或型芯砂）的质量不好，就可能使铸件产生气孔、砂眼、粘砂和夹砂等缺陷。

2.3.1　型砂应具备的性能

(1) 可塑性。造型时型砂在外力作用下能塑制成型，而当除掉外力并取出模样（或打开型芯盒）后，仍能保持不变的清楚的轮廓形状的能力称为可塑性。型砂的可塑性随含水量（质量分数在 8% 以下）及黏结剂量的增加而提高，随原砂粒度的增大而降低。可塑性好的型砂，手感柔软、易成型、易起模。

(2) 强度。制成的砂型在外力作用下，不变形、不破碎的能力称为强度。型砂具有较高的强度，是保证砂型在搬运和浇注过程中不变形、不掉砂、不塌箱的基本要求。型砂中黏结剂含量多、原砂颗粒细小或不均时，都可提高其强度。

（3）透气性。型砂能让气体通过的能力称为透气性。液体金属浇入型腔后，铸型中新生的和残存的气体，都必须穿过型砂而排出，否则就可能残留在铸件内而产生气孔。原砂颗粒越粗大越均匀、黏结剂含量低、水分适当（质量分数4%~6%）或加入易燃的附加物等均可改善型砂的透气性。

（4）耐火性。型砂经受高温液体金属的作用后，型砂不被烧焦、不熔融、不软化的能力称为耐火性。型砂耐火性低使铸件表面产生一层难以清除的粘砂层，使铸件表面粗糙，对切削加工非常不利。型砂的 SiO_2 含量高、砂粒粗而圆，则耐火性就高；当型砂中黏结剂含量高、碱性物质含量高时，则型砂的耐火性低。

（5）退让性。型砂的体积可被压缩的性能称为退让性。型砂的退让性差，要阻碍铸件凝固后的继续收缩，使铸件产生很大的内应力，甚至引起铸件变形或开裂。原砂细小均匀、黏结剂含量多，都会降低型砂的退让性；加入可燃性附加物，可提高型砂的退让性。

（6）耐用性。型砂经过重复使用后，仍能保持其本身品质的能力叫耐用性。经过使用的型砂，由于高温液体金属的作用，部分砂粒发生破碎，灰分增多，再用时必须再加适量的新砂。如果型砂的耐用性好，则需加入新砂的量就可以减少，因此能降低生产成本。

由于型芯多置于铸型型腔的内部，浇注后其周围被高温液体金属包围，工作条件差，所以对型芯砂的性能要求要比型砂高一些。对于尺寸小，形状复杂或重要的型芯，可用桐油、亚麻仁油等植物油作黏结剂，以便提高型芯砂的性能。但是，由于植物油是重要的工业原料，价贵，应尽量少用。

2.3.2　型砂的组成

（1）原砂。原砂即新砂，一般采自海、河或山地。但并非所有的砂子都能用于铸造，铸造用砂应控制：

1）化学成分。原砂的主要成分是石英和少量杂质（钠、钾、钙、铁等的氧化物）。石英的化学成分是二氧化硅（SiO_2），它的熔点高达1700℃，原砂中 SiO_2 含量越高，其耐火性越好。铸造用砂含 SiO_2 质量分数为85%~97%。

2）粒度与形状。砂粒越大，则耐火性和透气性越好。原砂粒度可通过标准筛过筛测定。标准筛筛号分为：6，12，20，30，40，50，70，100，140，200，270。筛号表示每英寸长度上筛孔的数目，筛号越大则表示砂的粒度越细，常用的是50~200目。

砂粒的形状可分为圆形、多角形和尖角形。一般铸铁湿型砂多采用颗粒均匀的圆形或多角形的天然硅砂或硅长石砂；高熔点金属铸件造型用砂需选用 SiO_2 含量高的粗砂，以保证浇注时砂粒不被高温金属液烧熔。

（2）黏结剂。用来黏结砂粒的材料称为黏结剂，如水玻璃、桐油、干性植物油、树脂和黏土等。前几种的黏性比黏土好，但价格贵，且材料来源不广；黏土是价廉而又资源丰富的黏结剂，有一定的黏结强度。黏土主要分为普通黏土和膨润土。湿型砂普遍采用黏结性能较好的膨润土，而干型砂多用普通黏土。

（3）附加物。为改善型砂某些性能而加入的材料称为附加物，常用的附加物有：

1）煤粉、重油。浇注时煤粉和重油在砂型中不完全燃烧，产生还原性气体薄膜，将高温金属液与砂型壁隔开，减少金属液对砂型的热力与化学作用，因而有助于降低铸件的表面粗糙度。

2）锯木屑。锯木屑等纤维物加入需经烘烤的砂型和型芯中，当烘烤时木屑烧掉，在砂型中留下空隙，而使型砂有更好的退让性和透气性。

（4）水。黏土砂中的水分对型砂性能和铸件质量影响极大。干态黏土是不能将型砂黏结的，黏土只有被水润湿后，其黏性才能发挥。水分太少则型砂干而脆，造型起模有困难；水分过多则型砂过湿，以致形成可流动的黏土浆，不仅型砂强度低而且造型时易粘模，使造型操作困难。当黏土与水分质量比为3:1时，型砂强度可达最大值。

（5）涂料和扑料。为了提高砂型的耐火度，防止粘砂，铸铁件的干型用石墨粉和少量黏土的水涂料；湿型则用石墨粉扑撒一层到砂型上；非铁金属件铸型用滑石粉做涂料或扑料；铸钢件用石英粉和镁砂粉做涂料。

2.3.3 型砂的配制

型砂和型芯砂的组成物，必须按适当的比例进行配制，才能全面保证型砂（型芯砂）应该具备的性能。在生产中，型砂的配制比例（质量比）有很多种，普遍应用的有：

（1）铸铁件（新砂，湿型）：粒度70~140的新砂100%，膨润土4%~6%，煤粉5%~6%，水分3%~4.5%。

（2）铸钢件（新砂，湿型）：粒度40~70的新砂100%，膨润土9%~10%，碳酸钠0.2%，糊精0.2%~0.4%，水分4%左右。

（3）铸钢件（水玻璃砂，一次性）：粒度40~70的新砂100%，水玻璃5%~7%，膨润土1%~4%，还可加少量的水和NaOH，造型后向砂型中吹入CO_2，发生如下反应：

$$Na_2O \cdot mSiO_2 + CO_2 + nH_2O = Na_2CO_3 + mSiO_2 \cdot pH_2O + (n-p)H_2O$$

上述反应进行很快，一般仅需吹CO_2气体3min左右，型砂即可硬化。

（4）铸铁件（复用砂，湿型）：粒度100~200的新砂20%，回用砂75%，膨润土3%~4%，煤粉0.5%~1%，水3.5%。

（5）铸钢件（复用砂，表干型）：粒度40~70的新砂20%~80%，回用砂80%~20%，膨润土5%左右，纸浆1.5%左右，水5%。

（6）铸铜、铸铝件（复用砂，湿型）：粒度140~220的新砂20%，回用砂80%，膨润土1.5%，水4%~5%。

2.3.4 型砂的混制

型砂配制可用混砂机或人工混制。常用的碾轮式混砂机中有两只转动的碾轮和刮刀，利用碾轮的碾压和揉搓作用，将各种材料混合均匀。混制时，按一定比例先后加入新砂、旧砂、膨润土和煤粉等，干混2~3min，然后加入一定量的水，再湿混10min左右即可从出砂口卸出，堆放4~5h（黏土砂）进行回性处理，使用前再经过筛砂或松砂处理。配制好的型砂必须经过性能检验后才能使用。大型铸造车间常用型砂试验仪进行检验。单件小批生产的铸造车间多用手捏砂团的经验方法检验型砂的性能，如图2-2所示。

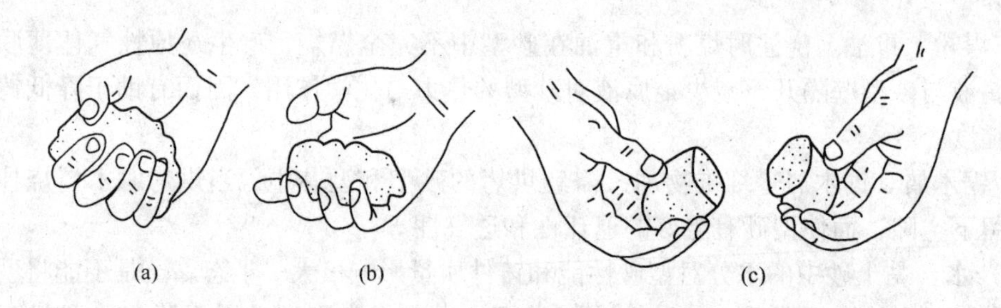

图 2-2 手捏法检验型砂

（a）型砂湿度适当时，可用手捏成砂团；（b）手放开后可看出清晰手纹；
（c）折断时断口面没有碎裂状，同时有足够强度

2.4 常用造型方法

2.4.1 砂型的组成

图 2-3 为合箱后的砂型。被舂紧在上、下砂箱中的型砂与上、下砂箱一起，分别被称为上砂型和下砂型。将模样从砂型中取出后，留下的空腔称为型腔。上、下砂型之间的分界面称为分型面。图中型腔内有“×××”的部分表示型芯，用来形成铸件上的孔。型芯上用来安放和固定型芯的部分，叫做型芯头，型芯头安放在型芯座内。浇注时，金属液从外浇口浇入，经直浇口、横浇口、内浇口流入型腔。

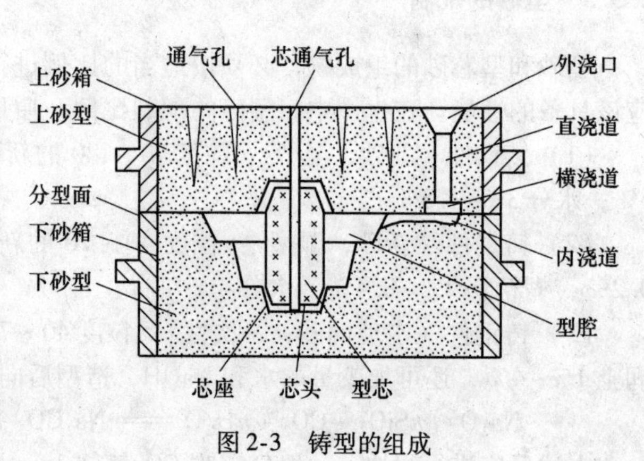

图 2-3 铸型的组成

型腔的最高处开有出气口，型腔上方的砂型中有用通气针扎成的通气孔，用来排出型腔中及砂型和型芯中产生的气体。通过出气口还可观察金属液是否已浇满型腔。

2.4.2 手工造型操作技术基本要点

（1）造型前，要准备好造型工具、选择适当的砂箱、擦净模样、备好型砂；

（2）摆放模样时，要注意起模斜度的方向和位置；

（3）开始填砂时，要先用手按住模样，并用手将模样周围的型砂塞紧，防止模样发生位移；如果砂箱较高，型砂应分几次填入；

（4）舂砂时，舂砂锤应按一定的路线均匀行进，用力要适当，并注意舂砂锤不能舂击在模样上；

（5）下砂型做好之后，必须在分型面上均匀地撒上一层无黏性的分型砂，然后再造上砂型；

（6）上砂型做好刮平后，应在模样投影面的上方均匀地扎好通气孔；

（7）浇口杯的内表面要修光，它与直浇道的连接处应修成圆滑过渡的表面；

（8）整个砂型做好之后，应在砂箱外壁两个相邻直角边的远距离的分型面处，粘敷一块砂泥，做出合箱记号（也叫合箱线），然后才能开箱起模；

（9）起模时，要先用毛笔沾点水，均匀地刷在模样周围的型砂上，以便增加这部分型砂的湿度；起模操作要精心平稳；

（10）起模后要精心修补砂型，并同时开出内浇道；

（11）修型完毕，即可合箱，准备浇注。

2.4.3 常见手工造型方法

2.4.3.1 整模造型

整模造型方法的特点是：模样是整体的，型腔全部位于一个砂箱内，分型面是平面。图 2-4 为轴承座铸件整模造型的基本过程。整模造型方法操作简便，铸型型腔形状和尺寸精度较好，故适用于形状简单而且最大截面在一端的铸件，如齿轮坯、皮带轮、轴承座之类的简单铸件，适合各种批量的生产。

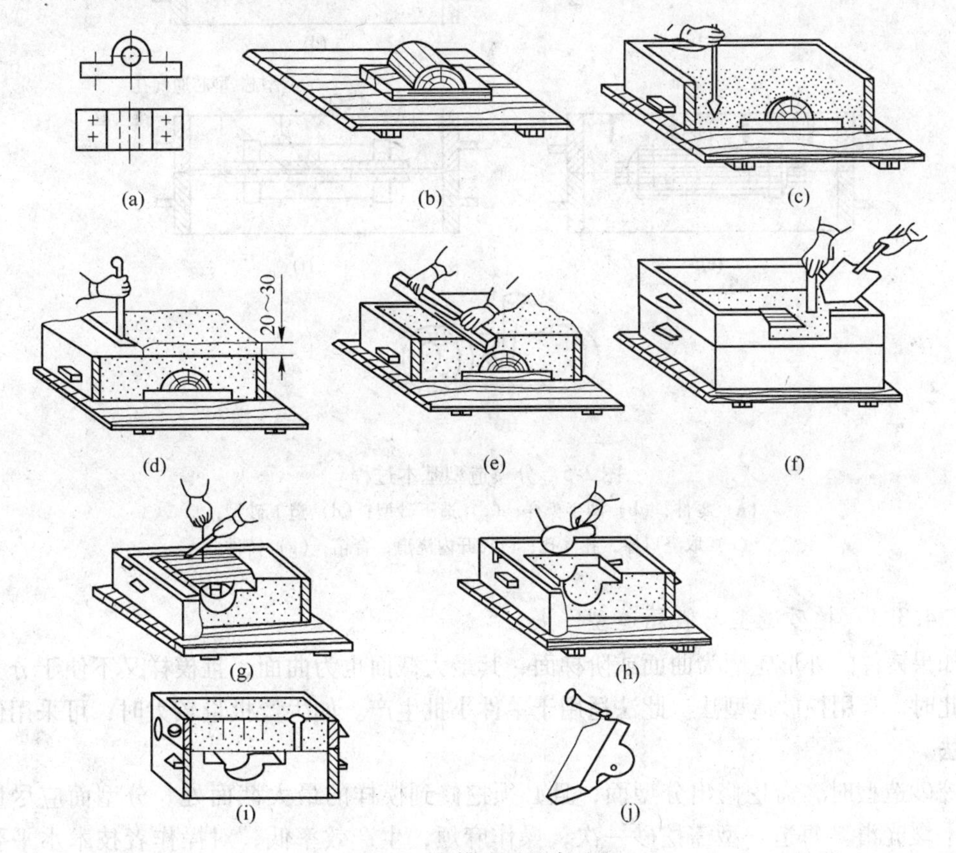

图 2-4 整模造型基本过程

（a）轴承座零件；（b）把木模放在底板上，注意要留出浇口位置；（c）放好下砂箱（注意砂箱要翻转），加砂，用尖头锤舂砂；（d）舂满砂箱后，再堆高一层砂，用平头锤打紧；（e）用刮砂板刮平砂箱（切勿用墁刀光平）；（f）翻转下砂箱，用墁刀修光分型面，然后撒分型砂，放浇口棒，造上砂型；（g）开箱、刷水、松动木模后边敲边起模；（h）修型、开内浇道，撒石墨粉；（i）合箱，准备浇注；（j）落砂后的铸件

2.4.3.2 分模造型

分模造型方法的特点是：模样在最大截面处分成两半，两半合拢时用定位销定位，两半模样分开的平面（即分模面）常常就是造型时的分型面。造型时，两半个模样分别在上、下两个砂箱中进行。这种造型方法适用于最大截面在中间的形状较复杂的铸件，特别适用于有孔的铸件，如套类、管类、曲轴、立柱、阀体、箱体等。因其操作方便，故应用广泛。图2-5为水管铸件的分模造型基本过程。

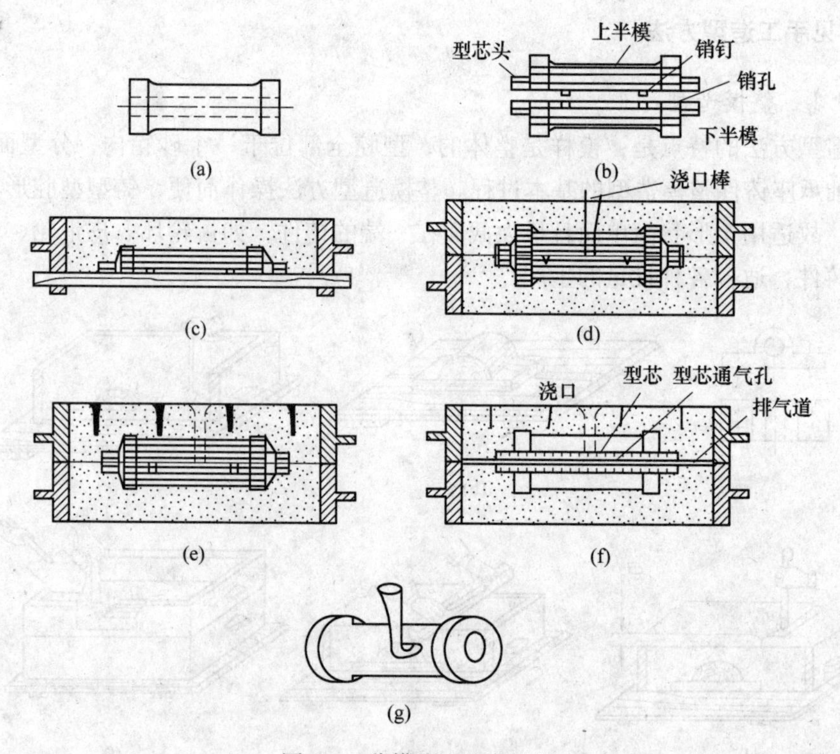

图2-5 分模造型基本过程

（a）零件；（b）两半模样；（c）造下砂型；（d）造上砂型；
（e）取浇口棒，扎气孔；（f）开内浇道，合箱；（g）铸件

2.4.3.3 挖砂造型与假箱造型

如果铸件的外形轮廓为曲面或阶梯面，其最大截面也为曲面，且模样又不便于分为两半。此时，常用挖砂造型法。此法适用于单件小批生产。如生产批量较大时，可采用假箱造型法。

挖砂造型时，需挖修出分型面，且必须挖修到模样的最大截面处。分型面应尽量挖修得平缓光滑。每造一型需挖砂一次，操作麻烦，生产效率低，对操作者技术水平要求高，铸件分型面处易产生毛刺，铸件外观及精度较差。图2-6为手轮的挖砂造型基本过程。

为提高生产率，可用成型底板代替平面底板，将模样放置在成型底板上进行造型，以省去挖砂操作。成型底板可用金属或木材制造，具体视生产批量而定。若生产批量不大时，可用含黏土量高的型砂舂紧制成砂质成型底板，称为假箱。在假箱上造出下砂型后，

再依照分模造型基本过程造出上砂型，这种造型方法叫假箱造型法，其基本过程如图 2-7 所示。假箱只用于造型，不参与合箱和浇注。

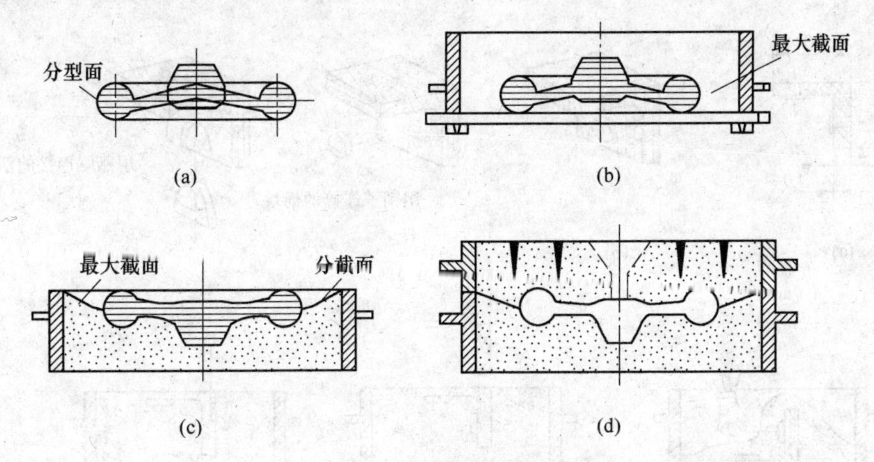

图 2-6 手轮挖砂造型基本过程

（a）手轮模样；（b）造下砂型；（c）翻箱挖出分型面；（d）造上砂型、起模、合箱

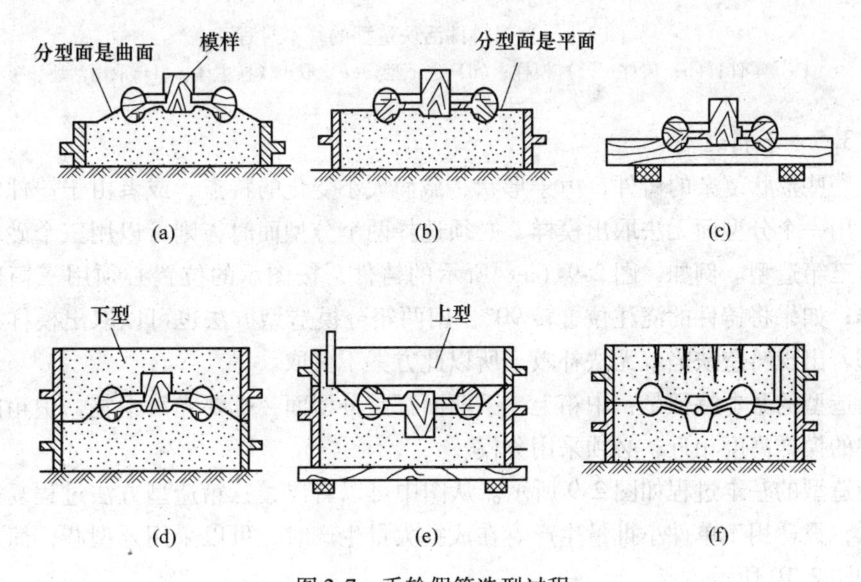

图 2-7 手轮假箱造型过程

（a）模样放在假箱上；（b）模样放在平面假箱上；（c）模样放在成型底板上；

（d）造下砂型；（e）翻转下型造上砂型；（f）合箱

2.4.3.4 活块造型

当铸件外表面的模样上，一处或几处有小凸台不能和模样的主体部分同时起模时，则可将这个小凸台做成分离可活动的（称为活块），活块与模样的主体部分，用一个可活动的销子连接起来，在造型过程中的适当时机再将销子拔出来。用这种带有活块的模样进行造型的方法叫活块造型。活块造型的基本过程如图 2-8 所示。采用活块造型方法时应注意以下几点：

（1）活块厚度 A（如图 2-8 所示）应小于模样主体上壁板厚度 B，否则活块取不出来；

（2）造型时，当将活块周围的型砂塞紧后，必须将连接活块的销子拔出来，否则起不出模样。

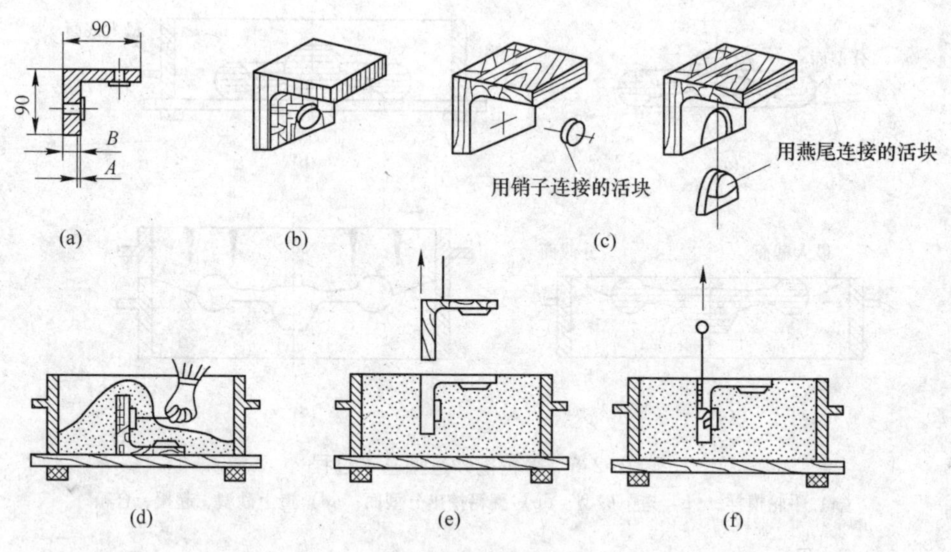

图 2-8 支架铸件活块造型的基本过程

（a）零件；（b）铸件；（c）模样；（d）造下型；（e）取出模样主体；（f）取出活块

2.4.3.5 三箱造型

对于一些形状复杂的铸件，由于形状、截面大小变化的特点，或者由于铸件的特殊技术要求，用一个分型面无法取出模样，必须选择两个分型面时，则可以用三个砂箱进行造型，称为三箱造型。例如，图 2-9（a）所示的铸件，按图示的位置必须用三箱造型才能取出模样；如果将铸件的浇注位置转 90°，用两箱分模造型方法也可以取出模样，但是在铸件上部若出现铸造缺陷就无法补救，所以此方案不可取。

三箱造型的基本特征是：中箱上、下两面都是分型面，都要光滑平整，中箱的高度应与中箱中的模样高度相近，必须采用分模。

三箱造型的基本过程如图 2-9 所示。从图中可以看出，三箱造型方法过程复杂，生产效率较低，只适用于单件小批量生产。在成批大量生产时，可以采用外型芯，简化成两箱造型，如图 2-10 所示。

2.4.3.6 刮板造型

用与铸件截面形状相适应的刮板制出所需砂型的造型方法称为刮板造型。刮板造型常用来制造回转体或等截面形状的铸件，如弯管、皮带轮等。当此类形状的铸件生产数量很少，而外形尺寸又较大时，采用刮板造型法可节省制造实体模样所需要的木材和工时，降低成本，缩短生产周期。刮板造型生产率低，要求操作技术水平较高，且全靠手工修出型腔轮廓，故得到的铸件尺寸精度较低。图 2-11 为皮带轮铸件刮板造型的基本过程。

刮板造型时根据铸件形状特点，刮板可以绕轴线转动，适用于回转体铸件，如图 2-11 所示。刮板也可以沿一定的导轨往复移动，适用于等截面的铸件。

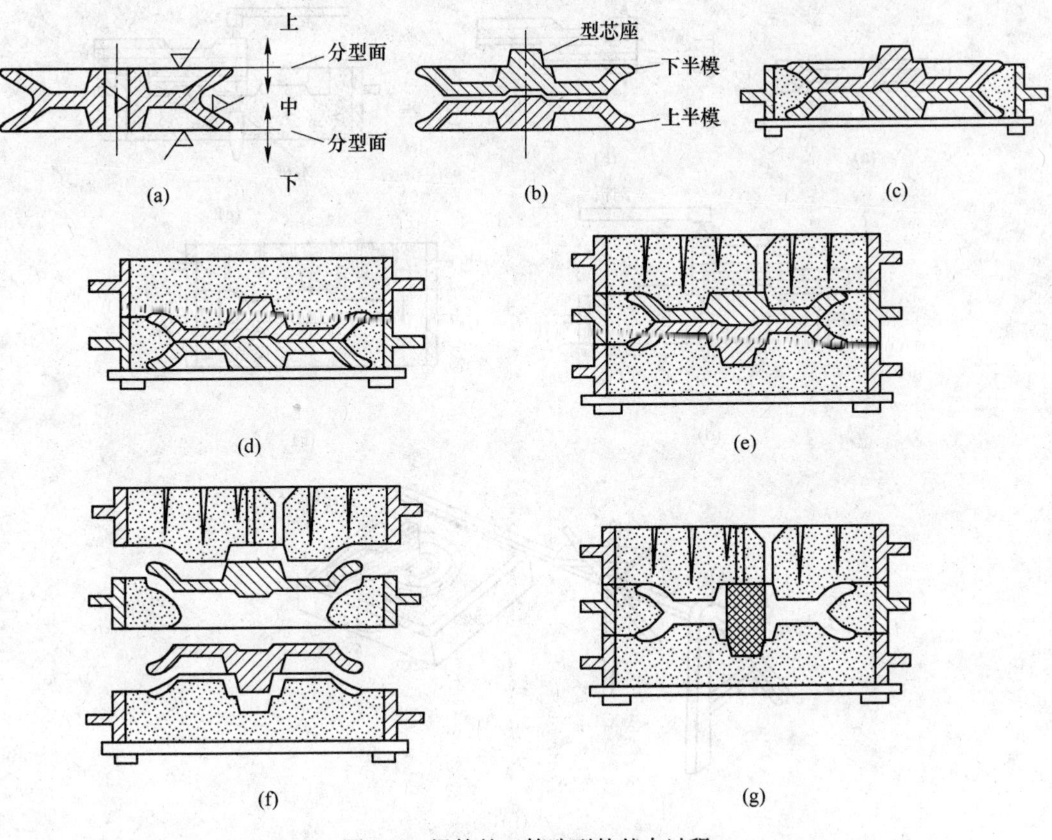

图 2-9 绳轮的三箱造型的基本过程

（a）绳轮零件；（b）模样；（c）造中砂型；（d）造下砂型；（e）翻箱造上砂型；（f）取上半模、下半模；（g）下型芯、合箱

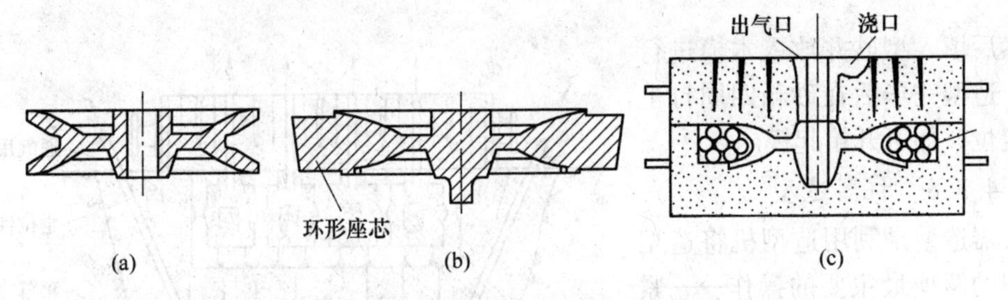

图 2-10 用外型芯法将三箱改为两箱造型

（a）槽轮零件；（b）模样（带有环型芯座）；（c）下芯合箱

2.4.3.7 地坑造型

在铸造车间里，用地面或地坑代替下砂箱进行造型的造型方法称为地坑造型，如图 2-12 所示。中、小型铸件地坑造型时，只要在地面上挖出一个相应大小的坑，填入型砂即可造型。大型铸件所需的大型地坑，一般设在车间里某一固定处，坑底及四周坑壁均用防水材料建造。造型时，先在坑底填入一定厚度的炉渣或焦炭等透气物质，铺上稻草，上面斜向上放置几根钢管，上管口必须略高出地面，以便使浇注时地坑内产生的气体排出坑

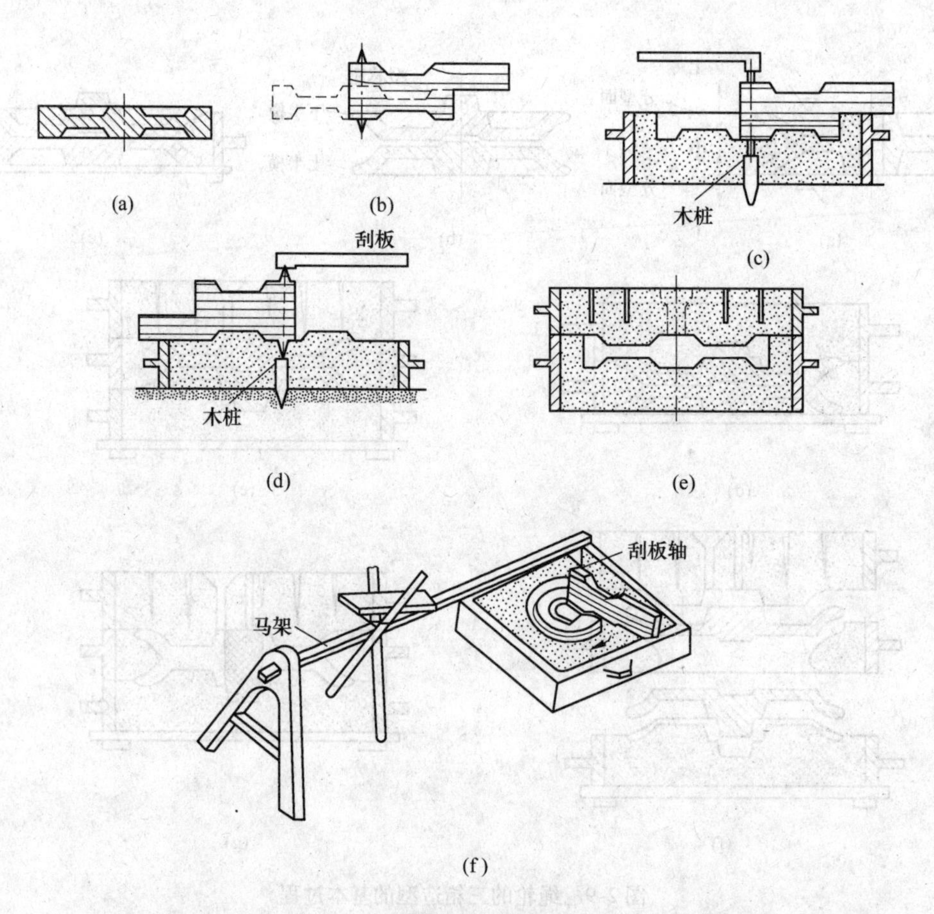

图 2-11 皮带轮刮板造型基本过程

（a）皮带轮零件；（b）刮板（轮廓与铸件对应）；（c）刮下砂型；
（d）刮上砂型；（e）合箱；（f）刮板固定

外，然后填入型砂并放入木模进行造型。造型完毕后在砂箱四周打上铁桩定位，即可开箱起模。

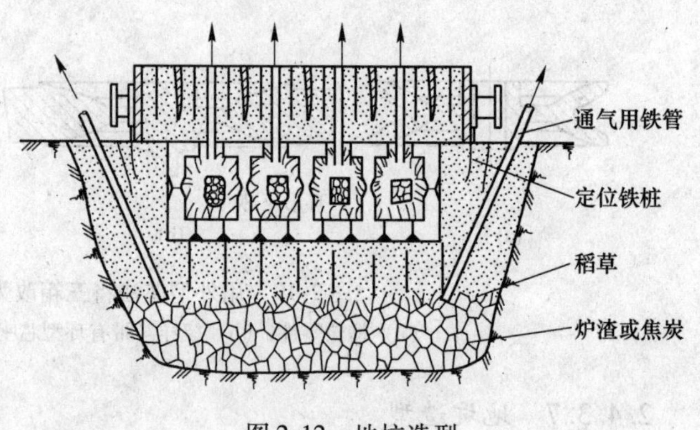

图 2-12 地坑造型

2.4.3.8 机器造型

机器造型是利用造型机将造型过程中的两项最主要的操作——紧砂和起模实现机械化的造型方法。其特点是：生产率高，每小时可生产几十箱乃至上百箱；对工人操作技术水平要求不高，易于掌握；造型时所用的砂箱和模板有定位导销准确定位，并由造型机精度保证实现垂直起模，铸件精度较高。

机器造型是现代化铸造车间生产的基本方式，是铸造生产的发展方向。机器造型一般是由专门造上砂型和专门造下砂型的两台造型机配对生产，因此机器造型只允许两箱造型。机器造型通常需用造型机、专用砂箱及模板，并由混砂机和型砂输送设备与之配套，故一次性投资费用较大，只适用于大量生产。图 2-13 为震压式造型机的造型过程。

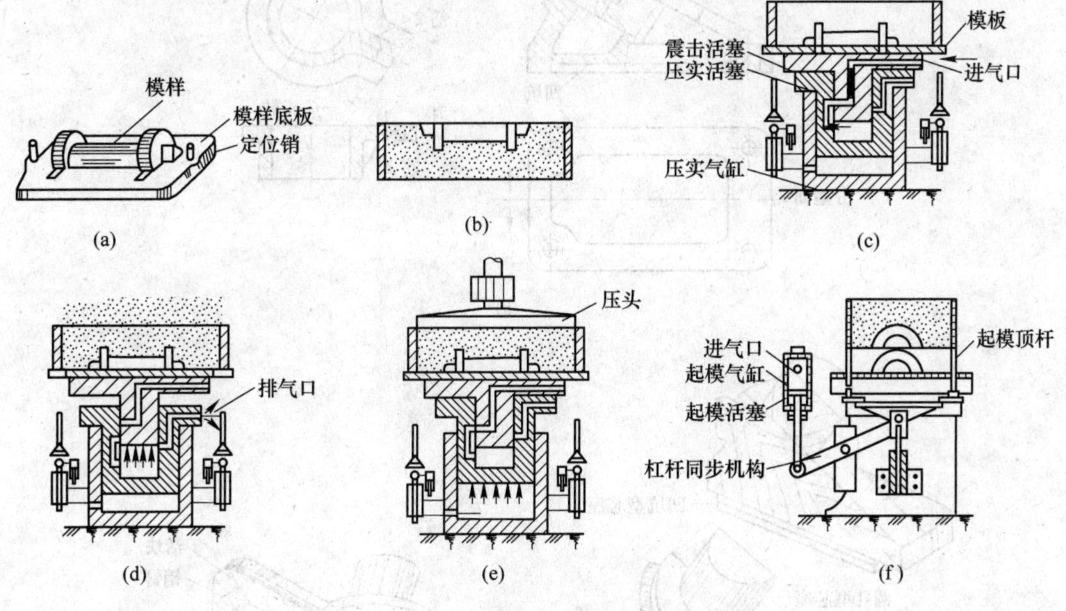

图 2-13 震压式机械造型过程

（a）水管铸件的下模板；（b）造好的下砂型；（c）压缩空气进入震击活塞底部，举起工作台；（d）排气、充气反复震击多次；（e）震击停止、压实；（f）起模顶杆上升，起模

2.4.4 典型铸件造型方法综合举例

在实际铸造生产中，铸件的形状多种多样，有的外形十分复杂，往往不能只采用单一的造型方法，在同一个铸件上往往需要综合使用多种造型方法。下面以典型铸件为例加以说明。

2.4.4.1 斜支座铸件造型方法分析

图 2-14 为斜支座零件，其外形上有耳、筋 1、筋 2、凸台、底部凹坑等。这些外表面上的凸凹不平结构，均妨碍造型时起模操作。在确定分型面时，应避免这些凸凹不平的外形结构妨碍起模，且分型面应尽量与铸件的最大截面重合。该斜支座的最大截面就是图 2-14（a）中通过筋 2 中心线及阶梯孔中心的平面，该平面是斜支座铸件唯一合理的分型面。这样分型的结果，其外形上的耳、筋 1、筋 2、凸台均能使模样顺利取出，阶梯圆孔用一个型芯形成，底面凹坑可采用如下两种方案作出：

（1）生产批量较大时用一个型芯形成，如图 2-14（b）所示；

（2）单件或少量生产时，可将凹坑四周的凸缘做成活块，如图 2-14（c）所示。

根据以上分析，该斜支座铸件的造型方法基本上属于分模造型。

2.4.4.2 减速箱底座的造型方法分析

图 2-15 为减速箱底座零件。其外形较斜支座为复杂，它的外形表面凸凹不平部分更多，有四条侧壁加强筋、油标孔凸台、放油孔凸台、四个装配螺栓孔凸台、四个轴承半圆

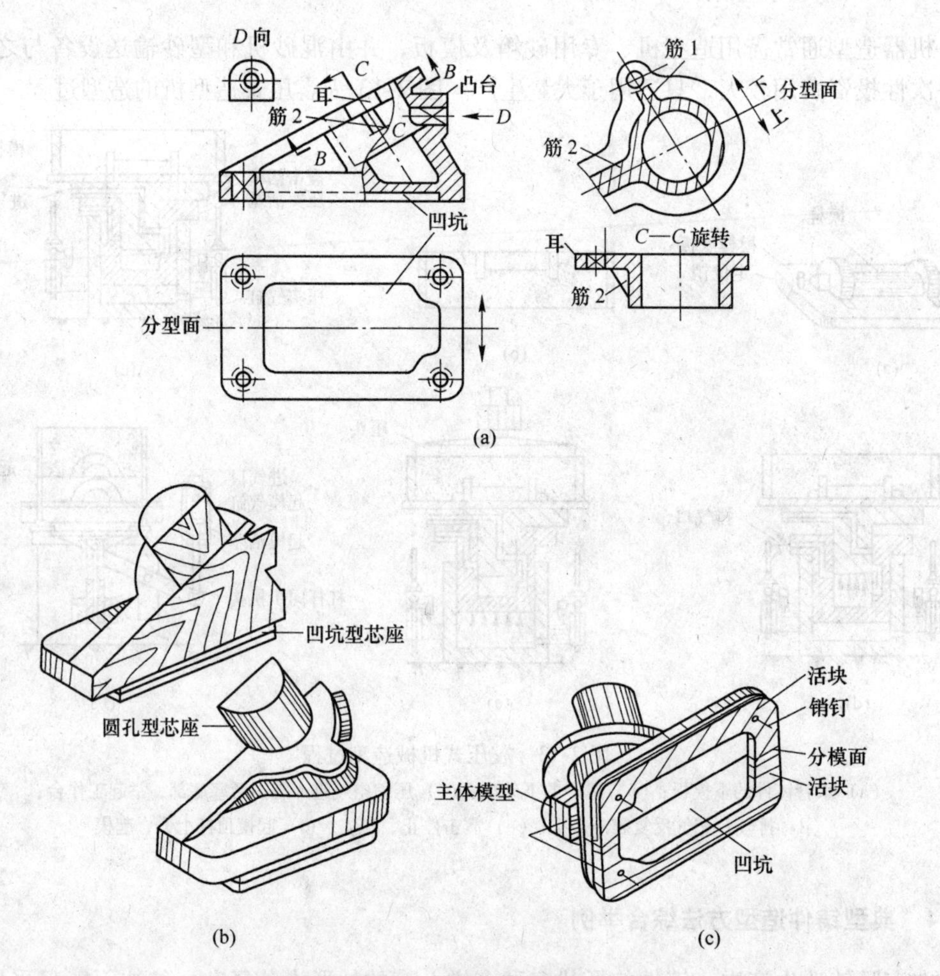

图2-14 斜支座铸件的两种造型方法

（a）斜支座零件图（图中打×处为不铸出孔）；（b）用型芯形成凹坑的木模；（c）用活块形成的木模

孔、地脚底板凹入面，内腔为齿轮箱长方孔。

此件的最大截面有三个：通过长方孔长轴线的对称面——*F*面；减速箱底座与箱盖的装配面——*M*面；地脚底板面——*N*面。这三个面作分型面时，均不妨碍起模。下面分两种方案进行分析：

（1）A分型方案。如图2-16（a）所示，采用*M*面和*N*面为分型面，采用三箱造型，铸件整体轮廓全部在中箱内。图中*M*面及*N*面上的箭头及上、中、下分别表示上箱、中箱、下箱。模样沿图中分模面处分成两块——上模和下模，长方孔用型芯形成，型芯座用销子与下模连接，并将油标孔凸台和放油孔凸台做成活块，*N*面凹下处采用挖砂。此方案既可保证顺利起模，便于下型芯操作，保证型芯的稳固性，又可使重要表面*M*面的铸造质量得到保证。此造型方案是三箱、活块、挖砂、分模等造型方法的综合应用。

（2）B分型方案。如图2-16（b）所示，采用*F*面为分型面，将模样分成上下对称的两半，铸件的外形轮廓分别由上砂型和下砂型共同形成，外形上的所有凸凹部分均不影响起模，属分模造型，其造型操作简单。但是，该方案铸件在分型面处有接缝，影响外观质量；且型芯在型腔内为悬臂式放置，稳固性差；上砂型和中砂型有吊砂，易产生塌箱等缺陷。

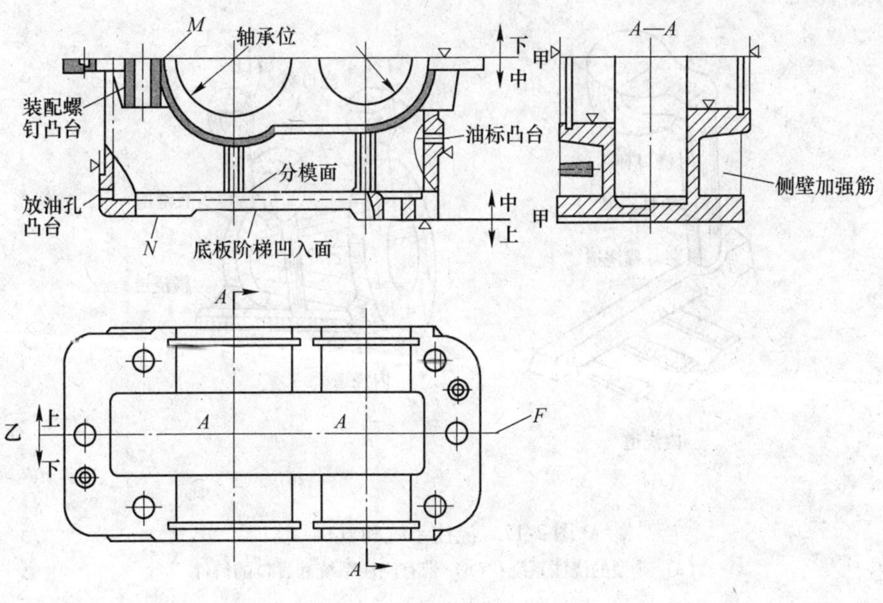

图 2-15　减速箱底座零件

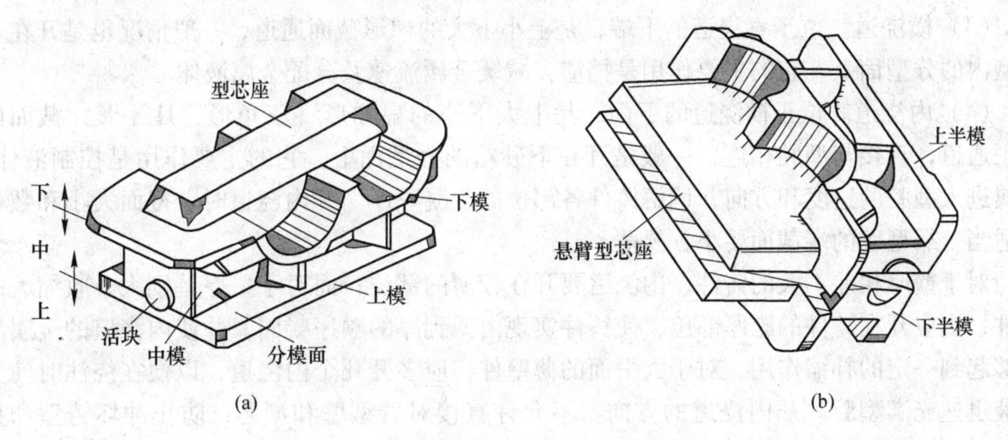

图 2-16　减速箱分型方案
(a) A 分型方案；(b) B 分型方案

2.4.5　浇注系统和冒口

液态金属流入铸型型腔之前所经过的一系列通道称为浇注系统。它主要包括：外浇道、直浇道、横浇道、内浇道，如图 2-17 所示。

浇注系统应该起到以下三方面的作用：第一，能平稳地将金属液体导入并充满型腔，防止液体流冲坏型壁和型芯；第二，能防止渣、砂粒进入型腔，发挥挡渣的作用；第三，调解铸件各部位的温度和凝固顺序，起到一定的补缩作用。从这个意义上讲，出气口或冒口也可以算作浇注系统的组成部分。浇注系统各部分的作用具体如下。

(1) 外浇道又称浇口杯。形状多为漏斗形或盆形，后者应用于大型铸件。外浇道的主要作用是缓和液态金属流的冲击力、接收液态金属、并使熔渣浮于上面。因此要求外浇道的内表面要光滑，转弯处要圆滑过渡。

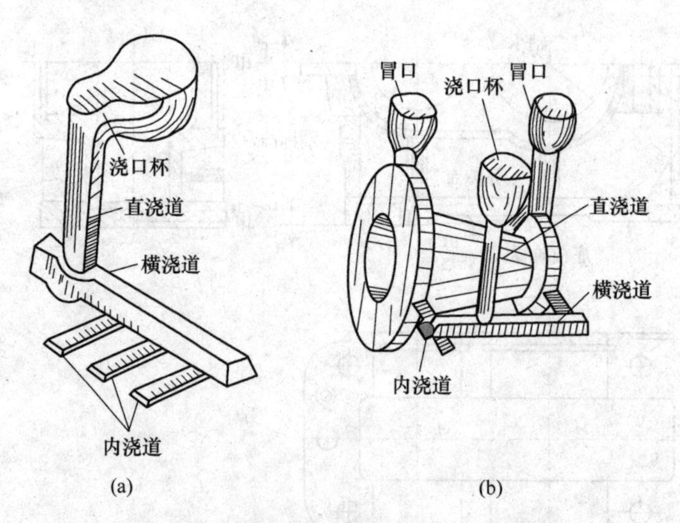

图 2-17 浇注系统和冒口

（a）典型的浇注系统；（b）带有浇注系统和冒口的铸件

（2）直浇道。是一个上大下小的圆锥形垂直通道，一般是开在上砂型内。

（3）横浇道。位于直浇道的下端，是上小下大的梯形截面通道，一般情况也是开在上砂型内的分型面上。它的主要作用是挡渣、减缓金属流速及分配金属液体。

（4）内浇道。位于横浇道的下面，是上大下小的扁梯形（三角形、月牙形）截面的水平通道，直接与型腔相连，一般是开在下砂箱的分型面上。它的主要作用是控制液体，金属进入型腔的速度和方向，调解铸件各部位的冷凝顺序。开内浇道时，截面大小和数目要适当，靠型腔的端截面要小、要薄。

对于壁厚相差不大的铸件，内浇道要开在较薄的部位；而对于壁厚差别大、收缩大的铸件，则应开在铸件的肥厚部位，使铸件实现由薄到厚的顺序凝固，并使内浇道的金属液能够起到一定的补缩作用。对于大平面的薄壁件，应多开几个内浇道，以便在浇注时使金属液迅速充满型腔。开内浇道的方向，不允许直接对着型壁和型芯，防止冲坏铸型和型芯，造成铸件夹砂。在铸件的重要加工表面、粗定位基准面和特殊重要部位，在设计时可在技术要求中加以说明不许设置内浇道的位置。

（5）冒口。应开在型腔的最厚实和最高的部位，并使冒口内金属液最后凝固，形状多为圆柱形、方形或腰圆形，其大小、数目及位置视具体情况而定。冒口主要用于中大型厚壁铸件和铸钢件金属液凝固时的补缩，还可排出型腔中的气体。如果浇入型腔中的金属液中有熔渣、砂粒等杂质，也可以从冒口向上浮出。同时，浇注操作者还可通过冒口观察到金属液是否已充满型腔。

2.4.6 手工造芯

型芯常用型芯盒手工造芯，也可用刮板造芯、或用造芯机和射芯机造芯。为了保证型芯的使用性能，除了要选用质量高的原砂和特殊的黏结剂外，在造芯工艺中要采取以下工艺措施。第一，在型芯内要放型芯骨。型芯骨的作用类似钢筋混凝土中的钢筋，能提高型芯的强度。小型芯的型芯骨，一般是用铁线做成；尺寸特大的型芯骨都用铸铁铸成。第二，通气孔要贯通。小型芯用通气针扎通气孔；大型芯要埋入粗铁线或光滑的蜡绳，造好型芯后再将铁线抽出或将蜡绳熔化。通气孔必须贯通，并且要通到型芯头以外。第三，必须涂上涂料并进行烘干。将滑石粉（用于非铁金属）、石墨粉（用于灰铸铁）、石英粉和镁砂粉（用于铸钢）混入适量黏结剂（如黏土、糖浆、亚硫酸盐溶液、煤油、酒精、水等）调成糊状，涂在型芯的表面，提高型芯的耐火度。涂完涂料之后要将型芯烘干，以提高型芯的强度和透气性。其操作过程如图 2-18 所示。

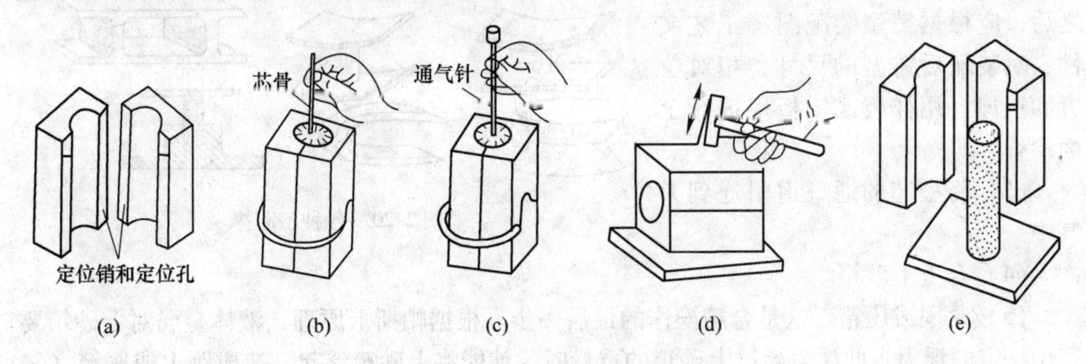

图 2-18　用芯盒造芯的基本过程
（a）芯盒；（b）舂砂、放芯骨；（c）刮平、扎气孔；（d）敲打芯盒；（e）开盒取芯

2.4.7　合箱

将砂型和型芯配在一起组成铸型的工序叫做合箱。合箱是制造铸型的最后一道工序，如果操作不当，浇注后可能造成金属液体沿分型面外流（又称跑火）、发生错箱、产生气孔和砂眼等缺陷。

合箱的基本操作过程是：

（1）下型芯。下型芯是合箱工序的第一步，下芯前应认真检查砂型有无破损，型腔内有无散落砂粒和脏物，浇口是否修光，型芯是否烘干，通气孔是否畅通等等，此外还应按图样检查好砂型和型芯的形状和尺寸。下型芯时，一般都是将型芯头坐落在下砂型中的型芯座内，也有的将型芯悬吊在上砂型的适当位置（称为吊芯），如图 2-19（b）所示。如果因型腔形状所限，单靠型芯头不能使型芯牢固定位时，可以采用低碳钢、铸铁等材料特制的型芯撑来加以固定。型芯撑可以制成各种形式（见图 2-20），使用时要根据实际情况

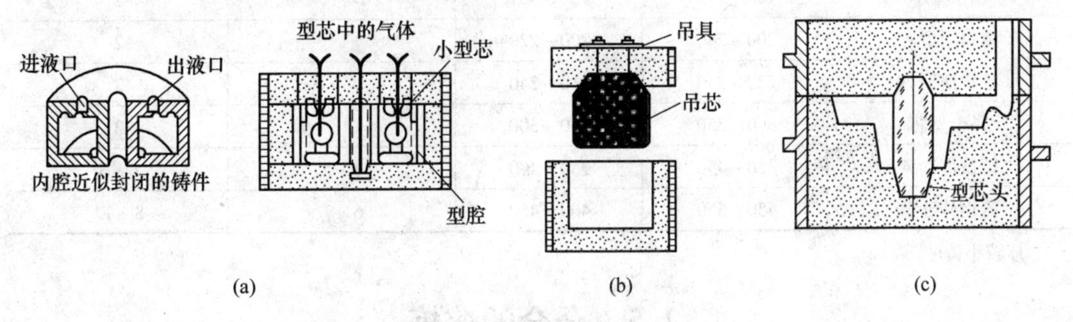

图 2-19　型芯的固定方式
（a）用型芯撑固定；（b）用吊芯；（c）用型芯头固定

进行设计和选择。

为便于和铸件熔合在一起，型芯撑的表面都镀上一层锌或锡，但仍常有渗漏的情况。气密性要求高的铸件，应尽量不用型芯撑。

（2）进行装配检查。下完型芯之后，应根据铸型装配图等工艺文件，对装配后铸型的尺寸、相对位置和壁厚，用样板或钢板尺进行全面检查。

（3）将型芯的通气道引通到大气中。

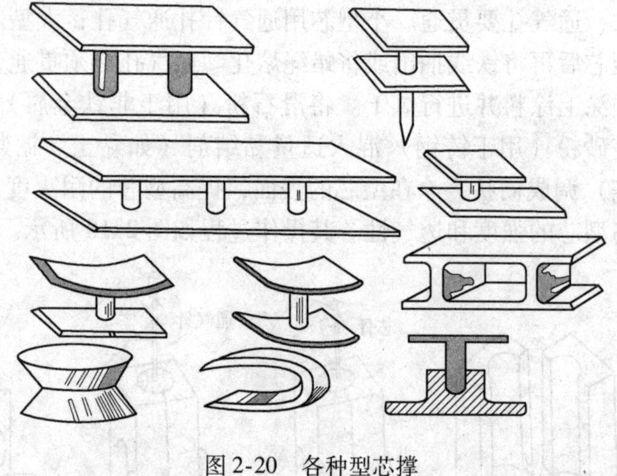

图 2-20 各种型芯撑

（4）合上上砂箱。

（5）紧固或压箱。这是合箱操作的最后一步。根据帕斯卡原理，液体金属对上砂箱要产生一定的浮力，此浮力超过上砂箱的重量时，就能将上砂箱浮起，造成跑火或胀箱（铸件高度增加）。因此合箱后，必须将上、下砂箱紧固在一起或者用配重压铁将上砂型压住。根据经验，配重压铁重取铸件质量的 1.5 ~ 3 倍。

2.4.8 砂型和型芯烘干

湿型浇注时由于型砂湿、强度较低，发气量大，容易使铸件产生砂眼、夹砂、粘砂和气孔等缺陷，特别是对于较大的铸件，质量难以保证，因此有些铸件就要采用干型（将砂型和型芯进行烘干）。

烘干的温度和时间，对砂型和型芯质量有很大的影响。如果温度低、时间短，起不到烘干的作用；而温度过高、时间过长，会使黏结薄膜分解，降低了黏结薄膜的强度。常用砂型和型芯的烘干温度和烘干时间见表 2-1。

表 2-1 砂型和型芯的烘干温度和时间①

砂型和型芯类别	烘干温度/℃		燃烧室工作时间/h	烘干时间/h
	最高的温度	适宜的温度		
糖浆型芯	150 ~ 175	150 ~ 157		2
植物油型芯	200 ~ 240	200 ~ 220		2
矿物油型芯	220 ~ 240	210 ~ 240		2
黏土型芯	300 ~ 350	250 ~ 300		3
铸铁件砂型	350 ~ 450	350 ~ 400	4 ~ 5	6 ~ 8
铸钢件砂型	450 ~ 550	400 ~ 450	6 ~ 7	8 ~ 12

① 较小铸件。

2.5 合金的熔炼

合金熔炼操作对铸件质量有很大的影响，如果操作不当会使铸件因成分、性能不合格而报废。对液态合金的主要要求是：应具有足够高的温度；化学成分应符合要求。

2.5.1　铸铁的熔炼

铸铁的熔化，常在冲天炉内进行，也可用工频或中频感应电炉。用冲天炉熔化的铁水质量虽然不及电炉好，但冲天炉设备简单、操作方便、熔化效率高，燃料消耗的少。

2.5.1.1　冲天炉的构造

冲天炉是圆柱形竖炉，其炉身由炉外壳和炉内衬构成。炉外壳是由钢板焊接而成，炉内衬由耐火砖砌成，如图2-21所示。炉身上部有加料口、烟囱、火花罩（除尘装置），下部有风带和风口。鼓风机鼓出的风经风管进入风带，再经风口鼓入炉内，供炉内焦炭燃烧使用。风口一般不止一排，其中直径最大的一排风口为主风口，其余各排为辅助风口。风口以下部分称为炉缸，炉内熔化的铁水过热后经炉缸流入前炉。前炉的主要作用是储存铁水，同时使铁水成分更加均匀。前炉通过过桥与炉缸连通，在前炉下部有出铁口，侧上方有出渣口。炉身一般装在炉底板上，炉底板由四根粗大的炉支架支撑，炉底板中间装有炉底门，当修好炉后炉底门关闭，用炉底支撑撑住。

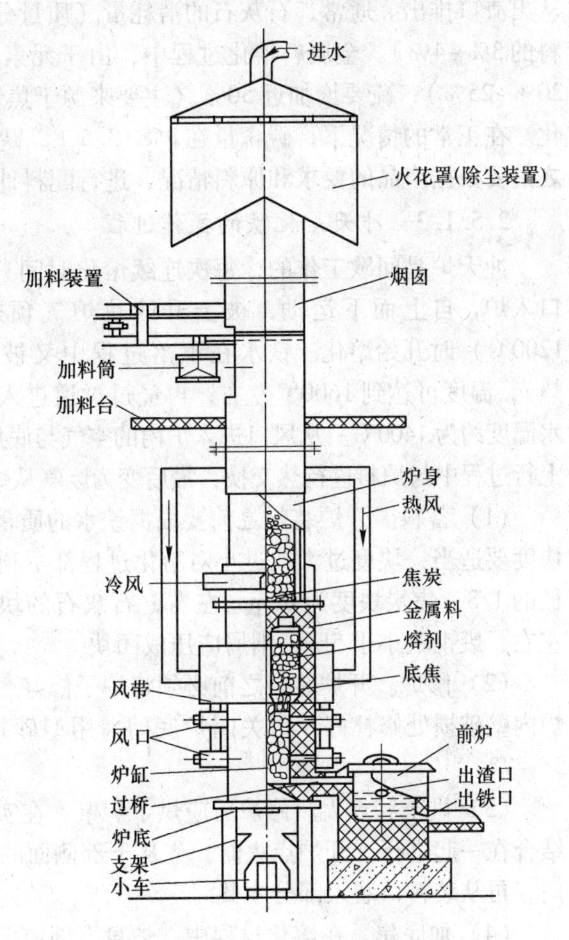

图2-21　冲天炉的构造

冲天炉的大小用熔化率表示，即每小时熔化铁水的数量。常用的冲天炉为1～10t/h不等，而以2～5t/h的冲天炉最为常见。

2.5.1.2　冲天炉熔炼用的炉料

冲天炉熔炼用的炉料包括金属炉料、燃料和熔剂三部分。

（1）金属炉料。金属炉料有标准生铁（号铁）、回炉料（浇冒口及废铸件）、废钢及铁合金（硅铁、锰铁等）。标准生铁是高炉冶炼的产品，是冲天炉炉料的主要部分；利用回炉料可以降低铸件的成本。加入废钢主要降低铁水的含碳量；加入铁合金是用来调整铁水的成分。各种金属炉料的加入量，是根据铸件的成分要求及熔化时各元素的烧损量来计算的。

（2）燃料。冲天炉使用的燃料主要是焦炭。焦炭燃烧的程度直接影响着铁水的温度和成分。在熔化过程中要保持底焦有一定的高度，所以每批炉料中必须加入一定量层焦，以补偿底焦的烧损。每批金属炉料与层焦重量之比称为铁焦比，一般在10∶1左右。也可以用煤粉、无烟煤块、重油、煤气等作为冲天炉的燃料。

(3) 熔剂。冲天炉所用的熔剂主要是石灰石($CaCO_3$),有时也加入少量的氟石(CaF_2)。在冲天炉化铁过程中,由于焦炭中的灰分、金属料上的粘砂、元素的烧损及炉衬侵蚀等原因形成高熔点炉渣,黏度很大,如不及时排出就会黏附在焦炭上,影响焦炭的燃烧。加入熔剂的作用就是降低炉渣的熔点,使渣变稀,增加渣的流动性,便于渣铁分离,从出渣口排出。通常,石灰石的消耗量(质量分数)约占焦炭量的25%~30%(或占金属料的3%~4%)。金属料熔化过程中,由于元素的烧损(硅被烧损10%~15%,锰被烧损20%~25%),硫要增加近50%(主要来源于焦炭中含的硫),铁水的成分要发生一定的变化。在正常的情况下,碳含量在3%~3.5%,磷变化很小。为了保障铁水的成分,在熔化之前要根据产品的要求和原料情况,进行配料计算。

2.5.1.3 冲天炉化铁的操作过程

冲天炉是间歇工作的,每次连续熔化时间只有8h左右。在熔化过程中,炉料从加料口入炉,自上而下运动,被上升的热炉气预热,下行至熔化带(底焦上部、温度约1200℃)时开始熔化。铁水在下落过程中又被高温炉气和炽热焦炭进一步加热(称过热),温度可达到1600℃左右,再经过过道进入前炉(温度略有降低)。由前炉放出的铁水温度约为1400℃。从风口进入炉内的空气与底焦燃烧后形成高温炉气,自下向上流动,在上行过程中与炉料进行热交换,最后变为废气从烟囱排出。冲天炉熔化操作的基本过程是:

(1) 备料。开炉装料之前要根据铁水的质量要求和炉料配比来准备炉料。各种炉料的块度要适当,块度过大或过小对熔化过程都不利,一般规律是:金属料的长度小于炉子内径的1/3,焦炭块度为60mm左右,石灰石的块度为50mm左右,铁合金的块度为50mm左右,废钢块小于5kg,钢屑应压成团块。

(2) 修炉。开炉装料之前必须将炉子修好。修炉的过程是:先用耐火材料将炉身和前炉内壁破损处修补好,再关闭炉底门,用型砂打结炉底,并要保证炉底向过道方向倾斜5°~7°。

(3) 烘干和点火。修炉后应烘干炉壁。在实际生产中都将烘烤后炉的工作与开炉点火结合在一起进行。开炉点火时,先从下部侧面的工作门装入刨花和木柴,点燃后封闭工作门,再从装料口装入部分木柴。

(4) 加底焦。在熔化过程中,炉身下部应保持一定高度的炽热焦炭层,以便获得过热的铁水,此层焦炭称为底焦。一般要求底焦高度保持在主风口(最下一排风口)以上0.6~1m的高度。木柴烧旺之后先加入2/3的底焦,焖火一段时间后再加入其余的底焦并同时送风,使焦炭燃烧,待底焦全部被烧红之后就暂时休风。

(5) 加批料。休风后立即按熔剂、金属料、焦炭的顺序加批料,一直加到与加料口平齐。计算批料的基础是层铁(号铁、回炉铁和废钢),每批层铁质量约为每小时化铁量的1/10,而批料的质量配比是熔剂:层铁:焦炭约为1:30:3。

(6) 鼓风熔化。批料加完之后,打开风口盖放出CO气体,待炉料被预热15~30min后鼓风,关闭风口盖。鼓风10min左右铁料开始熔化(从主风口可见到铁水滴落),同时也形成熔渣。铁水、熔渣渐渐由炉缸经过道流入前炉积存起来。

在熔化过程中,要勤通风口,保持风口发亮;要勤看加料口,保持炉料与加料口平齐;要保持底焦高度不变;要注意观察出渣口和出铁口;要保持风量、风压稳定。

（7）放渣出铁。鼓风熔化半小时左右，熔渣便可从出渣口排出，此时就可打开出铁口，放出第一包铁水，但此时铁水温度不高，质量差，只能浇注一些不重要铸件或倒掉。放出这部分铁水后，将出铁口堵上。当前炉里积存足够的铁水后，再按时出铁，出炉铁水温度达1350℃左右，每隔一定时间放一次铁水，浇注铸件，直至完毕。

（8）停风打炉。估计炉内铁水够用时，便可停止加料和送风，当把铁水和熔渣出净以后，打开炉底门，使残余炉料落下，喷水熄灭余火，整个熔炼操作结束。

2.5.2　铸钢的熔炼

铸钢的熔点高、流动性差、收缩大及易于产生偏析，高温时易于氧化和吸气，其化学成分要求严格。为了保证铸钢的质量，铸钢多采用感应电炉和电弧炉熔炼。感应电炉熔化金属，加热速度快，炉温可调节，金属不与燃烧介质接触，合金元素烧损少，铸钢化学成分容易控制。同时可根据需要在炉中配加一些合金元素，调整铸钢的化学成分。

用感应电炉炼钢时，应先备好炉料，如废钢、回炉料、添加合金和熔剂。炉料分几次加入坩埚内。第一次加入总量的1/3，等块大一些的废钢或回炉料熔化后，再加入其他炉料。待炉料全部熔化后再升温，加入合金后，加铝脱氧，经化验合格后方可出炉浇注。图2-22为中频感应电炉示意图。

电弧炉是利用电极间产生电弧，把电能转化为热能来进行炼钢的一种方法，应用很普遍。它具有加热能力强，可炼钢种多，熔炼周期短；可以人为控制炉气性质和造还原炉渣，铸钢质量高；开炉、停炉方便。主要缺点是耗电大，钢液气体含量多，钢液温度不均等。图2-23为三相电弧炉示意图。

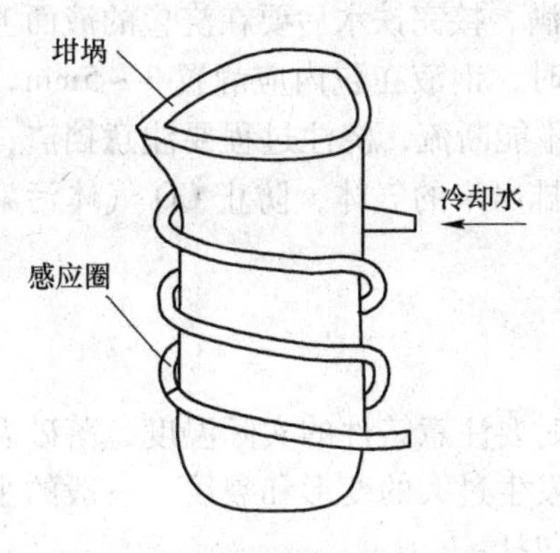

图2-22　中频感应电炉示意图

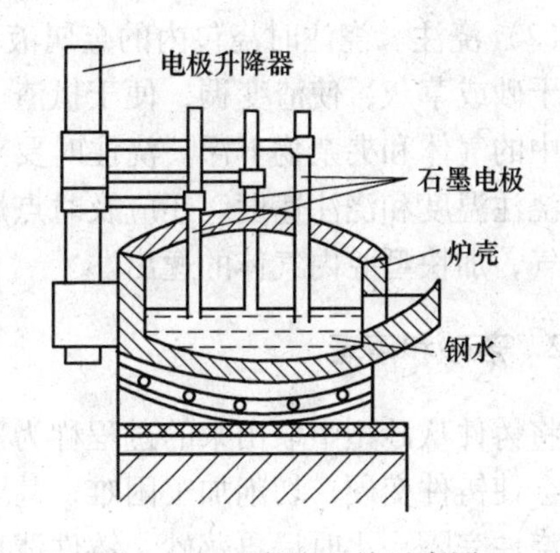

图2-23　三相电弧炉示意图

2.5.3　铝、铜合金的熔炼

铸铝、铸铜是工业中应用最广泛的非铁金属。由于其熔点低，熔炼时易于氧化、吸气，元素易于蒸发烧损，常用焦炭坩埚炉、电阻坩埚炉和感应电炉熔炼。

焦炭坩埚炉是常见的一种坩埚炉。用焦炭作燃料，成本低。但是有害气体和粉尘对环境有一定污染，炉温不易准确控制，因此主要用于熔炼对质量要求不高的非铁合金。

电阻坩埚炉带有电子电位差计，能对炉温进行准确地控制。炉内杂质气体少，合金的成分容易控制，因而熔炼的合金质量高。其缺点是耗电多，成本较高。它主要用于熔炼对质量要求高的铝、铜合金。图2-24为坩埚炉示意图。

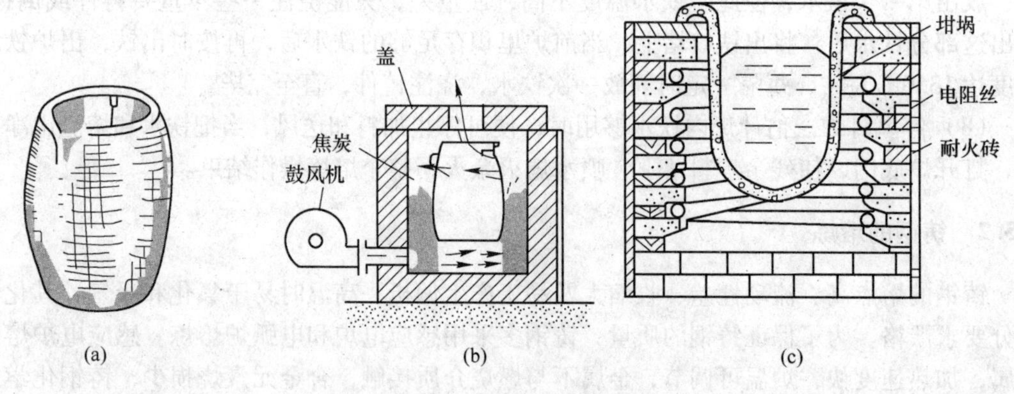

图2-24 坩埚炉示意图

(a) 坩埚；(b) 焦炭坩埚炉；(c) 电阻坩埚

2.6 铸件的浇注、落砂、清理及缺陷分析

2.6.1 铸件的浇注

将液态金属浇注到铸型型腔内的过程叫做浇注。

(1) 浇注前的准备。浇注前应该清理浇注的场地、检查铸型的紧固情况或配重压铁、修补和烘烤浇包。对于铸钢用的浇包要烘烤到800℃以上。

(2) 浇注。浇注时浇包内的金属液不要装得太满，接完铁水后要在浇包的液面上撒上一层干砂或草灰，使渣变稠，便于扒渣。浇注铸钢时，钢液在包内应静置3~5min，便于钢液中的气体和夹杂物上浮。浇注时要对准浇口，不能断流，浇注过程要注意挡渣，要控制好浇注温度和浇注速度。还应及时点燃从型腔中排出来的气体，防止CO气体污染车间的空气，加快型腔内气体的逸出。

2.6.2 落砂和清理

将铸件从砂型中取出来的过程称为落砂。落砂时要注意铸件的实际温度，落砂温度过高，会使铸件变硬，切削加工困难，甚至能使铸件发生过大的变形和裂纹。一般的小铸件应在浇注完隔一小时后再落砂。铸件清理工作主要包括：

(1) 切除浇、冒口。对于铸铁脆性材料，可用铁锤敲掉浇、冒口，但要注意敲击的方向，不能损坏铸件，不能伤到人。铸钢的浇、冒口和较厚的飞边，要用气割的方法割掉。

(2) 清除型砂。铸件表面往往粘着一层被烧焦的砂子，必须清理干净。清砂工作可用錾子，风铲和钢丝刷等手工工具进行，有条件的要用清理滚筒、喷砂器、抛丸机等机械进行。清理滚筒是简单又普遍应用的清砂机械，滚筒有圆形和多角形之分，为了提高清理效率和效果，可在滚筒中装入一些高硬度的白口铁铁星或清理下来的铁边，当滚筒转动时，铁星和铁边对铸件进行碰撞、摩擦，将铸件清理干净。抛丸清理滚筒以3r/min的转速转动，内壁护板上的斜筋不断地翻动铸件，使铸件表面均匀地被从抛丸器所抛射出来的铁丸所清理。

（3）铸件的修整。清除粘砂的铸件，还要用手提砂轮机、錾子、风铲等工具，将分型面处和型芯头处的金属飞边、毛刺及浇、冒口处的残痕除掉、修平。

2.6.3　铸件的缺陷分析

由于铸造生产工序多，影响因素复杂，从零件设计、选材到铸造工艺过程都可能使铸件产生缺陷。了解常见的铸件缺陷及产生原因，对症下药，合理地设计铸件结构，合理地选择铸造工艺，对提高铸件质量及降低生产成本都是十分重要的。铸件常见缺陷、特征及产生的原因见表2-2。

表2-2　铸件的主要缺陷、特征及产生原因

缺陷名称	图　例	特　征	产生的主要原因
气孔		出现在铸件内部或表面，呈圆形、梨形或其他形状，其内壁光滑	1. 舂砂太紧，型砂透气性差； 2. 起模时刷水过多； 3. 型芯通气孔堵塞或型芯未烘干
砂眼		铸件表面或内部有型砂充填的小凹坑	1. 型腔或浇道内散砂未吹净； 2. 型砂未舂紧，型芯强度不够，被铁水冲坏带入； 3. 合箱时砂型局部被破坏
渣眼		铸件上表面有不规则的并含有熔渣的孔眼	1. 浇注时挡渣不良； 2. 浇注温度太低，熔渣不易上浮； 3. 浇道尺寸不对，挡渣不良
冷隔		铸件外表面似乎已融合，但实际并未融合，有缝隙或洼坑	1. 铸件太薄，金属液流动性差或浇注温度过低； 2. 浇注速度太慢或浇注过程中有中断
裂纹		在铸件表面或内部有裂纹，多产生于尖角处或厚薄交接处	1. 型砂、型芯退让性差； 2. 金属液中硫磷含量高； 3. 铸件结构不合理，壁厚相差过大，冷却不均匀； 4. 浇道位置开设不当
白口		灰铸铁件断面呈银白色，硬、脆，难以切削加工	1. 铁水化学成分不对； 2. 过早落砂，使铸件冷却太快； 3. 壁厚过小

2.6.4 铸造残余应力测试

铸件凝固后的冷却过程中，将要产生固态收缩。如果固态收缩受阻，即会在铸件内部产生内应力，这些残余应力是使铸件产生变形和裂纹的主要原因。

(1) 实验目的。

1) 学会用应力框试样测定残余内应力的方法，对残余内应力的存在有一个感性认识。

2) 了解内应力产生原因、分布特点及影响因素。

3) 学会分析残余应力的类型和大小，以及铸件可能发生的变形。

(2) 实验操作。

1) 每组用灰口铸铁或铝合金浇注两个应力框，如图 2-25 所示。其中一个要去应力退火（人工时效）。在应力框中间 $\phi20$ 杆上打上两点标记，测得其长度为 L_0。

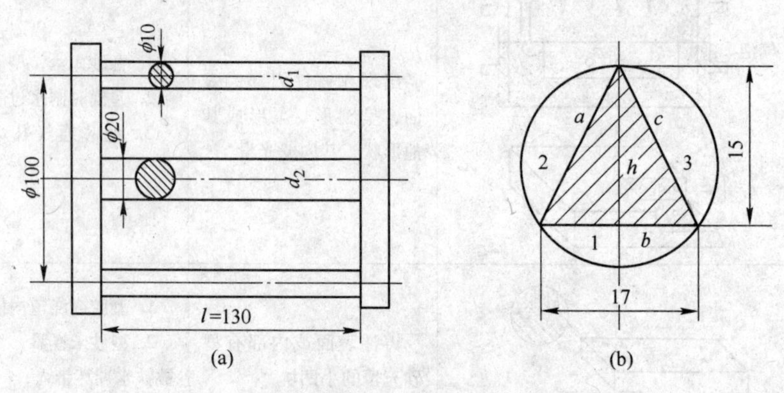

图 2-25 应力框外形及断口形状

2) 在打标记的两点之间，用手锯锯断，按图 2-25（b）顺序（1→2→3）把断口锯成三角形，锯到内应力作用断开为止，快要锯断时要慢锯以减少误差，体会内应力的存在。

3) 用卡尺测量出两点标记之间距离 L_1，量三次取平均值。

4) 打断两侧细杆，测量被内应力拉断的三角形断面的三边长（a、b、c）或测出底边 b 和高 h，然后估算出中间杆的内应力。

(3) 中间杆受拉应力 σ_{II} 的估算。根据断口面积进行估算，中间杆受拉应力拉断时的三角形面积乘以此材料的抗拉强度 σ_b 就约等于中间杆受的总拉力。

$$\sigma_b \cdot A = \sigma_{\mathrm{II}} \cdot F_{\mathrm{II}}, \sigma_{\mathrm{II}} = \frac{\sigma_b \cdot A}{F_{\mathrm{II}}}$$

式中 F_{II}——粗杆的截面积；

σ_b——材料的抗拉强度；

σ_{II}——残余拉应力；

A——被内应力拉断的三角形面积。

(4) 结果分析。

1) 内应力产生原因，方向及影响。

2) 人工时效是消除残余应力的主要措施。

复习思考题

2-1 什么是铸造，铸造包括哪些工序？

2-2 砂型由哪几部分组成，画出砂型装配图并加以说明。

2-3 型砂应具备哪些性能，由哪些物质组成？型砂和型芯砂有何区别？

2-4 型砂中加入木屑、煤粉，型芯砂中加入油类各起什么作用？

2-5 整模造型、分模造型各适于什么形状的铸件？挖砂造型和活块造型中为什么要挖砂和用活块？

2-6 刮板造型和地坑造型各在什么情况下使用，它们对铸件生产有什么优越性？

2-7 型芯在铸造生产中有哪些作用，为什么型芯上应有型芯头？

2-8 浇注系统由哪几部分组成，各部分在浇注过程中起什么作用？

2-9 冒口的作用有哪些，为什么在铸型中有时采用冷铁？

2-10 内浇道开设方向、合箱操作、浇注温度和速度等不适当各会使铸件产生什么缺陷？

2-11 冲天炉炉料有哪些，各起什么作用？

2-12 铸钢和非铁合金常在什么炉子熔炼？

2-13 如何辨别铸件上的气孔、缩孔、砂眼、渣眼，如何防止？

2-14 同一浇包中的铁水浇注薄壁和厚壁铸件，在均为湿型的情况下，所得铸件性能有何不同，为什么？

2-15 同一铸件的模样和铸件有什么不同，为什么不同？

3 锻 压

3.1 实训内容及要求

A 锻压实训内容

(1) 了解锻压生产工艺特点和应用。

(2) 了解金属可锻性的概念及常用的锻造材料。

(3) 了解锻造加热的目的。

(4) 熟悉自由锻的主要工序，掌握自由锻生产简单工件工艺过程。

(5) 了解板料冲压基本工序及冲压件的冲压工艺过程。

B 锻压基本技能

(1) 会简单自由锻的操作过程。

(2) 了解冲床完成简单零件冲压过程。

C 锻压安全注意事项

(1) 穿戴好工作服等防护用品。

(2) 使用前，对所使用的工具进行检查，如锤柄、锤头、砧子以及其他工具是否有损伤、裂纹、松动。

(3) 加热时，不要用眼睛盯着加热部位，以免光热刺伤眼睛。

(4) 操作时，手钳或其他工具的柄部应置于身体的旁侧，不可正对人体。

(5) 手锻时，严禁戴手套打大锤。打锤者应站在与掌钳者成90°角的位置，抡锤前应观察周围有无障碍或行人。

(6) 机锻时，严禁用锤头空击下砧铁，不准锻打过烧或已冷的工件。锻件及垫铁等工具必须放正、放平，以防飞出伤人。

(7) 冲压操作时，手不得伸入上、下模之间的工作区间。从冲模内取出卡住的制件及废料时，要用工具，严禁用手抠，而且要把脚从脚踏板上移开，必要时应在飞轮停止后再进行。

3.2 锻压简介

金属的锻压是利用金属在外力作用下产生塑性变形，从而获得具有一定几何形状、尺寸和力学性能的原材料、毛坯或零件的加工方法。锻压加工时，作用在金属坯料上的外力可分为冲击力和压力两类。

通过锻压能消除坯料的气孔、缩松等铸造缺陷，细化金属的铸态组织，所以锻件的力学性能高于同种材料的铸件。承受冲击或交变应力的重要零件（如机床主轴、曲轴、连杆、齿轮等）应优先采用锻件毛坯。与铸造比较，不足之处主要是不能加工铸铁等脆性材料和制造某些具有复杂形状，特别是具有复杂形状内腔的零件或毛坯（如箱体）。各类钢、大多数非铁金属及其合金均具有一定的塑性，可以在热态或冷态下进行锻压加工。

锻压加工的主要方法有自由锻造、胎模锻造和板料冲压等。与切削加工、铸造、焊接等加工方法相比，有下列优点：

（1）材料利用率高。锻压加工是依靠金属材料在塑形状态下形状变化和体积转移来实现的，因此材料利用率高，可以节约大量金属材料。

（2）力学性能好。在锻压加工过程中，金属内部组织得到改善，尤其是锻造能使工件获得好的力学性能和物理性能。一般对于受力大的重要机械零件，大多采用锻造方法制造。

3.3 金属加热与锻件冷却

锻压是利用外力使金属材料产生塑性变形从而获得有一定形状、尺寸的毛坯或零件的加工方法。锻压包括锻造和冲压两类压力加工方法。其中锻造又可按成型方式分为自由锻造和模型锻造。自由锻造按其所用设备和操作方式又可分为手工自由锻造和机器自由锻造。在现代工业生产中，机器自由锻造已基本取代手工自由锻造。

用于锻压的材料，应具有良好的塑性，以便在锻压加工时能产生较大的塑性变形而不断裂。常用的金属材料中铸铁性脆而不能进行锻压；钢和铜、铝等塑性良好，可以锻压。

金属材料经锻造后，内部组织更加致密均匀，强度和冲击韧度都有提高，所以承受重载和冲击载荷的重要零件，多以锻件为毛坯。冲压件则具有强度高、刚度大、结构轻等优点，锻压加工是机械制造中的重要加工方法。锻造大型零件常以钢锭做坯料。锻造中小零件常以轧制的圆钢或方钢为原料，用剪切、锯削或氧气切割等方法截取所需坯料。冲压则多以薄板为原料，用剪床剪切下料。锻造生产的基本过程是：下料—坯料加热—锻造—锻件冷却。

3.3.1 加热目的和锻造温度范围

加热坯料的目的是提高其塑性和降低变形抗力。一般来讲，随着温度升高，金属材料的强度降低而塑性提高。因此加热后锻造，可用较小的锻打力使坯料产生较大的变形且不破裂。但如加热温度太高，也会使锻件质量下降，甚至使材料报废。各种金属材料在锻造时所允许的最高加热温度，称为始锻温度。坯料在锻造过程中热量逐渐散失、温度下降，塑性逐渐变差而变形抗力逐渐变大。当温度低于一定程度后不仅难以变形，而且易破裂，必须停止锻造，重新加热再锻，这一温度称为终锻温度。从始锻温度到终锻温度为锻造温度范围。几种常用材料的锻造温度范围列于表3-1。

表3-1 常用材料的锻造温度范围

材料种类	始锻温度/℃	终锻温度/℃
低碳钢	1200~1250	800
中碳钢	1150~1200	800
合金结构钢	1100~1180	850
铝合金	450~500	350~380
铜合金	800~900	650~700

锻造时金属的温度可用仪表测量，但锻工一般都用观察金属火色的方法来大致判断。

3.3.2 加热设备

加热设备分为火焰加热和电加热两大类。前者用煤、油、煤气做燃料，利用燃烧热直接加热金属，后者是用电能转变为热能加热金属。常用有以下几种：

（1）手锻炉。炉子结构简单，主要部分是炉膛、灰洞及鼓风机、风管和风门等。这种炉以烟煤为燃料，主要用于小件和长件局部的加热，加热时钢料直接埋在燃烧的煤中。

（2）反射炉。是以煤为原料的火焰加热炉，在中小批量生产的锻造车间经常采用，其结构如图3-1所示。燃烧室中产生的火焰和炉气越过火墙进入加热室加热坯料，温度可达1350℃，废气经烟道排出。燃烧所需要的空气由鼓风机供给，经过换热器预热后送入加热室。坯料从炉门装入和取出，装料时要依次排列，锻造时按装入的先后次序取出。这种炉体积较大。

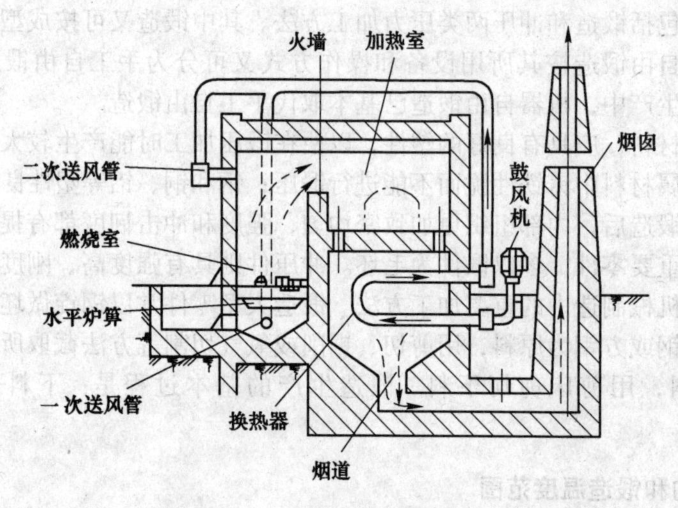

图3-1 反射炉结构示意图

（3）电加热。主要有电阻炉加热，接触加热和感应加热三种方式。现代的锻造是以电加热为主的。

3.3.3 常见加热缺陷及防止

（1）氧化脱碳。在采用一般方法加热时，坯料表面与炉气中的氧气、二氧化碳、水蒸气等接触，发生氧化反应，使坯料表面产生氧化皮及脱碳层。每加热一次，氧化量约占坯料质量的2%~3%。脱碳层硬度、强度下降，在脱碳层小于加工余量时对锻件性能没影响。减少氧化和脱碳的措施是严格控制加热炉的送风量、快速加热或采用少氧化及无氧化加热方法。

（2）过热和过烧。加热时，在稍低于始锻温度下停留过久，金属内部晶粒变得粗大，这种现象叫做过热。过热的坯料性能下降，锻造时易产生裂纹。过热料的粗晶粒可用锻打法使其碎小，也可在锻后热处理使之细化。

坯料加热到更高的温度，晶界严重氧化，晶粒间结合力很弱，一锻即碎。这种现象称为过烧，过烧料只能报废。

（3）裂纹。尺寸较大、形状较复杂的钢料在加热过程中，如果加热速度过快、装炉温度过高，则可能造成各部分之间较大的温差，导致膨胀不一致，可能产生裂纹。

低碳钢和中碳钢塑性好，一般不会产生裂纹，高碳钢及某些高合金钢产生裂纹的倾向较大，加热时要严格遵守加热规范。

3.3.4 锻件的冷却

金属坯料锻造后，为保证锻件质量，常用的冷却方式有以下三种：

（1）空冷。在无风的空气中，放在干燥地面上冷却，适于低、中碳钢的小型锻件。

（2）坑冷。在充填有石灰、砂子或炉灰的坑中冷却，适用于合金工具钢锻件。

（3）炉冷。在500℃～700℃的加热炉中，随炉缓慢冷却，适用于高合金钢锻件。

一般地说，锻件中的含碳量及合金元素含量越高，锻件体积越大，形状越复杂，冷却速度越要缓慢，以减小内应力和避免硬化。

3.4 自由锻造

自由锻造是利用冲击力或压力，使金属坯料在铁砧上或锻压机的上、下砧块之间产生塑性变形而获得锻件的一种加工方法。自由锻造生产过程所使用的工具简单，设备通用性强，但生产率低，因此广泛应用于单件或小批生产。对制造大型锻件，自由锻造是唯一的锻造方法。

金属坯料在铁砧和锤子之间的变形称为手工自由锻。金属坯料在锻压机的上下砧块间的变形称为机器自由锻。

3.4.1 自由锻设备

自由锻的锻压设备有空气锤，蒸汽-空气锤和水压机。空气锤具有通用性广，适合锻造中小锻件，而被广泛应用，图3-2为空气锤结构示意图。

（1）空气锤的结构。空气锤主要由锤体、传动机构、操纵机构、压缩缸、工作缸、落下部分、砧座等几部分组成。

锤体是空气锤的主体。它与压缩缸及工作缸铸成一体，其上安装电动机、传动机构、工作机构和操纵机构。

传动机构由减速机（大小齿轮或皮带轮）、曲轴和连杆组成。

操纵机构由旋阀（空气分配阀）、操纵手柄（或踏杆）及连接杠杆组成。

落下部分由工作活塞、锤杆和上砧铁

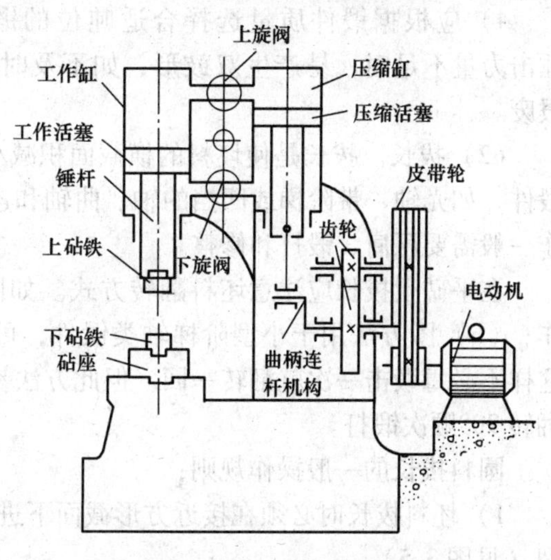

图3-2 空气锤结构示意图

组成。空气锤的规格就是以落下部分的总重量表示的。锻打时产生的最大打击力约是落下部分重量的1000倍左右。

（2）空气锤工作原理。空气锤由电动机驱动，通过减速机构带动曲柄、连杆机构旋转，使压缩缸中的压缩活塞做上下往复运动。压缩活塞向下运动时，压缩空气经下旋阀进入工作缸下部，将锤头抬起；压缩活塞向上运动时，打击锻件。通过手柄或踏杆操纵上下旋阀，使缸中不同部位的气体与大气相通，从而实现空行程、悬空、压紧、连续打击、单打等动作。

（3）自由锻的工具。它包括基本变形工具、夹持工具及测量工具。基本变形工具有摔子、垫环、剁刀、压铁、冲头等。夹持工具主要是各种钳子。测量工具主要有直尺和卡钳，用于锻造时测量坯料尺寸。

3.4.2 自由锻的基本工序

自由锻工序包括辅助工序、基本工序和精整工序。基本工序是变形工艺的主要部分。自由锻的基本工序有镦粗、拔长、冲孔、弯曲、错移、扭转、切割等。其中前三种应用最多。

（1）镦粗。镦粗是减小坯料高度增大横截面的锻造工序，如图3-3所示。镦粗要点是：

1）镦粗前坯料加热到高温后应保温，使坯料热透，温度均匀，否则易镦弯。

2）坯料的相对高度（对于圆料，即高径比H_0/D_0）应小于3，最好为2.0～2.5，否则容易镦弯。

3）局部镦粗时坯料立起放入漏盘中，其总高度应小于锤头行程的0.75。否则会出现锤击力量不足。

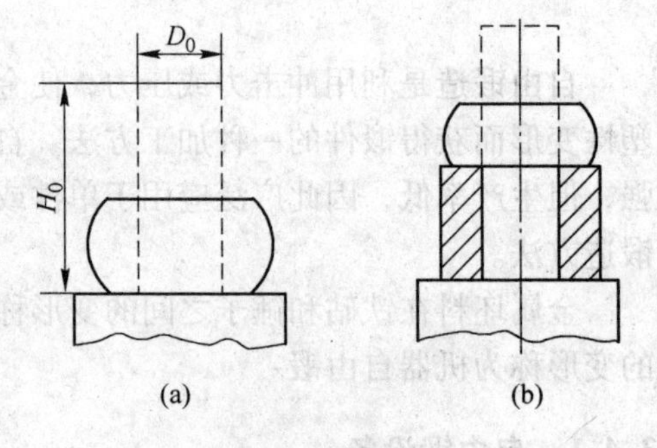

图3-3 镦粗
（a）平砧间镦粗；（b）局部镦粗

4）应根据锻件质量选择合适吨位的锻锤。锤击力量不足时，易产生双鼓形，如不及时纠正，继续锻打，就可能形成折叠，使锻件报废。

（2）拔长。拔长是使坯料的横截面积减小、长度增大的工序。它常用于具有长轴线的锻件，如光轴、带阶梯或凹挡的轴、曲轴和连杆等。其方法有平砧拔长、芯轴拔长等。操作一般需要压肩、锻打和修整。

在平砧上拔长应注意坯料翻转方式。如图3-4所示，（a）图方法用于手工自由锻操作；（b）图方法用于小型阶梯轴类锻件，可防止偏心；（c）图方法用于大型坯料拔长，这样不必每锻击一次就翻转一回。但此方法易造成坯料弯曲，应先翻转180°锻打矫直，再翻转90°顺次锻打。

圆料拔长的一般操作规则：

1）坯料拔长时必须在接近方形截面下进行，否则将造成工件端部呈喇叭形或内部锻裂（见图3-5）。

2）应控制好锻件每次送进量和压下量。送进量不得小于单面压下量的1/2。

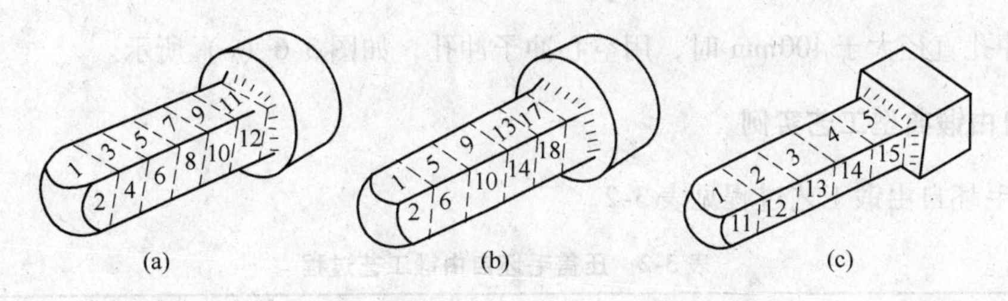

图 3-4 在平砧上拔长钢件的翻转方法

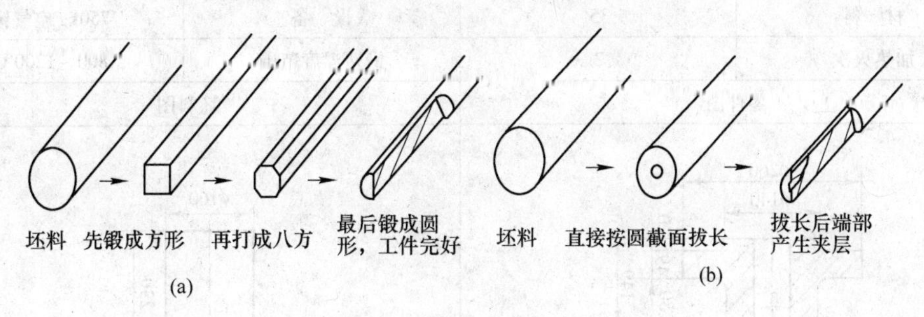

图 3-5 圆料拔长方法

（a）正确方法；（b）错误方法

3）每次拔长后，锻件的宽度与高度之比应小于 2 ~2.5，以保证下次拔长。

4）为了在锻件上锻出台阶或凹挡，必须用圆棒压痕或用三角剁刀切肩，然后再拔长，以确保过渡面平整。

5）端部拔长时，拔长部位应有足够长度。否则金属变形只发生在表面，易造成中心内凹或夹层现象。

（3）冲孔。冲孔是在锻件上锻出通孔或不通孔的工序。冲通孔的一般规则及过程如下：

1）准备。冲孔坯料须先镦粗，以减少冲孔深度并使端面平整。

2）试冲。先用冲子轻轻冲出孔位置的压痕，然后检查孔位是否正确，如冲偏要重新试冲。

3）冲深。在正确的试冲孔位上撒少许煤粉，再继续冲深，此时要注意防止冲歪。

4）冲透。一般锻件采用双面冲孔法，即将孔冲到锻件厚度的 2/3 ~3/4 时，取出冲子，翻转工件从反面冲透，如图 3-6（a）所示。较薄的锻件可采用单面冲孔法，如图 3-6（b）所示。

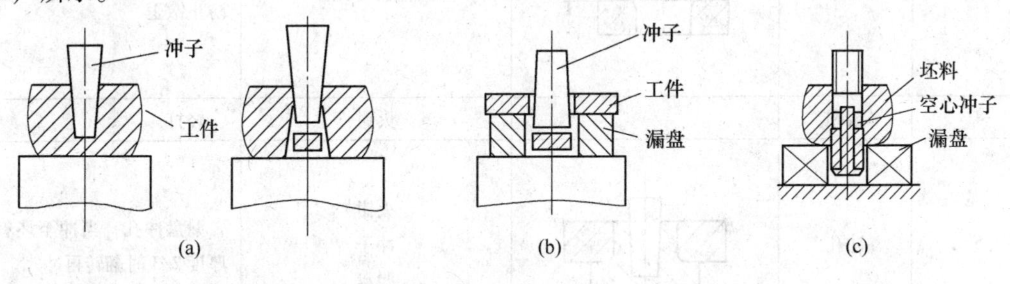

图 3-6 冲孔

（a）双面冲孔；（b）单面冲孔；（c）空心冲子冲孔

5）冲孔直径大于400mm时，用空心冲子冲孔，如图3-6（c）所示。

3.4.3 自由锻典型工艺实例

压盖毛坯自由锻工艺过程见表3-2。

表3-2 压盖毛坯自由锻工艺过程

锻件名称	压盖毛坯	工艺类别	自由锻
材 料	35	设 备	750kg空气锤
加热火次	2	锻造温度范围	800～1200℃
零件图		坯料图	
ϕ260 ϕ140 20 49 80 149 ϕ45 ϕ130		ϕ160 230	

工序号	工序名称	工序草图	使用工具	操作要点
1	压槽	55 ϕ160	三角刀 火钳	槽不宜过深，边轻打边旋转锻件
2	拔长		火钳	拔长小端至直径小于ϕ130
3	局部镦粗	85	漏盘、火钳	保证镦粗的高度尺寸，防止镦歪
4	滚圆		火钳	轻打
5	冲孔		火钳 冲子 漏盘	漏盘冲孔，当冲至坯料厚度2/3时翻转再冲

续表 3-2

工序号	工序名称	工序草图	使用工具	操作要点
6	锻出凸台	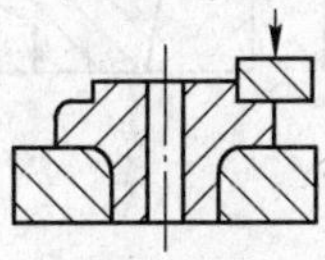	火钳 漏盘 压铁	保证凸台尺寸及压下量
7	两漏盘对中修正	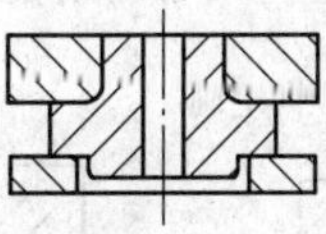	两漏盘 火钳	两漏盘对中修正，保证两漏盘同心
8	滚圆		火钳	轻打滚圆修正

3.5 胎模锻造

胎模锻造是在自由锻设备上使用胎模生产锻件的一种方法，适用于中、小工厂进行中小批量生产，应用广泛。

3.5.1 胎模锻造特点

胎模锻造是介于自由锻造和模锻之间的一种锻造方法。它既具有自由锻的某些特点，又具有模锻的某些特点。其优点是：设备和工具简单，工艺灵活多样；金属在模膛内最终成型，可获得形状复杂、尺寸比较准确的锻件；降低金属消耗，节省机加工工时；可提高锻件的质量与生产率；但同样大小的锻件所需的锻造设备吨位比自由锻时要大，并且上下砧块磨损严重，增加了模具费用。

胎模锻造与模锻的区别是，使用锻造设备不同，模具安放的方式不同。胎模锻使用自由锻设备，模具自由放置在上下砧块之间；模锻使用的设备是模锻锤，上、下模分别牢固地安装在锤头和砧座上。胎模锻的生产成本低，生产准备周期短，但劳动强度大，生产率也低于模锻。

3.5.2 胎模种类及应用

（1）扣模。也称摔子，开式扣模用于长杆非回转体类锻件的局部成型，也常用于合模的制坯，如图 3-7（a）所示。闭式扣模用于非回转体类锻件的整体成型，如图 3-7（b）所示。

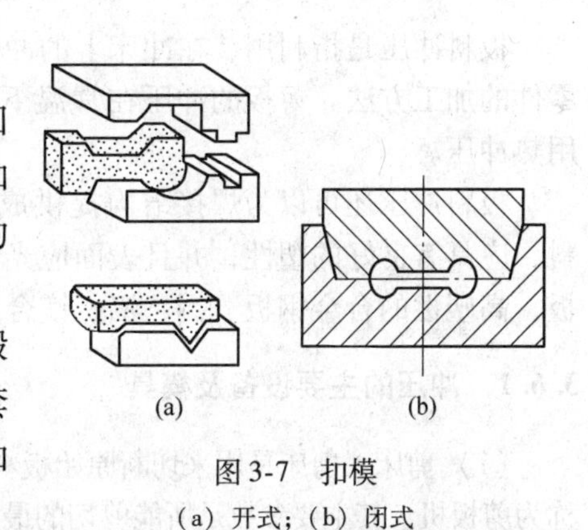

图 3-7　扣模
（a）开式；（b）闭式

（2）套筒模。开式套模常用于法兰，齿轮类锻件，也用于闭式套模制坯，如图 3-8 所示。闭式套模常用于回转体类锻件，也用于非回转体类锻件和特殊形状的锻件，如图 3-9 所示。

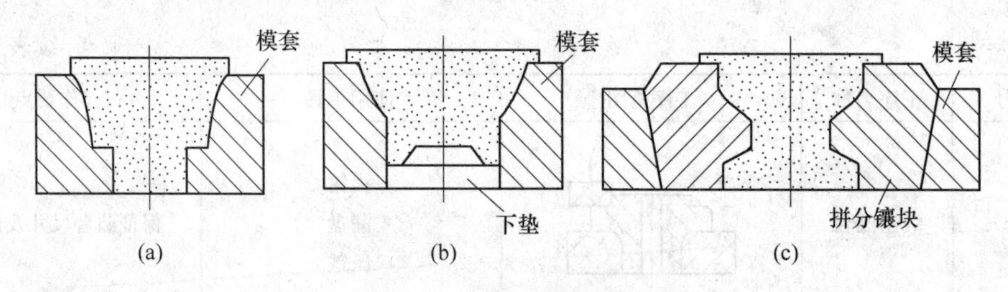

图3-8　开式套筒模示意图

（a）无下垫开式套模；（b）有下垫开式套模；（c）拼分镶块开式套模

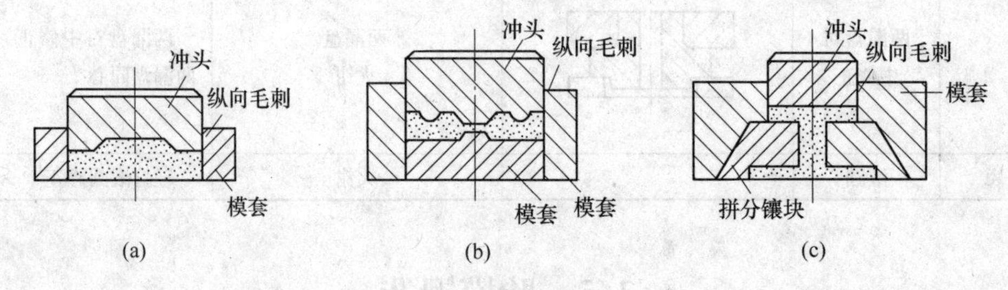

图3-9　闭式套筒模示意图

（a）无下垫闭式套模；（b）有下垫闭式套模；（c）拼分镶块闭式套模

（3）合模。也称焖子，合模通用性较强，与锤上模锻相似，具有飞边槽，用于储存多余的金属。合模适用于各类锻件的终锻成型，特别是非回转体类复杂形状的锻件。合模结构如图3-10所示。

胎模锻造时，孔不能锻通，剩有连皮，锻件周围带有飞边，锻后要在相应的专用模具上冲孔和切边。对于形状较为复杂的零件，一般要先自由锻方法制坯后，再用胎模进行锻造。

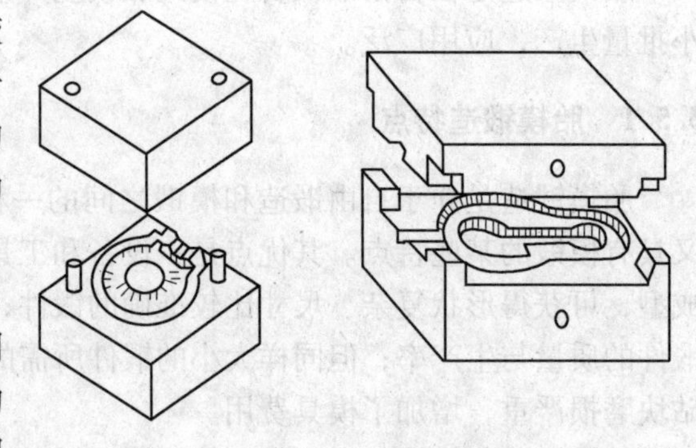

图3-10　合模

3.6　板料冲压

板料冲压是指利用装在冲床上的冲模，使金属板料产生变形或分离，从而获得毛坯或零件的加工方法。薄板的冲压在常温下进行，所以又称为冷冲压。板厚超过8mm时要采用热冲压。

板料冲压还可以为焊接结构提供成型板料，然后焊接成成品。板料冲压所用的原材料，应具有良好的塑性，并且表面应光洁平整。板料冲压生产最常用的金属材料有低碳钢板，高塑性的合金钢板、铜、铝、镁合金板料或带料。

3.6.1　冲压的主要设备及模具

（1）剪床。剪床是用来切断原始板料（或带料），是一种冲压时使用的备料设备。剪床也称为剪板机，其主要参数是所能剪切的最大板厚和宽度。其结构及剪切传动如图3-11所示。

（2）冲床。冲床是冲压加工的基本设备。最常用的是曲柄压力机，在冲压车间习惯上称之为冲床。图 3-12 是常用的开式双柱冲床的结构图及工作原理图。

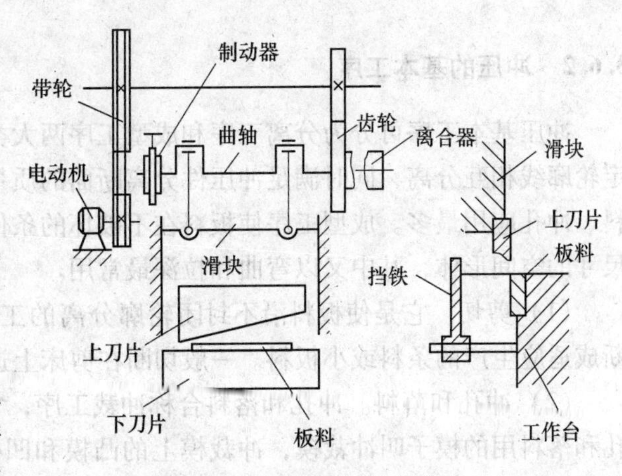

图 3-11 剪床结构示意图

冲床的工作原理是：电动机 V 带减速系统带动大带轮（惯性轮）转动。当踩下踏板后，离合器闭合并带动曲轴旋转，再经过连杆带动滑块沿导轨做上下往复运动，进行冲压加工。若踏板不抬起，则进行连续冲压；若踏板被踩下后，立即抬起则仅冲压一次后便通过制动器使滑块处于最高位置停下。冲床的主要参数是冲床的公称压力、滑块行程和封闭高度。

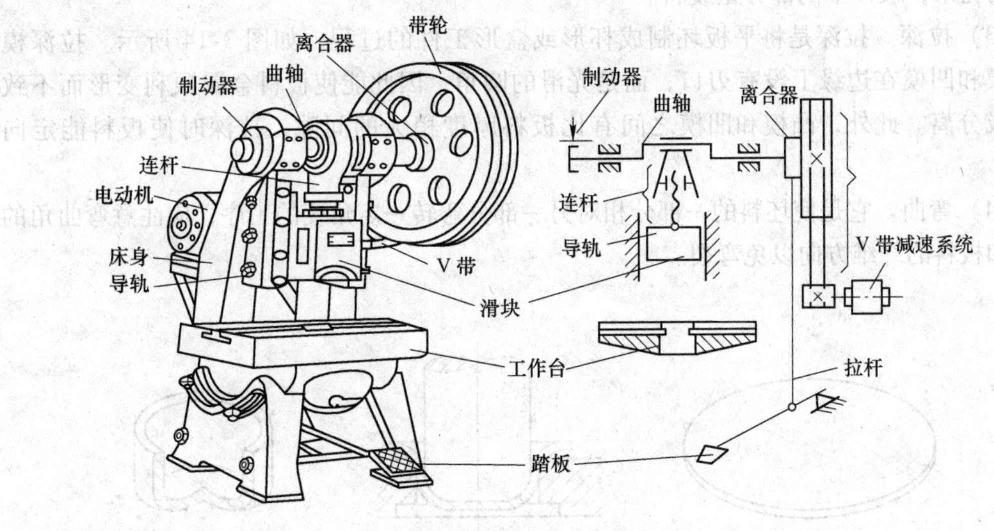

图 3-12 开式双柱冲床

（3）冲模。冲模是使板料分离或变形的模具。典型冲模的结构见图 3-13。冲模一般分为上模和下模两部分。上模用模柄固定在冲床滑块上，下模用螺栓紧固在工作台上。冲模种类很多可按基本工序的不同划分为冲裁模、弯曲模、拉深模、胀形模、翻边模、切边模等。冲裁模与拉深模相似，不同点在于凸、凹模的刃口和间隙。冲裁模的刃口是锐利的，间隙很小；拉深模的刃口为光滑圆角，间隙较大（稍大于材料厚度）。

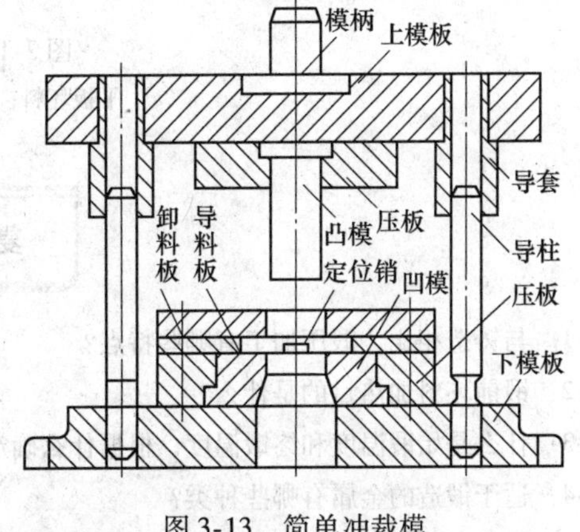

图 3-13 简单冲裁模

3.6.2 冲压的基本工序

冲压基本工序可分为分离工序和成型工序两大类。分离工序使平面冲压件与板料沿一定轮廓线相互分离，同时满足冲压件分离断面的质量要求。这些工序又合称冲裁，其中落料、冲孔应用最多。成型工序使板料在不破坏的条件下发生塑性变形，形成所要求形状和尺寸的空间形体，其中又以弯曲和拉深最常用。

（1）剪切。它是使板料沿不封闭轮廓分离的工序，主要用于将大板料（或带料）切断成适应生产的条料或小板料。一般切断在剪床上进行。

（2）冲孔和落料。冲孔和落料合称冲裁工序，它们都是用冲模使材料分离的过程。冲孔和落料用的模子叫冲裁模，冲裁模上的凸模和凹模之间的间隙很小，并有锋利的刃口，故能使材料分离。

冲孔和落料的方法相同，只是目的不同。落料是用冲裁模从坯料上冲切下一块金属，作为成品或进一步加工的坯料，即冲下的部分是有用的。冲孔则是用冲裁模在工件上冲出所需的孔来，被冲下的部分是废料。

（3）拉深。拉深是将平板坯制成杯形或盒形工件的过程，如图 3-14 所示。拉深模的凸模和凹模在边缘上没有刃口，而是光滑的圆角，因此能使板料金属顺利变形而不致破裂或分离。此外，凸模和凹模之间有比板料厚度稍大的间隙，拉深时使板料能定向流动。

（4）弯曲。它是使坯料的一部分相对另一部分弯转一定角度的工序，应注意弯曲角的回弹和板料的纤维方向以免弯裂。

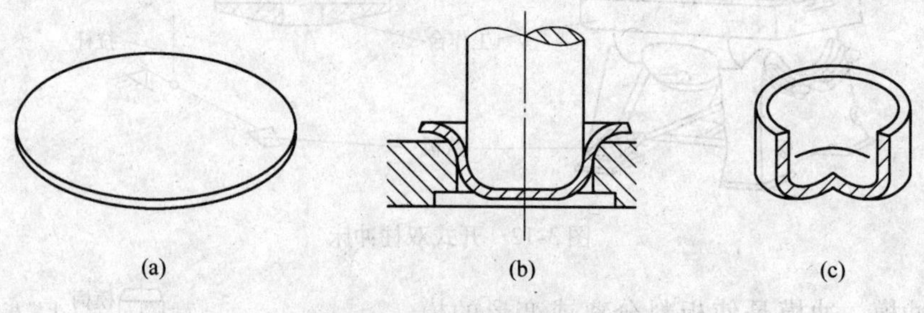

图 3-14 拉深示意图

（a）平板坯料；（b）拉伸过程；（c）成品

复习思考题

3-1 与铸造相比，锻压加工有哪些特点？

3-2 锻前坯料加热目的是什么？

3-3 什么是始锻温度和终锻温度，根据什么确定？

3-4 适于锻造的金属有哪些种类？

3-5 过热和过烧对锻件质量有何影响，应如何防止？

3-6　镦粗时常见的锻件缺陷有哪些，如何防止及矫正？

3-7　拔长时，送进量的大小对拔长的效率和质量有何影响，合适的送进量应该是多少？

3-8　空气锤由几部分组成？空气锤的规格是如何确定的？

3-9　自由锻的基本工序有哪些？镦粗规则有哪些？

3-10　与自由锻造比较，胎模锻造有哪些优缺点？胎模有哪几种，各适用于什么形状的锻件？

3-11　拉深模和冲裁模有何区别？

3-12　冲压的基本工序有哪些？

4 焊　接

4.1 实训内容及要求

A　焊接实训内容

(1) 了解焊接生产过程及其特点。

(2) 掌握手工电弧焊的设备、工具、焊条的焊接工艺。

(3) 理解气焊与气割的原理、设备和工艺。了解气割对材料的要求。

(4) 掌握手工电弧焊、气焊基本操作方法。

(5) 了解焊接缺陷及其产生原因。

(6) 了解埋弧自动焊、摩擦焊、激光焊、氩弧焊及气体保护焊等的特点和应用。

(7) 了解各种焊接方法的选择。

B　焊接基本技能

(1) 掌握电焊机的电流调节、正确的引弧、运条及收尾方法，能进行平板对焊操作。

(2) 能正确使用气焊的工具和设备，熟悉气焊火焰的调节及操作方法。

C　焊接安全注意事项

(1) 实习前要穿好工作服和工作鞋，焊接时要戴好工作帽、手套、防护眼镜或面罩等用品。

(2) 焊接前应检查焊机接地是否正常，焊钳、电缆等绝缘是否良好，以防触电。

(3) 不得将焊钳放在工作台上，以免短路烧坏电焊机。不许用手触及刚焊好的焊件，以防烫伤。

(4) 氧气瓶、乙炔瓶旁严禁烟火，氧气瓶不得撞击和触及油物。

(5) 焊接场地通风必须良好，以防有害气体影响人体健康。

(6) 焊后清渣时，要防止焊渣崩入眼中。

(7) 焊接结束时，要切断焊机电源，并检查焊接场地有无火种。

4.2 焊接简介

焊接是现代工业生产中重要的连接金属的方法。焊接是通过局部加热或加压，或两者并用，并且用或不用填充材料，使分离的两部分金属形成原子间结合的一种加工方法。与铆接相比较，焊接具有节省金属、连接质量好、生产效率高、劳动条件好，易于实现机械化和自动化生产等优点。在现代工业生产中，大量的铆接被焊接取代。焊接广泛应用于制造金属结构件，例如锅炉、造船、压力容器、管道、汽车、飞机、桥梁、矿山机械等，也常用来制造铸—焊、锻—焊、冲—焊等联合结构件和机器零件。

焊接按其过程特点可分为三大类：

（1）熔化焊。使被连接的构件局部加热熔化成液体，然后冷却结晶成一体的方法称为熔化焊接。为实现熔化焊接，关键是要有一个能量集中、温度足够高的加热热源。按热源形式不同，熔化焊的基本方法有：气焊、电弧焊、电渣焊、电子束焊、激光焊等。

（2）压力焊。利用摩擦、扩散和加压等物理作用，使两个被连接表面上的原子接近到晶格距离，从而在固态条件下实现连接的工艺方法统称为固相焊接。固相焊接通常都必须加压。因此也称为压力焊接。为使固相焊接容易实现，大都在加压的同时进行加热，但加热温度远低于焊件的熔点。压力焊接的基本方法有：冷压焊、摩擦焊、超声波焊、爆炸焊、锻焊、电阻焊等。

（3）钎焊。利用比母材熔点低的金属材料作为钎料，将钎料与焊件加热到高于钎料熔点、低于母材熔点的温度，使液态钎料在连接表面上流散浸润、填充接头间隙并与母材相互扩散，然后冷却结晶形成结合面的方法称为钎焊。按热源和保护方法不同，钎焊方法分为火焰钎焊、炉内钎焊、盐浴钎焊、感应钎焊等。按钎料不同，钎焊又可分为铜焊、银焊、锡焊等。按钎料熔点温度钎焊又可分为硬钎焊和软钎焊。

4.3　焊条电弧焊

以电弧为焊接热源来加热并熔化金属的焊接方法叫电弧焊。利用电焊条采用手工操作的电弧焊叫焊条电弧焊；焊条电弧焊所用设备简单、操作机动灵活，能在任何场合和空间位置进行焊接，适于厚度为2mm以上各种金属材料和各种形状结构的焊接。因此，它是工业生产中应用最为广泛的一种焊接方法。

4.3.1　焊接电弧与焊接过程

（1）焊接电弧。电弧是在两电极之间气体导电的现象。电弧可以把电能转变为热能和光能，因此具有高温和强光。只要创造一定条件，使电弧稳定燃烧，就可以把它作为热源进行焊接。

电弧稳定燃烧有两个条件，一是要使两极间有足够的带电粒子；二是要两极间有足够高的电压，使带电粒子在电场作用下向两极运动。引弧时，焊条与工件短路的一瞬间，强大的短路电流使焊条和工件的接触部分温度急剧升高以致熔化。当焊条提起时，阴极表面产生强烈的热电子发射，这些电子在电焊机提供的电场作用下加速向阳极运动。电子运动过程中又撞击电极间的气体粒子使之电离为正负粒子，这些粒子在电场作用下，也做定向运动。当电极间的带电粒子达到一定数量，电弧就引燃了。

焊接电弧根据电源的种类可分为交流和直流两种。直流电弧可划分为三个区，即阴极区、阳极区、弧柱区，如图4-1所示。阴极区为靠近阴极的很薄的一层，其热量占电弧总热量的36%。阳极区为靠近阳极的很薄的一层，其热量占电弧总热量的43%。在阴阳两极间的部分叫弧柱区，弧柱的热量占电弧总热量的21%。两极区的温度主要受电极材

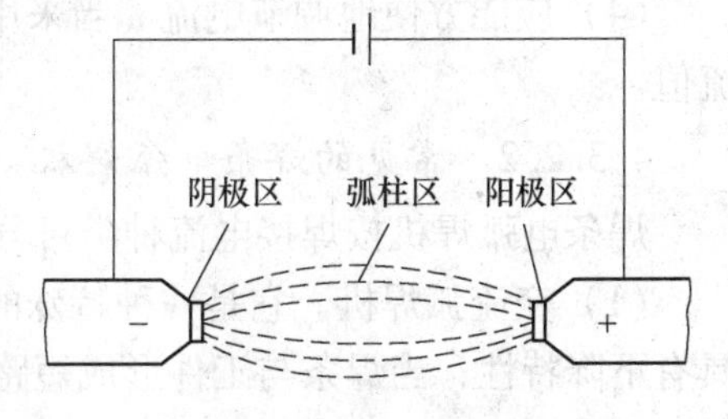

图4-1　电弧的组成

料的影响，如焊接钢时阴极温度约为2400K，阳极的温度约为2600K。阳极比阴极温度高，主要是由于带电粒子带给的热量多。而弧柱区的温度高达5000~6000K。焊接时，熔化金属和焊条的热量主要来自两极。对于交流电弧，就没有上述差别，两极温度相同。

(2) 焊条电弧焊的焊接过程。焊条电弧焊焊接过程如图4-2所示。焊前先将电焊机的两输出端分别与工件、焊钳连接，再用焊钳夹牢焊条，然后开始引弧。电弧引燃后将母材和焊条同时熔化，形成金属熔池。随着母材和焊条的熔化，焊钳应进行向下和向焊接方向的进给，以保证电弧不熄灭并形成焊缝。当电弧前移后，熔化金属就凝固形成焊缝。焊条上的药皮形成的熔渣覆盖在熔池表面，起到对熔池和焊缝的保护作用。当一根焊条用完后，熄弧换好焊条后再引弧继续焊接。

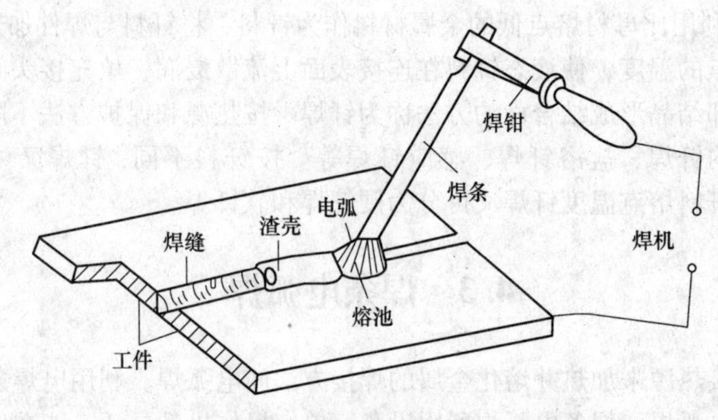

图4-2 焊条电弧焊焊接过程

4.3.2 焊条电弧焊机

4.3.2.1 对弧焊机的要求

焊条电弧焊的主要设备是焊条电弧焊机，是产生焊接电弧的电源。为了保证焊接质量，对弧焊机有如下要求：

(1) 具有一定的空载电压。为了引弧可靠，要求交流弧焊机空载电压不应低于55V，直流电弧焊机空载电压不应低于40V。为了操作者的安全，一般空载电压不高于90~100V。

(2) 具有下降外特性。电弧引燃后，随着电弧电流的增加，输出电压相应下降的特性称为下降特性。具有下降特性能使焊接电弧稳定，并在电弧受到干扰时能迅速恢复到稳定状态。

(3) 具有适当的短路电流。短路电流小，引弧困难；短路电流太大，使液体金属飞溅，并且还会导致弧焊机烧坏。

(4) 应能方便地调节电流。当采用不同的焊条直径时，要求容易调节出相应的焊接电流值。

4.3.2.2 常见的焊条电弧焊机

焊条电弧焊机按焊接电流种类可分为交流弧焊机和直流弧焊机。

(1) 交流弧焊机。它是一种特殊的降压变压器，所以又称弧焊变压器。交流弧焊机都具有下降特性，当焊条与工件形成短路时，电压趋于零，使短路电流不至过大而烧毁弧焊机或电路。BX1—330型弧焊机是目前国内使用较广泛的一种交流弧焊机，如图4-3所示。

型号中“B”表示弧焊变压器，“X”表示下降特性，“1”为系列品种序号，“300”表示弧焊机的额定焊接电流为300A。

交流弧焊机具有结构简单、噪声小、价廉、轻巧、使用维修方便及效率高等优点；缺点是电源极性交变，焊条药皮要有稳弧剂，以保护电弧的稳定性。

（2）直流弧焊机。直流弧焊机又分为发电机式和整流式两种。

发电机式直流弧焊机由一台交流电动机和一台直流弧焊发电机组成。它能提供稳定的直流电，引弧容易、电弧稳定，但结构复杂，维修较困难，使用时噪声大。近年来，这种发电机式弧焊机在一般工厂中逐渐被淘汰。

整流式直流弧焊机外形如图4-4所示。它相当于在交流弧焊机上加了一个大功率的硅整流器，把交流电整流成直流电供焊接。由于它具有结构简单、噪声小、电弧稳定性好等优点，近几年发展很快，这种焊机已成为我国弧焊机的主要类型。

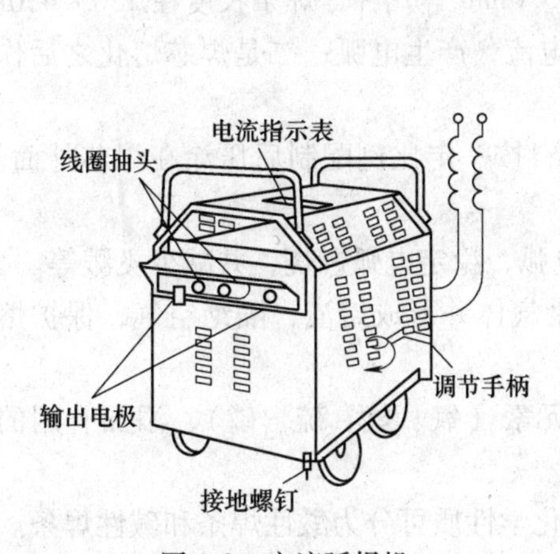

图4-3　交流弧焊机

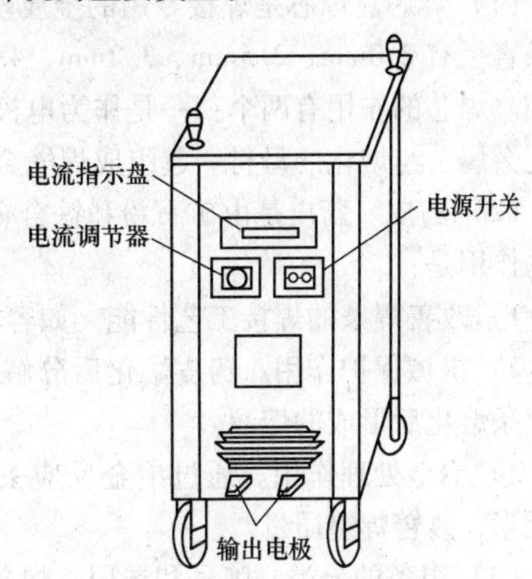

图4-4　整流式直流弧焊机

直流电弧焊机有正接、反接的差别。当工件接焊机正极、焊条接负极时叫做正接，反之称为反接。当焊薄板时要采用反接，焊厚板时要采用正接。

近年来，逆变式电焊机作为新一代的弧焊电源，其特点是直流输出，具有电流波动小、电弧稳定、焊机重量轻、体积小等优点，得到了越来越广泛的应用。

4.3.2.3　弧焊机的主要技术参数

弧焊机的主要技术参数标注在焊机的铭牌上，主要有以下几项：

（1）初级电压。指弧焊机所要求的电源电压。一般国产交流焊机的初级电压为220V或380V（单相），直流电弧焊机的初级电压为380V（三相）。

（2）空载电压。指焊机在没有功率输出时的电压。一般交流焊机的空载电压为60～80V，直流电弧焊机空载电压为50～90V。

（3）工作电压。指焊机正常工作时的电压，一般为25～30V。

（4）输入功率。指电网输入到弧焊机的电压与电流之积，其单位为kW。

（5）电流调节范围。指正常焊接时焊机可提供的焊接电流范围，一般为几十到几百安。

（6）负载持续率。指焊机在五分钟之内有焊接电流的时间所占的平均百分比，即所谓的暂载率。

4.3.3　电焊条

电焊条（简称焊条）是焊条电弧焊的焊接材料。它由焊条芯（简称焊芯）和药皮两部分组成，如图4-5所示。

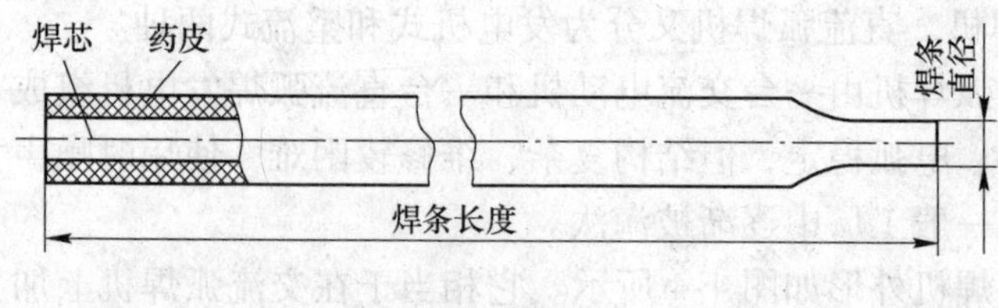

图4-5　电焊条

（1）焊芯。焊芯是焊接专用的金属丝（即焊丝），焊芯的直径就叫焊条直径，常用的焊条直径有2.0mm、2.5mm、3.2mm、4.0mm和5.0mm等几种，焊条长度在250～450mm之间。焊芯的作用有两个：一是作为电极，传导电流，产生电弧；二是焊芯熔化之后作为填充金属，与熔化的母材一起组成焊缝金属。

（2）药皮。药皮是由矿石粉和铁合金粉等原料按一定比例配制后压涂在焊芯外面的。它的作用是：

1）改善焊条的焊接工艺性能。如容易引燃电弧，稳定电弧燃烧，并减少飞溅等。

2）机械保护作用。药皮熔化后分解产生大量气体并形成熔渣，隔绝空气，保护熔池和焊条熔化后形成的熔滴。

3）冶金处理作用。通过冶金反应去除有害元素（氧、氢、硫、磷），添加有用的合金元素，改善焊缝质量。

（3）焊条的分类、牌号和选用。焊条按熔渣化学性质可分为酸性焊条和碱性焊条。焊条药皮熔化后形成的熔渣以酸性氧化物为主的叫酸性焊条，如J422等；药皮熔化后的熔渣以碱性氧化物为主的叫碱性焊条，如J507、J427等。

焊条牌号全国统一编制，将焊条分为十大类，其中第一类为结构钢焊条。以常用的J422和J507焊条为例，牌号中“J”表示结构钢焊条，“42”和“50”表示焊缝金属抗拉强度最低值为420MPa和500MPa，最后一个数字表示药皮类型和电源种类，“2”表示钛钙型药皮，用交流或直流电源均可，“7”表示低氢型药皮，要用直流电源反接。其他焊条牌号国家标准规定的编制方法可参阅有关焊接手册。

焊接低碳钢或低合金钢时，一般都要求对于焊缝金属与母材等强度，如焊接低碳钢（如Q235、20钢）用J422或J427焊条，焊接普通低合金钢16Mn用J507焊条；对于形状复杂、刚性较大的结构时，应选用抗裂性的碱性焊条；焊接难以在焊前清理的焊件时，在满足使用要求的前提下，尽量选用高效率、价廉的酸性焊条。

4.3.4　焊接参数及选择

焊条电弧焊的焊接参数主要有：焊条直径、焊接电流和焊接速度。正确选择焊接参数是保证质量和提高生产率的重要因素。

（1）焊条直径。焊条直径主要根据焊件厚度来选择，可参见表4-1。厚度较大的焊件应选用直径较大的焊条；焊件较薄时，应选用小直径的焊条。另外，焊条直径还与接头类型及焊接位置有关。如立焊、横焊、多层焊的第一层要采用较小直径的焊条。

表 4-1 焊条直径的选择

工件厚度/mm	2	3	4 ~ 7	8 ~ 12	≥13
焊条直径/mm	1.6 ~ 2.0	2.5 ~ 3.2	3.2 ~ 4.0	4.0 ~ 5.0	4.0 ~ 5.8

（2）焊接电流。焊接电流主要根据焊条直径选择。焊接电流选择是否正确，直接影响到焊接质量和生产率。电流过大，电弧不稳定，焊缝成型不好，有时还会烧穿工件；电流过小会造成焊不透、熔化不良，焊缝中也易形成夹渣气孔。一般情况下，可根据下面的经验公式来进行选择：

$$I = (30 \sim 60)d$$

式中 I——焊接电流，A；

d——焊条直径，mm。

立焊、横焊、仰焊时焊接电流应比平焊电流小 10%~20%，角焊时应比平焊位置时大 10%~20%。合金钢焊条、不锈钢焊条，由于电阻大热膨胀系数高，若电流大则焊接过程中焊条容易发红造成药皮脱落，影响焊接质量，因此电流要适当减小。

（3）焊接速度。焊接速度是指焊条沿焊接方向移动的速度。在保证焊透并使焊缝高低、宽窄一致的前提下，应尽量提高焊接速度。在生产中由焊工依据工件具体情况掌握。初学时，要掌握速度均匀而且合适。如果速度合适，焊后可以看到焊缝形状规则，焊波均匀并呈椭圆形。焊速太快时焊道窄、焊波粗糙；焊速太慢时焊道过宽，焊件还容易烧穿。

4.3.5 接头类型、坡口形状和焊缝空间位置

（1）接头类型。常用的接头类型有对接、搭接、角接和 T 型接等，如图 4-6 所示。

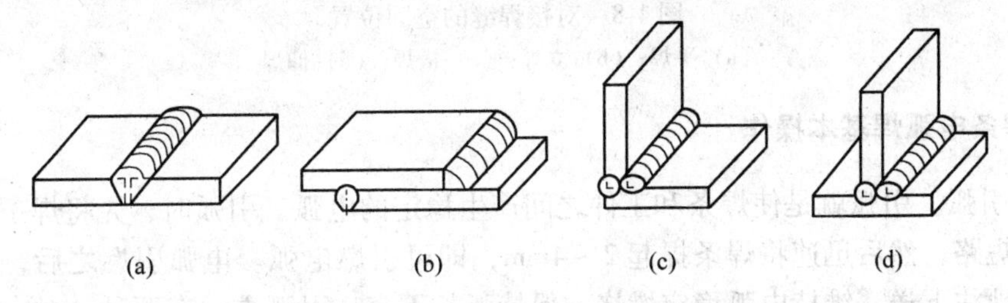

图 4-6 焊接接头类型
（a）对接；（b）搭接；（c）角接；（d）T 型接

（2）坡口形状。坡口是指为了使较厚的工件焊透，焊前把工件间的待焊处加工成的几何形状。除搭接外其他厚板接头都要开坡口。接头类型不同，坡口形状也有所不同，常见对接接头坡口形状如图 4-7 所示。

（3）焊缝空间位置。焊缝在构件上的空间位置不同时，焊接的难易程度也不相同，对焊接质量和生产率都有影响。一般把焊缝按空间的位置不同分为平焊、立焊、横焊、仰焊四种，如图 4-8 所示。平焊操作方便，生产率高，焊缝质量好，在施工时应尽量采用平

焊。立焊时，因熔池金属有滴落趋势，操作难度大，焊缝成型困难，生产率低。横焊时，熔化的金属液体在重力作用下下流，导致焊缝上部出现咬边下部出现焊瘤。仰焊时，操作非常不便，焊滴熔滴过渡，焊缝成型非常困难，不但生产率低，焊接质量也很难保证。在立焊、横焊、仰焊时，要采用较小的焊接电流和短弧焊接，控制好焊条角度，采取适宜的运条方法。

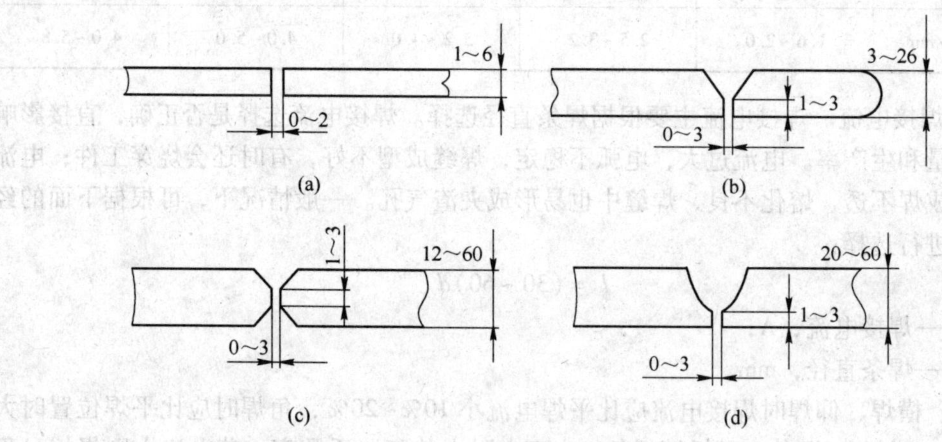

图 4-7　对接接头坡口形状

（a）I 型坡口；（b）V 型坡口；（c）X 型坡口；（d）U 型坡口

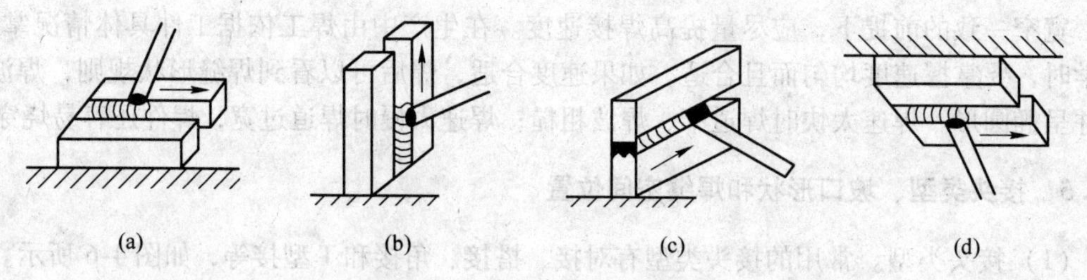

图 4-8　对接焊缝的空间位置

（a）平焊；（b）立焊；（c）横焊；（d）仰焊

4.3.6　焊条电弧焊基本操作

（1）引弧。引弧就是使焊条和工件之间产生稳定的电弧。引弧时，先将焊条与工件接触，形成短路，然后迅速将焊条提起 2 ~ 4mm，即可引燃电弧。电弧引燃之后，应立即将焊条不断地往下送，维持电弧稳定燃烧，保持弧长不变。引弧方法有两种：敲击法和摩擦法，如图 4-9 所示。敲击法引弧由于焊条端部与焊件接触时处于相对静止的状态，操作不当，容易造成焊条粘住焊件。摩擦法引弧动作似划火柴，对初学者来说易于掌握，但容易损坏焊件表面。此时，只要将焊条左右摆动几下就可以脱离焊件。

（2）运条。焊接时焊条沿其轴向送进和沿焊接方向前移及沿焊缝横向摆动（窄小焊缝可不用）合起来称为运条，运条动作如图 4-10 所示。工件厚度、坡口形式、焊缝位置不同，运条方式也有所不同，但要根据具体情况确定。运条操作的好坏，直接影响焊接质量，初学者练习时，关键是掌握好焊条的角度和运条基本动作，保持合适的电弧长度和均匀的焊接速度。

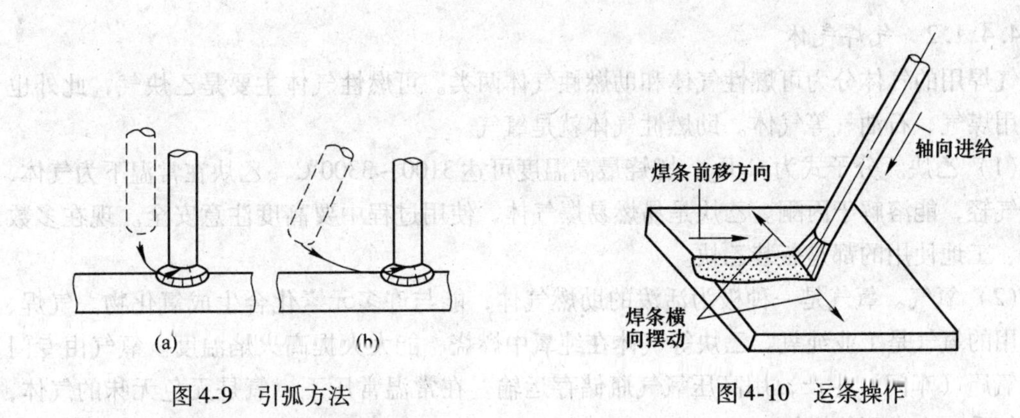

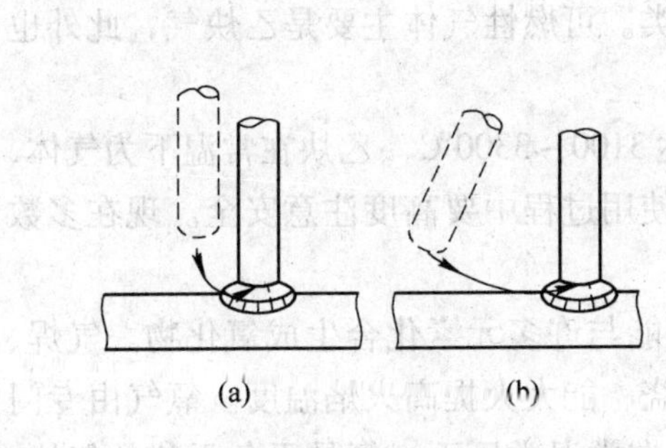

图 4-9 引弧方法
(a) 敲击法；(b) 摩擦法

图 4-10 运条操作

(3) 熄弧。当一根焊条用完时，都要收尾熄弧。熄弧时，将焊条逐渐向焊缝前方斜拉，同时抬高电弧，使电弧自动熄灭。在熄弧前，让焊条在熔池处做短暂停顿或做几次环形运条，使熔池填满。熄弧操作得好，可避免裂纹、气孔、夹渣、弧坑等缺陷。

(4) 更换焊条。连接是指在一条焊缝的焊接过程中，更换焊条前后的操作。对于长焊缝是不可缺少的操作。熄弧前，采取减小焊条与工件夹角的办法，把熔池金属和上面的熔渣向后赶一赶，形成弧坑再熄弧。引弧应在弧坑前面，然后拉回到弧坑，再进行正常焊接。对于分段焊法，事先就要使接头处的焊缝低一些，以保证接头处焊缝不致过高。连接处如操作不当，也会造成夹渣、气孔和成型不良等缺陷。

4.4 气焊与气割

4.4.1 气焊

4.4.1.1 气焊特点及应用

气焊是利用可燃气体如乙炔（C_2H_2）和氧气（O_2）混合燃烧的高温火焰来进行焊接的，其工作情况如图 4-11 所示。乙炔和氧气在焊炬中混合均匀后，从焊嘴喷出燃烧，将工件和焊丝熔化形成熔池，冷凝后形成焊缝。气焊火焰燃烧时产生的大量 CO_2 和 CO 气体包围熔池，排开空气，有保护熔池的作用。

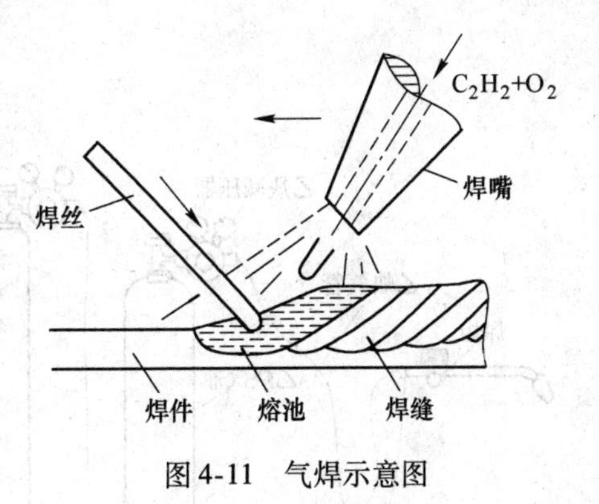

图 4-11 气焊示意图

气焊具有火焰易于控制、操作灵活、容易实现均匀焊透和单面焊双面成型，以及不需要电源，便于在工地或野外作业等优点。

气焊火焰的温度较电弧低，最高可达 3150℃左右，热量比较分散，所以气焊适于焊接厚度 3mm 以下的薄板、非铁金属的焊接和铸铁的补焊等，生产率比电弧焊低，应用不如电弧焊广。

4.4.1.2 气焊气体

气焊用的气体分为可燃性气体和助燃性气体两类。可燃性气体主要是乙炔气，此外也可采用煤气、石油气等气体。助燃性气体就是氧气。

(1) 乙炔。分子式为 C_2H_2，燃烧最高温度可达3100~3300℃。乙炔在常温下为气体，比空气轻，能溶解于丙酮。乙炔是易燃易爆气体，使用过程中要高度注意安全。现在多数车间、工地使用的都是瓶装乙炔。

(2) 氧气。氧气是一种极为活泼的助燃气体，能与许多元素化合生成氧化物。气焊、气割用的氧气是工业纯氧。乙炔等气体在纯氧中燃烧，能大大提高火焰温度。氧气由专门的制氧厂（车间）生产，用高压氧气瓶储存运输。在常温常压下，氧是无色无味的气体，比空气重，本身不能燃烧。

4.4.1.3 气焊设备

气焊所用设备及其气路连接顺序如图4-12所示。

(1) 氧气瓶。它是用来储存、运输高压氧气的钢制厚壁容器。氧气瓶容积为40L，工作压力为14.7MPa，储气量为6000L。

氧气瓶储存的是高压氧，为了把高压氧变成压力为 2.9×10^5 ~ 3.9×10^5Pa 的氧气，必须在瓶中高压氧输出时先经减压。这一工作由减压器承担。它一端接氧气瓶，一端接氧气管。氧气瓶不许曝晒、火烤、振荡及敲打，也不许被油脂沾污。氧气瓶口装有瓶阀，用以控制瓶内氧气进出，手轮逆时针方向旋转则可开放瓶阀，顺时针旋转则关闭。

(2) 乙炔瓶。乙炔瓶结构如图4-13所示。它的构造比氧气瓶复杂，外壳为无缝钢瓶，瓶内装有能吸附丙酮的多孔性填充物，如活性炭、木屑、硅藻土等，并注入丙酮，当往里灌注乙炔时，乙炔被丙酮溶解。在乙炔瓶的工作压力下，一个体积的丙酮可溶解四百个体积的乙炔。使用时，乙炔流出，而丙酮仍留在多孔材料内，供下次灌气用。

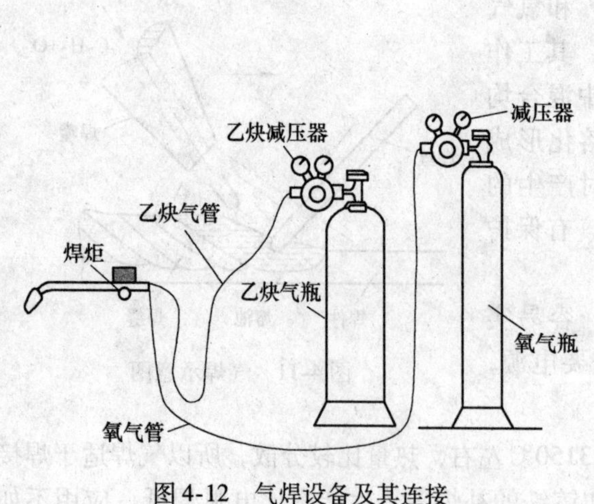

图4-12 气焊设备及其连接

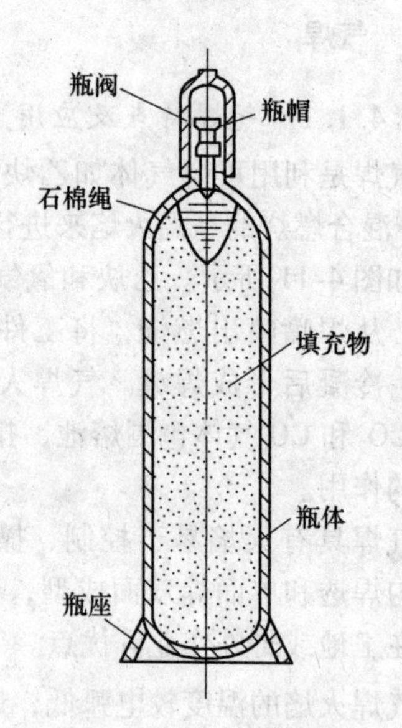

图4-13 乙炔瓶构造

乙炔瓶内的压力为1.47MPa，而焊炬所需乙炔压力为0.117MPa以下，因此，在乙炔瓶口也要使用减压器减压，再供焊炬使用。

(3) 焊炬。焊炬也叫焊枪。焊炬的作用是把乙炔、氧按一定比例混合后由焊嘴喷出，点燃后形成火焰，焊炬外形如图4-14所示。按可燃气体与氧气混合方式的不同，焊炬可分为射吸式和等压式两类。目前常用的是射吸式焊炬。

国产焊炬有多种型号，每种型号的焊炬均备有3~5个孔径不同的焊嘴，以适应焊接不同厚度的工件。

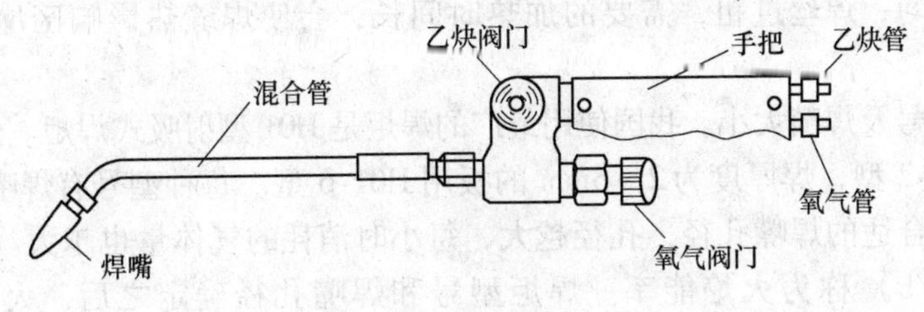

图4-14 焊炬

(4) 焊丝。气焊丝一般是光金属丝。焊丝的化学成分直接影响到焊接质量和焊缝的力学性能。各种金属焊接时，应采用相应的焊丝。通常焊丝要与所焊材料的化学成分相同或接近。例如焊低碳钢时，往往使用普通低碳钢焊丝。

(5) 焊剂。焊剂又称焊粉或焊药，其作用是除去熔池中形成的氧化物杂质，改善金属熔池的湿润性，并且保护熔池。焊钢材时一般不用焊剂，焊铸铁、铜、铝及它们的合金时，应使用相应的焊剂。例如，焊铸铁可选用“粉201”，也可采用硼砂等；焊铜及其合金时可选用“粉301”，也可用硼砂等；焊铝及其合金时选用“粉401”或用一些氧化物。

4.4.1.4 气焊火焰

因混合气体中氧气与乙炔气的比例不同，而气焊火焰可分为性质和应用不同的三种，如图4-15所示。

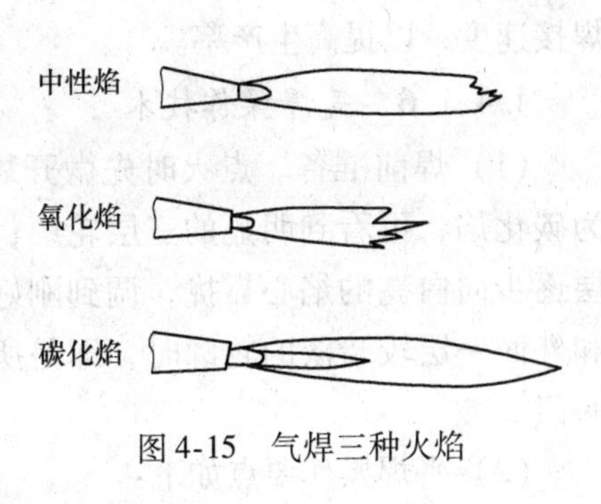

图4-15 气焊三种火焰

(1) 中性焰。中性焰中的氧与乙炔的体积比为1:1.1~1:1.2。中性焰又称为正常焰，由焰芯、内焰和外焰三部分构成。焰芯是紧靠焊嘴的光亮白色圆柱体，乙炔在里面受热分解为游离的碳和氢，还没燃烧，温度不太高。内焰是焰芯之外颜色较暗的一层，碳在此区域燃烧生成一氧化碳，温度可达2800~3200℃。火焰外层淡蓝色部分是外焰，乙炔在此区完全燃烧，生成二氧化碳和水，此区温度较低。焊接时应使熔池及焊丝末端处于焰芯前2~4mm，这个区间温度在3000℃以上。中性焰适用于焊接低碳钢、中碳钢、合金钢、纯铜和铝合金等材料。

(2) 碳化焰。氧气与乙炔体积之比小于1.0时形成的火焰。碳化焰乙炔燃烧不完全，碳有剩余，整个火焰比中性焰长，但温度较低，最高温度约为2700~3000℃。碳化焰有增碳作用，适于焊接高碳钢、铸铁和硬质合金等材料。

(3) 氧化焰。氧与乙炔体积比大于1.3时的火焰为氧化焰。氧化焰燃烧比中性焰剧烈，火焰各部分较短，且有嘶叫声，温度可达3100~3300℃。由于氧过剩，氧化火焰对熔池有氧化作用，焊缝质量不好，只适于焊接黄铜。

4.4.1.5 气焊焊接规范选择

根据工件的化学成分、尺寸大小、厚度、形状及施焊的空间位置，选用不同的气焊规范。气焊规范包括火焰性质、火焰能率、焊丝直径、焊嘴与工件间夹角及焊接速度等。

（1）焊丝直径。要根据工件厚度来选择。1~3mm 厚的工件可选用与工件厚度相同的焊丝；5~10mm 厚的工件可选用3~5mm 的焊丝。焊丝过细，熔化太快，将导致焊缝熔合不良和焊波不均匀；焊丝过粗，需要的加热时间长，会使焊缝热影响区增大，形成过热组织。

（2）焊嘴型号及焊嘴大小。我国使用最广的焊炬是 H01 型射吸式焊炬。焊厚度为0.5~2mm 的板用 H01-2 型，焊厚度为2~6mm 的板用 H01-6 型。每种型号有焊嘴一套5个，可根据板厚来选用合适的焊嘴孔径，孔径越大，每小时消耗的气体量也越大。每小时混合气体的消耗量（L/h）称为火焰能率。焊炬型号和焊嘴孔径确定之后，火焰能率也就确定了。

（3）焊嘴的倾斜角度。如图4-16 所示，焊炬与工件夹角为 α，α 的大小对工件的加热程度有影响。工件越厚，α 角应越大些，焊薄板时 α 值的范围为30°~50°。另外，焊炬的焊嘴轴线的投影应与焊缝重合，使热量集中。

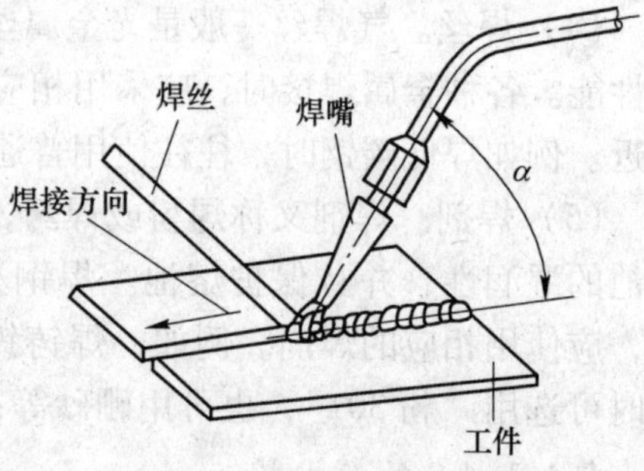

图4-16 焊炬的角度

（4）焊接速度。焊接速度直接影响生产率和产品质量，所以要根据产品情况选择焊接速度。一般原则是在保证焊接质量的前提下，尽力提高焊接速度，以提高生产率。

4.4.1.6 气焊操作技术

（1）焊前准备。点火时先微开氧气阀门，然后开大乙炔阀门，点燃火焰，这时火焰为碳化焰，可看到明显的三层轮廓；然后开大氧气阀门，火焰开始变短，淡白色的中间层逐步向白亮的焰心靠拢，调到刚好两层重合在一起，整个火焰只剩下中间白亮的焰心和外面一层较暗淡的轮廓时，即是所要求的中性焰。灭火时应先关乙炔阀门，后关氧气阀门。

（2）平焊操作要点如下：

1）两手分工。一般右手握焊炬，左手拿焊丝，两手动作要协调。焊薄板时多采用左焊法，即焊丝在焊炬前面，火焰指向工件待焊部分，两者同时从焊缝右端向左端移动；焊接厚工件时采用右焊法，焊炬向右移具有热量集中、熔池较深、火焰能更好地保护焊缝等优点。

2）起焊和停焊。起焊时，因工件处于常温，焊嘴与母材间要采用较大夹角，使母材尽快加热。当母材快要熔化时再把焊丝末端放到焰心前面，使之熔化过渡到熔化了的母材上去，母材和焊丝才能熔合好，然后转入正常焊接。停焊时，先要适当减小焊嘴与母材夹角，以便更好填满弧坑和避免烧穿，当弧坑填满时再将焊炬抬起。

3）焊炬前移。焊接过程中焊炬要沿焊缝前移，前移速度即焊接速度。前移速度要保证母材熔化并且均匀，使焊波美观。前移中焊炬、焊丝应做协调的摆动，焊丝还要有节奏地点入熔池。既便于熔透、避免烧穿，又可搅拌金属熔池，利于熔池中的有害物质排出。

4.4.2 气割

氧气切割简称气割，是根据某些金属在氧气流中能够剧烈燃烧的原理来切割金属的。气割广泛应用于钢材下料，焊件坡口的制备和铸钢件浇冒口的切割。气割主要有以下特点：一是设备简单，投资少，生产成本低；二是切割厚度大，切割效率高，目前切割最大厚度达2000mm；三是能在各种位置切割和切割出外形复杂的零件。气割存在的问题是切割材料有条件限制，适于一般钢材切割。

4.4.2.1 气割用气体、设备及气割过程

氧切割所用气体及供气设备与气焊完全一样，只是割炬与焊炬的结构不同。割炬外形如图4-17所示，它比焊炬多一根切割氧气管和一个切割氧气阀门。割嘴的出口有两条通道，周围的一圈是乙炔与氧的混合气体出口，中间的通道为切割氧的出口，二者互不相通。

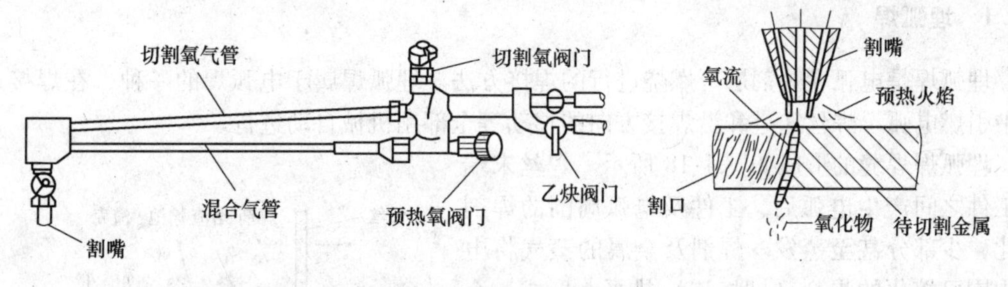

图4-17　割炬及切割过程

切割的具体过程：先开预热氧及乙炔阀门，点燃预热火焰，调到中性焰，将工件割口的开始处加热到高温（达到桔红至亮黄色约为1300℃）。然后打开切割氧阀门，切割氧与高温金属作用，产生激烈燃烧反应，将与之接触的金属燃烧而形成切口。

4.4.2.2 氧气切割原理及金属气割的条件

（1）氧气切割原理。气割的本质是金属在纯氧中的燃烧过程。例如，当钢被加热到燃点以上，与纯氧接触时就发生剧烈氧化反应，并放出大量的热，其反应如下：

$$3Fe(s,am)+2O_2(g)\longrightarrow Fe_3O_4(s,am)$$

$$\Delta_r H_m^{\ominus}(298.15K)=+1121kJ/mol$$

反应放出的热，一方面使Fe_3O_4成熔融态而被氧气流吹走，另一方面又使相邻金属加热到高温，使之与纯氧接触时能燃烧，这样切割才能够连续进行下去。

（2）金属进行气割的条件。金属材料只有满足下列条件才能采用气割：

1）金属的燃点应低于熔点，这是保证金属气割的基本条件。否则，金属在切割前熔化，就不能形成窄而整齐的切口。

2）燃烧生成的金属氧化物的熔点应低于金属本身的熔点。只有这样，燃烧形成的氧

化物才能熔化并被吹走，使下一层金属投入切割。否则，在割口表层易形成固态氧化物膜，阻碍氧气流与下层金属接触，中断切割过程。

3）金属燃烧时能放出大量的热，并且金属本身导热性要低。大量的燃烧热是预热下一层金属、熔化金属氧化物所不可缺少的。金属导热性可以保证热量向周围金属传导，用来预热下一层金属。

满足上述条件的金属材料有纯铁、低碳钢、中碳钢和普通低合金钢，而高碳钢、铸铁、高合金钢及铜、铝等非铁金属及其合金，均难以进行气割。

4.4.2.3 气割操作要点

（1）气割前根据被割工件的厚度选择适当的割嘴与割炬。

（2）割嘴与工件有正确的位置，一般在垂直方向上割嘴对切口左右两边垂直，在切割方向上割嘴与工件间有适当的夹角。

（3）割嘴与工件保持在焰心距工件 3～5mm 处，当工件预热好后，切割时要匀速前进。

4.5 其他焊接方法

4.5.1 埋弧焊

埋弧焊是电弧在焊剂层下燃烧进行的焊接方法。埋弧焊属于电弧焊的一种，在焊接过程中引燃电弧、焊丝送进和沿焊接方向的移动等全部用机械自动进行。

埋弧焊焊缝的形成如图 4-18 所示。焊丝末端与工件之间产生电弧后，工件及电弧周围的焊剂熔化，少部分甚至蒸发。焊剂及金属的蒸气将电弧周围已熔化的焊剂（即熔渣）排平，形成一个封闭空间，使电弧和熔池与外界空气隔绝。电弧在封闭空间内燃烧时，焊丝与基体金属不断熔化，形成熔池。随着电弧前移，熔池金属冷却凝固形成焊缝，比较轻的熔渣浮在熔池表面，冷却凝固成渣壳。

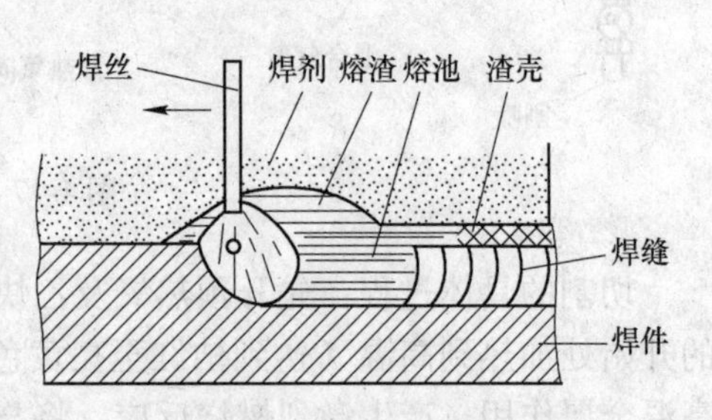

图 4-18 埋弧焊焊缝的形成

埋弧焊与焊条电弧焊相比生产率高，焊缝质量好、劳动强度低，缺点是适应性差，只宜在水平位置进行焊接。埋弧焊主要应用于焊接长直缝或有较大环焊缝的零件，如船舶、锅炉、桥梁等部门。

4.5.2 气体保护焊

气体保护焊是指利用外加气体作为电弧介质并保护电弧和焊接区的电弧焊，常用的保护气体有氩气和二氧化碳气体等。

（1）氩弧焊。氩弧焊是电弧焊的一种，是利用连续送进的焊丝与工件之间燃烧的电弧作热源，由焊炬喷嘴喷出的氩气保护电弧来进行焊接的。按所用电极不同，氩弧焊分为熔化极氩弧焊和不熔化极氩弧焊（钨极氩弧焊）两种，如图 4-19 所示。

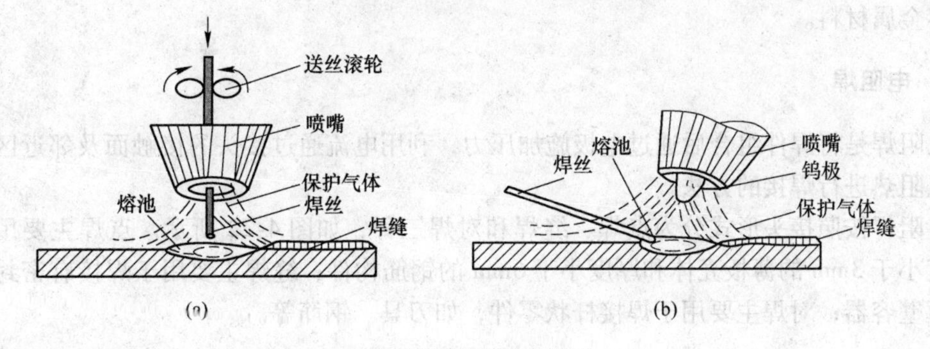

图 4-19 氩弧焊示意图

（a）熔化极氩弧焊；（b）不熔化极氩弧焊

氩弧焊应用范围广泛，目前主要应用于焊接非铁金属、低合金钢、耐热钢及不锈钢等。熔化极氩弧焊适用于焊接较厚金属，而不熔化极氩弧焊通常适用于焊接 3mm 以下的薄板。

（2）CO_2 气体保护焊。CO_2 气体保护焊是以 CO_2 作为保护气体的一种电弧焊方法，其基本原理如图 4-20 所示。焊丝由送丝机构自动向熔池送进，CO_2 气体不断由喷嘴喷出，排开熔池周围的空气，形成气体保护区，代替焊条药皮和焊剂来保证焊缝质量。

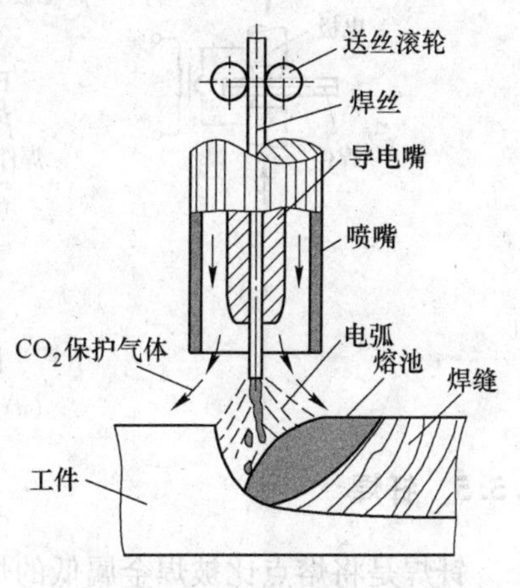

图 4-20 CO_2 气体保护焊示意图

CO_2 气体保护焊主要适用于低碳钢和普通低合金钢，常采用直流电反接法焊接，适宜焊接厚度小于 3mm 的薄钢板，也可焊中厚板。

4.5.3 等离子弧焊

等离子弧焊是在钨极氩弧焊的基础上发展起来的一种焊接方法。它是借助水冷喷嘴对电弧的拘束作用，获得较高能量密度的等离子弧进行焊接的方法。当电弧经过水冷却喷嘴孔道时，受到三种压缩：喷嘴细小孔道的机械压缩；弧柱周围的高速冷却气流使电弧产生热收缩；弧柱的带电粒子流在自身磁场作用下，产生相互吸引力，使电弧产生磁收缩。被高度压缩的电弧，成为弧柱直径很细，气体密度很高，能量非常密集的电弧，称为等离子弧，如图 4-21 所示。

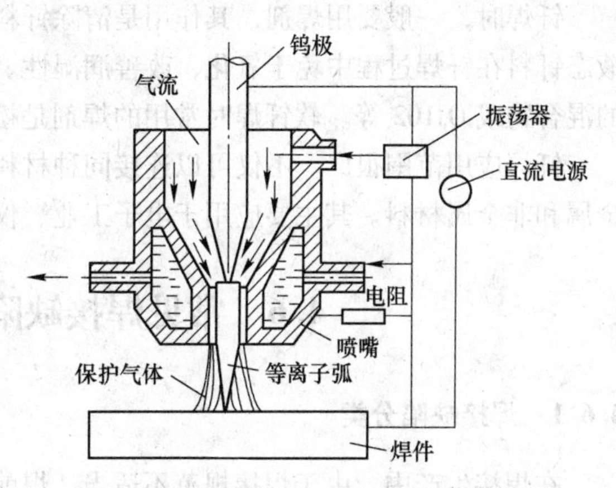

图 4-21 等离子弧发生装置示意图

用等离子弧可以焊接绝大部分金属，但由于焊接成本较高，故主要用在国防和尖端技术中，常用于焊接某些焊接性差的金属材料和精细工件等，如不锈钢、耐热钢、高强度钢及难熔金属材料。

4.5.4 电阻焊

电阻焊是将焊件组合后通过电极施加压力，利用电流通过接头的接触面及邻近区域产生的电阻热进行焊接的方法。

电阻焊按照接头形式分为点焊、缝焊和对焊三种，如图4-22所示。点焊主要用于焊接厚度小于3mm的薄板壳体和厚度小于6mm的钢筋构件；缝焊主要用于焊接有密封性要求的薄壁容器；对焊主要用于焊接杆状零件，如刀具、钢筋等。

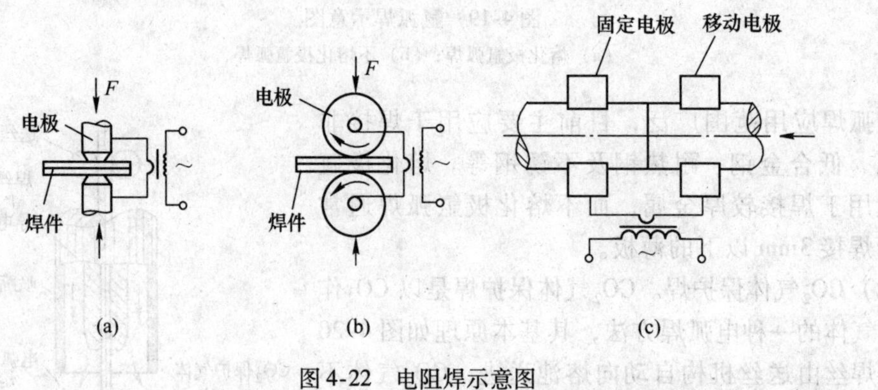

图4-22 电阻焊示意图
(a) 点焊；(b) 缝焊；(c) 对焊

4.5.5 钎焊

钎焊是将熔点比被焊金属低的焊料作为钎料，将焊件和钎料一起加热到略高于钎料熔点的温度，利用液态钎料润湿母材，填充接头间隙，并与母材相互扩散实现连接焊件的方法。钎焊也是常用的焊接方法之一。

按钎料熔点和接头强度的不同，钎焊可分为硬钎焊和软钎焊两种。

钎焊时，一般要用焊剂，其作用是清除钎料和被焊金属表面的氧化物，并保护焊件和液态钎料在钎焊过程中免于氧化，改善润湿性。硬钎焊时常用的焊剂有硼砂、硼砂和硼酸的混合物或QJ102等。软钎焊时常用的焊剂是松香、氯化锌溶液或QJ203等。

钎焊应用范围很广。不仅可以连接同种材料，也适宜于连接异种金属，甚至可以连接金属和非金属材料。其主要应用于电子工业、仪表制造工业、航天航空等。

4.6 常见焊接缺陷及其检验方法

4.6.1 焊接缺陷分类

在焊接生产中，由于焊接规范不适当、焊前准备不充分、操作规程不当等因素，会造成各种焊接缺陷。按照焊接缺陷所处的位置，可分为外观缺陷和内部缺陷两种。

(1) 外观缺陷。外观缺陷即在外部可观察到的缺陷。主要有气孔、咬边、裂纹、夹渣等，如图4-23 (a)、(d)、(e) 所示。

（2）内部缺陷。内部缺陷即包括藏在焊缝内部的缺陷。主要有未焊透、气孔、夹渣、裂纹等，如图4-23（b）、（c）、（e）所示。

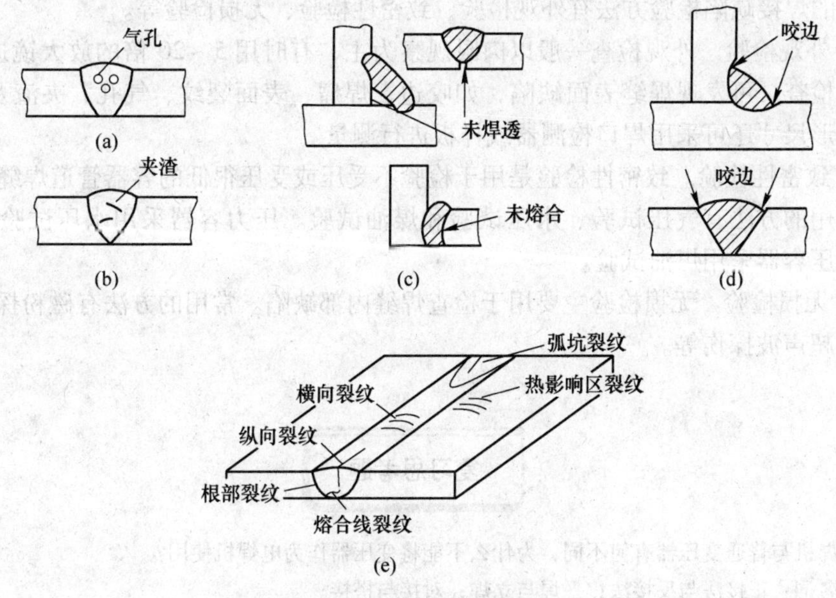

图4-23 常见的焊接缺陷
（a）气孔；（b）夹渣；（c）未焊透；（d）咬边；（e）裂纹

外观缺陷可用肉眼或放大镜观察到；而内部缺陷要借助于X射线、超声波探伤仪等探伤设备才能检验出来，肉眼观察不到。

4.6.2 焊接缺陷产生的原因

（1）咬边。焊接电流太大，焊接速度过快，焊条在焊缝两侧摆动速度快，电弧过长等。

（2）气孔。焊接材料不干净，有油污、铁锈等；电弧太长或太短；焊接材料成分选择不合适等。

（3）夹渣。焊件边缘及焊层间清理不干净；电流过小，熔渣不能充分上浮；运条操作不当，焊缝金属凝固太快，冶金反应生成的杂质不能浮到熔池表面。

（4）未焊透。焊接电流太小，焊接速度太快；焊件装配不好，如间隙太小、钝边太厚等；焊条角度不对，电弧不能穿透工件。

（5）裂纹。焊接材料化学成分选择不当，造成焊缝金属硬、脆，在焊缝冷凝后期和继续冷却过程中形成裂纹；熔化金属冷却太快，形成的热应力大；焊接结构设计不合理，造成较大的焊接应力；焊缝的装配、焊接顺序不合理，造成较大的焊接应力等。

焊接缺陷影响接头的性能和使用寿命。因此，焊件焊完后都要进行检验，并要对发现的焊接缺陷进行修补。对于以固定、连接为主，不承受载荷或载荷很小的件，对焊缝质量要求不高，只做外部检验，允许存在一些小缺陷，如咬边、气孔、夹渣等。对于重载荷或高压容器等，焊缝质量要求高，还要进行探伤，找出内部缺陷，并酌情采取修补措施。如果缺陷不能修补，整个工件就要报废。

4.6.3 焊接缺陷检验方法

常见的焊接缺陷检验方法有外观检验、致密性检验、无损检验等。

（1）外观检验。外观检查一般以肉眼观察为主，有时用5～20倍的放大镜进行观察。通过外观检查，可发现焊缝表面缺陷，如咬边、焊瘤、表面裂纹、气孔、夹渣及焊穿等。焊缝的外形尺寸还可采用焊口检测器或样板进行测量。

（2）致密性检验。致密性检验是用于检验不受压或受压很低的容器管道焊缝的穿透性缺陷。常用的方法有气压试验、水压试验和煤油试验。压力容器采用水压试验或气压试验，不受压容器采用煤油试验。

（3）无损检验。无损检验主要用于检查焊缝内部缺陷。常用的方法有磁粉探伤、X射线探伤、超声波探伤等。

复习思考题

4-1 交流焊机与普通变压器有何不同，为什么不能将变压器作为电焊机使用？
4-2 解释名词：正接法与反接法；平焊与立焊；对接与搭接。
4-3 焊机的空载电压一般有多少伏，为什么焊接时人一般不会由于焊机输出电压而触电？
4-4 交流电弧焊机与直流电弧焊机结构有何不同，各适合在什么场合下使用？
4-5 焊条的焊芯和药皮各起什么作用，敲掉药皮的焊条在焊接后会产生什么结果？
4-6 焊接电弧是怎样产生的？电弧由几部分组成，其各部分温度高低及热量分布如何？
4-7 气焊设备由哪几部分组成，气焊的熔池和焊缝靠什么保护？
4-8 气焊火焰有几种，各应用于什么场合？
4-9 气焊和焊条电弧焊各适于焊接什么样的工件？
4-10 气割的实质是什么，符合什么条件的金属可用气割？
4-11 焊接常见的缺陷有哪些，产生的原因是什么？
4-12 何谓埋弧焊，埋弧焊有什么特点？
4-13 何谓气体保护焊？常见的气体保护焊有几种，各有什么特点？
4-14 何谓电阻焊？电阻焊分为哪几类，各应用在哪些场合？

金属热处理

5.1 实训内容及要求

A 热处理实训内容

（1）了解机械工程材料的分类及其应用。

（2）理解常用钢铁材料的牌号、性能及用途。

（3）掌握热处理前后的性能变化及检验方法（洛氏硬度实验法）。

（4）掌握钢材的火花鉴别方法以及常用钢材和铸铁火花特征及其他鉴别方法。

（5）掌握热处理的主要设备及用途。

（6）了解常用热处理工艺方法（淬火、回火、正火、退火）的用途及操作工艺。

（7）了解其他热处理方法（表面热处理）。

B 锻压基本技能

（1）了解常用热处理方法的操作过程。

（2）能够独立完成简单件的热处理（退火、正火、淬火、回火）工艺。

（3）初步掌握硬度计的使用方法。

C 热处理安全注意事项

（1）穿戴好工作服等防护用品。

（2）操作前，应熟悉零件的工艺要求以及相关设备的使用方法，严格按工艺规程操作。

（3）使用电阻炉加热时，工件的进炉或出炉操作，应在切断电源的情况下进行。

（4）不要触摸出炉后尚在高温的热处理工件，以防烫伤。

（5）不要随意触摸或乱动车间内的化学药品、油类和处理液等。

5.2 金属热处理简介

钢的热处理是通过钢在固态下加热、保温和冷却，改变钢的内部组织，从而获得所要求性能的一种工艺方法。通过热处理不仅能使金属材料的力学性能得到改善，还能使材料获得一些特殊的使用性能，如耐蚀性、耐磨性、抗疲劳性等。

在机械工业中，热处理占有十分重要的地位。就目前机械工业生产状况而言，机床中要经过热处理的工件占总重量的60%~70%，汽车、拖拉机中占70%~80%，而轴承和各种工、模具则全部需热处理，以获得最佳的使用性能。它已成为机械制造过程中不可缺少的工艺方法。

钢的热处理工艺方法很多，常用的有普通热处理（退火、正火、淬火、回火）及表面热处理（表面淬火、表面化学热处理）等。任何一种热处理工艺过程，都由下列三个阶段组成：

（1）加热——以某种加热速度把工件加热到预定的温度；

（2）保温——在规定的加热温度下保持一段时间，使工件内、外层温度均匀；

（3）冷却——把保温后的工件以一定的冷却速度冷却下来。

把工件的加热、保温和冷却过程绘制在温度-时间坐标图上，就可以得到如图 5-1 所示的热处理工艺曲线。改变其加热温度和冷却方式，可以获得不同的热处理工艺。

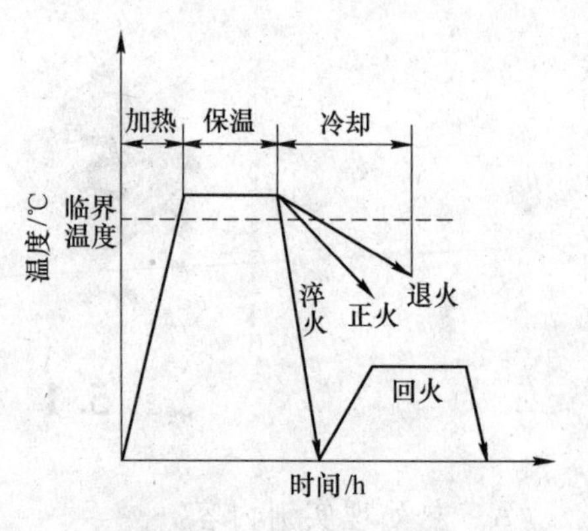

图 5-1 热处理工艺曲线

5.3 钢的热处理工艺

5.3.1 退火

将金属或合金加热到适当温度，保温一定时间，然后随炉缓慢冷却，以获得接近平衡状态组织的热处理工艺称为退火。退火的目的是为了降低硬度，便于切削加工；细化晶粒，改善组织，提高力学性能；消除内应力，稳定尺寸，减少淬火变形和开裂。退火通常安排在冷加工或最终热处理前进行，作为预先处理工序。退火可分为完全退火、球化退火、去应力退火等。

（1）完全退火。完全退火是指将钢加热到 A_{c3}（指加热时先共析铁素体全部转变为奥氏体的终了温度）以上 30～50℃，保温一定时间，然后随炉缓慢冷却的热处理工艺。完全退火主要用于亚共析钢的铸件、焊接件、锻件和轧件等。如 45 钢的完全退火工艺是将工件加热到 870℃左右，保温一定时间，然后随炉冷至室温（操作时一般冷至 300℃左右出炉空冷）。

（2）球化退火。球化退火是将钢件加热到 A_{c1}（指加热时珠光体向奥氏体转变的温度）以上 20～30℃，充分保温使未熔二次渗碳体球化，然后随炉缓慢冷却的热处理工艺。球化退火主要用于高碳工具钢、模具钢、轴承钢。如 T10 钢球化退火工艺是将工件加热到 750℃左右，保温一定时间后炉冷至 300℃左右出炉空冷。

（3）去应力退火。去应力退火是将工件加热到 500～600℃，经保温一定时间随炉缓慢冷却至 300℃左右后空冷至室温，又称低温退火。在去应力退火过程中，钢的组织不发生变化，只是消除内应力。去应力退火主要应用于消除铸件、焊接结构件以及热加工后零件的内应力，以防止和减小工件在使用或加工过程中产生变形和开裂。

5.3.2 正火

正火是将钢加热到 A_{c3}（或 A_{ccm}——加热时二次渗碳体全部溶入奥氏体的终了温度）以上 30～50℃的温度，保温后从炉中取出在空气中冷却的一种热处理方法。正火与退火相比，由于冷却速度较快，其强度和硬度比退火高，而塑性和韧性稍有降低。所以，生产中正火主要应用于改善低碳钢和某些低合金钢的切削加工性能；消除铸钢件内部粗大的晶粒，提高其力学性能；对要求不太高的普通构件，正火可作为最终热处理。

正火工艺操作简单，生产周期短，生产率高、成本低，因此在能满足工件力学性能及加工要求的情况下应尽量采用正火。

5.3.3 淬火

将钢加热到 A_{c3}（或 A_{c1}）以上 30 ~ 50℃，保温后在水或油中快速冷却的热处理工艺称为淬火。淬火的目的是提高钢的硬度和耐磨性。它是强化钢材的最重要的热处理方法。

（1）淬火加热温度和保温时间的选择。淬火的加热温度主要取决于化学成分，不同钢种的淬火温度可在热处理手册中查到。淬火加热温度过高，会使钢性能变坏；温度过低，淬火后硬度不足。保温时间长短与加热设备和工件有关，保温时间不足使淬火后工件硬度不足；若时间过长，则淬火后钢的晶粒粗大且变脆，表面氧化脱碳程度严重，影响其淬火质量。

（2）淬火介质的选择。淬火过程是冷却非常快的过程。为了得到马氏体组织，淬火冷却速度必须大于临界冷却速度。但是，冷却速度快必然产生很大的淬火内应力，这往往会引起工件变形与开裂。淬火冷却速度取决于冷却介质的选择。常用的淬火冷却介质是水、油、盐水和碱水。盐水或水溶液冷却速度快，一般用于形状简单的碳钢件；油的冷却速度较慢，一般用于形状复杂的合金钢件。总之，使用何种介质可依据零件材质、形状、大小以及该件热处理技术要求等。

淬火操作过程中除了主要淬火加热温度、保温时间和正确选择淬火介质外，还要注意工件浸入冷却介质的方式。如果浸入方式不当，会使工件冷却不均，造成很大的内应力，引起变形或开裂。操作中一般要将厚薄不均的零件，厚的部分先浸入；细长或薄而平的工件垂直浸入；截面不均的工件应斜着放下去，使工件各部分的冷却速度趋于一致；有不通孔的零件应孔朝上浸入，以利孔内空气排除等等。

（3）淬火方法。采用适当的淬火方法可以弥补冷却介质的不足，常见的淬火方法有以下几种：

1）单液淬火法。是指将加热工件在一种介质中连续冷却到室温的淬火方法。适用于形状简单的碳钢和合金钢工件。该方法操作简单，易实现机械化，应用较广。

2）双液淬火法。是指将加热工件先在一种冷却能力强的介质中冷却躲过 C 曲线“鼻尖”后再转入另一种冷却能力较弱的介质中发生马氏体转变的方法。常用的如水淬油冷，油淬空冷等。其优点是冷却比较理想，缺点是在第一种介质中的停留时间不易掌握，需要具有实践经验。主要用于形状复杂的碳钢工件及大型合金钢工件。

3）分级淬火法。是指将加热工件在 M_S 点附近的盐浴或碱浴中淬火，待工件内外温度均匀后再取出随炉缓慢冷却的淬火方法。可显著降低工件的内应力，减少变形或开裂的倾向，主要用于尺寸较小，形状复杂的工件。

4）等温淬火法。是指将加热工件在稍高于 M_S 温度的盐浴或碱浴中保温足够长时间，从而获得下贝氏体组织的淬火方法。经等温淬火的零件具有良好的综合力学性能，淬火应力小，适用于形状复杂及尺寸精度要求较高的零件。

5.3.4　回火

将淬火钢加热到 A_{c1} 以下某一温度，保温一定时间，然后冷却到室温的热处理工艺称为回火。淬火后的钢件一般不能直接使用，必须进行回火后才能使用。因为淬火钢的硬度高、脆性大，直接使用常发生脆断。回火的主要目的是降低脆性，减小或消除内应力，防止工件产生变形与开裂；稳定工件组织和尺寸，以保证工件在使用过程中不再发生尺寸和形状的变化；降低硬度，以利于切削加工。

根据回火温度的不同，可将回火分为低温回火、中温回火及高温回火三大类，见表5-1。

表5-1　常用回火方法及其应用

回火方法	回火温度/℃	力学性能	应用范围	大致硬度
低温回火	150～250	高的硬度、耐磨性	刃具、量具、冷冲模、滚动轴承等	58～64HRC
中温回火	350～500	高的弹性、韧性	弹簧及热锻模具等	35～50HRC
高温回火	500～650	良好的综合力学性能	连杆、螺栓、齿轮及轴等	20～30HRC

5.3.5　表面热处理

在机械设备中，有许多零件（如齿轮、凸轮、曲轴等）是在冲击载荷及表面摩擦条件下工作的。这类零件表面需具有高的强度、硬度、耐磨性和疲劳强度，而心部需具有足够的塑性和韧性，即表硬里韧。对零件进行表面热处理是满足这些性能要求的有效方法。

表面热处理是指仅对工件表层进行热处理以改变其组织和性能的工艺。表面热处理又分表面淬火和表面化学热处理。

（1）表面淬火。表面淬火是利用快速加热使零件表面很快达到淬火温度并迅速予以冷却，以获得表层高硬度的淬火组织，而心部仍为淬火前组织的热处理工艺。常用的表面淬火方法有感应加热表面淬火和火焰加热表面淬火。

感应加热表面淬火是利用感应电流通过工件所产生的热效应，使工件表面迅速加热到淬火温度并快速冷却的一种淬火方法。根据所用电流频率的不同可分为：1）高频加热淬火，频率为200～300kHz，淬硬层小于2mm，适用于要求淬透层较薄的中、小尺寸的轴类零件及中、小模数齿轮等零件的表面淬火；2）中频加热淬火，频率为2500～8000Hz，淬硬层为2～8mm，适用于直径较大的轴类或大、中模数齿轮等零件的表面淬火；3）工频加热淬火，频率为50Hz，淬硬层深度在10～20mm，适用于大直径零件，如轧辊、火车轮的表面淬火。

火焰加热表面淬火是利用氧-乙炔或其他可燃气直接加热工件表面至淬火温度，然后立即喷水冷却的方法。火焰表面淬火方法简便，不需特殊设备，适用于单件或小批量零件淬火；但由于加热温度不易控制、工件表面易过热、淬火质量不够稳定等因素，限制了它在机械制造中的广泛应用。

（2）表面化学热处理。将钢件置于化学介质中加热和保温，使介质中的某些元素渗入到钢件表面，改变表面层的化学成分和组织的过程叫做表面化学热处理。

表面化学热处理的目的是通过改变表面层的化学成分和组织，从而提高钢件的表面硬度、耐磨性或抗蚀性。而钢件心部组织基本保持不变。

表面化学热处理的方法很多，已用于生产的有渗碳、渗氮、碳氮共渗、渗硼、渗硅、渗硫、渗铬、渗铝等等。

5.4 常用热处理设备

任何一种热处理工艺，都需要通过热处理设备来实现。热处理常用的设备有加热设备、控温仪表、质检设备及冷却设备等。

5.4.1 加热设备

（1）箱式电阻炉。箱式电阻炉分为高温、中温和低温炉三种，其中以中温箱式电阻炉应用最广。图 5-2 所示为中温箱式电阻炉结构示意图，炉子型号为 RX60-9。其中，R 表示电阻炉，X 表示箱式，第一组数字“60”表示炉子的额定功率为 60kW，第二组数字“9”表示炉子的最高使用温度为 950℃。箱式炉可用来加热除长轴类零件之外的各类零件。

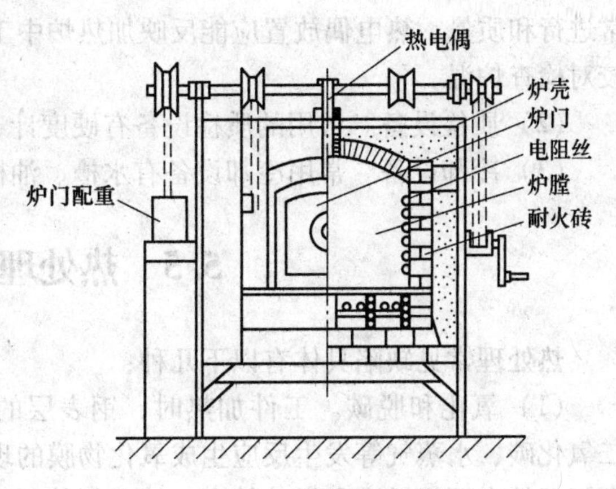

图 5-2 箱式电阻炉

（2）井式电阻炉。井式电阻炉分为中温井式电阻炉、低温加热井式炉和气体渗碳炉。中温井式电阻炉的结构如图 5-3 所示，炉子型号用字母加数字表示，如 RJ36-6。其中，R 表示电阻炉，J 表示井式，第一组数字“36”表示炉子的额定功率为 36kW，第二组数字“6”表示最高使用温度为 650℃。井式炉特别适应于长轴类零件加热。

（3）盐浴炉。盐浴炉分外热式和内热式两种。内热式盐浴炉又分为电极盐浴炉和电热元件盐浴炉两种，图 5-4 为电极盐浴炉的结构。它的加热元件是电极，盐浴炉所用熔盐主

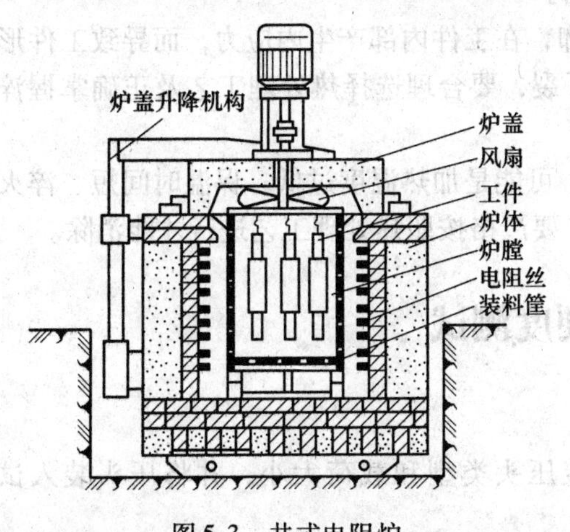

图 5-3 井式电阻炉

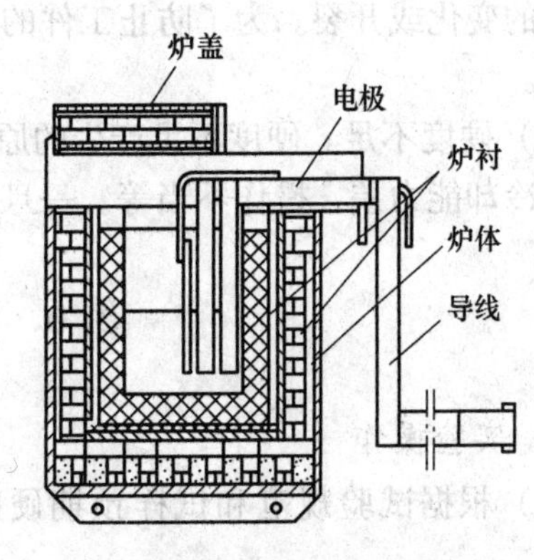

图 5-4 盐浴炉

要有氯化钠、氯化钾和氯化钡。为使固态下盐快速熔化，开炉时先向启动电极送电，利用启动电极的电阻发热使一部分盐先熔化，然后接通主电极使电流通过熔盐发热工作，液态盐在电压作用下电离导电加热，达到热处理所需温度。盐浴炉加热主要以接触式传热。其加热速度快，温度均匀，工件始终处于盐液内加热，工件出炉时表面又附有一层盐膜，所以能防止工件表面氧化和脱碳，常用于小型零件及工、模具的淬火和回火。

5.4.2 其他仪器设备

（1）控温仪表。控温仪表的主要作用是用来测量和控制加热炉温。它主要利用不同温度下不同金属电位不同，形成电位差经放大达到控温目的。其精度直接影响热处理工艺正常进行和质量。热电偶放置应能反映加热炉中工件的真实温度，补偿导线连接合理并经常校对检查炉温。

（2）质检设备。常用的质检设备有硬度计、金相显微镜、量具、探伤设备等。

（3）冷却设备。常用冷却设备有水槽、油槽、盐浴槽等。

5.5 热处理常见缺陷

热处理常见缺陷具体有以下几种：

（1）氧化和脱碳。工件加热时，钢表层的铁及合金元素与介质（或气氛）中的氧、二氧化碳、水蒸气等发生反应生成氧化物膜的现象称为氧化。在工件表面生成氧化皮，破坏了工件表面粗糙度和尺寸精度。钢在加热时，表层的碳与介质（或气氛）中的氧、氢、二氧化碳及水蒸气等发生反应，降低了表层碳浓度称为脱碳。脱碳使工件表面硬度不均匀，降低了工件的耐磨性，影响工件热处理后的性能。为了防止氧化和减少脱碳的措施有：控制加热温度和保温时间；在可控气氛中或在盐浴炉中加热等。

（2）过热和过烧。过热是指加热温度过高或在高温下保温时间过长，引起奥氏体晶粒粗化。过烧是指加热温度过高，不仅引起奥氏体晶粒粗大，而且晶界局部出现氧化或熔化，导致晶界弱化。过热可以通过重新正火或退火来纠正，过烧只能报废。为了防止工件的过烧和过热，要正确选择加热温度和保温时间。

（3）变形和开裂。由于淬火过程中快速冷却，在工件内部产生内应力，而导致工件形状尺寸的变化或开裂。为了防止工件的变形和开裂，要合理选择热处理工艺及正确掌握淬火操作。

（4）硬度不足。硬度不足产生的原因很多，可能是加热温度过低、保温时间短、淬火介质的冷却能力差、操作不当等。一旦发生后，要严格按照热处理工艺进行才能消除。

5.6 洛氏硬度测试

A 实验操作

（1）根据试验规范和试样预期硬度值选定压头类型和载荷大小，并将压头装入试验机。

（2）将试样上下两面磨平后置于试样台上，再向试样施加预载荷，操作方法是按顺时针方向转动手轮，使试样与压头缓慢接触，至读数指示盘的小指针指到“0”为止，即已预加载荷 10×9.807N。然后将指示盘的大指针调至零点（HRA、HRC 的零点为 0；HRB 的零点为 30）。

（3）按下按钮，平稳地加上主载荷，以防止损坏压头。当指示盘的大指针反向旋转若干格并停止转动时，保持 3～4s，再按照顺时针方向转动摇柄至自锁为止，从而卸除主载荷。由于试样的弹性变形得到恢复，表盘的大指针会退回若干格，此时指针所指示的位置反映了压痕的实际深度。在表盘上可直接读出试样的洛氏硬度值，HRA、HRC 值读表盘外圈黑色刻度，HRB 值读表盘内圈红色刻度。

（4）按逆时针方向转动手轮，至压头完全离开试样后取出试样。

B 技术要求

（1）金刚石压头为贵重物品，质地硬而脆，严禁与其他物品碰撞。

（2）试样表面应平整光洁，不得有氧化皮、油污及明显的加工痕迹。

（3）试样厚度不得小于压入深度的 10 倍。

（4）压痕边缘离试样边缘的距离及两相邻压痕边缘间的距离均不得小于 3mm。

（5）加载时，力的作用线必须垂直于试样的测试表面。

C 实际操作

（1）20、45 钢退火后硬度测试。学生每三人一组，每人测试一种钢的硬度，每个试样必须测定三个不同部位的硬度，取其平均值，然后将三人的试验数据记录下来，归纳整理。

（2）45 钢正火、淬火、低温回火的硬度测试。每人测试一种钢的硬度，每个试样必须测定三个不同部位的硬度，取其平均值，然后将三人的试验数据记录下来，归纳整理。

复习思考题

5-1 什么是热处理，常用热处理方法有哪些？

5-2 什么是退火，退火方法有哪几种？

5-3 何谓淬火，淬火的目的是什么？

5-4 淬火后为什么要回火，常见的回火方法有哪几种？回火时应注意什么？

5-5 何谓正火，正火的主要目的是什么？

5-6 表面淬火和整体淬火有什么不同？表面淬火有哪些方法，各有何特点？

5-7 常用的淬火介质是哪些，各有何特点？

5-8 什么叫钢的表面化学热处理，常用的表面化学热处理方法有哪些？

5-9 常见热处理缺陷有哪些，如何消除？

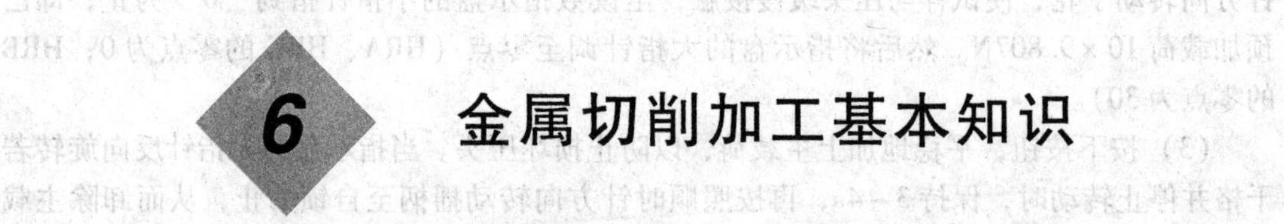

6 金属切削加工基本知识

6.1 金属切削加工简介

金属切削加工虽有多种不同的形式，但是它们在很多方面，如切削时的运动、切削工具以及切削过程的物理实质等，都有着共同的现象和规律。这些现象和规律是认识各种切削加工方法的共同基础。

切削加工（或冷加工）是指用切削工具从坯料或工件上切除多余材料，以获得所要求的几何形状、尺寸精度和表面质量的零件的加工方法。在现代机械制造中绝大多数的机械零件，特别是尺寸精度要求较高和表面粗糙度数值要求较小的零件，一般都要经过切削加工来得到。在各种类型的机械制造企业里，切削加工在生产过程中所占用的工作量均较大，是机械制造业中使用最广的加工方法。

切削加工分为机械加工和钳工两部分。机械加工的主要方式包括车削、铣削、刨削、拉削、磨削、钻削、镗削和齿轮加工等；钳工是手持工具对工件进行加工的方法。

在教学过程中，了解机械加工的切削运动，刀具材料的性能要求和常用刀具材料，金属材料的切削加工性，切削加工的质量，机床的传动方式。掌握切削用量三要素，机床的分类和编号，常用量具的使用方法。

同时，在使用量具时注意测量力的控制；谨防量具的磕碰和摔损。

6.2 切削加工的基本概念

6.2.1 机械加工中的切削运动

无论在哪种机床上进行切削加工，刀具与工件之间都必须有相对运动，这种相对运动就是切削运动。根据在切削过程中所起的作用，切削运动分为主运动和进给运动。

（1）主运动。在切削过程中，主运动是切下金属切屑最基本的运动。它的特点是在切削过程中速度最高，消耗机床动力最多。其运动可以是旋转运动，例如车削加工中工件的旋转；也可以是直线往复运动，例如牛头刨床上刨刀的移动。

（2）进给运动。进给运动是使工件上的多余金属材料不断地投入切削的运动。它包含两个内容：1）保证工件连续切削的走刀运动；2）形成新的切削运动的吃刀运动。其特点是在切削过程中速度低，消耗动力少。其运动可以是间歇的，也可以是连续的；可以是直线送进，也可以是圆周送进。例如车削加工中刀具的移动，刨削（牛头刨床）加工中工件的移动。

切削加工中，主运动只有一个，而进给运动可以有一个或数个。它们的适当配合，就可以加工出各种表面来。

6.2.2 切削用量

6.2.2.1 切削基本要素

切削加工中与切削运动直接相关的三个主要参数是切削速度，进给量和切削深度。切削速度是主运动的参数，切削深度和进给量分别是进给运动中吃刀运动和走刀运动的两个参数。

（1）切削速度 v 。在单位时间内，工件或刀具沿主运动方向相对移动的距离，计量单位为 m/min。

当主运动为旋转运动时（如车削，铣削等）：

$$v = \frac{\pi dn}{1000 \times 60}$$

式中 d——工件待加工表面直径或完成主运动的刀具直径，mm；

n——主运动的转速，r/min。

（2）切削深度 α_p。是指待加工表面和已加工表面之间的垂直距离，单位为 mm。

车外圆时：

$$\alpha_p = \frac{d - d_m}{2}$$

式中 d_m——已加工表面直径，mm；

d——待加工直径，mm。

（3）进给量 f。工件或刀具运动在一个工作循环（或单位时间）内，刀具与工件之间沿进给运动方向的相对位移。

例如车削时，工件每转一转，刀具所移动的距离，即为（每转）进给量 f，单位是 mm/r；刨削时，刀具往复一次，工件移动的距离，即为进给量 f，单位是 mm/str（毫米/双行程）。

铣削加工时，为调整机床的方便，需要知道在每分钟内刀具与工件之间沿进给运动方向的相对位移。单位时间的进给量，称为进给速度 v_f，其单位是 mm/min。

6.2.2.2 切削用量的合理选择

在工件材料、刀具材料、刀具几何参数等切削条件已确定的情况下，切削用量的选择将影响到工件加工质量，生产效率和加工成本。合理的切削用量应能满足下列要求：

（1）保证工件的表面粗糙度及加工精度；

（2）保证刀具有合理的寿命；

（3）充分发挥机床潜力，但又不超过机床允许的动力，不超过工艺系统强度及刚度所允许的极限负荷。

由于各切削用量对切削过程的影响程度不同，因此对不同的加工性质，切削用量的选择原则是不同的。对于粗加工，其主要是在较短的时间内切去工件毛坯上加工余量的大部分，要取得最高的生产率，应按 α_p—f—v 的顺序来选择切削用量，即首先应考虑的是尽可能大的切削深度，再考虑较大的进给量，最后在保证刀具经济寿命的条件下选取尽可能大的切削速度。对于半精加工和精加工，主要是保证工件的加工精度和表面质量要求，并兼顾必要的刀具寿命和生产率，这时切削深度与进给量分别受到工件加工余量和表面粗糙度等因素的限制，只有适当提高切削速度才能保证较高的生产率，因此应按 v—f—α_p 的顺序来选择。根据以上原则，常用切削用量的选择参见表6-1。

表6-1 常见切削用量（参考值）

加工方法		切削深度 α_p/mm	进给量 f	切削速度 v/m·min^{-1}	说明
车	粗	1.5~2.5	0.3~0.5	50~80	高速钢工具的 v 为 $\begin{cases}18\sim20\\20\sim30\end{cases}$，$f$ 为每转进给量
	精	0.2~0.5	0.2~0.3	80~100	
刨	粗	>2	0.2~0.6	25~30	f 为每一往复行程进给量
	精	0.2~0.5	0.1~0.3	15~20	
铣	粗	2~3	0.02~0.05	60~80	指用硬质合金刀端铣，高速钢刀具的 v 为 $\begin{cases}15\sim20\\20\sim30\end{cases}$，$f$ 指每齿进给量
	精	0.5~0.7	0.01~0.03	80~100	
钻		$D/2$	0.1~0.3	15~20	指高速钢钻头和铰刀，硬质合金钻头的 v 为20~30，硬质合金铰刀的 v 为10~16
铰	粗	0.2~0.3	0.05~0.1	10~12	
	精	0.1	0.8~1.3	8~10	
镗	粗	2~3	0.3~0.5	50~70	高速钢刀具的 v 为 $\begin{cases}15\sim25\\20\sim30\end{cases}$
	精	0.2~0.3	0.1~0.2	70~80	
磨	粗	0.015~0.04	(0.4~0.7)B	15~25	v 指工件速度；B 指砂轮宽度；f 指外圆磨削的轴向进给量
	精	0.005~0.01	(0.25~0.5)B	25~50	

6.2.3 冷却润滑液

切削过程中所消耗的功的绝大部分将转化成热量，即切削热。切削热的产生，使刀具刀尖部分的温度很高，磨损加快，影响了切削的顺利进行，为了降低切削温度，目前采用的主要方法是施加冷却润滑液，又叫切削液。切削液的作用可以概括为：润滑作用，冷却作用和清洗排屑作用。切削过程中，若有效地使用切削液能使表面粗糙度降低1~2级，切削力减少15%~30%，切削温度降低100~150℃，并能提高刀具寿命，从而提高生产率及产品质量。

切削液一般要求不损害人体健康，对机床无腐蚀作用，不易燃，吸热量大，润滑性能好，不易变质，并且价格低廉，适于大量使用。切削液的种类很多，按其性质，可分为三大类：

(1) 水溶液。其主要成分是水，特点是冷却、清洗性能好，透明度高，便于操作者观察切削情况。最简单的水溶液是在软水中加入少量的防锈添加剂（如亚硝酸钠，苏打等）；若加入一些油性添加剂，则可提高润滑性能。水溶液价格低廉，冷却性能好，应用很广泛。

(2) 切削油。其主要成分是矿物油，有时加入了极压添加剂，即极压切削油。这是一种以润滑为主的切削液，由于比热低，流动性差，所以冷却性能较差，适用于精加工。

(3) 乳化液。其主要成分是油、乳化剂和水，兼有良好的冷却和润滑性能，应用很广泛。乳化液一般是用事先配制好的乳化油加一定量的水搅拌而成的。乳化油加水的稀释浓度可按需要决定，浓度高，乳化液的润滑性能好，冷却效果差，反之，则冷却效果好，润滑性能差。

6.2.4 常见刀具材料

在金属切削过程中，刀具直接参加切削，在很大的切削力和很高的温度下工作，并且与切屑和工件都产生剧烈的摩擦，工作条件极为恶劣。刀具材料是刀具切削能力的基础，它对加工质量，生产率和加工成本影响极大。

6.2.4.1 刀具材料应具备的性能

刀具材料一般是指工作部分的材料，它在高温下进行切削工作，还要承受较大的压力、摩擦、冲击和振动，因此必须具有下列基本性能：

（1）高硬度。刀具材料的硬度必须高于工件材料的硬度，一般常温硬度要在 HRC60 以上。

（2）足够的强度和韧性。能承受切削力、冲击和振动，不产生崩刃和断裂。

（3）高的耐热性。刀具材料在高温下保持较高硬度的性能，又称为红硬性或热硬性。刀具材料的高温硬度越高，允许的切削速度也越高。

（4）良好的耐磨性。

此外，刀具材料还应具有较好的工艺性能，便于制造、热处理和刃磨等。

6.2.4.2 常见刀具材料

目前在切削加工中常见的刀具材料有：碳素工具钢、合金工具钢、高速钢、硬质合金及陶瓷材料等。此外，新型刀具材料还有人造金刚石和立方氮化硼等。各种材料的主要性能及应用见表 6-2。

表 6-2 各类刀具材料主要性能比较

种 类	常用牌号举例	室温硬度	耐热性/℃	抗弯强度 σ_{bb}/MPa	工艺性能	应用范围
碳素工具钢	T10A T12A	60～64HRC	200	2450～2741	可冷热加工成型，磨削性能好，易磨出锋利的刃口，需热处理	用于手动工具，如丝锥、板牙、铰刀、锯条、锉刀等
合金工具钢	CrWMn 9SiCr	60～65HRC	250～300	2450～2744	可冷热加工成型，磨削性能好，易磨出锋利的刃口，需热处理	用于手动或低速机动工具，如机用丝锥、板牙、拉刀等
高速钢	W18 Cr4V	62～70HRC	540～650	2450～3730	可冷热加工成型，磨削性能好，易磨出锋利的刃口，需热处理	主要用于形状较复杂的刀具，如钻头、铣刀、拉刀、齿轮刀具，也可用于车刀、刨刀
硬质合金	YG8 YT15	89～98HRA	800～1000	883～1470	不能冷热加工，多做为镶片使用，刃磨困难，无需热处理	多用于车刀，也可用于铣刀、钻头、滚齿刀等

续表 6-2

种类	常用牌号举例	室温硬度	耐热性/℃	抗弯强度 σ_{bb}/MPa	工艺性能	应用范围
金属陶瓷	AM	91～94HRA	1200～1450	588～882	不能冷热加工，多做为镶片使用，刃磨困难，无需热处理	多用于车刀，适于持续切削，主要对工件进行半精加工和精加工
立方氮化硼	FD	7300～9000HV	1400～1500	290	压制烧结而成，要用金刚石砂轮刃磨	用于强度、硬度较高材料的精加工
金刚石		10000HV	700～800	200～480	刃磨极困难	用于非铁金属的高精度、低参数值粗糙度的切削

碳素工具钢、合金工具钢因耐热性较低，常用来制造一些切削速度不高或手动工具，如锉刀、锯条、铰刀等。金属陶瓷、立方氮化硼和金刚石的硬度和耐磨性都很好，但成本较高，性脆，抗弯强度低，目前主要用于难加工材料的精加工。

目前生产中应用最广泛的刀具材料是高速钢与硬质合金。

（1）高速钢。高速钢是以钨、铬、钒、钼和钴为主要合金元素的高合金工具钢，又称锋钢或风钢。它的耐热性，硬度和耐磨性虽低于硬质合金，但强度和韧性高于硬质合金，工艺性较硬质合金好，所以在形状复杂刀具（铣刀、拉刀、齿轮加工刀具等）和小型刀具制造中，高速钢占主要地位。高速钢的价格也比硬质合金低。

普通高速钢如 W18Cr4V 是国内使用最为普遍的刀具材料，广泛地用于制造各种形状较为复杂的刀具，如麻花钻、铣刀、拉刀和成型刀具等。在普通高速钢中增添新的元素，如我国制成的铝高速钢，其硬度达到 70HRC，耐热性超过 600℃，属于高性能高速钢，又称超高速钢。

（2）硬质合金。硬质合金是由高硬度，高熔点的金属碳化物和金属黏结剂烧结而成的粉末冶金制品。用作切削刀具的硬质合金常用的金属碳化物是 WC 和 TiC，黏结剂以金属钴为主。硬质合金硬度高，耐热性高，耐磨性好，许用切削速度比高速钢高数倍；但硬质合金的抗弯强度远比高速钢低，冲击韧度较差，工艺性也不如高速钢。因此，硬质合金常制成各种类型的刀片，焊接或机械夹固在各种刀体上使用。

硬质合金的种类和牌号很多，目前我国机械工业中常用的有三类：

1）钨钴类，代号为 YG。这类硬质合金的抗弯强度较高，韧性较好，适于加工铸铁、非铁金属及其合金等脆性材料。常用的牌号有 YG3、YG6、YG8 等。

2）钨钴钛类，代号为 YT。这类硬质合金中由于含有 TiC，其硬度、耐磨性、耐热性均较 YG 类硬质合金高，但抗弯强度较低，因此常用于加工钢件。常用的牌号有 YT5、YT15、YT30 等。

3）通用合金类，代号为 YW。这类硬质合金中含有少量的 TaC 或 NbC，红硬性较好，能承受较大的冲击负荷，适用于耐热钢、不锈钢、高锰钢等难加工材料的加工，也可用于普通钢和铸铁的加工，因而称之为通用类硬质合金。常用的牌号有 YW1 和 YW2。

近年来还发展了涂层硬质合金，就是在韧性较好的硬质合金刀片表面涂覆一薄层（5～

12μm）TiC 或 TiN，可以提高表层的耐磨性，从而提高刀片的寿命及降低切削成本。

6.2.5 金属材料切削加工性

6.2.5.1 材料切削加工性的概念

切削加工性是指工件材料切削加工的难易程度，它是一个相对性的概念。首先，某种材料切削加工性的好坏往往是相对另一种材料比较而言的；其次，具体的加工条件和要求不同，加工的难易程度也有很大的差异。因此，在不同的情况下，要用不同的指标来衡量材料的切削加工性。

6.2.5.2 切削加工性的衡量指标

由于切削加工性概念的相对性，并与多种因素有关，因此很难找出一个简单的物理量来精确地规定和测量它。在生产和实验研究中，常常只取某一项指标，来反映材料切削加工性的某一侧面。常用的指标主要有如下两个：

（1）一定刀具寿命下的切削速度 v_T。其含义是：当刀具寿命为 T min时，切削某种材料所允许的切削速度。v_T越高，表示材料的切削加工性越好。若取 $T=60$min，则 v_T可写作 v_{60}。

（2）相对加工性 K_r。如果以 $\sigma_b=735$MPa 的 45 钢的 v_{60}作为基准，写作 $(v_{60})_j$，而把 v_{60}与它相比，这个比值 K_r，称为相对加工性。即

$$K_r = v_{60}/(v_{60})_j$$

相对加工性 K_r 越大，表示在切削该材料时刀具磨损越慢，即刀具寿命越高，因而在一定的刀具寿命下，允许选用较高的切削速度。常用材料的相对加工性分为 8 级，见表 6-3。

表 6-3 材料切削加工性分级

加工性等级	名称与种类		相对加工性 K_r	代表性材料
1	很容易切削材料	一般非铁金属	>3.0	4-4-4 铜锡合金，9-4 铝铜合金，铝镁合金
2	容易切削材料	易切削钢	2.5~3.0	15Cr 退火 $\sigma_b=360\sim450$MPa 自动机钢 $\sigma_b=400\sim500$MPa
3		较易切削钢	1.6~2.5	30 钢正火 $\sigma_b=450\sim560$MPa
4	普通材料	一般钢及铸铁	1.0~1.6	45 钢、灰铸铁
5		稍难切削材料	0.65~1.0	2Cr13 调质 $\sigma_b=850$MPa 85 钢 $\sigma_b=900$MPa
6	难切削材料	较难切削材料	0.5~0.65	45Cr 调质 $\sigma_b=1050$MPa 65Mn 调质 $\sigma_b=950\sim1000$MPa
7		难切削材料	0.15~0.5	50CrV 调质、1Cr18Ni9Ti、某些钛合金
8		很难切削材料	<0.15	某些钛合金，铸造镍基高温合金

6.3 切削加工质量

无论采用何种加工方法，要制造绝对准确的零件是很困难的。加工制造零件的实际几

何参数与零件的理想几何参数之变动量，称为加工误差。加工误差是必然存在的，但是为了保证机器装配后的精度，保证各零件之间的配合关系和互换性要求，就应根据零件的重要性和功用，并考虑工艺的经济指标等因素综合分析，提出合理的允许的加工误差。公差由零件的精度来衡量。精度包括：尺寸精度，形状精度和位置精度。衡量零件的切削加工质量，除了精度以外，另一个指标是表面质量，它包括表面粗糙度，表层的加工硬化和残余应力，下面分别讲述。

6.3.1　精度

精度是指零件加工后，其尺寸、形状以及各几何要素之间的相互位置等参数的实际数值与其理想数值相符合的程度。相符合的程度越高，即加工误差越小，则加工的精度就越高。

（1）尺寸精度。加工得到的实际尺寸与设计的理想尺寸相接近的精确程度，称为尺寸精度。尺寸精度高低由尺寸公差来限制。允许零件尺寸的变动量称为尺寸公差，简称公差。

为了实现互换性并满足各种使用要求，国家标准规定尺寸精度共分为 20 个等级即 IT01，IT0，IT1，IT2，…，IT17，IT18，从 IT01 到 IT18，精度等级依次降低。

（2）形状精度。形状精度指的是零件实际几何要素与理想几何要素之间在形状上接近的程度。形状精度的大小由形状公差来限制。形状公差指单一实际要素的形状所允许的变动全量。国家标准规定，形状公差共有 6 项，其对应符号如表 6-4 所示。

表 6-4　形状公差

项　目	直度线	平面度	圆度	圆柱度	线轮廓度	面轮廓度
符号	—	▱	○	⌭	⌒	⌓

（3）位置精度。零件点、线、面的实际位置对于理想位置的准确程度，称为位置精度。位置精度的大小由位置公差来限制。关联实际要素的位置对基准所允许的变动全量称为位置公差。位置公差根据零件的功能，又可分为：

1）定向公差：关联实际要素对基准在方向上允许的变动全量，如平行度、垂直度等。

2）定位公差：关联实际要素对基准在位置上允许的变动全量，如对称度、位置度等。

3）跳动公差：关联实际要素绕基准轴线回转一周或连续回转时所允许的最大跳动量，如圆跳动、全跳动等。国家标准规定，位置公差共有 8 项，其符号如表 6-5 所示。

表 6-5　位置公差

项　目	平行度	垂直度	倾斜度	位置度	同轴度	对称度	圆跳动	全跳动
符号	//	⊥	∠	⌖	◎	⌯	↗	⌰

6.3.2 表面质量

表面质量即已加工表面质量(也称表面完整性)，它包括表面粗糙度，表层的加工硬化以及残余应力。

表面粗糙度是指已加工表面上具有的较小间距和峰谷所组成的微观几何形状特性。表面粗糙度对零件的配合性质、耐磨性和抗腐蚀性等有着密切的关系，影响机器的性能和使用寿命。国标《表面粗糙度参数及其数值》(GB/T 1031—83) 规定了表面粗糙度的评定参数及其数值。用轮廓算数平均偏差 Ra 值标注表面粗糙度是最常用的，用 Ra 表示零件表面微观不平度，共分为十四级，即 50μm、25μm、12.5μm、6.3μm、3.2μm、1.6μm、0.8μm、0.4μm、0.2μm、0.1μm、0.05μm、0.025μm、0.012μm、0.006μm。

一般情况下，零件的尺寸精度要求越高，该表面的形状和位置精度要求越高，表面粗糙度的值越小。出于外观或清洁的考虑，有些零件的表面要求光亮，但其精度不要求高，如机床的手柄等。

对于一般零件，主要规定其表面粗糙度的数值范围；对于重要零件，除了限制其表面粗糙度外，还要控制其表面层的加工硬化程度和深度，以及表层残余应力的性质（拉应力还是压应力）和大小。

6.4 金属切削机床基本知识

金属切削机床是对金属工件进行切削加工的机器。由于它是用来加工零件的，故称为“工作母机”，习惯上称为机床。在现代机械制造业中，切削加工是将金属毛坯加工成具有一定尺寸、形状和精度零件的主要加工方法。因此，金属切削机床是加工机器零件的主要设备。

6.4.1 机床的分类与编号

为了适应各种切削加工的要求，需要设计、制造出各种不同的机床，其中最基本的机床有钻床、车床、铣床、刨床和磨床。每一种机床又有多种类型，其结构和应用范围各有不同，如车床就有普通车床，六角车床，转塔车床，立式车床，自动车床等多种。钻床、铣床、刨床和磨床也都各自发展了很多不同的类型。为了便于使用和管理，需要进行适当的分类。

(1) 机床的分类。机床的分类方法很多，主要有以下几种方法：

1) 按加工性质和所用刀具进行分类，可分为车床、钻床、铣床、刨床、磨床等十二大类。

2) 按机床使用上的万能性来分类，可分为万能机床（通用机床）、专门化机床（专能机床）和专用机床。

3) 按机床的精度分类，可分为普通精度、精密和高精度机床三类。

4) 按机床的重量分类，可分为一般机床、大型机床和重型机床三类。

(2) 机床的技术规格。机床的技术规格是表示机床尺寸大小和工作性能的技术资料。包括以下主要内容：机床工作运动（主运动和进给运动）速度的级数及其调整范围；机床主电动机的功率；机床的轮廓尺寸（长×宽×高）；机床的质量和机床的主参数等。

机床的主参数是表示机床工作能力与影响机床基本构造的主要参数，一般以能在机床上加工的工件最大尺寸或所用切削刀具的最大尺寸或机床的额定拉力（如拉床）等来表示。如普通车床、外圆磨床的主参数为最大加工直径；钻床为最大钻孔直径；立式铣床、卧式铣床为工作台工作面宽度；插床、牛头刨床为最大加工长度；龙门刨床为最大加工宽度；卧式镗床用镗轴直径表示等。

（3）机床的编号。为了简明地表示出机床的名称、主要技术规格、性能和结构特征，以便对机床有一个清晰的概念，需要对每种机床赋予一定的型号。关于我国机床型号现在的编制方法，可参阅国标《金属切削机床型号编制方法》(GB/T 15375)。对于已经定型、并按过去机床型号编制方法确定型号的机床，其型号暂不改变，故有些机床仍用原型号。机床型号的编制，是采用汉语拼音字母和阿拉伯数字按一定规律组合的。以 CQ6140A 型车床为例，图 6-1 摘要表达了机床型号的基本含义。

C　Q　6　1　40　A

类别代号		特性代号		组别代号				型别	主参数	改进号
C	车床	G	高精度	0	仪表机床	5	插床	（略）	常用主参数的 $\frac{1}{10}$ 或 $\frac{1}{100}$ 表示	改进序号按A,B,C等字母顺序选用
Z	钻床	M	精密	1	外圆磨床		插齿机			
T	镗床	Z	自动		内圆磨床	6	卧式车床			
M	磨床	B	半自动	2	龙门刨床		卧式镗床			
Y	齿轮	K	数字程序控制		龙门铣床		卧式铣床			
S	螺纹			3	摇臂钻床		牛头刨床			
X	铣床	H	自动换刀		滚齿机	7	卧式拉床			
B	刨插			4	仿形铣床		平面磨床			
L	拉床	F	仿形		立式车床		工具铣床			
D	电加工	W	万能	5	立式钻床	8	刨边机			
G	切断	Q	轻型		立式镗床		螺纹车床			
O	其他	J	简式		立式铣床	9	工具磨床			

图 6-1　机床型号的基本含义

6.4.2　机床的传动方式及传动链计算

机床的传动有机械、液压、气动、电气等多种形式，其中最常见的是机械传动和液压传动。由于液压传动在现代机床行业应用日益广泛，有些教材有专门论述，因此本书主要讲述机床中的机械传动方式。

机床上的机械传动有两种基本形式：一种是用于传递旋转运动和对运动的变速或换向；另一种是用于把旋转运动变换为直线运动。

6.4.2.1　传递旋转运动的机构

（1）带传动。带传动是利用胶带与带轮之间的摩擦作用，将主动带轮的转动传到另一个从动带轮上去。机床上一般都使用三角皮带传动，如图 6-2 所示。

设主动轮和从动轮的圆周速度分别为 v_1，v_2，胶带的速度为 $v_{带}$。传动时若不考虑胶带与轮之间的相对滑动对传动的影响，则有：

$$v_1 = v_2 = v_{带}$$

因为 $v_1 = \pi d n_1, v_2 = \pi D n_2$，所以有：

$$\frac{n_2}{n_1} = \frac{d}{D} = i$$

式中 d，D——主动带轮和从动带轮的直径，mm；

n_1，n_2——主动带轮和从动带轮的转速，r/min；

i——传动比，指从动带轮转速与主动带轮转速之比。

若考虑到传动时胶带与带轮之间有打滑现象，则其传动比为：

$$i = \frac{d}{D}\varepsilon$$

式中 ε——胶带的滑动系数，约为0.98。

带传动的优点：传动平稳，结构简单，两传动件轴间距离可任意调节，制造维修方便；过载时，胶带打滑可对机器起到保护作用。其缺点：由于胶带的滑动，不能得到准确的传动比；摩擦损失大，传动效率低。

（2）齿轮传动。齿轮传动是目前机床上应用最多的传动方式。齿轮的种类很多，有直齿、斜齿、锥齿和圆弧齿等，其中最常用的是直齿圆柱齿轮传动，如图6-3所示。

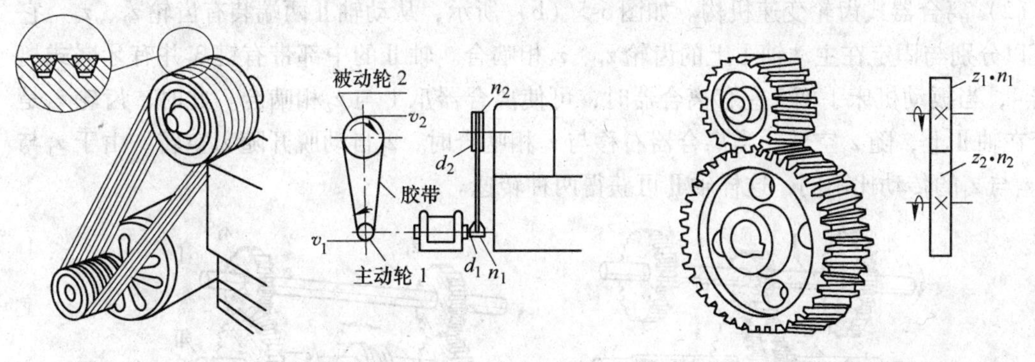

图6-2 三角皮带传动　　　　图6-3 齿轮传动

设 z_1 和 n_1 分别为主动轮的齿数和转速（r/min）；z_2 和 n_2 分别为从动轮的齿数和转速（r/min）。因为一对互相啮合的齿轮传动时的线速度应相等，则有：

$$n_1 \cdot z_1 = n_2 \cdot z_2$$

故传动比为：

$$i = \frac{n_2}{n_1} = \frac{z_1}{z_2}$$

两个齿轮啮合传动时，其转向相反；若要求从动轮与主动轮同方向旋转，只需要在主动轮和从动轮之间加一个中间齿轮（俗称介轮）即可。

齿轮传动的优点：传动比准确，结构紧凑，可传递的功率大，效率高（可达99%）。其缺点是：齿轮的制造比较复杂，成本较高；当制造精度不够高时，传动不平稳，有噪声。

（3）蜗杆蜗轮传动。如图6-4所示，蜗杆为主动件，蜗轮为从动件。相互啮合时，如果蜗杆是单头的，蜗杆转过一周，蜗轮就转过一个齿。设蜗杆的头数为 k，转速为 n_1；蜗

轮的齿数为 z，转速为 n_2，其传动比为：

$$i = \frac{n_2}{n_1} = \frac{k}{z}$$

因为一般蜗轮齿数 z 比蜗杆头数 k 大得多，所以蜗杆传动可获得较大的降速比，且传动平稳，噪声小，结构紧凑。在车床溜板箱、铣床分度头等机构上均采用了蜗杆蜗轮传动。其缺点是传动效率低，必须有良好的润滑条件。

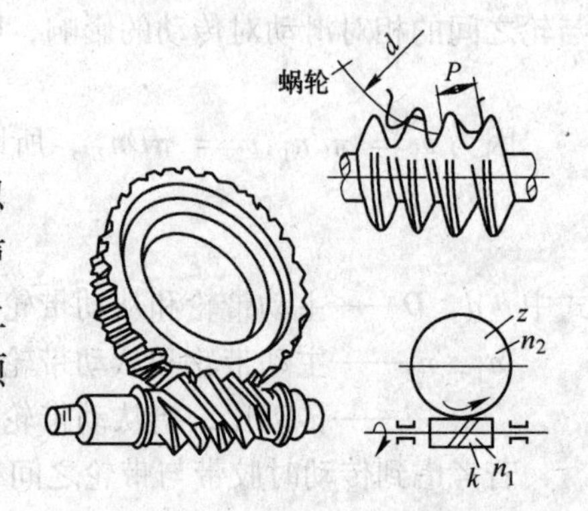

图 6-4　蜗杆蜗轮传动

6.4.2.2　变速机构

为了保证切削加工中能够根据需要选择最有利的切削速度和进给速度，机床上设置了多级可供操作者选用的速度。通过变速机构可方便地变换速度。机床上使用的变速机构种类很多，应用最多的是以下两种：

（1）滑移齿轮变速机构。如图 6-5（a）所示，带长键的从动轴Ⅱ上，装有三联滑移齿轮 z_2、z_4、z_6，通过扳动机床上的变速手柄可使它分别与固定在主动轴Ⅰ上的齿轮 z_1、z_3、z_5 相啮合。由于相啮合的齿轮传动比不同，因此轴Ⅱ可以获得三种转速。

（2）离合器式齿轮变速机构。如图 6-5（b）所示，从动轴Ⅱ两端装有齿轮 z_2、z_4，它们可以分别与固定在主动轴Ⅰ上的齿轮 z_1、z_3 相啮合。轴Ⅱ的中部带有键 3 并有牙嵌式离合器 4，当扳动机床手柄 5 左移离合器时，可使离合器爪 1 与 z_2 相啮合。此时，齿轮 z_4 是空套在轴Ⅱ上，随 z_3 空转。当离合器右移与 z_4 相啮合时，z_2 自动脱开随 z_1 空转。由于 z_1 与 z_2，z_3 与 z_4 的传动比不同，这样轴Ⅱ可获得两种转速。

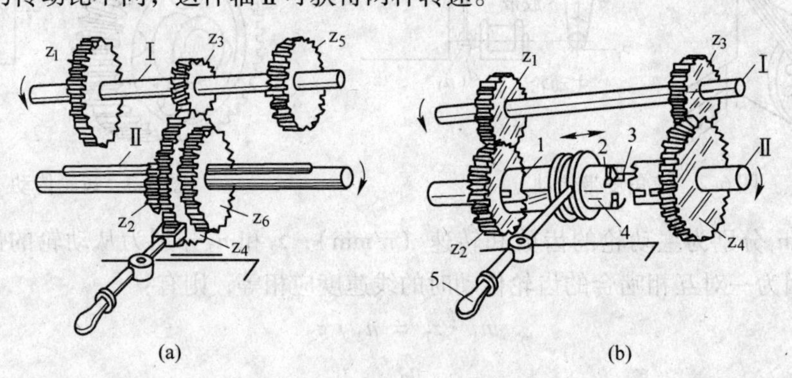

图 6-5　机床齿轮箱变速机构

（a）滑移齿轮变速；（b）离合器式齿轮变速

6.4.2.3　旋转运动转换为直线运动的机构

机床上一般都是用电动机作为原动机，而机床的切削运动中，有许多是直线运动，通过下列传动机构可方便地使旋转运动变换为直线运动。

（1）齿轮齿条传动。齿轮和齿条啮合时（如图 6-6 所示），齿轮转过一个齿，齿条跟着移动一个齿距。设齿轮的齿数为 z，齿条的齿距为 p（$p = \pi m$，m 为齿轮的模数，单位是 mm），当齿轮旋转 n 转时，齿条作直线移动的距离为：

$$L = pzn = \pi mzn$$

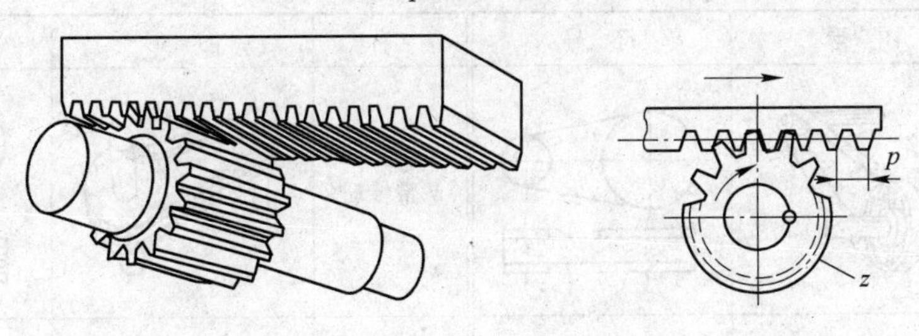

图 6-6　齿轮齿条传动

齿轮齿条传动既可把旋转运动变为直线运动（齿轮为主动件），也可以将直线运动变为旋转运动（齿条为主动件）。车床溜板箱和刀架的纵向运动就是利用齿轮齿条传动实现的。

齿轮与齿条传动的效率很高，但制造精度不高时，传动的平稳性和准确度较差。

（2）丝杠螺母传动。欲把旋转运动变为直线运动，也可以用丝杠螺母传动，如图 6-7 所示。例如，车床的长丝杠旋转可带动溜板箱纵向运动；转动刨床刀架丝杠可使刀架作上下移动；转动铣床工作台丝杠可使工作台直线移动等，应用非常广泛。

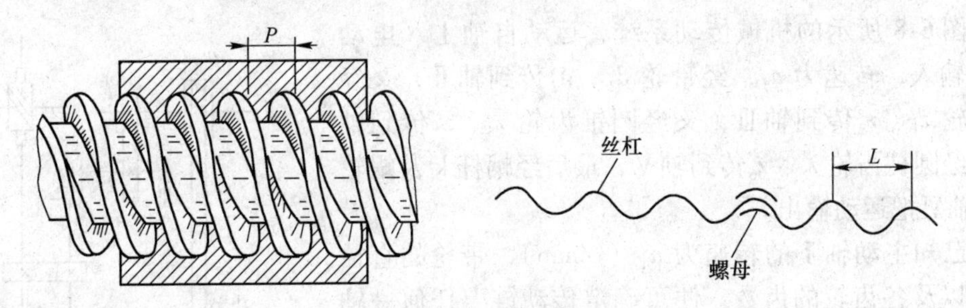

图 6-7　丝杠螺母传动

丝杠螺母传动中，丝杠转一转，螺母移动一个导程 L（L = 螺距 P × 螺纹线数 k）。若单线丝杠（$k=1$）的螺距为 P，转速为 n（r/min），螺母（不转动）沿轴线方向移动的速度 v_s（mm/s）为：

$$v_s = \frac{nP}{60}$$

丝杠螺母传动的优点是工作平稳，无噪声，可以达到高的传动精度，但传动效率低。

6.4.2.4　机床的传动链及其计算

把发生传动关系的各种传动件按顺序组合起来，就成为一个传动系统，也称传动链。为了便于了解和分析机床运动和传动的情况，一般使用机床的传动系统图，机床的传动系统图是表示机床全部运动传动关系的示意图。在图中用规定的简单符号代表各种传动元件（如表 6-6 所示），各传动件则按照运动传递的先后顺序，以展开图的形式画出来，因此，传动系统图只能表示传动关系，不能代表各元件的实际尺寸和空间位置。传动系统图为了解机床的传动结构及分析机床的运动提供了简单明确的概念。

表 6-6 传动系统中常用的传动元件及符号

名称	图 形	符 号	名称	图 形	符 号
平带传动			V带传动		
齿轮传动			蜗杆传动		
齿轮齿条传动			整体螺母传动		

如图 6-8 所示的机械传动系统，运动自轴Ⅰ（电动机轴）输入，转速为 n_1，经带轮 d_1、d_2传到轴Ⅱ，又经圆柱齿轮 z_1、z_2传到轴Ⅲ，又经圆锥齿轮 z_3、z_4传到轴Ⅳ，再经圆柱齿轮 z_5、z_6传到轴Ⅴ，最后经蜗杆 k 及蜗轮 z_7，由轴Ⅵ把运动输出。

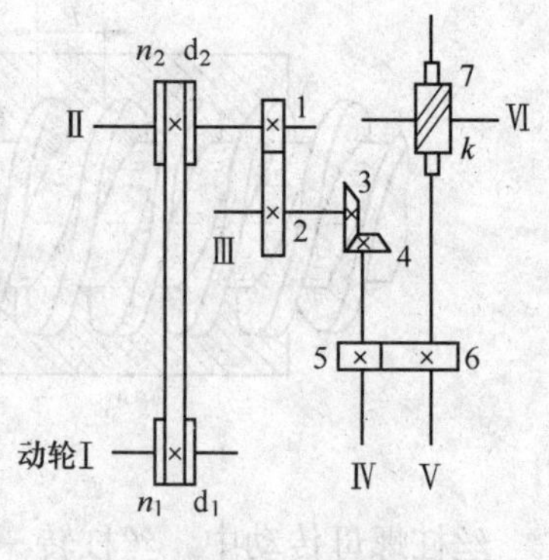

图 6-8 机械传动系统

设已知主动轴Ⅰ的转速为 n_1（r/min），带轮的直径 d_1和 d_2以及各齿轮的齿数，便可确定传动链上任何一轴的转速。如求轴Ⅵ的转速 $n_{Ⅵ}$，可按下式计算：

$$n_{Ⅵ} = n_1 \cdot \frac{d_1}{d_2} \cdot \varepsilon \cdot \frac{z_1}{z_2} \cdot \frac{z_3}{z_4} \cdot \frac{z_5}{z_6} \cdot \frac{k}{z_7}$$

或写成 $n_{Ⅵ} = n_1 \cdot i_1 \cdot i_2 \cdot i_3 \cdot i_4 \cdot i_5 = n_1 \cdot i_{总}$

即传动链的总传动比等于链中各级传动比的乘积。

6.5 常用量具

为了确保加工出的零件符合图样要求，在切削加工过程中和切削加工之后要用测量工具对工件进行尺寸、形状等项目的检验，这些测量工具简称量具。由于零件有各种不同形状的表面，其精度要求有高有低，这就需要根据测量的内容和精度要求选用适当的量具，量具的种类很多，本节仅介绍几种常用的量具。

6.5.1 游标卡尺

游标卡尺是一种常用的中等精度的量具，如图 6-9 所示。它具有结构简单、使用方便、测量尺寸范围较大等特点，可用来测量外径、内径、长度、宽度、深度和孔距等。常用的规格有125mm、150mm、200mm、300mm和500mm等。按照读数的准确度，游标卡尺可分为1/10、1/20和1/50三种，读数准确度依次为0.1mm、0.05mm和0.02mm。

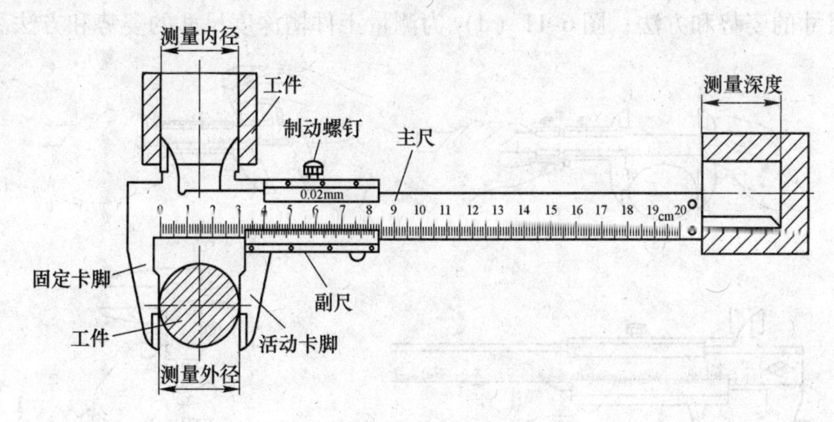

图6-9 游标卡尺

6.5.1.1 刻线原理和读数方法

下面以0.02mm游标卡尺为例说明它的刻线原理与读数方法。

（1）刻线原理。如图6-10（a）所示，尺身上每小格为1mm，当固定与活动两量爪贴合（主副尺零线对齐）时，尺身上的49mm正好等于游标上的50格；游标上每格长度为49/50=0.98mm；尺身与游标每格相差1-0.98=0.02mm。

（2）读数方法。游标卡尺的读数方法可分为三步，如图6-10（b）所示。1）按游标零线以左的尺身上的最近刻度读出整数；2）按游标零线以右与尺身上某一刻线对准的刻线数乘以0.02得出小数；3）将上两步的整数和小数两部分尺寸相加，即为总尺寸。图6-10（b）中的读数为23+0.02×22=23.44mm。

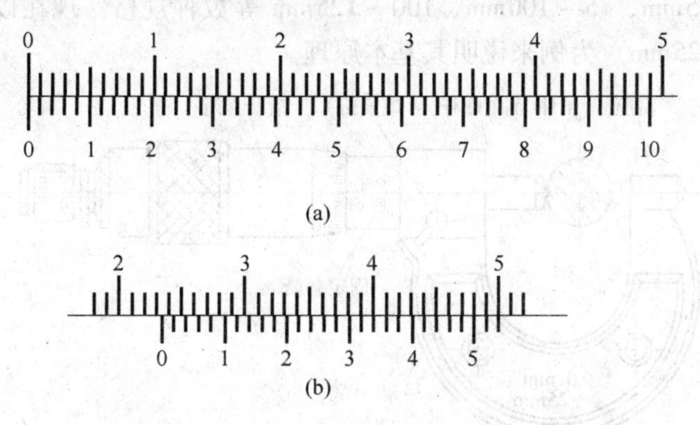

图6-10 0.02mm游标卡尺的刻线原理和读数方法

用游标卡尺测量时应注意：1）应使卡尺的卡脚逐渐与工件表面靠近，最后达到轻微接触；2）游标卡尺必须放正，切忌歪斜，以免测量出的尺寸不准；3）游标卡尺仅用于测量已加工的光滑表面，不宜测量毛坯表面和运动着的工件表面，以免卡脚过早磨损。

6.5.1.2　使用卡尺的正确方法

使用卡尺测量工件的姿势和方法如图6-11所示，其中图6-11（a）为测量工件外径尺寸的姿势和方法；图6-11（b）为测量工件内径尺寸的姿势和方法；图6-11（c）为测量工件宽度尺寸的姿势和方法；图6-11（d）为测量工件槽深度尺寸的姿势和方法。

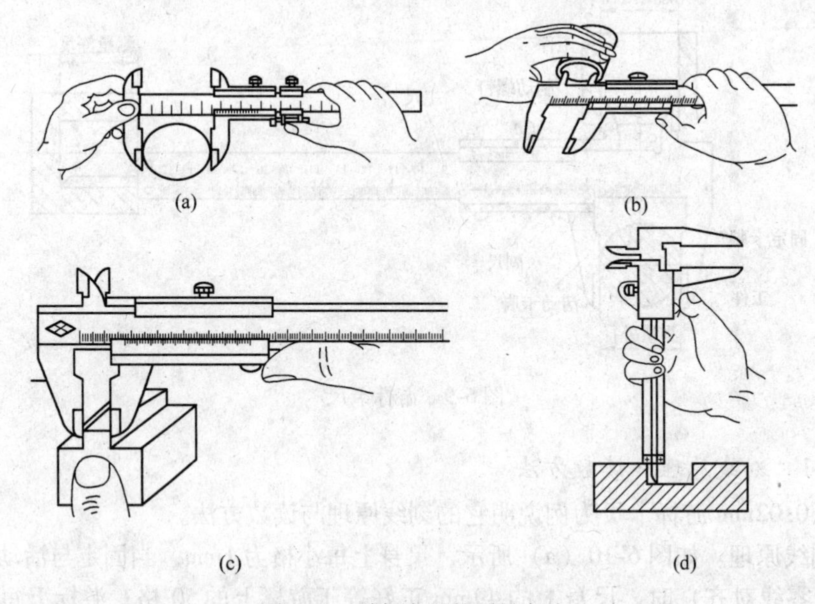

图6-11　游标卡尺的测量方法

6.5.2　外径千分尺

外径千分尺是一种比游标卡尺测量精度更高的测量工具，如图6-12所示。目前常用的外径千分尺在活动套筒上所显示的尺寸精度是0.01mm。按其测量范围有0~25mm、25~50mm、50~75mm、75~100mm、100~125mm等数种规格。现在以常用的外径千分尺（测量范围0~25mm）为例来说明其基本原理。

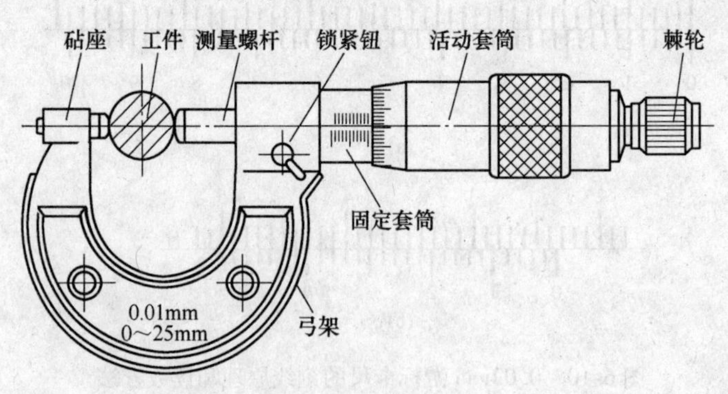

图6-12　外径千分尺

6.5.2.1　外径千分尺的刻线原理和读数方法

在图6-12中，其螺杆和活动套筒是连在一起的，当转动活动套筒时，螺杆和活动套筒一起向左或向右移动。

（1）刻线原理。外径千分尺的读数机构由固定套筒和活动套筒组成（相当于游标卡尺的尺身和游标）。固定套筒在轴线方向上刻有一条中线，中线的上、下各刻一排线，刻线每小格间距均为1mm，上下两排相互错开0.5mm，在活动套筒左端圆周线上有50等分的刻度线。因测量螺杆的螺距为0.5mm，而螺杆每转一周，同时轴向移动0.5mm，故活动套筒上每一小格的读数值为0.5/50 = 0.01mm。当外径千分尺的螺杆左端与砧座表面接触时，活动套筒左端的边线与轴向刻度线的零线重合；同时圆周上的零线与中线对准。

（2）读数方法。测量时，读数方法可分三步：1）读出距边线最近的轴向刻度数（应是0.5mm的整数倍）；2）读出与轴向刻度中线重合的圆周刻度数；3）将上两部分读数加起来即为总尺寸。如图6-13所示，读数 - 固定套筒读数 + 活动套筒上与固定套筒中线对齐的格数 ×0.01，读数单位为mm。

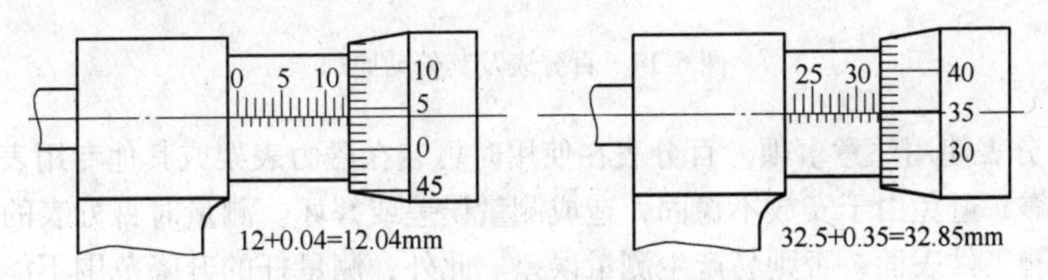

图6-13 外径千分尺的刻线原理和读数方法

6.5.2.2 使用外径千分尺的注意事项

（1）外径千分尺的测量面应保持清洁，使用前应校准“零位”。对0 ~25mm的外径千分尺应将砧座与螺杆两个测量面相互贴合，看活动套筒上的零线是否与固定套筒上的轴向刻度中线对齐，如有误差，应记下此数值，在测量时根据原始误差修正读数。对25 ~ 50mm以上的外径千分尺，需用标准量棒或量块进行校验。

（2）测量时，先转动活动套筒，当测量面将接近工件时，改用棘轮转动直到棘轮打滑为止。

（3）测量时，外径千分尺要放正，不可歪斜。

（4）读数时要注意，提防读错为0.5mm。

6.5.3 百分表

百分表是一种精度较高的比较量具，测量时精度为0.01mm，它只能测出相对数值，不能测出绝对数值。主要用于检查工件的形状和位置误差（如圆度、平面度、垂直度、跳动等），也常用于工件的精密找正。

（1）百分表的刻线原理。如图6-14所示，百分表的刻线原理是将测量杆的直线运动，经过齿条、齿轮的传动，变为指针在表面上作角度的位移。测量杆上齿条的周节（牙距）是0.625mm，当测量杆上升（或下降）16牙时（即0.625mm × 16 = 10mm），就会带动与之啮合的小齿轮（$z=16$）转一圈，而同轴上的大齿轮（$z=100$）也转一圈，通过大齿轮可带动另一小齿轮（$z=10$）连同大指针可转过10圈。当测量杆上升或下降1mm时，大指针就转一圈。由于表面上共刻100格，所以大指针每转一格就表示测量杆移动0.01mm。齿轮传动系统还保证测量杆移动1mm，大指针转1周时，小指针转1格，故小指针每格读数值为1mm。测量时，大、小指针读数之和即为尺寸变化量。

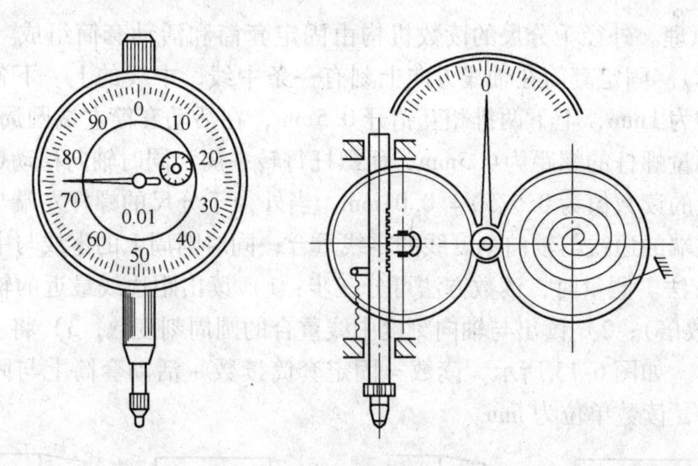

图6-14　百分表及其传动原理

（2）百分表使用注意事项。百分表在使用时可装在磁力表架或其他专用表架上。使用时安放要牢靠，避免由于安放不稳固，造成测量误差或摔坏。测量时百分表的测量杆触头应垂直于被测工件表面，否则易产生测量误差。此外，测量杆的升降范围不能太大，以减少由于存在间隙所产生的误差。

除了以上介绍的三种量具外，常用的还有万能角度尺、90°直尺、样板平尺、量块、量规、塞尺、卡钳等，这里就不一一赘述。

复习思考题

6-1　机械加工的主运动和进给运动指的是什么，在某机床的多个运动中，如何判断哪个是主运动？试举例说明。

6-2　试用图表示牛头刨床刨平面和钻床钻孔的切削用量三要素。

6-3　选择切削用量的基本原则是什么？

6-4　切削液的作用是什么，常见切削液有哪些？

6-5　对刀具材料有哪些要求，常见刀具材料有哪些？

6-6　什么是表面粗糙度，零件表面粗糙度是不是越小越好？

6-7　零件加工质量包括哪些内容？

6-8　带传动的优点是什么？

6-9　齿轮传动的传动比如何计算？

6-10　蜗轮蜗杆传动的优点是什么？

6-11　机床中最常用的齿轮变速机构除了离合器式以外，还有什么形式？

6-12　机床传动中，将旋转运动变成直线运动可采用哪些传动？

6-13　试述游标卡尺测量工件的原理。

6-14　外径千分尺和百分表的测量精度为多少，它们是否可以直接测出工件尺寸的数值？

7 车削加工

7.1 实训内容及要求

A 车削实训内容

(1) 了解车削加工的特点及其在机械制造中的作用和地位。

(2) 掌握普通车床的型号、功用、组成、切削运动、传动系统及调整方法。

(3) 掌握常用车刀、量具、主要附件的结构及使用方法。

(4) 了解零件加工精度、切削用量与加工经济性的相互关系。

(5) 掌握车工的基本操作技能，能独立地加工一般轴类、盘类零件。

(6) 能制订一般轴类零件的车削工艺，会选择相应的工具、夹具和量具。

B 车削基本技能

(1) 了解车削加工常用量具的使用方法。

(2) 了解螺纹、内孔的车削过程。

(3) 掌握刀具合理的使用并能正确安装刀具。

(4) 掌握车床操作技能，并能完成简单零件的加工。

C 车削安全注意事项

(1) 操作机床时，必须穿好工作服并扎紧袖口，留长发者要戴工作帽，并将头发全部塞入帽内。不准戴手套操作机床。

(2) 开动机床前必须检查手柄位置是否正确，检查旋转部分与机床周围有无碰撞或不正常现象，并对机床加油润滑。

(3) 工件、刀具和夹具必须装夹牢固。装夹工件后，应立即取下扳手。

(4) 多人共用一台机床时，只能一人操作，严禁两人同时操作，以防意外。加工过程中不能离开机床，不准倚靠车床操作。

(5) 不能用手触摸和测量旋转的和未停稳的工件或卡盘。清除切屑要用钩子或刷子，不可用手或工具量具直接清除。

7.2 车削加工简介

在车床上用车刀对工件进行切削加工的过程称为车削加工。所用的设备是车床，所用的刀具主要是车刀，还可用钻头、铰刀、丝锥、滚花刀等。车削加工的车削能主要是由工件而不是刀具提供。车削加工是最基本、最常见的切削加工方法，在生产中占有十分重要的地位。车削适用于加工回转表面，大部分具有回转表面的工件都可以用车削方法加工，如内外圆柱面、端面、沟槽、螺纹等。在各类金属切削机床中，车床是应用最广泛的一类，约占机床总数的50%。

7.3　普通车床

车床的种类很多，主要有普通车床、六角车床、立式车床、多刀车床、自动及半自动车床、仪表车床、数控车床等。随着生产的发展，高效率、自动化和高精度的车床不断出现，为车削加工提供了广阔的前景，但普通车床仍是各类车床的基础。

7.3.1　普通车床的组成及其作用

7.3.1.1　车床型号

为了便于管理和选用，按机床的类型和规格编成不同的编号，称为型号。下面是C6140卧式车床的型号中各组成的字母和数字所代表的含义。

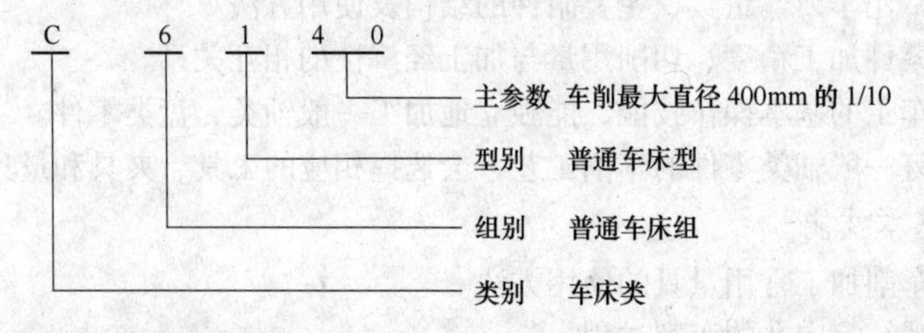

7.3.1.2　普通车床的组成及其作用

凡属于普通车床组的机床，其结构大致相似。图7-1为C6140型普通车床的示意图。

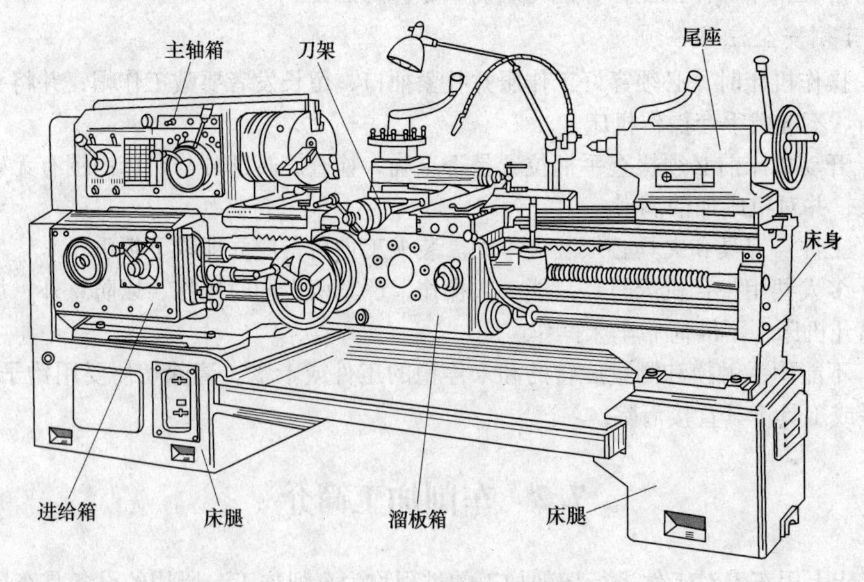

图7-1　C6140车床示意图

按部件的位置和功用可分成主轴箱部分、进给箱部分、溜板箱部分、刀架部分，床身和尾架等几大部分。

（1）床身。床身是车床的基础零件，用于支承和联结各主要部件并保证各个部件之间有正确的相对位置。床身上的导轨，用以引导刀架和尾座相对于主轴箱进行正确的移动。

（2）主轴箱（床头箱）。主轴箱是装有主轴和主轴变速机构的箱形部件。电动机的转动经三角胶带传给床头箱，通过变速机构使主轴获得不同的转速。主轴又通过传动齿轮带动挂轮旋转，将运动传给进给箱。主轴为空心结构，如图7-2所示。前部外锥面用于安装附件（如卡盘等）以便夹持工件，前部内锥面用来安装顶尖，细长孔可穿入长棒料。

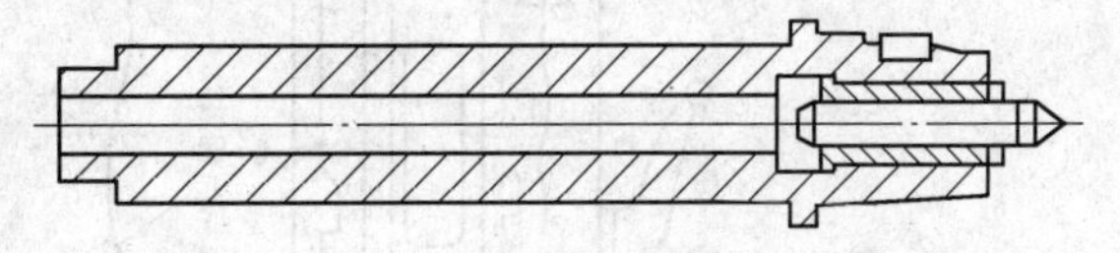

图7-2　C6140车床主轴结构示意图

（3）进给箱。进给箱是装有进给变速机构的箱形部件，可按所需要的进给量或螺距调整其变速机构，改变进给速度。

（4）溜板箱。溜板箱是车床进给运动的操纵箱。它可将光杠或丝杠传来的旋转运动传给刀架。溜板箱上有三层溜板，当接通光杠时，可使大溜板带动中溜板、小溜板及刀架沿床身导轨作纵向运动；中溜板可带动小溜板及刀架沿大溜板上的导轨作横向移动。所以，刀架可作纵向进给或横向进给的直线运动。当接通丝杠和闭合开合螺母时可车螺纹。溜板箱中设有互锁机构，使丝杠和光杠不能同时使用。

（5）刀架。刀架是主要用于安装刀具并可作移动或回转的部件。具体分为：1）方刀架，用于装卡刀具，可同时安装四把车刀；2）小滑板，一般用来作手动短行程的纵向进给运动，还可转动角度作斜向进给运动；3）转盘，与横刀架用螺栓紧固，松开螺母，便可在水平面内扳转任意角度；4）横刀架（也叫中溜板），作手动或自动横向进给运动；5）大刀架（也叫大溜板），与溜板箱连接，带动车刀沿床身导轨作纵向移动。

（6）尾座。安装于床身导轨上。在尾座的套筒内装上顶尖可用来支承工件，也可装上钻头、铰刀在工件上钻孔、铰孔。

7.3.2　C6140车床的传动系统

图7-3是C6140型普通车床的传动系统图。机床的传动系统图表明了机床的全部运动联系，图中各传动元件用简单的规定的符号代表，其规定符号详见国标《机械制图——机动示意图中的规定符号》（GB 4460—84）。机床的传动系统图画在一个能反映机床基本外形和各主要部件相互位置的平面上，并尽可能绘制在机床外形轮廓线内。各传动元件应尽可能按运动的传递顺序安排。传动系统图只表示传动关系，不代表各传动元件的实际尺寸和空间位置。

7.3.2.1　主运动传动链

主运动传动链的两末端件是主电动机和主轴，主要功用是把动力源的运动及动力传给主轴，使主轴带动工件旋转，实现主运动。

（1）传动路线。运动由电动机（7.5kW，1450r/min）经V带轮传动副ϕ130mm/ϕ230mm传至主轴箱中的轴Ⅰ。在轴Ⅰ上的双向多片式摩擦离合器M_1，使主轴正转、反转或停止。当压紧离合器M_1左部的摩擦片时，轴Ⅰ的运动经齿轮副56/38或51/43传动轴Ⅱ，使轴Ⅱ获得两种转速。当压紧右部的摩擦片时，经齿轮50，轴Ⅶ上的空套齿轮34传给轴Ⅱ上的固定齿轮30，使轴Ⅱ转向与经M_1左部传动时相反，且只有一种转速。当离合

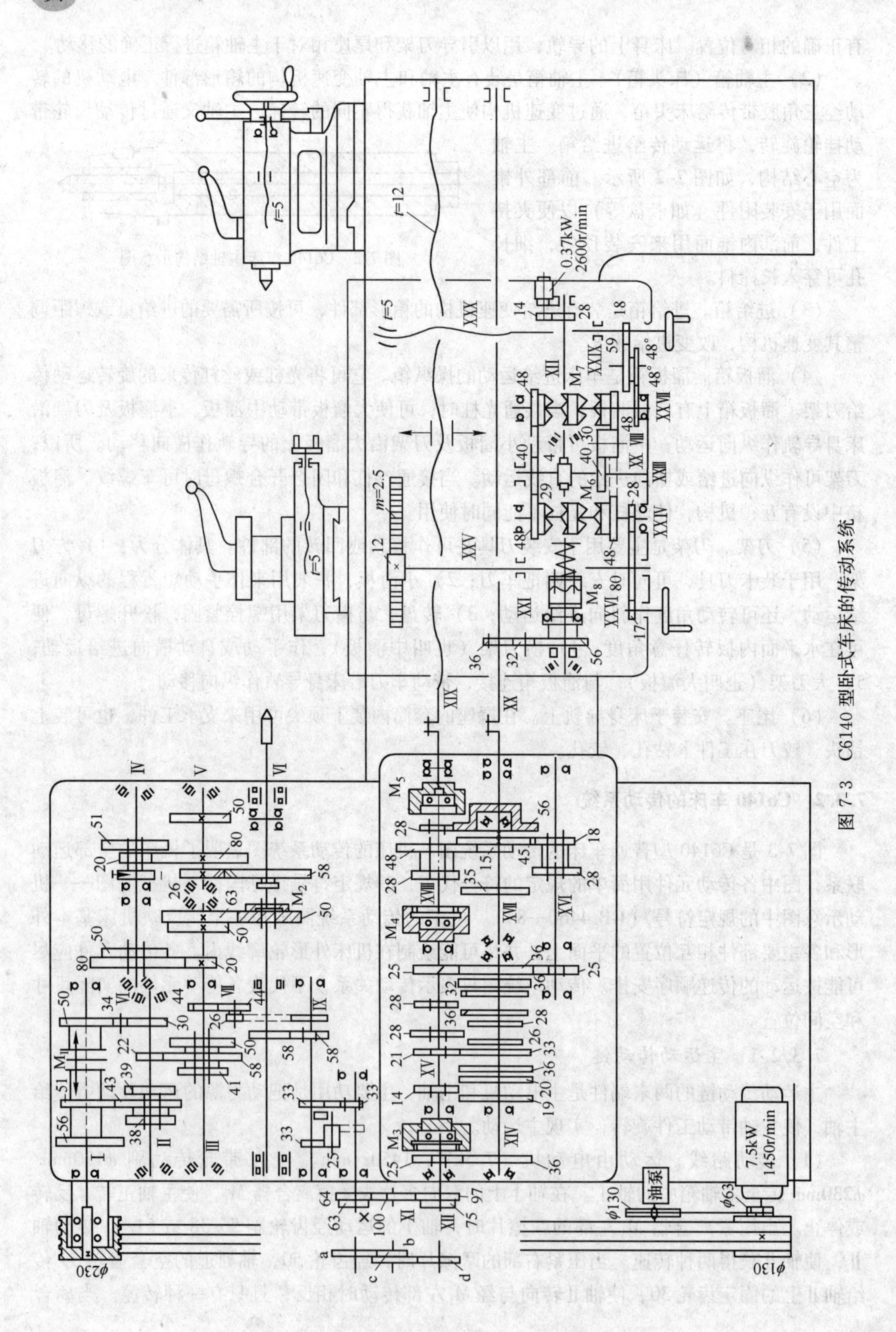

图 7-3 C6140 型卧式车床的传动系统

器处于中间位置时，主轴停转。

轴Ⅱ的运动可通过轴Ⅱ和轴Ⅲ间三对齿轮中的任一对传至轴Ⅲ，故轴Ⅲ正转共有 2 × 3 = 6 种转速。

运动由轴Ⅲ传给主轴有如下两条路线：

高速传动路线。主轴上的滑移齿轮 50 移到左端，与轴Ⅲ上的齿轮 63 啮合，运动由这一齿轮副直接传至主轴，得到 6 种高转速。

低速传动路线。主轴上的齿轮 50 移到左边与主轴上的齿式离合器 M_2 啮合，轴Ⅲ的运动经齿轮副 20/80 或 50/50 传至轴Ⅳ，又经齿轮副 20/80 或 51/50 传给轴Ⅴ，再经齿轮副 26/58 和齿式离合器 M_2 传至主轴，可得到 2 × 3 × 2 × 2 = 24 种理论上的低转速。

上述传动路线可用传动路线表达式表示如下：

$$\text{主电动机}—\frac{\phi 130}{\phi 230}—\text{Ⅰ}—\left\{\begin{matrix} M_1(\text{左}) - \left\{\begin{matrix}\frac{56}{38}\\ \frac{51}{43}\end{matrix}\right\} - \\ M_1(\text{右}) - \frac{50}{34} - \text{Ⅶ} - \frac{34}{30}\end{matrix}\right\} - \text{Ⅱ} - \left\{\begin{matrix}\frac{39}{41}\\ \frac{30}{50}\\ \frac{22}{58}\end{matrix}\right\}$$

$$\text{Ⅲ} - \left\{\begin{matrix} \\ \left\{\begin{matrix}\frac{20}{80}\\ \frac{50}{50}\end{matrix}\right\} - \text{Ⅳ} - \left\{\begin{matrix}\frac{20}{80}\\ \frac{51}{50}\end{matrix}\right\} - \text{Ⅴ} - \frac{26}{58} - M_2(\text{右移})\end{matrix}\right\} - \text{Ⅵ}(\text{主轴})$$

（2）主轴转速级数和转速。由传动系统图或传动路线表达式可以看出，主轴正转时，可得 2 × 3 = 6 种高转速和 2 × 3 × 2 × 2 = 24 种低转速。轴Ⅲ-Ⅳ-Ⅴ之间的 4 条传动路线的传动比为：

$$u_1 = \frac{20}{80} \times \frac{20}{80} = \frac{1}{16} \qquad u_2 = \frac{20}{80} \times \frac{51}{50} \approx \frac{1}{4}$$

$$u_3 = \frac{50}{50} \times \frac{20}{80} = \frac{1}{4} \qquad u_4 = \frac{50}{50} \times \frac{51}{50} \approx 1$$

其中 $u_2 = u_3$，故实际上只有 3 种不同的传动比。因此，由低速传动路线实际只有 2 × 3 × (2 × 2 − 1) = 18 级转速。加上高速传动路线的 6 级转速主轴共得 2 × 3 × [1 + (2 × 2 − 1)] = 24 级转速。

同理，主轴反转时有 3 × [1 + (2 × 2 − 1)] = 12 级转速。

主轴的各级转速，可根据各滑移齿轮的啮合状态求得。如图 7-3 中所示的啮合位置时，主轴的转速为：

$$n_{\text{主}} = 1450 \times \frac{130}{230} \times \frac{51}{43} \times \frac{22}{58} \times \frac{20}{80} \times \frac{26}{56}\text{r/min} \approx 10\text{r/min}$$

同理，可求出其他正、反转的各级转速。

在反切时主轴采用反转，但车螺纹时，主轴反转不是为了切削，而是在切削完一刀后使车刀沿螺旋线退回，所以转速较高，以节省辅助时间。

7.3.2.2 进给运动传动链

进给运动传动链的两末端件是主轴和车刀，其功用是使刀架实现纵向或横向移动及变速与换向。

为了便于分析，图7-4给出了进给运动链的组成框图。由图7-4可知，进给传动链可分为车削螺纹和机动进给两条传动链。机动进给传动链又可分为纵向和横向进给传动链。从主轴至进给箱的传动属于各传动链的公用段。进给箱之后分为两支：丝杠传动实现车螺纹；光杠传动则经过溜板箱中的传动机构分别实现纵向和横向机动进给运动。

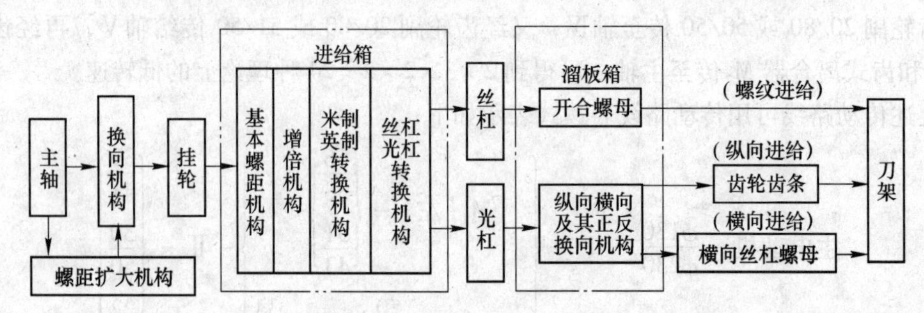

图7-4 进给传动链组成框图

机动进给传动链主要实现刀架的纵向和横向进给。一般纵向进给车削圆柱面，横向进给车削端面。

（1）传动路线。为了减少丝杠的磨损和便于操纵，机动进给是由光杠经溜板箱传动的。这时，将进给箱中的离合器M_5脱开，使轴XVⅢ的齿轮28与轴XX左端的齿轮相啮合。运动由进给箱传至光杠XX，再经溜板箱中的可沿光杠滑移的齿轮36空套在轴XXI上的齿轮32、超越离合器外壳上的齿轮56、超越离合器、安全离合器M_8、轴XXⅡ、齿轮副28/80、轴XXV传至小齿轮12。小齿轮12与固定在床身上的齿条相啮合。小齿轮转动时，就使刀架做纵向机动进给以车削圆柱面。若运动由轴XXⅢ经齿轮副48/40或$\frac{40}{30}\times\frac{30}{48}$、双向离合器$M_7$、轴XXVⅢ，及齿轮副$\frac{40}{48}\times\frac{59}{18}$传至横进给丝杠XXX，就使横刀架做横向机动进给以车削端面。其传动路线表达式如下：

$$\cdots \mathrm{XXVIII}-\frac{28}{56}-\mathrm{XX}-\frac{36}{32}-\mathrm{XXII}-\frac{32}{56}-\mathrm{XXII}-\frac{4}{29}-\mathrm{XXII}-\text{快移电动机（250W, 2800r/min）}-\frac{18}{24}$$

$$-\left[\begin{array}{l}\left[\begin{array}{l}M_6\uparrow\frac{40}{48}\\ M_6\downarrow\frac{40}{30}\times\frac{30}{48}\end{array}\right]-\mathrm{XXIV}-\frac{28}{80}-\mathrm{XXV}-z_{12}/\text{齿条}\\ \left[\begin{array}{l}M_7\uparrow\frac{40}{48}\\ M_7\downarrow\frac{40}{30}\times\frac{30}{48}\end{array}\right]-\mathrm{XXVIII}-\frac{48}{48}-\mathrm{XXIX}-\frac{59}{18}-\text{横向丝杠XXX}\end{array}\right]$$

（2）纵向机动进给量。C6140型车床纵向机动进给量有64种。当运动由主轴经正常导程的米制螺纹传动路线时，可获得正常进给量。这时的运动平衡式为：

$$f_{纵} = 1_{主轴} \times \frac{58}{58} \times \frac{33}{33} \times \frac{63}{100} \times \frac{100}{75} \times \frac{25}{36} \times u_{基} \times \frac{25}{36} \times \frac{36}{25} \times u_{倍} \times \frac{28}{56} \times \frac{36}{32} \times \frac{32}{56} \times \frac{4}{29} \times \frac{40}{30} \times \frac{30}{48} \times \frac{28}{80} \times \pi \times 2.5 \times 12\text{mm/r}$$

式中 $u_{基}$——基本组的传动比，如图7-3所示，有八种不同的传动比；

$u_{倍}$——增倍组的传动比，如图7-3所示，有四种不同的传动比。

改变 $u_{基}$ 和 $u_{倍}$ 可得到0.08～1.22mm/r的32种正常进给量。其余32种进给量可分别通过英制螺纹传动路线和扩大螺纹导程机构得到。

（3）横向机动进给量。通过传动计算可知，横向机动进给量是纵向的一半。

7.3.2.3 刀架的快速移动

为了减轻工人劳动强度和缩短辅助时间，刀架可以实现纵向和横向机动快速移动。按下一快速移动按钮，快速电动机（250W，2800r/min）经齿轮副18/24使轴XXII高速转动，再经蜗杆一副4/29，溜板箱内的转换机构，使刀架实现纵向或横向的快速移动。快移方向仍由溜板箱中双向离合器 M_6 和 M_7 控制。刀架快移时，不必脱开进给传动链。为了避免仍在转动的光杠和快速电动机同时传动轴XXII，在齿轮56与轴XXII之间装有超越离合器。

7.3.3 其他车床简介

为了满足零件加工的需要和提高生产率，生产中应用除了普通车床外，还有六角、立式、多刀、自动和半自动车床等各种类型的车床。虽然其结构和形状不同，但其基本原理是相同的。主要介绍立式车床和六角车床的主要特点。

（1）立式车床。如图7-5所示，立式车床与普通车床的区别在于，前者的主轴回转轴线是垂直的，后者是水平的。立式车床主要用于加工短而直径大的重型工件，如大型皮带轮、轮圈、大型电动机的零件、大型绞车的滚筒零件等。

在立式车床上，可进行车削和镗削圆柱表面、圆锥表面及成型表面，还可车端面。有些立式车床可以切削螺纹。此外，在设有特殊夹具的立式车床上，还可进行钻削和磨削加工。

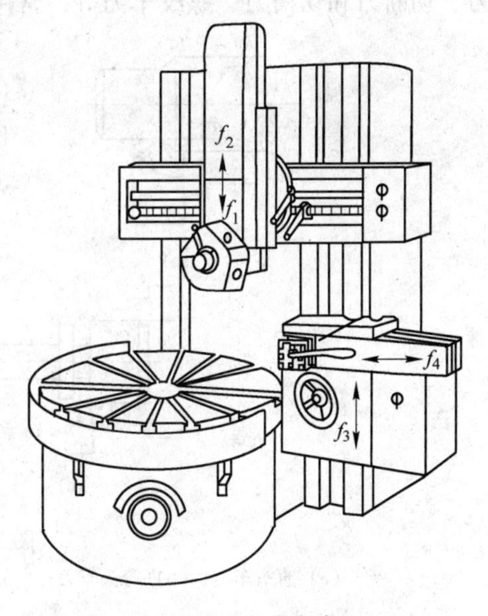

图7-5 立式车床

（2）六角车床。六角车床又名转塔车床，用于加工形状复杂且批量较大的工件，如图7-6所示。它与普通车床不同之处是，有一个可旋转换位的转塔刀架代替普通车床上的尾架。这个刀架可以同时安装钻头、铰刀、板牙以及装在特殊刀夹具中的各种车刀。在加工一个工件的过程中，只要依次使刀架转位，便可迅速变换刀具。这种机床还备有定程装置，可以控制尺寸，从而节省了测量工件的时间。

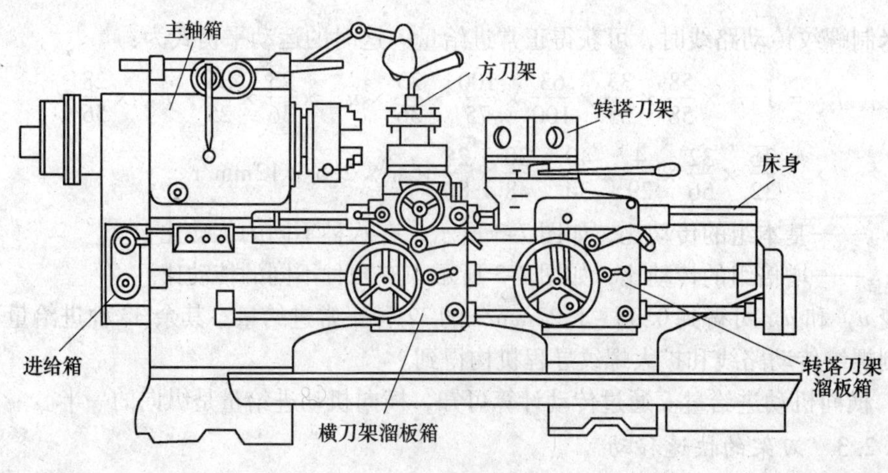

图 7-6 六角车床

7.4 车刀的基本知识

在特定条件下，选用一把较好的刀具来进行切削加工，可以达到优质高效低耗的目的。因此，掌握车刀的切削角度，合理地刃磨车刀，正确地选择和使用车刀，是学习车削技术的重要内容之一。

7.4.1 常用车刀的种类和用途

由于车削加工的内容不同，必须采用各种不同的车刀。按其用途分为外圆车刀、偏刀、切断刀和切槽刀、螺纹车刀等，常用车刀如图 7-7 所示。

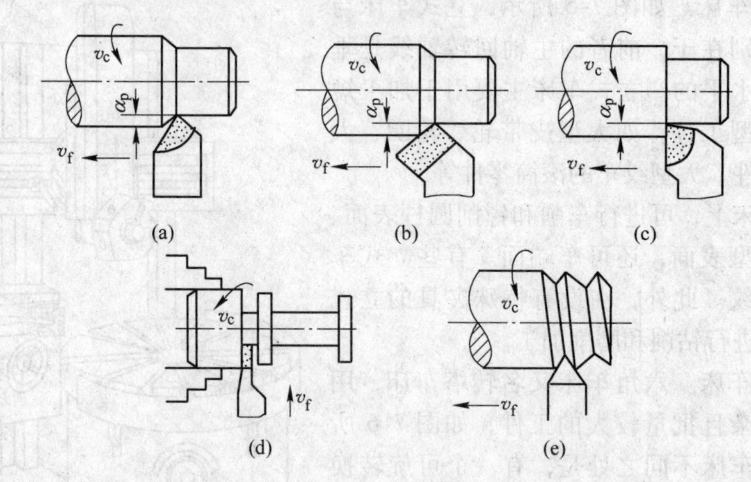

图 7-7 常用车刀

(a) 直头车刀；(b) 弯头车刀；(c) 90°偏刀；(d) 切断刀或切槽刀；(e) 螺纹车刀

(1) 外圆车刀。外圆车刀又称尖刀，主要用于车削外圆、平面和倒角。外圆车刀有直头尖刀、45°弯头车刀等。

(2) 偏刀。偏刀的主偏角为90°，用来车削工件的外圆、台阶和端面。

（3）切断刀和切槽刀。用来切断工件或在工件上切出沟槽。

（4）螺纹车刀。用来车削螺纹。螺纹按牙型有三角、方形等，相应使用三角螺纹车刀、方形螺纹车刀等。螺纹种类很多，其中以三角螺纹应用最广。

7.4.2 车刀的组成

车刀是由刀头（或刀片）和刀杆两部分组成的。刀头是车刀的切削部分，刀杆是车刀的夹持部分。车刀刀头一般由三个表面、两个切削刃和一个刀尖所组成，如图 7-8 所示。

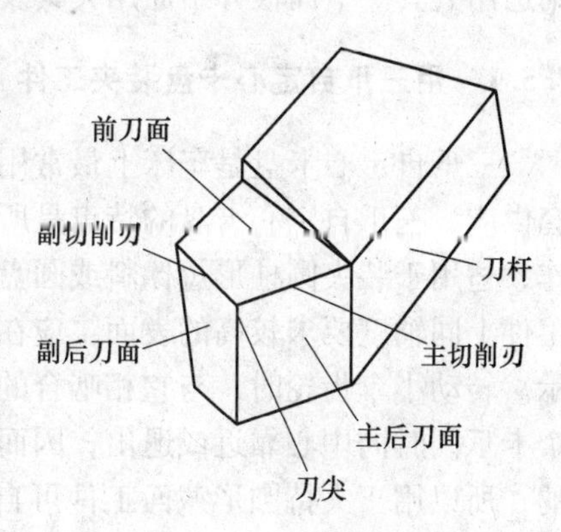

图 7-8 车刀的组成

（1）三面：

1）前刀面。切屑切离工件时所流过的表面，也就是车刀的上面。

2）主后刀面。刀具与工件切削表面相对的那个面。

3）副后刀面。刀具与工件的已加工表面相对的表面。

（2）两刃：

1）主切削刃。前刀面与主后刀面的交线，它起主要的切削作用。

2）副切削刃。前刀面与副后刀面的交线，它起辅助的切削作用。

（3）一尖：

刀尖是主切削刃和副切削刃的相交部分，它通常是一小段过渡圆弧。

任何车刀都由上述几部分构成，但数目不完全相同，如切断刀就有两个副切削刃和两个刀尖。此外，切削刃可以是直线的，也可以是曲线的，如车成型面的样板刀，其切削刃就是曲线的。

7.4.3 车刀的安装

车刀使用时必须正确安装，基本要求有以下几点：

（1）车刀刀尖应与车床的主轴轴线等高，可根据尾架顶尖的高度来进行调整。

（2）车刀刀杆应与车床轴线垂直。

（3）车刀伸出长度应尽可能短些，一般伸出长度不超过刀杆厚度的 2 倍。若伸出太长，刀杆刚性减弱，切削时容易产生振动。

（4）刀杆下面的垫片应平整，且片数不宜太多（少于 2～3 片）。

（5）车刀位置装正后，应拧紧刀架螺钉压紧，一般用两个螺钉，并交替拧紧。

7.5 车床的夹具及工件安装

车削工件时，通常总是先把工件装夹在车床的卡盘或夹具上，经过校正，而后进行加工。车床夹具的主要作用是确定工件在车床上的正确位置，并可靠地夹紧工件。常用的车床夹具有：（1）通用夹具或附件（如三爪自定心卡盘、四爪单动卡盘、花盘、拨盘、各种形式的顶尖、中心架和跟刀架等)；(2) 可调夹具(如成组夹具、组合夹具等)；(3) 专用夹具——专门为满足某个零件的某道工序而设计的夹具。根据工件的特点，可利用不同的夹具或附件，进行不同的装夹。在各种批量的生产中，正确地选择和使用夹具，对于保证加工质量，提高生产效率，减轻工人劳动强度是至关重要的。在实习中，主要使用通用夹具。下面仅介绍通用夹具及附件的装夹方法。

7.5.1 用三爪自定心卡盘装夹工件

三爪自定心卡盘是车床上最常用的通用夹具，一般由专业厂家生产，作为车床附件配套供应。三爪自定心卡盘的特点是所夹持工件能自动定心，装夹方便，可省去许多找正工作，适用于装夹圆柱形短棒料或圆盘类工件。但其定心准确度并不太高(0.05~0.15mm)，工件上同轴度要求较高的表面，应在一次装夹中车出。三爪自定心卡盘的构造如图7-9所示。转动小伞齿轮时，与它相啮合的大伞齿轮随之转动，大伞齿轮背面的平面螺纹带动三个卡爪同时向中心靠近或退出，因而可以夹紧不同直径的工件。由于三个卡爪是同时移动的，所以用于夹持圆形截面工件可自行对中。三爪自定心卡盘还可安装截面为正三角形，正六边形的工件。若在三爪自定心卡盘上换上三个反爪(有的卡盘可将卡爪反装成反爪)，即可用来安装直径较大的工件，如图7-9(c) 所示。

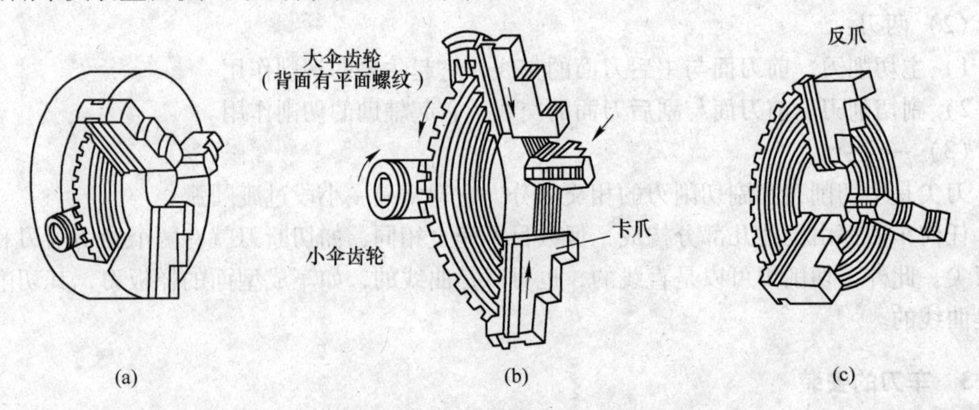

图7-9 三爪自定心卡盘
(a) 三爪卡盘外形；(b) 三爪卡盘结构；(c) 反三爪卡盘

用三爪自定心卡盘安装工件时，可按下列步骤进行：

(1) 把工件在三个卡爪之间放正，轻轻夹持。

(2) 开动车床，使主轴低速转动，检查工件有无偏摆，若有偏摆，应停车后用小锤轻敲校正，然后再紧固工件。紧固后，必须及时取下扳手，以免开车时飞出，砸伤人身或机床。

(3) 移动车刀到车削行程的左端。用手旋转卡盘，检查刀架等是否与卡盘或工件碰撞。三爪自定心卡盘是靠后面法兰盘上的螺纹直接旋装在车床主轴上的。由于卡盘较重，因此，在安装时应预先在车床导轨上垫好木板，以防碰伤导轨。

7.5.2 用四爪单动卡盘装夹工件

四爪单动卡盘也是常用的通用夹具，如图7-10 (a) 所示。每个卡爪后面有半瓣内螺纹，转动螺杆时，卡爪就可沿槽移动。由于四个卡爪是用扳手分别调整的，它不但可以装夹截面是圆形的工件，还可以装夹截面是方形、长方形、椭圆或不规则形状的工件，如图7-10（b）所示。在圆盘上车偏心孔也常用四爪单动卡盘装夹。此外，四爪单动卡盘较三爪自定心卡盘的夹紧力大，所以也用于装卡较重的圆形截面工件。如果把四个卡爪各自调头安装到卡盘体上，起到“反爪”作用，即可安装较大的工件。

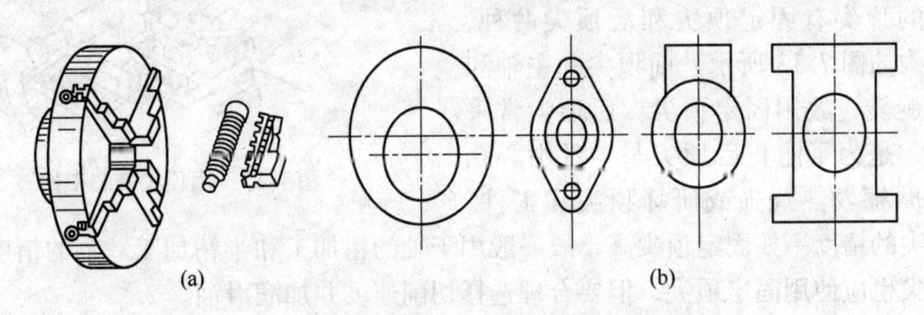

图7-10 四爪单动卡盘及适合装夹的零件
（a）四爪卡盘；（b）适于四爪卡盘装夹的工作

由于四爪单动卡盘的四个卡爪是独立移动的，在安装工件时须进行仔细的找正工作。一般用划线盘按工件外圆表面或内孔找正，也常按预先在工件上划的线找正（见图7-11（a））。用划线找正工件，安装精度一般可达0.02～0.05mm。如果零件的安装精度要求很高，三爪自定心卡盘不能满足要求时，也往往用四爪单动卡盘安装，用百分表找正（见图7-11（b）），安装精度可达0.01mm。

按划线找正工件的方法如下：

（1）使划针靠近工件上划出的加工界线。

（2）慢慢转动卡盘，先校正端面，在离针尖最近的工件端面上用小锤轻轻敲击，到各处距离相等。

（3）转动卡盘，校正中心，将离开针尖最远处的一个卡爪松开，拧紧其相对卡爪，反复调整几次，直到校正为止。

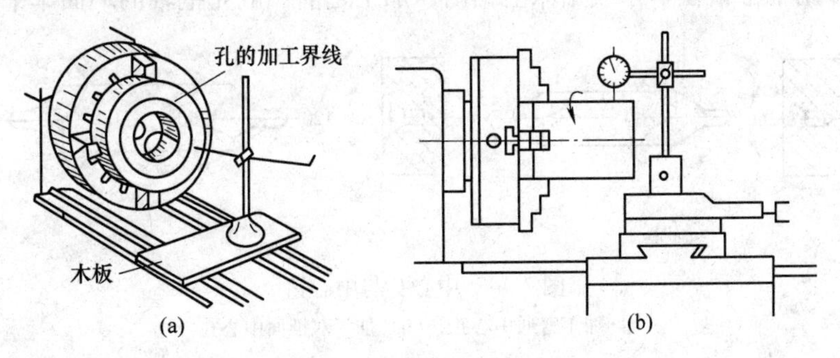

图7-11 用四爪单动卡盘安装时的找正
（a）用划线盘找正；（b）用百分表找正

7.5.3 用顶尖安装工件

在车床上加工较长或工序较多的轴类工件时，常采用两顶尖安装（见图7-12），工件装夹在前后顶尖之间，旋转的主轴通过拨盘（拨盘安装在主轴上，其连接方式与三爪自定心卡盘相同）带动夹紧在轴端上的卡箍而使工件转动。前顶尖装在主轴上，和主轴一起旋转。

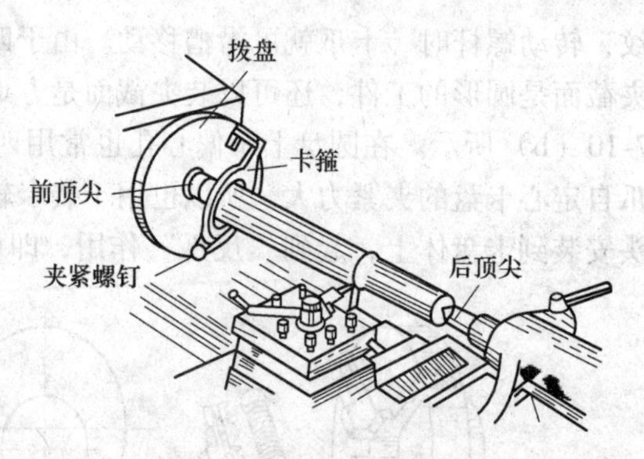

图 7-12　用顶尖安装工件

常用的顶尖有固定顶尖和活顶尖两种，其形状结构如图 7-13 所示。前顶尖随主轴和工件一起旋转，故用固定顶尖。后顶尖常采用活顶尖，是为了防止后顶尖与工件中心孔之间由于摩擦发热烧损或研坏顶尖和工件。由于活顶尖的精度不如固定顶尖高，故一般用于轴的粗加工和半精加工。轴的精度要求高时，后顶尖也应使用固定顶尖，但要合理选择切削速度并加润滑油。

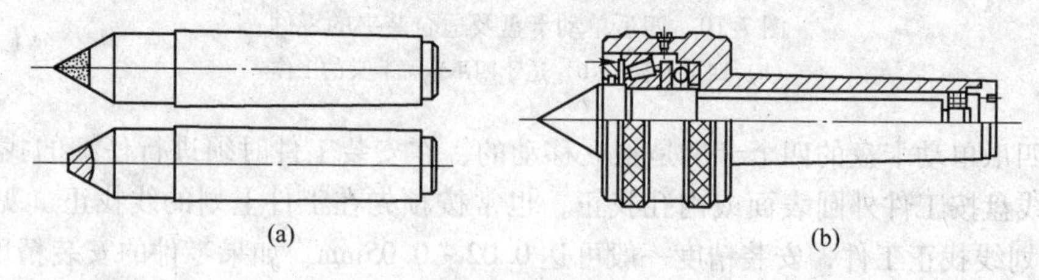

图 7-13　顶尖
（a）固定顶尖；（b）活顶尖

用顶尖安装轴类工件的步骤如下：

（1）在轴的两端打中心孔。中心孔的形状如图 7-14 所示，有普通中心孔和双锥面中心孔。中心孔的 60°锥面是和顶尖的锥面相配合的，前面的小圆柱孔是为了不使顶尖尖端接触工件，保证顶尖与锥面能紧密接触，同时还可储存润滑油。双锥面中心孔的 120°锥面称为保护锥面，用于防止 60°锥面被破坏，也便于在顶尖上加工轴的端面。

中心孔多用中心钻在车床或钻床上钻出，加工之前一般先把轴的端面车平。

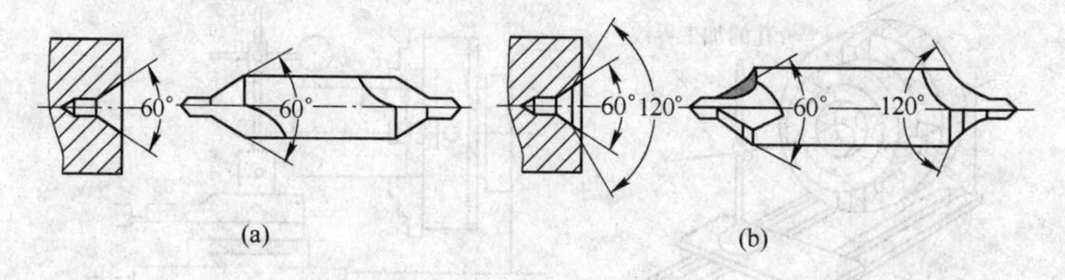

图 7-14　中心孔与中心钻
（a）加工普通中心孔；（b）加工双锥面中心孔

（2）安装并校正顶尖。顶尖是依靠其尾部锥面与主轴或尾座套筒的锥孔配合而装紧的。安装时要先擦净锥孔和顶尖，然后用力推紧，否则装不牢或装不正。校正时将尾座移向主轴箱，检查前后两个顶尖的轴线是否重合，如图 7-15 所示。如果不重合，则必须将尾座体做横向调节，使之符合要求。

对于精度要求较高的轴，只凭目测观察来对准顶尖是不能满足要求的，要边加工，边

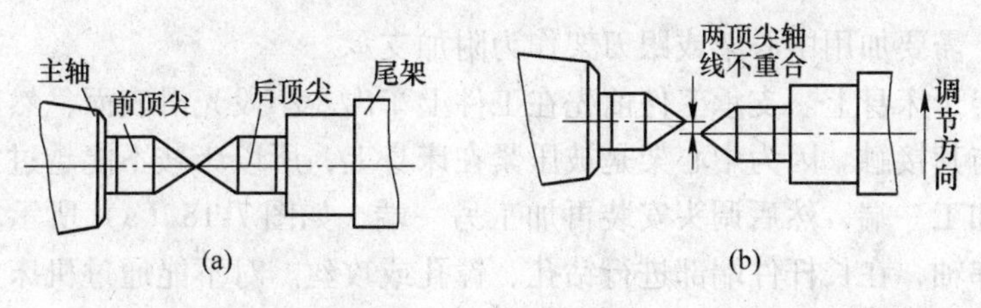

图 7-15 校正顶尖

（a）两顶尖轴线必须重合；（b）横向调解尾架体使顶尖轴线重合

测量，边调整。若两顶尖轴线不重合，安装在顶尖上的工件轴线与车刀进给方向不平行，加工后的工件会出现锥度，如图 7-16 所示。

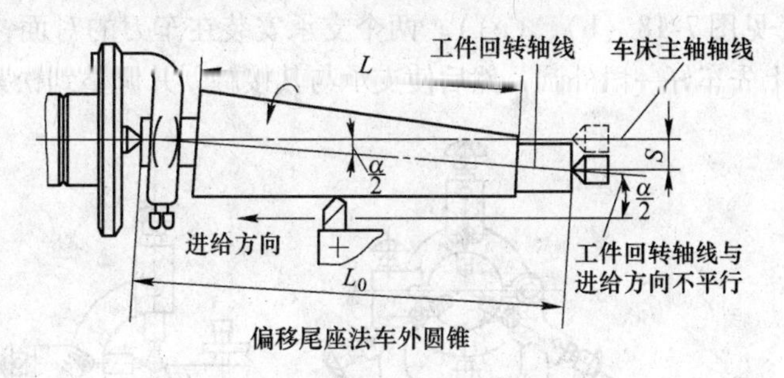

图 7-16 两顶尖轴线不重合车出锥体

（3）安装工件具体步骤：

1）在工件一端安装卡箍，先用手稍微拧紧卡箍螺钉。若卡箍夹在已加工表面上，则应垫以开缝的小套或薄铜片等以免夹伤工件。在轴的另一端中心孔里涂上黄油，若用活顶尖，就不必涂黄油了。

2）将工件置于顶尖间（见图 7-17），根据工件长短调整尾座位置，保证能让刀架移到车削行程最右端，同时又要尽量使尾座套筒伸出最短，然后将尾座固定。

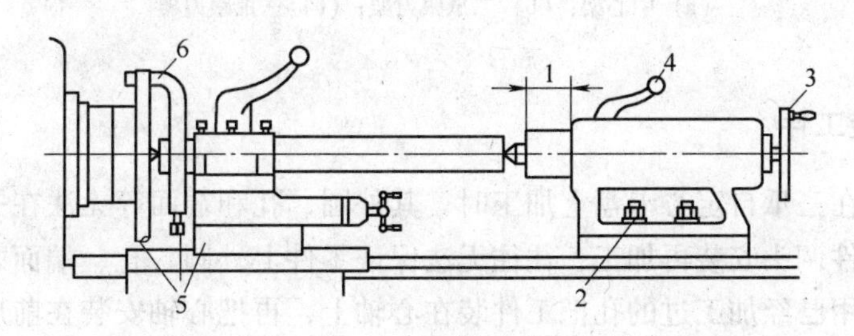

图 7-17 在顶尖上安装工件

1—调整套筒伸出长度；2—将尾座固定；3—调节工件与顶尖松紧；4—锁紧套筒；5—刀架移至车削行程左端，用手转动拨盘，检查是否碰撞；6—拧紧卡箍

3）转动尾座手轮，调节工件在顶尖间的松紧，使之既能自由旋转，又不会有轴向松动。然后锁紧尾座套筒。

4）将刀架移到车削行程最左端，用手转动拨盘及卡箍，检查是否会与刀架等碰撞。

5）拧紧卡箍螺钉。

用顶尖安装轴类工件，由于两端都是锥面定位，其定位的准确度比较高，即使多次装卸与调头，工件的轴线始终是两端锥孔中心的连线，保持了轴的中心线位置不变。因而，能保证在多次安装中所加工出的各个外圆面有较高的同轴度。

7.5.4 中心架与跟刀架的使用

细长轴在车削时，由于刚性差，加工过程中容易产生振动，常会出现两头细中间粗的腰鼓形，因此，需要加用中心架或跟刀架作为附加支承。

中心架固定于床身上。支承工件前先在工件上车出一小段光滑表面，然后调整中心架的三个支承爪与其接触。因为中心架是被压紧在床身上，所以床鞍不能越过它，因此加工长杆件时，先加工一端，然后调头安装再加工另一端，如图 7-18（a）所示。中心架一般多用于加工阶梯轴，在长杆件端部进行钻孔、镗孔或攻丝。对不能通过机床主轴孔的大直径长轴车端面时，也经常使用中心架。

跟刀架主要用来车削细长的光轴，它装在车床刀架的床鞍上，与整个刀架一起移动（见图 7-18（b）、（c））。两个支承安装在车刀的对面，用以抵住工件。车削时，在工件头上先车好一段外圆，然后使支承与其接触，并调整到松紧适宜。工作时支承处要加油润滑。

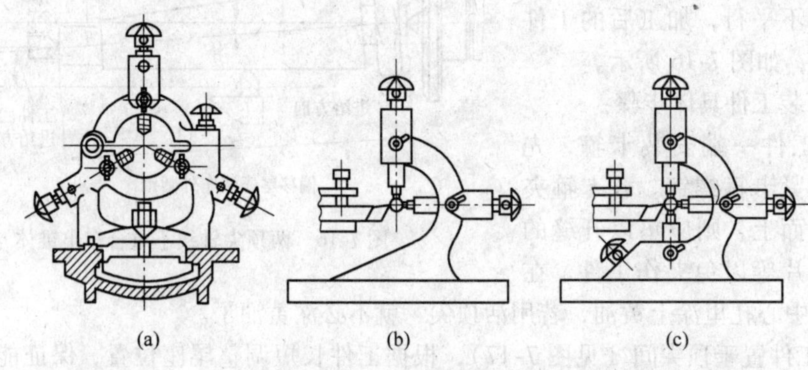

图 7-18　中心架与跟刀架
（a）中心架；（b）二爪跟刀架；（c）三爪跟刀架

7.5.5　心轴安装工件

盘套类零件在三爪自定心卡盘上加工时，其外圆、孔和端面等无法在一次安装中全部完成。如果把工件调头安装再加工，往往无法保证零件上外圆、孔、端面之间的位置精度要求。这时可利用已经加工过的孔把工件装在心轴上，再把心轴安装在前后顶尖之间来加工外圆和端面。心轴的种类很多，常用的有锥度心轴和圆柱体心轴。

当工件长度大于其孔径时，可采用稍带有锥度（1:2000～1:5000）的心轴，工件压入后靠摩擦力与心轴固紧。这种心轴装卸方便，对中准确，但不能承受较大的切削力，多用于精加工盘套类零件，如图 7-19（a）所示。

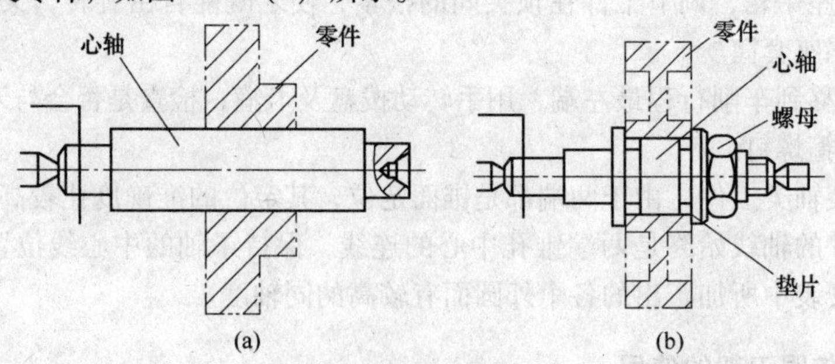

图 7-19　用心轴安装工件
（a）用锥度心轴；（b）用圆柱体心轴

当工件长度比孔径小时，应采用带螺母压紧的圆柱心轴，如图7-19（b）所示。工件左端紧靠心轴的台阶，由螺母及垫圈将工件压紧在心轴上。为了保证内外圆同心，孔与心轴之间的配合间隙应尽可能小，否则定心精度将随之降低。

7.5.6 用花盘安装工件

在车床上加工大而扁且形状不规则的零件，或要求零件的一个面与安装面平行，或要求孔、外圆的轴线与安装面垂直时，可以把工件直接压在花盘上加工。花盘是安装在车床主轴上的一个大圆盘，端面上的许多长槽用以穿压紧螺栓。用花盘安装工件，由于重心偏向一边，要在另一边上加平衡铁予以平衡，以减少转动时的振动。

7.6 车削基本工作

7.6.1 概述

在车床上加工一个零件，往往需要经过许多车削步骤才能完成。为了提高生产效率，保证加工质量，生产中把车削加工分为粗车和精车（零件精度要求高还需要磨削时，车削分粗车和半精车）。

7.6.1.1 粗车

粗车目的是尽快地从工件上切去大部分加工余量，使工件接近于最后的形状和尺寸。粗车要给精车留有合适的加工余量，而精度和表面粗糙度的要求都很低。实践证明，加大切削深度不仅使生产率提高，而且对车刀的寿命影响又不大。因此粗车时要优先选用较大的切削深度，其次根据可能适当加大进给量，最后确定切削速度。切速一般选用中等或中等偏低的数值。

选择粗车的切削用量时，还要看加工时的具体情况，如工件安装是否牢固等。若工件夹持的长度较短或表面凹凸不平，则切削用量不宜过大。

7.6.1.2 精车

粗车给精车（或半精车）留的加工余量一般为0.5~2mm，加大切削深度对精车来说并不重要。精车的目的是要保证零件的尺寸精度和表面粗糙度的要求。

精车的公差等级一般为IT8~IT7，其尺寸精度主要是依靠准确地度量、准确地进刻度并加以试切来保证的。因此操作时要细心、认真。精车时表面粗糙度 Ra 的数值一般为3.2~0.8μm，在工艺上除了选择合适的车刀几何形状外，合理选择切削用量，使用切削液等措施都是有助于降低表面粗糙度的。

无论粗车还是精车，进切削深度时首先要对刀，即确定刀具与工件最高处的接触点，以此作为进切削深度的起点。对刀必须在开车之后进行，否则不但对刀不准确，还容易损坏刀具。

7.6.1.3 车削的工作步骤

（1）安装车刀。

（2）检查毛坯尺寸是否合格，表面是否有缺陷。

（3）检查车床是否正常，操纵手柄是否灵活。

(4) 装夹工件。

(5) 试切。半精车和精车时，为了保证工件的尺寸精度，完全靠刻度盘确定切削深度是不够的。因为刻度盘和丝杠都有误差，往往不能满足半精车和精车的要求。为了防止进错刻度而造成废品，也需要采用试切的方法。现以车外圆为例，说明试切的方法与步骤，如图 7-20 所示。

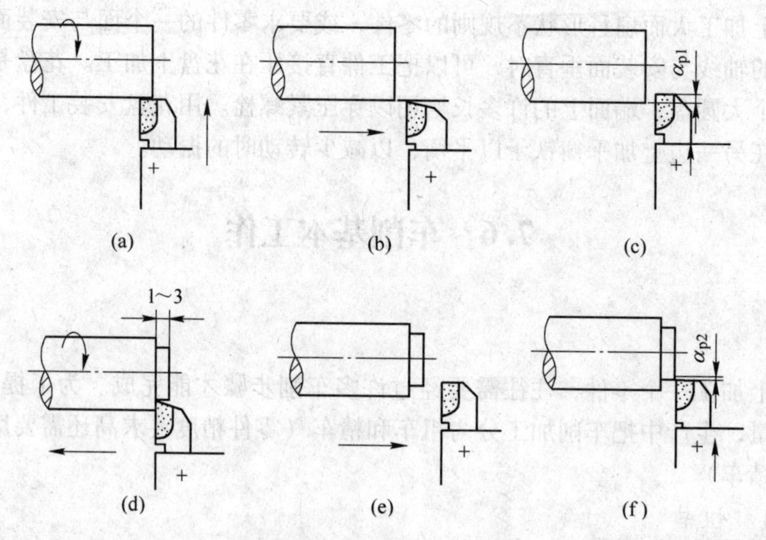

图 7-20　试切的方法与步骤

(a) 开车对刀，使车刀与工件表面轻微接触；(b) 向右退出车刀；(c) 横向进刀 α_{p1}；(d) 切削 1～3mm；(e) 退出车刀，进行度量；(f) 如果尺寸不到，再进刀 α_{p2}

图中 (a)～(e) 是试切的一个循环，如果尺寸合格，就以该切削深度车削整个表面；如果尺寸还大，就按图中 (f) 项重新进行试切，直到尺寸合格才能继续车下去。试切是精车的关键一环，务必充分注意。

(6) 切削。在试切的基础上，获得合格的尺寸后，就可以扳动自动进给手柄使之自动走刀。每当车刀纵向进给到距末端 3～5mm 时，应改自动进给为手动进给，以避免起刀超长或车刀切削卡盘爪。如此循环直到加工表面合格，即可在车削到要求长度时停止进给，退出车刀，然后停车（注意：不能先停车后退刀，否则会造成车刀崩刃）。

(7) 检验。加工好的零件要进行测量检验，以确保零件的质量。

7.6.1.4　车削时的注意事项

(1) 粗车前，必须检查车床各部分的间隙，并作适当调整，以充分发挥车床的有效负荷能力。大、中、小滑板的塞铁，须进行检查调整，以防产生松动。此外，摩擦离合器及 V 带的松紧也要适当调整，以免在车削时发生“闷车”（由于负荷过大而使主轴停止转动）的现象。

(2) 粗车时，工件必须装夹牢固（一般应有限位支承），顶尖要顶紧，在切削过程中应随时检查，以防止工件窜动。

(3) 车削时，必须及时清除切屑，不使其堆积过多，以免发生工伤事故。清除切屑必须停车进行。

(4) 车削时发现车刀磨损时，应及时刃磨。否则刃口太钝，切削力剧烈增加，会造成"闷车"和损坏车刀等严重后果。

7.6.2 车削基本工作

外圆车削是车削加工中最基本、最常见的工作。其主要形式如图 7-21 所示。

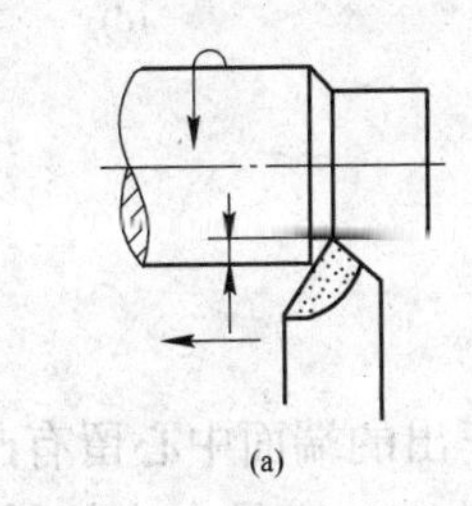

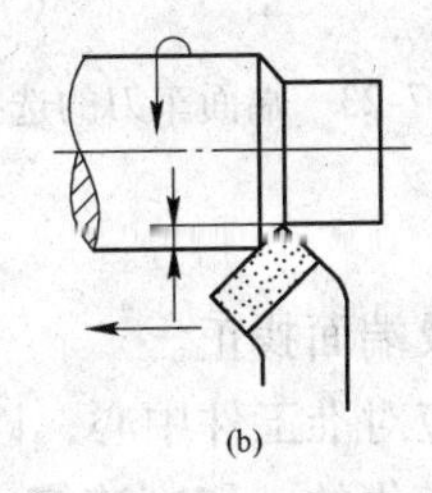

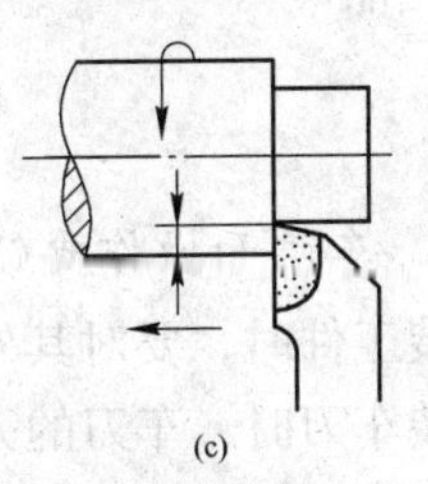

图 7-21 车外圆的形式

(a) 普通外圆车刀车外圆；(b) 45°弯头刀车外圆；(c) 90°弯头刀车外圆

7.6.2.1 车刀的选择

尖刀主要用于粗车外圆和车没有台阶或台阶不大的外圆；弯头刀用于车外圆、端面、倒角和有 45°斜面的外圆；偏刀的主偏角为 90°，车外圆时径向力很小，用来车有垂直台阶的外圆和细长轴。

7.6.2.2 车外圆注意事项

(1) 粗车铸、锻件毛坯时，为保护刀尖，应先车端面或倒角，如图 7-22 所示，且切削深度应大于工件硬皮厚度，然后纵向进给车外圆。

(2) 精车外圆时，必须合理选择刀具角度及切削用量，用油石打磨刀刃，正确使用切削液。特别要注意试切，以保证尺寸精度。

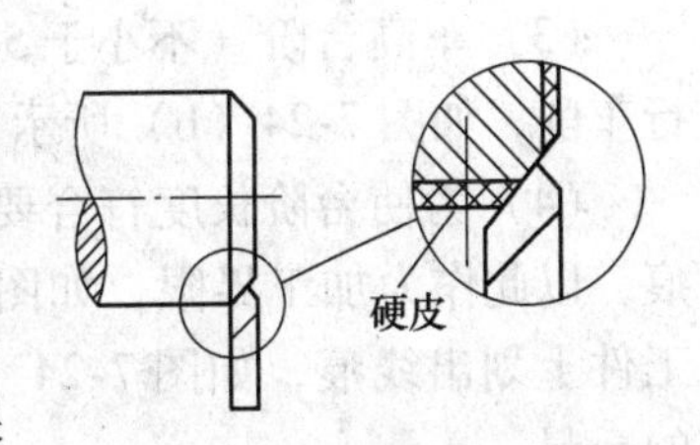

图 7-22 车削铸、锻件硬皮

7.6.3 车端面和台阶

端面和台阶一般都是用来支承其他零件的表面，以确定其他零件轴向位置的，因此端面和台阶的面一般都必须垂直于零件的轴心线。

7.6.3.1 车刀的选择

(1) 用右偏刀由外向中心车端面，由副切削刃切削。车到中心时，凸台突然车掉，因此刀头易损坏；切深大时，易扎刀，如图 7-23 (a) 所示。

(2) 用右偏刀由中心向外车端面，主切削刃切削，切削条件较好，不会出现图 7-23 (a) 中出现的问题。如图 7-23 (b) 所示。

(3) 用左偏刀由外向中心车端面，主切削刃切削。如图 7-23 (c) 所示。

(4) 用弯头刀由外向中心车端面，主切削刃切削，凸台逐渐车掉，切削条件较好，加工质量较高。如图 7-23 (d) 所示。

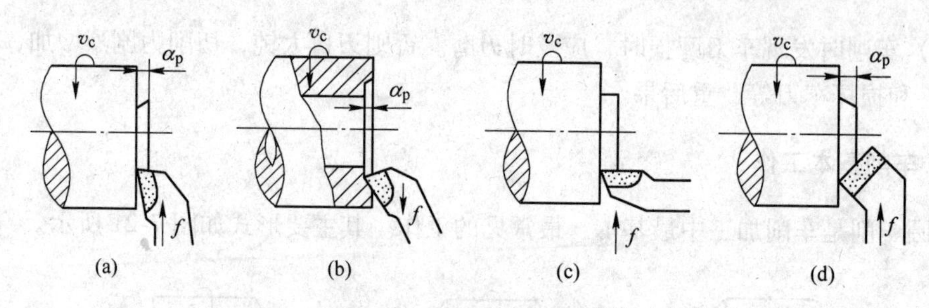

图 7-23 端面车刀的选择

7.6.3.2 车端面操作要领

（1）安装工件时，要对其外圆及端面找正。

（2）安装车刀时，车刀的刀尖应对准工件中心，以免车出的端面中心留有凸台。

（3）端面的直径从外到中心是变化的，切削速度也在改变，不易车出较低的粗糙度，因此工件转速可比车外圆时选得高一些。为降低端面的粗糙度，可由中心向外车削。

（4）车直径较大的端面，为使车刀能准确地横向进给而无纵向松动，应将大溜板紧固在床身上，用小刀架调整切削深度。

7.6.3.3 车台阶操作要领

（1）车台阶应使用偏刀。

（2）车低台阶（小于5mm）时，应使车刀主切削刃垂直于工件的轴线，台阶可一次车出，如图 7-24（a）所示。

（3）车高台阶（不小于5mm）时，应使车刀主切削刃与工件轴线约成95°角，分层进行车削，如图 7-24（b）所示。最后一次纵向走刀后，车刀横向退出，车出90°台阶。

（4）为使台阶长度符合要求，可用钢尺直接在工件确定台阶位置，并用刀尖刻出线痕，以此作为加工界限，如图 7-24（c）所示；也可用卡钳从钢尺上量取尺寸，直接在工件上划出线痕，如图 7-24（d）所示。上述方法都不够准确，为此，划线应留出一定的余量。

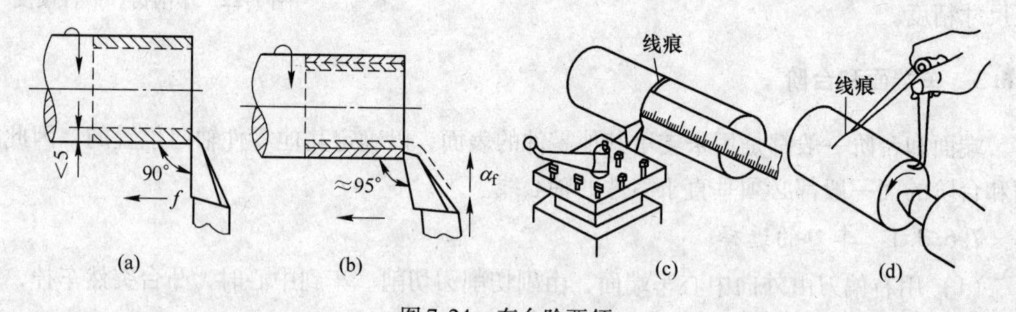

图 7-24 车台阶要领

（a）车低台阶；（b）车高台阶；（c）用刀尖划线；（d）用卡钳划线

7.6.4 孔加工

车床上可以用钻头、镗刀、扩孔钻、铰刀进行钻孔、镗孔、扩孔和铰孔。下面仅介绍钻孔和镗孔。

圆柱孔的加工特点：其一，孔加工是在工件内部进行的，观察切削情况很困难，尤其是小孔径的加工，控制更困难；其二，刀杆尺寸由于受孔径的限制，不能做得太粗，又不能太短，因此刀杆刚性很差，特别是加工孔径小、长度长的孔时，更为突出；其三，排屑和冷却困难；其四，当工件壁厚较薄时，加工时容易变形；其五，圆柱孔的测量比外圆困难。

7.6.4.1 钻孔

在实体材料上加工精度要求较高的孔时，首先必须用钻头钻出孔，然后进行镗孔。钻孔的精度一般可达 IT10—IT11，表面粗糙度 *Ra* 值可达 12.5μm。

（1）麻花钻的装夹方法。麻花钻的柄部有直柄和锥柄两种。直柄麻花钻可用钻夹头装夹，再利用钻夹头的锥柄插入车床尾座套筒内。锥柄麻花钻可直接插入车床尾座套筒内，或用锥形套过渡。

在装夹钻头或锥形套前，必须把钻头锥柄，尾座套筒和锥形套擦干净。否则会由于锥面接触不良，使钻头在尾座锥孔内打滑旋转。同时，特别注意钻头轴心线与工件轴心线要一致，否则钻头很容易折断。

（2）钻孔步骤和方法

1）车平端面：为了便于钻头定中心，防止钻偏，应先将工件端面车平，并最好在孔端面中心处定出一小坑。

2）装夹钻头。

3）调整尾架位置，使钻头能达到进给所需长度，还应使套筒伸出距离较短。

4）开车钻削。把钻头引向工件端面时，不可用力过大，以防止损坏工件和折断钻头。同时，切削速度不应过大，避免钻头剧烈磨损，通常取 v = 0.3～0.6m/s。开始钻削时，进给宜慢，以便使钻头准确地钻入工件，然后加大进给。孔将钻通时，须降低进给速度，以防折断钻头。孔钻通后，先退出钻头，然后停车。钻削过程中，须经常退出钻头排屑。钻削碳素钢时，须加冷却液。

7.6.4.2 镗孔

铸孔、锻孔或用钻头钻出来的孔，为了达到要求的精度和表面粗糙度，还需要镗孔。镗孔可以作孔的粗、精加工，加工范围很广。镗孔的精度一般可达到 IT6～IT7，表面粗糙度 *Ra* 值可达 3.2～1.6μm，精细镗削可达 0.8μm 以上。

（1）镗刀的选择如图 7-25 所示。

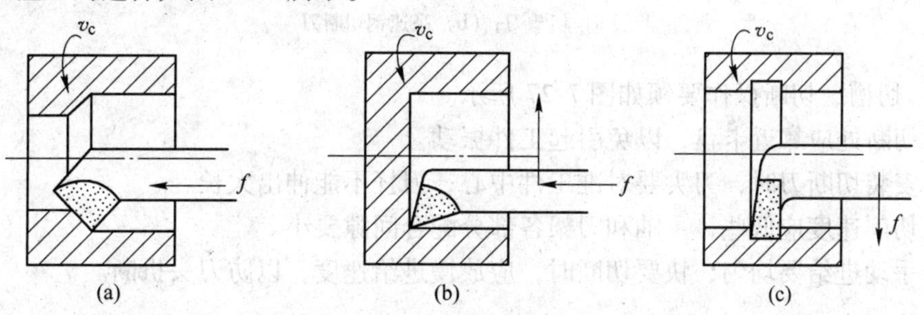

图 7-25 车刀的选择

（a）通孔镗刀；（b）盲孔镗刀；（c）切槽镗刀

(2) 镗刀的安装。刀尖必须与工件中心线等高或稍高一些，这样就可防止由于切削力而把刀尖扎进工件里去。镗刀伸出长度应尽可能短。安装不通孔镗刀时，还要注意保证主偏角大于 90°，否则内孔底平面就车不平。镗刀安装好后，在开车镗孔以前，应先在毛坯孔内走一遍，以防镗孔时由于镗刀刀杆装得歪斜而使镗杆碰到已加工的内孔表面。

(3) 镗刀操作的要领：

1) 由于刀杆刚性较差，切削条件不好，因此切削用量应比车外圆时小。

2) 粗镗时，应先试切，调整切深，然后自动或手动进给。调整切深时，必须注意使镗刀横向进退方向与车外圆时相反。

3) 精镗时，切深和进给量应更小。调整切深时应利用刻度盘，并用游标卡尺检查工件孔径。当孔径快要镗到最后尺寸时，应以很小的切深重复镗削几次，以消除孔的锥度。

由于镗刀刚性较差，容易产生变形与振动，镗孔时往往需要较小的进给量和切深，进行多次走刀，因此生产率较低。但镗刀制造简单，大直径和非标准直径的孔加工都可使用，通用性强。

7.6.5 切断与切槽

(1) 切槽刀与切断刀。切槽刀前端为主切削刃，两侧为副切削刃。切断刀的刀尖形状与切槽刀相似，但其主切削刃较窄，刀头较长。切槽与切断都是以横向走刀为主，如图 7-26 所示。

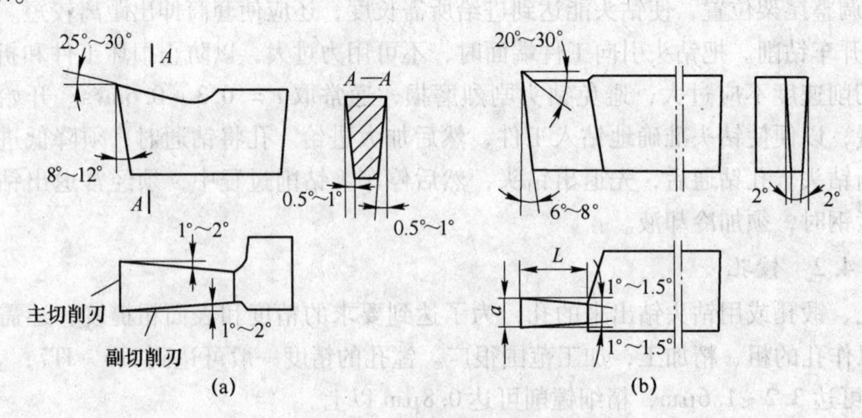

图 7-26 切槽刀与切断刀

(a) 切槽刀；(b) 高速钢切断刀

(2) 切槽、切断操作要领如图 7-27 所示。

1) 切断处应靠近卡盘，以免引起工件振动。

2) 安装切断刀时，刀尖要对准工件中心，刀杆不能伸出太长。

3) 切削速度应低些，主轴和刀架各部分配合间隙要小。

4) 手动进给要均匀，快要切断时，应放慢进给速度，以防刀头折断。

7.6.6 车锥面

由于圆锥面之间配合紧密，拆卸方便，而且多次拆卸后能保持精确的定心作用，所以

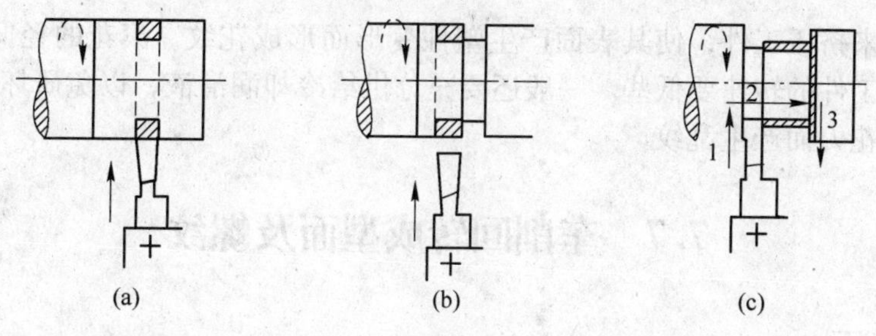

图 7-27 切槽操作要领

（a）切窄槽，主切刃等于槽宽；（b）切宽槽，主切刃宽度小于槽，分几次横向走刀；（c）切出槽宽后，横向走刀，精车槽底

应用也较广泛。车锥面的方法有四种：转动小刀架法、偏移尾座法、靠模法和宽刀法，这里主要介绍较常用的前面两种方法。

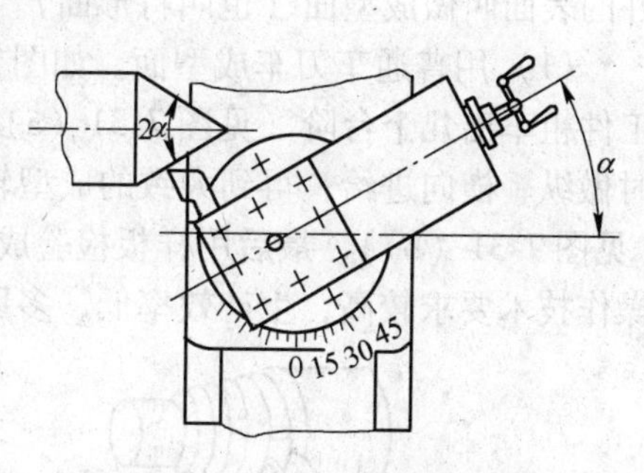

图 7-28 转动小刀架法车锥面

（1）转动小刀架法。如图 7-28 所示，转动小刀架，使小刀架导轨与主轴轴线成 α 角，再紧固其转盘，摇手柄进给车出锥面。该法适于车削内、外任意角度的短圆锥面，而且操作简单；但只能手动进给，劳动强度较大。

（2）偏移尾座法。如图 7-16 所示，将工件置于前、后顶尖之间，调整尾架横向位置，使工件轴线与纵向走刀方向成 α 角，自动走刀车出圆锥面。由于尾架偏移量 S 较小，中心孔与顶尖在尾架偏移后配合变坏，故该法适于车削小锥度（$\alpha<8°$）的长锥面。

7.6.7 滚花

各种工具和机器零件的手握部分，为了便于握持和增加美观，常常在表面上滚出各种不同的花纹。如百分尺的套管，铰杠扳手以及螺纹量规等。这些花纹一般是在车床上用滚花刀滚压而形成的，如图 7-29 所示。

花纹有直纹和网纹两种，滚花刀也分直纹滚花刀和网纹滚花刀，如图 7-30 所示。滚

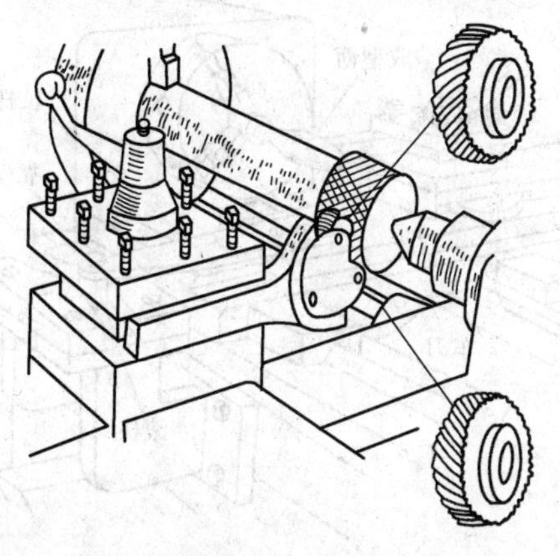

图 7-29 滚花

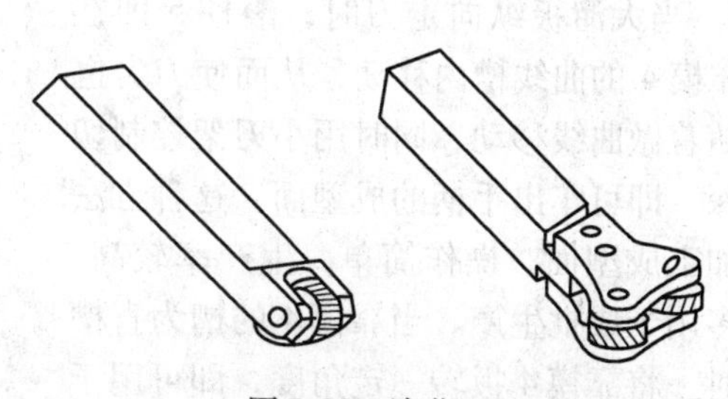

图 7-30 滚花刀

花是用滚花刀来挤压工件，使其表面产生塑性变形而形成花纹。滚花的径向挤压力很大，因此加工时，工件的转速要低些。一般还要充分供给冷却润滑液，以免研坏滚花刀和防止细屑滞塞在滚花刀而产生乱纹。

7.7　车削回转成型面及螺纹

7.7.1　车成型面

有些零件如手柄、手轮、圆球等，它们的表面不是平直的，而是由曲面组成，这类零件的表面叫做成型面（也叫特形面）。以下介绍三种加工成型面的方法：

（1）用普通车刀车成型面。如图7-31所示，此法属手控成型，首先用外圆车刀1，把工件粗车出几个台阶（见图7-31（a）），然后双手操纵中、小溜板手柄，控制粗车刀2同时做纵、横向进给，得到大致的成型轮廓，再用精车刀3按同样的方法做成型面的精加工（见图7-31（b）），最后用样板检验成型面是否合格（见图7-31（c））。这种方法对工人操作技术要求较高，生产效率低，多用于单件、小批量生产。

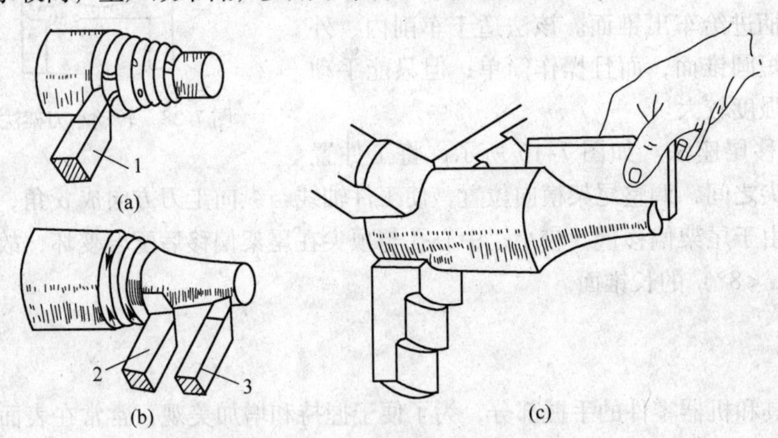

图7-31　用普通车刀车成型面

（a）粗车台阶；（b）车成型轮廓；（c）用样板度量

（2）用靠模车成型面。如图7-32所示，用靠模法加工手柄的成型面2。此时刀架的滑板已经与纵向、横向进给机构脱开，其前端的拉杆3上装有滚柱5。当大溜板纵向走刀时，滚柱5即在靠模4的曲线槽内移动，从而使刀尖也随着做曲线移动，同时用小刀架控制切深，即可车出手柄的成型面。这种方法加工成型面，操作简单，生产率较高，多用于成批生产。当靠模4的槽为直槽时，将靠模4扳转一定角度，即可用于车削锥面。

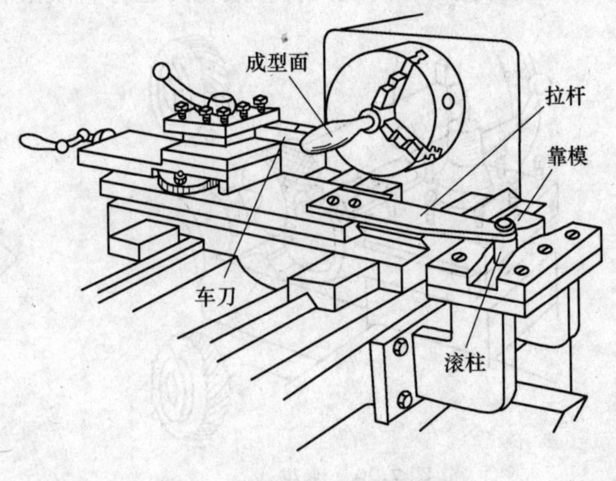

图7-32　用靠模车成型面

（3）用样板刀车成型面。如图7-33所示，此法要求刀刃形状与工件表面相吻合，装长刀具时刃口要与工件轴线等高。刃磨只磨前刀面，加工精度取决于刀具。车床只作横向进给，只限于短工件，生产效率高，可用于成批生产。

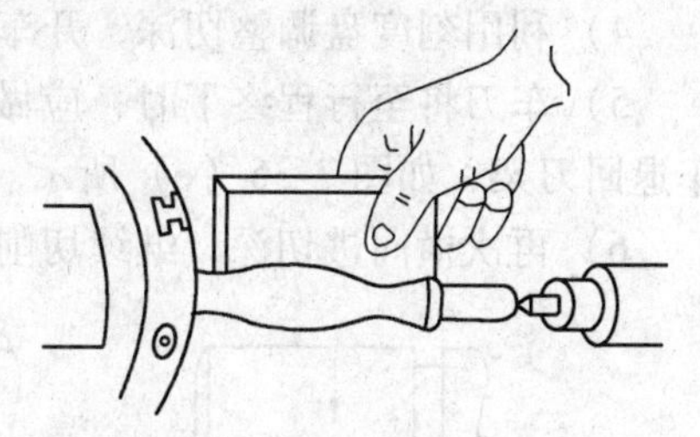
图7-33　用样板刀车成型面

7.7.2　车螺纹

在机械制造业中，带螺纹的零件应用很广泛。例如，车床的主轴与卡盘的连接，方刀架上螺钉对刀具的紧固，丝杠与螺母的传动等。螺纹的种类，有公制螺纹与英制螺纹，按牙型分有三角螺纹、梯形螺纹、方牙螺纹等。其中以普通公制三角螺纹应用最广。

（1）螺纹车刀及安装。如图7-34所示，螺纹截面形状的精度取决于螺纹车刀刃磨后的形状及其在车床上安装的位置是否正确。为了获得准确的螺纹截面形状，螺纹车刀的刀尖角 ε_r 必须与螺纹牙形角 α（公制三角螺纹 $\alpha = 60°$）相等，车刀刃磨时按样板刃磨，刃磨后用油石修光。为了保证螺纹车刀刀尖角不变，车刀前角 $\gamma_0 = 0°$。粗车或精度要求较低的螺纹，常带有5°～15°的正前角，以使切削轻快。

安装螺纹车刀时，车刀刀尖必须与工件中心线等高。调整时，用对刀样板进行车刀的对正，（如图7-35所示）保证刀尖角的等分线严格地垂直于工件的轴线。

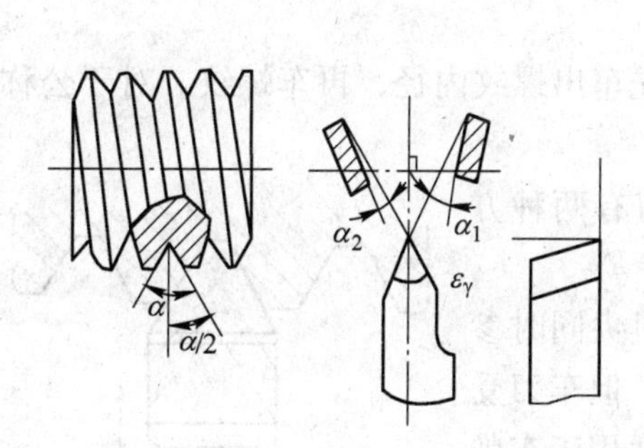

图7-34　三角螺纹车刀

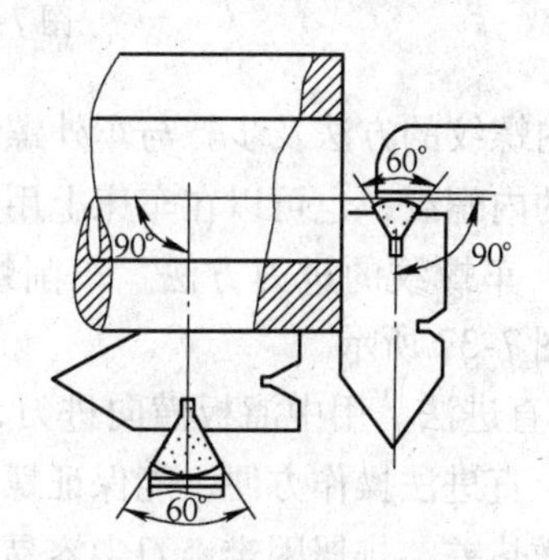

图7-35　用对刀样板调整螺纹车刀

（2）机床调整。根据工件螺距的大小，查找车床上螺距铭牌，选定进给箱手柄位置或更换交换齿轮，然后脱开光杠进给机构，改由丝杠传动，以选取较低的主轴转速，使之顺利切削及有充分的时间退刀。为了使刀具移动均匀，平稳，还需对中滑板导轨间隙和小刀架丝杠与螺母的间隙进行调整。

（3）车螺纹操作步骤：

1）开车，使车刀与工件轻微接触，记下刻度盘读数，向右退出车刀，如图7-36（a）所示。

2）合上对开螺母在工件表面上车出一条螺旋线，横向退出车刀，停车，如图7-36（b）所示。

3）开反车使车刀退到工件右端，停车，用钢尺检查螺距是否正确，如图7-36（c）所示。

4）利用刻度盘调整切深，开车切削，如图7-36（d）所示。

5）车刀将至行程终了时，应做好退刀停车准备，先快速退出车刀，然后停车，开反车退回刀架，如图7-36（e）所示。

6）再次横向进切深，继续切削，其切削过程的路线如图7-36（f）所示。

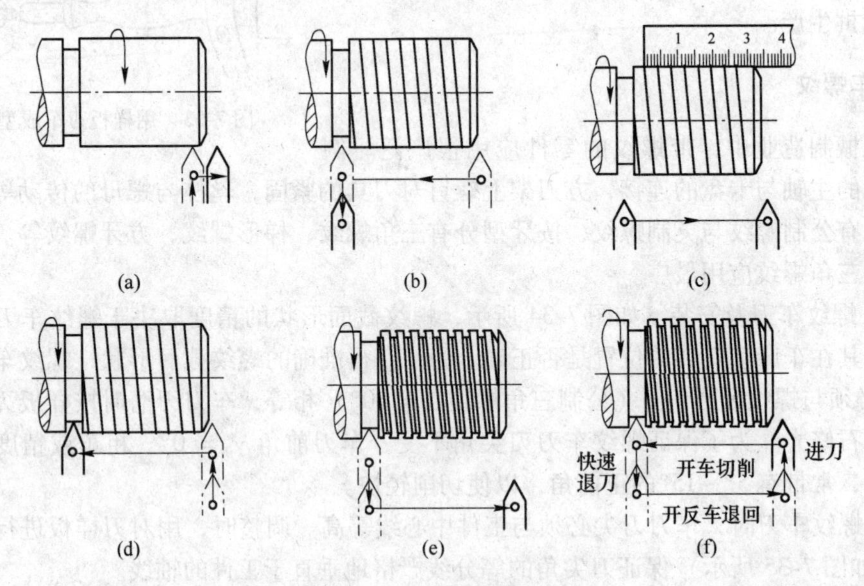

图7-36 车外螺纹操作步骤

车内螺纹的方法及步骤与车外螺纹差不多。先车出螺纹内径，再车螺纹。对于公称直径较小的内螺纹，也可以在车床上用丝锥攻出。

（4）车螺纹的进刀方法。车削螺纹时，进刀有两种方法，如图7-37所示。

1）直进法。用中溜板横向进刀，两刀刃和刀尖同时参加切削。直进法操作方便，能保证螺纹牙型精度；但车刀受力大，散热差，排屑困难，刀尖容易磨损。此法适用于车削脆性材料，小螺距或最后精车螺纹。

2）斜进法。用中溜板横向进刀和小滑板纵向进刀相配合，使车刀基本上只有一个刀刃参加切削，车刀受力小，散热、排屑有改善，可提高生产率；但螺纹牙型的一边表面粗糙度高，所以在最后一刀时要留余量，用直进法进刀，使牙型两边都修光。此法适用于塑性材料和大螺距的螺纹粗车。

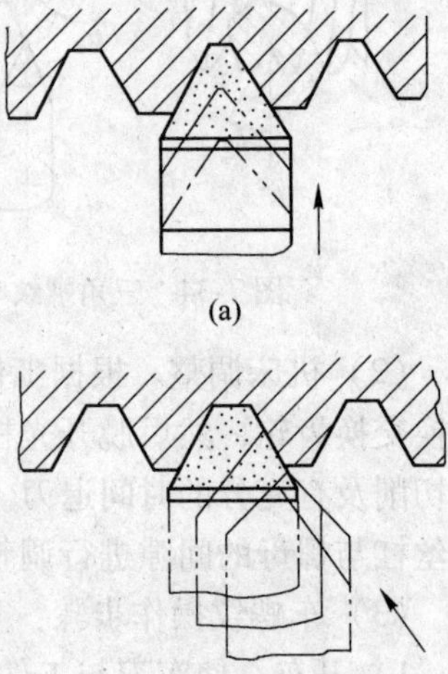

图7-37 车螺纹时的进刀方法
（a）直进法；（d）斜直进法

（5）三角螺纹的测量。三角螺纹测量常用的量具是螺纹环规和螺纹塞规，如图7-38所示，它由通规和止规两件组成一副，螺纹工件只有在通规可通过，止规不能通过时为合格。

（6）防止乱扣的措施。车螺纹时，需经过多次走刀才能切成。在多次的切削中，必须保证车刀总是落在已切出的螺纹槽内，否则就叫“乱扣”。如果乱扣，工件即成废品。为了避免乱扣现象，需注意以下几点：

1）调整中、小刀架导轨上的斜铁，保证合适的配合间隙，使刀架移动均匀、平稳。

2）由顶尖上取下工件测量时，不得松开卡箍。重新安装工件时，必须使卡箍与拨盘（或卡盘）保持原来的相对位置。

3）若需在切削中途换刀，则应重新对刀，使车刀仍落入已车出的螺纹槽内。由于传动系统存在间隙，因此对刀时应先使车刀沿切削方向走一段距离，停车后再进行。

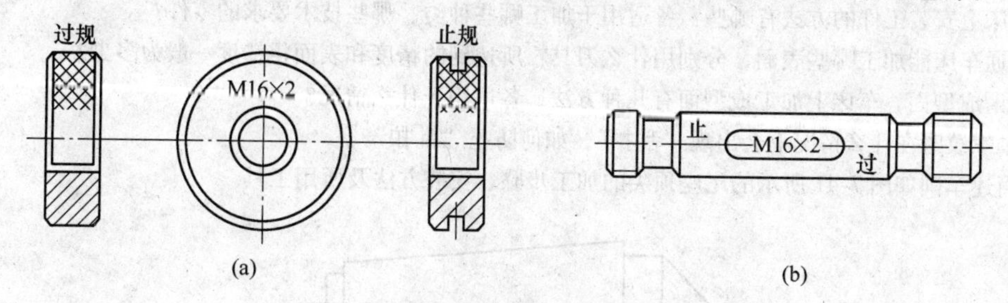

图 7-38　螺纹量规

（a）螺纹环规；（b）螺纹塞规

复习思考题

7-1　CA6140 车床中各代号表示什么含义？

7-2　根据图 7-39 所示传动系统图：（1）请列出传动链；（2）主轴 V 上有几种转数？（3）主轴 V 的最高转数为多少？（4）主轴 V 的最低转数为多少？

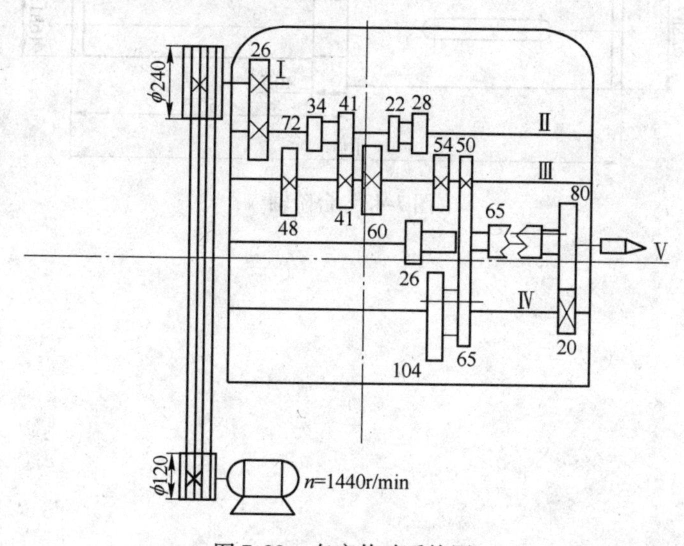

图 7-39　车床传动系统图

7-3　车削时工件和刀具需作哪些运动？切削用量包括哪些内容，用什么单位表示？

7-4　光杠、丝杠的作用是什么？车外圆用丝杠带动刀架，车螺纹用光杠带动刀架一般不行，为什么？

7-5　加工 45 钢和 HT150 铸件时应该选用哪类硬质合金车刀？对于粗车和精车各用什么牌号，为什么？

7-6　试按图 7-40 所示车刀，请标出其前刀面、主后刀面、副后面、主刀刃、副刀刃和刀尖。

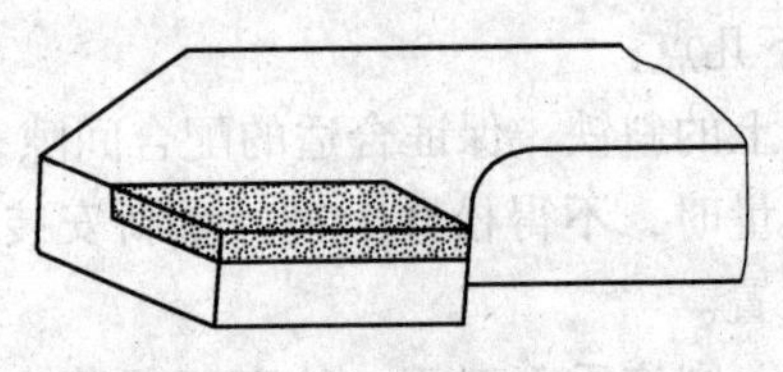

图 7-40　车刀刀头

7-7　车床上安装工件的方法有哪些？各适用于加工哪些种类、哪些技术要求的零件？

7-8　普通车床能加工哪些表面，分别用什么刀具？所达到的精度和表面粗糙度一般为多少？

7-9　何谓成型面，车床上加工成型面有几种方法，各适用于什么情况？

7-10　车螺纹时在什么情况下会出现“乱扣”，如何防止“乱扣”？

7-11　简述车削如图 7-41 所示的尾座顶尖的加工步骤、安装方法及所用工具。

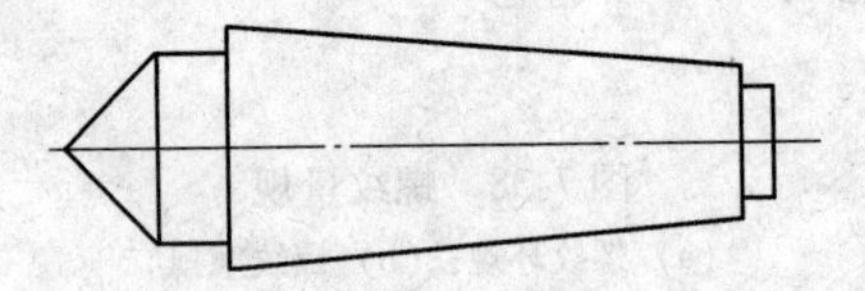

图 7-41　尾座顶尖

7-12　如图 7-42 所示台阶轴，在单件或小批生产时，如何安排其加工工序？在大批生产时，其工序又应如何安排？

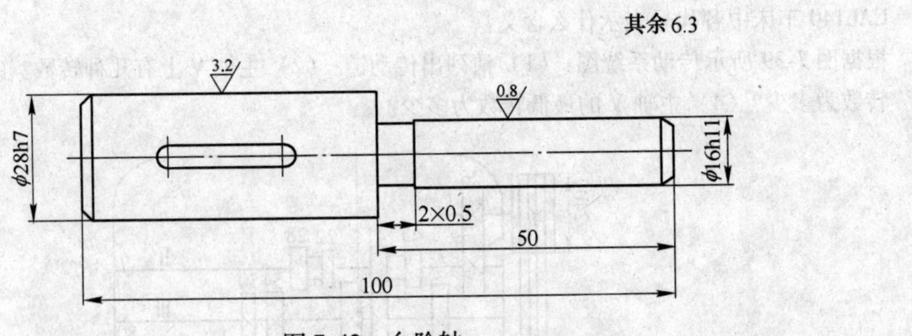

图 7-42　台阶轴

8 铣削、刨削和磨削加工

8.1 实训内容及要求

A 铣削、刨削和磨削加工实训内容

(1) 了解铣削、刨削和磨削加工的特点及其在机械制造中的作用和地位。

(2) 了解常用铣床、刨床、磨床的组成运动和用途，熟悉其常用刀具和附件的大致结构、用途及简单分度方法。

(3) 掌握铣床、刨床和磨床的操作方法，了解常用齿轮加工方法。能按要求完成简单零件基本表面的铣削、刨削和磨削加工。

B 铣削、刨削和磨削加工基本技能

(1) 初步掌握操作铣床的方法，能按要求完成简单零件基本表面（如平面、台阶面）的铣削加工。

(2) 掌握平面磨床的操作过程。

(3) 掌握在牛头刨床上刨水平面、垂直面、斜面、沟槽及成型表面的操作方法。

C 铣削、刨削和磨削加工安全注意事项

a 铣削加工

(1) 在开始切削时，铣刀必须缓慢地向工件进给，切不可有冲击现象，以免影响机床精度或损坏刀具刀口。

(2) 加工工件要垫平、卡紧，以免工作过程中松脱造成事故。

(3) 调整速度和变向，以及校正工件、工具时均需停车后进行。

(4) 工作时禁止戴手套。

(5) 随时用毛刷清除床面上的切屑，清除铣刀上的切削要停车进行。

(6) 铣刀用钝后，应停车磨刀或换刀，停车前先退刀，当刀具未全部离开工件时，切勿停车。

b 刨削加工

(1) 工作时应穿工作服，女同志应戴工作帽，长头发应塞在工作帽内。

(2) 工作时的操作位置要正确。不得站在工作台前面，防止切屑或工件跌落伤人。

(3) 工件、刀具及夹具必须装夹牢固，否则会发生工件“走动”，甚至滑出，使刀具损坏或折断，甚至造成设备事故和人身伤害事故。

(4) 刨床运行前，应检查和清理遗留在刨床工作台面上的物品，不得随意放置工具或其他物品，以免刨床开动后，发生意外伤人。

(5) 刨床运转时，禁止装卸工件、调整刀具、测量检查工件和清除切屑。运行时，操作人员不得离开工作岗位。

（6）不准用手去抚摸工件表面，不得用手清除切屑，以免伤人及切屑飞入眼内。

c 磨削加工

（1）开车前应认真地检查砂轮是否有裂纹，砂轮罩、砂轮本身是否安装牢固等。

（2）装卡工件时要注意卡正、卡紧，在平面磨床磨削过程中工件松脱会造成工件飞出伤人或撞碎砂轮等严重后果。

（3）开始工作时，应用手调方式，使砂轮慢些与工件靠近，开始进给量要小，不许用力过猛，防止碰撞砂轮。

（4）更换砂轮时，必须先进行外观检查，是否有外伤，再用木锤或木棒敲击，要求声音清脆确保无裂纹。

（5）用磁力吸盘时，要将盘面、工件擦净、靠紧、吸牢，必要时可加挡铁，防止工件移位或飞出。

8.2 铣削加工

铣削加工是在铣床上用铣刀的旋转和工件的移动来加工工件，铣刀的旋转是主运动，工件的移动是进给运动。铣刀是多齿刀具，切削过程中同时参加工作的刀刃数多，可采用较大的切削用量。因此，铣削的生产率较高。铣削时，铣刀上的每个刀齿都是间歇地进行切削，刀齿与工件接触时间短，散热条件好，有利于延长铣刀使用寿命。但由于铣刀刀齿的不断切入、切出，以及铣削力不断变化，因而铣削容易产生振动。同时，铣削加工范围广，铣刀的制造和刃磨比较困难。

铣削加工的精度比较高，一般经济加工精度为 IT9 ~ IT8 级，表面粗糙度 *Ra* 值为 12.5 ~ 1.6μm。铣削加工最高精度可高达 IT5 级，表面粗糙度 *Ra* 值可达 0.20μm。

铣床种类很多，常用的有卧式万能铣床和立式铣床，除此外还有工具铣床、龙门铣床、仿形铣床及专用铣床等。

8.2.1 常用铣床简介

8.2.1.1 卧式万能铣床

卧式万能铣床是铣床中应用最多的一种，它的主轴是水平的。铣床纵向工作台和横向工作台之间的转台可以使纵向工作台在水平面内绕垂直轴作 ±45°的转动，这是卧式万能铣床有别于其他卧式铣床的特点。

（1）铣床的型号。图 8-1 为 X6132 卧式万能铣床。在型号中 X6132 中，X 为铣床，6 为卧式升降台铣床，1 为万能升降台铣床，32 为工作台宽度的 1/10，即工作台宽度为 320mm。

（2）铣床的组成及其作用：

1）床身。床身用来固定和支承铣床上所有的部件。电动机、主轴变速机构、主轴等安装在它的内部。

2）横梁。横梁的上面可安装吊架，用来支承刀杆外伸的一端，以加强刀杆的刚性。横梁可沿床身的水平导轨移动，以调整其伸出的长度。

3）主轴。主轴是空心轴，前端有 7:24 的精密锥孔。其作用是安装铣刀刀杆并带动铣刀旋转。

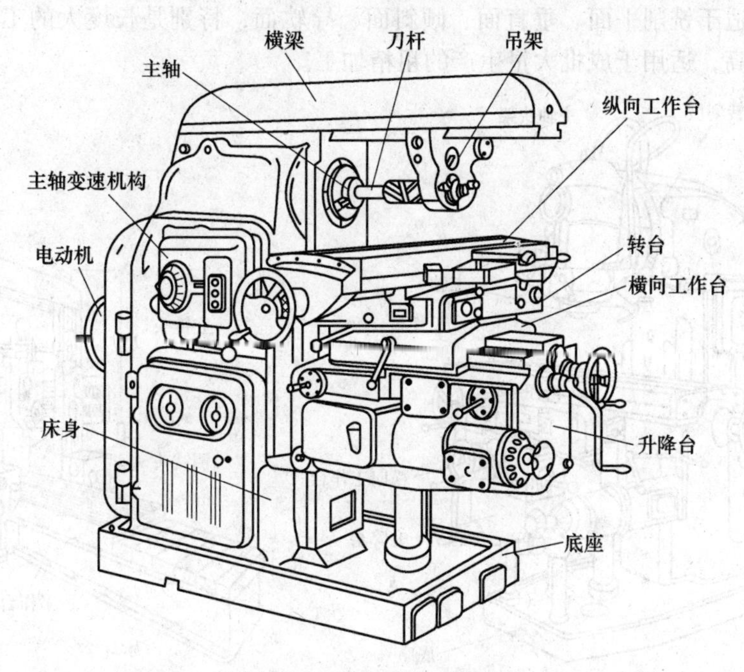

图 8-1　X6132 卧式万能铣床

4）纵向工作台。纵向工作台可以在转台的导轨上作纵向移动，以带动台面上的工件作纵向进给。

5）横向工作台。横向工作台位于升降台上面的水平导轨上，可带动纵向工作台一起作横向进给。

6）转台。转台的唯一作用是能将纵向工作台在水平面内扳转一个角度（正、反最大均可转过45°），以便铣削螺旋槽等。

7）升降台。升降台可以使整个工作台沿床身的垂直导轨上下移动，以调整工作台面到铣刀的距离，并作垂直进给。

8）底座。底座用以支撑床身和升降台，内盛切削液。

8.2.1.2　立式铣床

立式铣床与卧式铣床的区别在于其主轴垂直于工作台。有的立式铣床其主轴还可相对于工作台偏转一定的角度。立式铣床由于操作时观察、检查和调整铣刀位置比较方便，又便于安装硬质合金面铣刀进行高速铣削，生产率较高，故应用很广。

图 8-2 为 X5032 立式铣床的外形图。X5032 立式铣床的编号中，X 为铣床，5 为立式铣床，0 为立式升降台铣床，32 为工作台宽度的 1/10，即工作台宽度为 320mm。

8.2.1.3　龙门铣床

龙门铣床是一种大型铣床，如图 8-3 所示。铣削动力头安装在龙门横梁或立柱导轨的刀架上，一般有三至四个铣削动力头。在横梁上的垂直刀架可左右移动，在立柱上的侧刀架作上下移动。每个刀架都能沿主轴进行轴向调整，并可按生产需要旋转一定角度，其工作台带动工件做纵向进给运动。可以用铣削动力头带动的刀具同时铣削，所以生产率很高。

这种机床适于铣削平面、垂直面、倾斜面、导轨面，特别是长度大的工件表面加工。由于生产率较高，适用于成批大量生产的粗精加工。

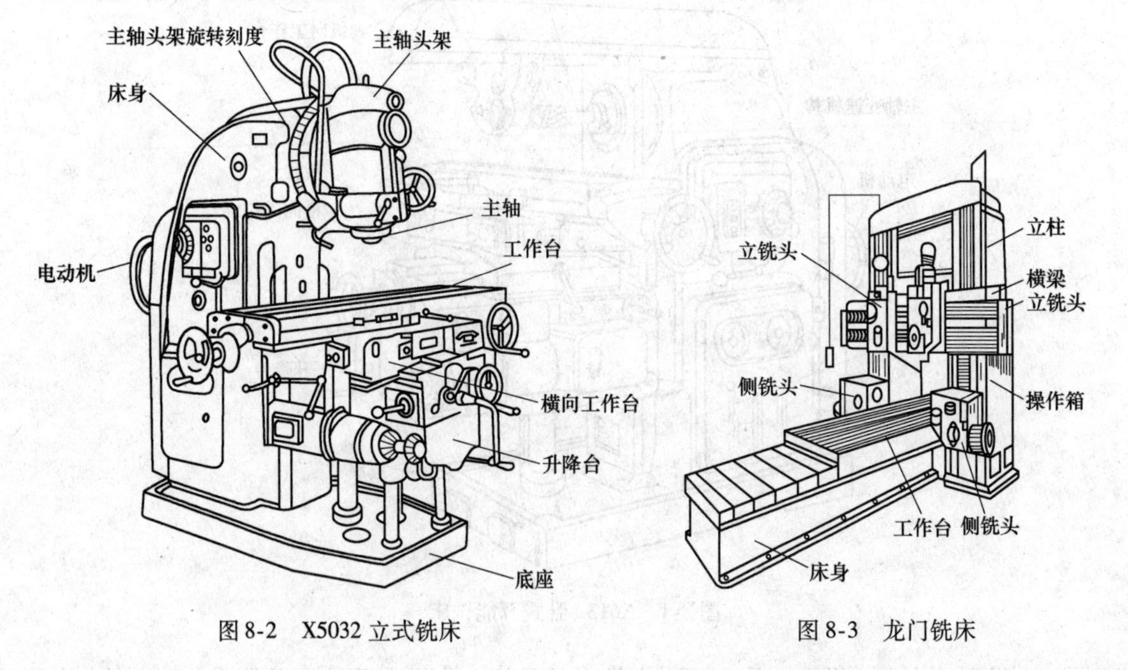

图 8-2　X5032 立式铣床　　　　图 8-3　龙门铣床

8.2.2　铣刀、铣床附件及作用

8.2.2.1　铣刀的种类及用途

铣刀的种类很多，其名称主要根据铣刀某一方面的特征或用途来确定。铣刀的分类方法也很多，常用的有：

（1）按铣刀切削部分的材料分为高速钢铣刀、硬质合金铣刀。前者较常用，后者多用于端面的高速铣削。

（2）按铣刀结构形式分为整体铣刀、镶齿铣刀、可转位式铣刀。整体铣刀较常用，近年来正推广可转位式铣刀，其刀片用机械夹紧在刀体上，可转位、可更换，节省了材料和刃磨时间。

（3）按铣刀安装方法不同，可分为带柄铣刀和带孔铣刀两大类，如图 8-4 和图 8-5 所示。带柄铣刀多用于立式铣床上；带孔铣刀多用于普通铣床上。

（4）按铣刀的形状分为：

1）端铣刀。如图 8-4（a）所示，通常刀体上装有硬质合金刀片，刀杆伸出部分短、刚性好，常用于高速平面铣削。

2）立铣刀。如图 8-4（b）所示，这是一种带柄铣刀，有直柄和锥柄两种。用于加工端面、斜面、沟槽和台阶面等。

3）圆柱铣刀。如图 8-5（a）所示，刀齿分布在圆周上，又分为直齿、螺旋齿两种。螺旋齿铣刀在工作时是每个刀齿逐渐进入或离开加工表面，切削比较平稳。圆柱铣刀专门用于铣削平面。

4）圆盘铣刀。如图 8-5（b）、（c）所示，三面刃铣刀主要用于加工不同宽度的直角沟槽及小平面、台阶面等。

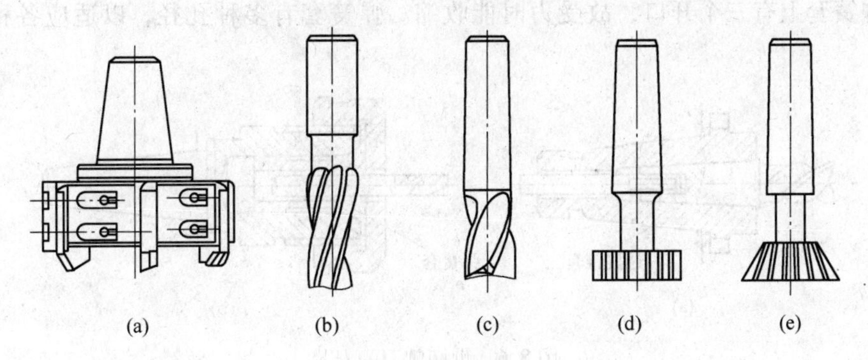

图 8-4 带柄铣刀

（a）端铣刀；（b）立铣刀；（c）键槽铣刀；（d）T形槽铣刀；（e）燕尾槽铣刀

5）角度铣刀。如图 8-5（e）、（f）所示，用于加工各种角度的沟槽及斜面等。它分为单角铣刀和双角铣刀。

6）键槽铣刀。如图 8-4（c）所示，专门用于加工封闭式键槽。

7）T 形槽铣刀。如图 8-4（d）所示，专门用于加工 T 形槽。

8）切断铣刀。专门用于切断工件，这种铣刀宽度一般在 6mm 以下。

9）成型铣刀。如图 8-5（d）、（g）、（h）所示，用于加工成型面，如凹半圆、凸半圆、齿轮、凸轮、链轮等。

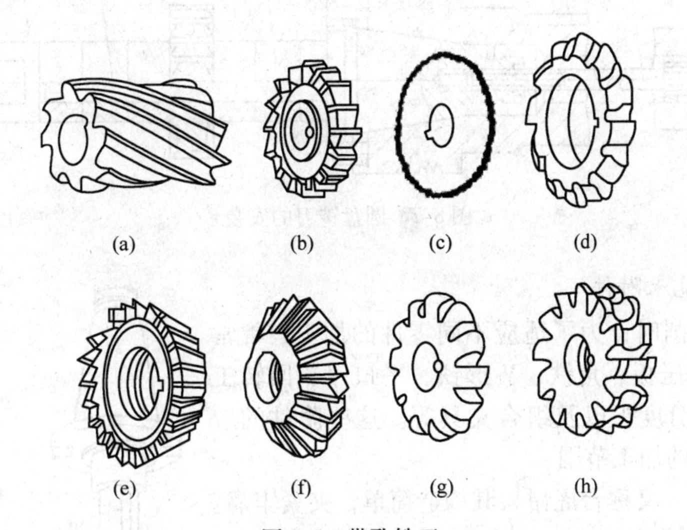

图 8-5 带孔铣刀

（a）圆柱铣刀；（b）三面刃铣刀；（c）锯片铣刀；（d）模数铣刀；（e）单角铣刀；
（f）双角铣刀；（g）凹圆弧铣刀；（h）凸圆弧铣刀

8.2.2.2 铣刀安装

（1）带柄铣刀安装。锥柄铣刀的安装如图 8-6 所示。根据铣刀锥柄的大小，选择合适的锥套，然后用拉杆把铣刀及锥套一起拉紧在主轴上。直柄铣刀的安装，这类铣刀多为小直径铣刀，一般不超过 ϕ20mm，多用弹簧夹头进行安装，如图 8-6 所示。铣刀的柱柄插入弹簧套的孔中，用螺母压弹簧套的端面，使弹簧套的外锥面受压而孔径缩小，即可将铣刀抱紧。弹簧套上有三个开口，故受力时能收缩。弹簧套有多种孔径，以适应各种尺寸的铣刀。

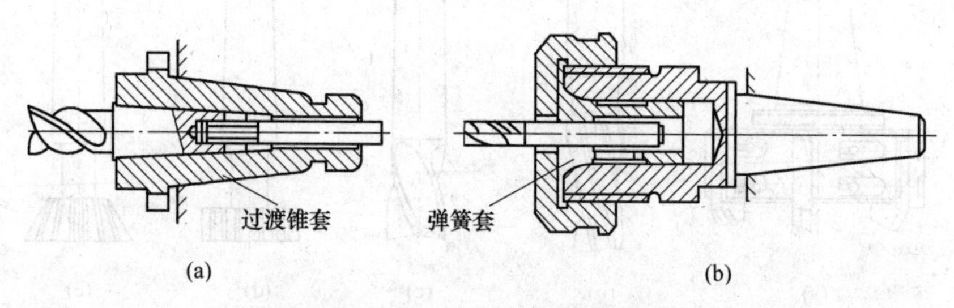

图 8-6 带柄铣刀的安装

(a) 锥柄铣刀的安装；(b) 直柄铣刀的安装

(2) 带孔铣刀安装。带孔铣刀中的圆柱形、圆盘形铣刀，多用长刀杆安装，如图 8-7 所示。用长刀杆安装带孔铣刀时需注意：第一，铣刀应尽可能地靠近主轴或吊架，以保证铣刀有足够的刚性；第二，套筒的端面与铣刀的端面必须擦干净，以减小铣刀的端面跳动；第三，拧紧刀杆的压紧螺母时，必须先装上吊架，以防刀杆受力变弯。带孔铣刀中的端铣刀，多用短刀杆安装，如图 8-8 所示。

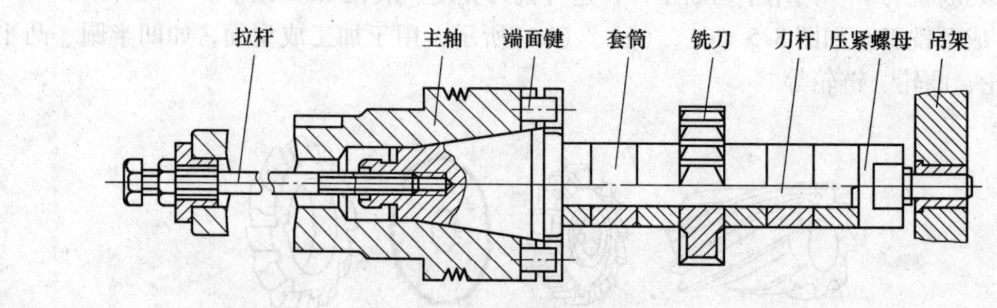

图 8-7 圆盘铣刀的安装

8.2.2.3 铣床附件

在铣床上铣削时，为了适应不同零件的加工，常常采用各种附件如压板、角铁、V 形铁、平口钳、回转工作台、立铣头、分度头以及组合夹具等。这些附件的应用，扩大了铣削的加工范围。

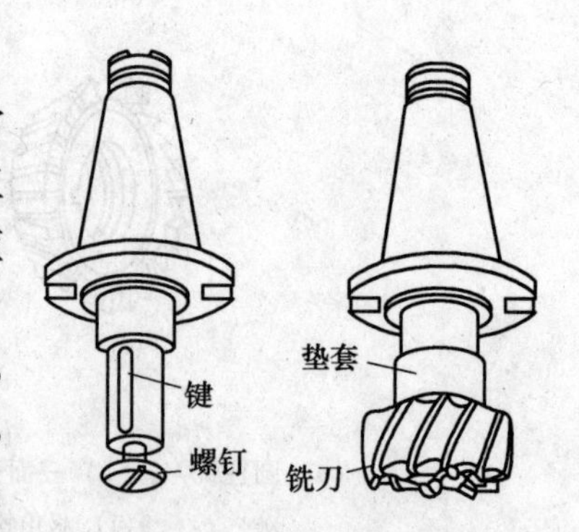

图 8-8 端铣刀的安装

(1) 平口钳。又称台虎钳，其构造简单，夹紧牢靠。尺寸规格以钳口宽度表示，通常在 100 ~ 200mm 之间。它底部有两个定位键与工作台中间的 T 形槽配合定位，然后再用两只 T 形螺栓紧固在铣床工作台上。可用于对小型和形状规则件的夹紧。

(2) 回转工作台。它的结构如图 8-9 所示的一对蜗轮副，摇动手轮而带动蜗杆轴转动，再通过内部蜗轮使圆转台旋转。圆转台中央有一圆锥孔，便于工件定位，并与圆转台同轴中心线转动。另外，为了确定圆转台转动位置，圆转台的外圆柱面上带有刻度。此回转工作台可用于加工圆弧表面或圆弧曲线外形、沟槽以及分度零件的铣削加工。在回转工作台上加工圆弧的情况如图 8-9 所示。

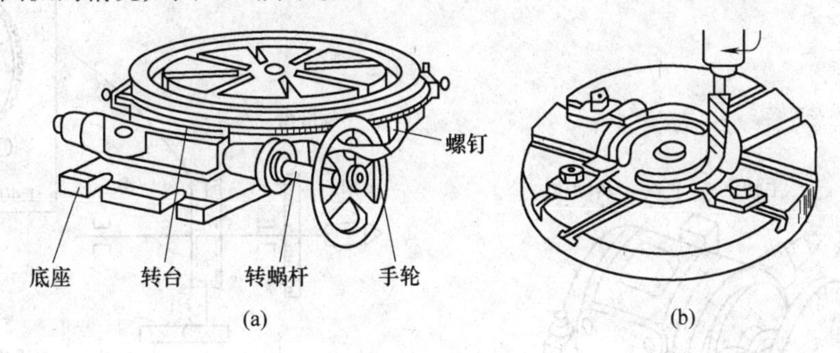

图 8-9 回转工作台

（a）回转工作台；（b）在回转工作台上加工圆弧槽

（3）立铣头。它的结构及加工斜面的情况见图 8-10 所示。立铣头可根据需要把铣刀轴调整到任意角度，以加工各种角度的倾斜表面，也可在一次装夹中，进行不同角度的铣削。

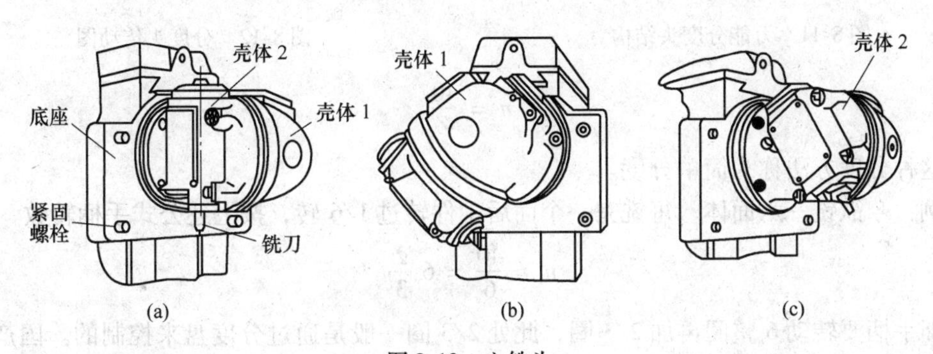

图 8-10 立铣头

（a）铣刀成垂直位置；（b）铣刀轴可左右旋转成倾斜位置；（c）铣刀轴可前后旋转成倾斜位置

（4）万能分度头：

1）分度头组成及作用。分度头是一种用来进行分度的装置，由底座、转动体、分度盘、主轴及顶尖等组成，如图 8-11 所示。主轴装在转动体内，并可随转动体在垂直平面内转动成水平、垂直或倾斜位置。例如在铣六方、齿轮、花键等工件时，要求工件在铣完一个面或一条槽之后转过一个角度，再铣下一个面或一条槽，这种使工件转过一定角度的工作即称分度。分度时摇动手柄，通过蜗杆、蜗轮带动分度头主轴，再通过主轴带动安装在主轴上的卡盘使工件旋转。图 8-12 为分度头传动示意图。

2）简单分度法。如图 8-12 所示，蜗杆蜗轮的传动比为 1:40，即当与蜗杆同轴的手柄转过一圈时，单头蜗杆前进一个齿距，并带动与它相啮合的蜗轮转动一个牙齿。这样当手柄连续转动 40 圈后蜗轮正好转过一整圈，由于主轴与蜗轮相连，故主轴带动工件也转过一整圈。如使工件 Z 等分分度，每分度一次，工件（主轴）应转动 $1/Z$ 转，则由下式可求得分度头手柄转数 n：

$$n \times \frac{1}{40} = \frac{1}{Z}$$

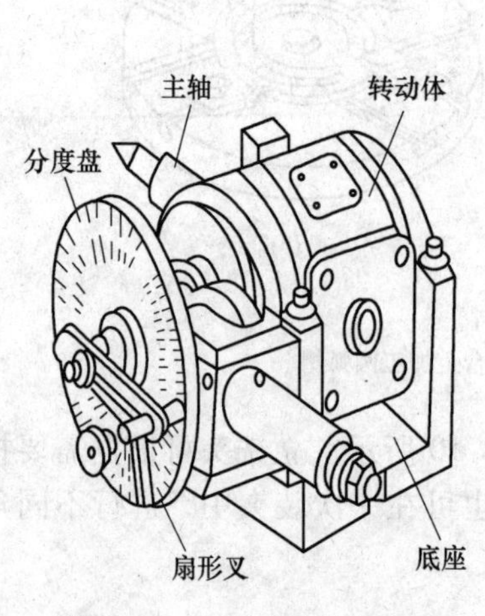

图 8-11 万能分度头结构

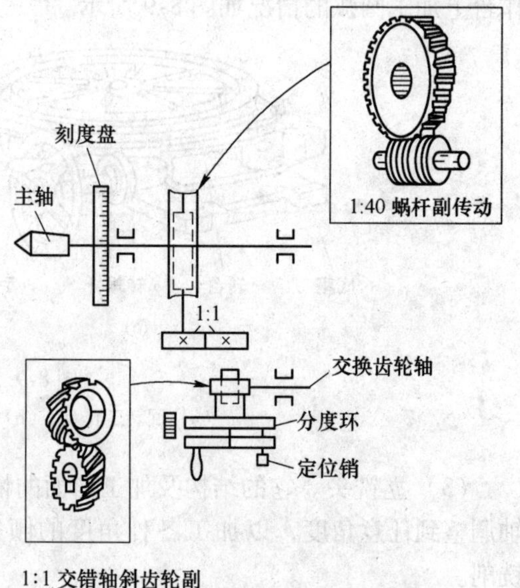

图 8-12 分度头传动图

$$n = \frac{40}{Z}$$

这种分度方法称为简单分度。

例：今欲铣一六面体，每铣完一个面后工件转过 1/6 转，按上述公式手柄转数

$$n = \frac{40}{6} = 6\frac{2}{3}$$

即手柄要转动 6 整圈再加 2/3 圈，此处 2/3 圈一般是通过分度盘来控制的。国产分度头一般备有两块分度盘，分度盘两面上有许多数目不同的等分孔，它们的孔距是相等的，只要在上面找到 3 的倍数孔（例如 30、33、36…），任选一个即可进行 2/3 圈的分度。当然这是最普通的分度法。此外，还有直接分度法、差动分度法和角度分度法等。

3）利用分度头铣螺旋槽。在铣削中经常会遇到铣螺旋槽的工作，如斜齿轮的齿槽、麻花钻的螺旋槽、立铣刀、螺旋圆柱铣刀的沟槽等，在万能卧式铣床上利用分度头就能完成此项工作。

8.2.3 铣削基本方法

铣削加工方法很多，本节只介绍常见的几种铣削加工方法。

8.2.3.1 铣削的工艺过程

（1）准备工作。熟悉图纸和工艺文件，检查工件毛坯，测量其尺寸及加工余量，准备所用的工具。

（2）安装工件。选择合适的装夹方式，将工件正确而牢固地装夹好，并进行必要检查。

（3）选用刀具并装夹找正。

（4）调整机床。包括机床工作台位置、铣削用量、自动进给挡铁等的调整。

(5) 开动机床进行加工。在铣削过程中，应避免中途停车或停止进给运动，否则由于切削力的突然变化，影响工件的加工质量。

8.2.3.2 铣平面

根据工件形状及设备条件可在立式铣床上用端铣刀或在卧式铣床上用圆柱铣刀来铣平面。

(1) 用端铣刀铣平面。目前铣削平面多采用镶硬质合金刀头的端铣刀在立铣或卧铣上进行。由于端铣刀铣削时，切削厚度变化小，同时进行切削的刀齿较多，因此切削较平稳。而且端铣刀的柱面刃承受着主要的切削工作，而端面刃又有刮光作用，因此表面粗糙度较小。

(2) 用圆柱铣刀铣平面。圆柱形铣刀其切削刃分布在圆周上，因此简称周铣法。根据铣刀旋转方向与工作台移动方向的关系，又可分为逆铣和顺铣两种铣削方式，如图8-13所示。

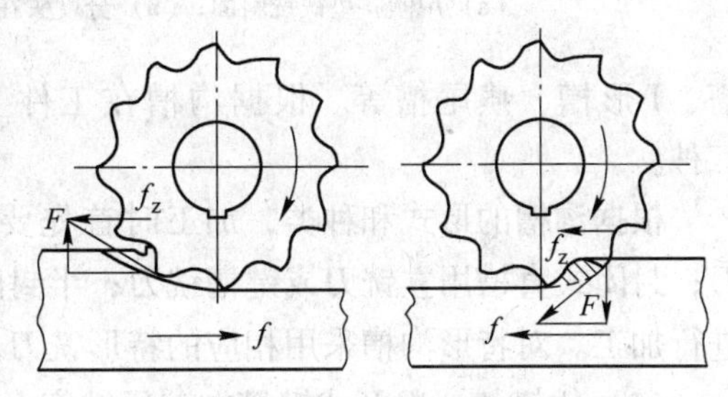

图 8-13 顺铣和逆铣

铣刀旋转方向与工件进给方向相反的铣削称为逆铣；方向相同的称为顺铣。逆铣时，每个刀齿的切削厚度是从零增大到最大值。由于铣刀刃口处总有圆弧存在，而不是绝对尖锐的，所以在刀齿接触工件的初期，不能切入工件，而是在工件表面上挤压、滑行，使刀齿与工件之间的摩擦加大，加速了刀具磨损，同时也使表面质量下降。顺铣时，每个刀齿的切削厚度是从最大值减小到零，从而避免了上述缺点。逆铣时，铣削力上抬工件，而顺铣时，铣削力将工件压向工作台，减小了工件振动的可能性，尤其铣削薄而长的工件时，更为有利。

如果铣床丝杠和其上螺母间有间隙，顺铣时过大的切削力可引起工作台在进给运动中产生窜动，使铣削过程产生振动和造成进给量不均匀，严重时将会损坏铣刀，造成工件报废，因此采用顺铣时要求机床有间隙调整装置。否则，在一般情况下多采用逆铣法。

8.2.3.3 铣斜面

斜面是工件常见的结构，斜面铣削方法也很多，常见的有以下几种：

(1) 使用倾斜垫铁铣斜面。在零件设计基准的下面垫一块倾斜的垫铁，则铣出的平面就与设计基准面成倾斜位置。改变倾斜垫铁的角度，即可加工不同角度的斜面，如图8-14所示。

(2) 利用分度头铣斜面。在一些圆柱形和特殊形状的零件上加工斜面时，可利用分度头将工件转成所需位置而铣出斜面，如图8-14所示。

(3) 用万能铣头铣斜面。由于万能铣头能方便地改变刀轴的空间位置，因此可以转动铣头以使刀具相对工件倾斜一个角度来铣斜面，如图8-14所示。当加工零件的批量较大时，则常采用专用夹具铣斜面。

8.2.3.4 铣沟槽

铣床能加工的沟槽种类很多，像直槽、键槽、特形沟槽等。特形沟槽如角度槽、V形

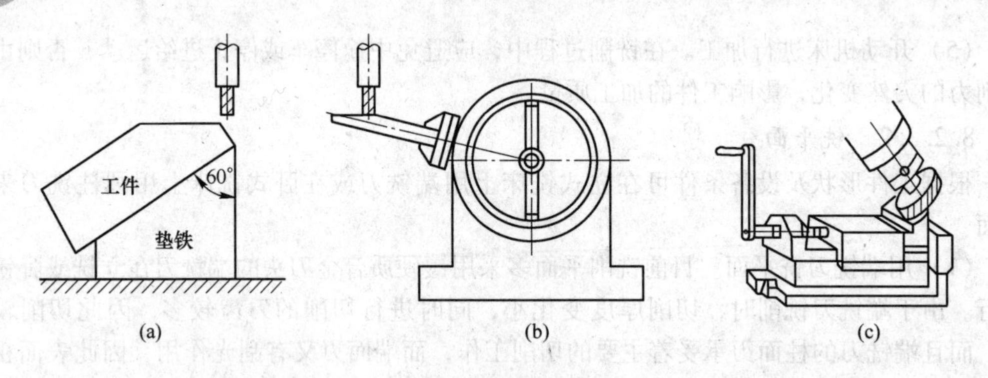

图 8-14 铣斜面

（a）用倾斜垫铁铣斜面；（b）分度头在倾斜位置铣斜面；（c）用万能铣头铣斜面

槽、T 形槽、燕尾槽等。根据沟槽在工件上的位置又分为敞开式、封闭式、半封闭式三种。

根据沟槽的形式和种类，加工时首先要选择相应的铣刀。通常敞开式直槽用圆盘铣刀；封闭式直槽用立铣刀或键槽铣刀；半封闭直槽则须根据封闭端形式，采用不同的铣刀进行加工。对特形沟槽采用相应的特形铣刀。

（1）铣键槽。敞开式键槽在普通铣床上加工，所用的圆盘铣刀的宽度应根据键槽的宽度而定。安装时，圆盘铣刀的中心平面应和轴的中心对准，如图 8-15 所示，横向调整工作台使 $A=B$。铣刀对准后，将机床床鞍紧固。铣削时应先试铣，检验槽宽合格后，再铣出全长。

封闭式键槽是在立式铣床上加工。若采用立铣刀，因其中央无切削刃，不能向下进刀，故需在键槽端部先钻一个落刀孔，然后再进行铣削；若用键槽铣刀，端部有切削刃，可以直接向下进刀，但进给量应小些。

（2）铣 T 形槽。其加工方法分两步进行，首先加工出直槽，然后在立式铣床上用 T 形槽铣刀铣削 T 形槽，如图 8-16 所示。因 T 形槽铣刀工作时排屑困难，切削用量应小些，同时加用切削液。

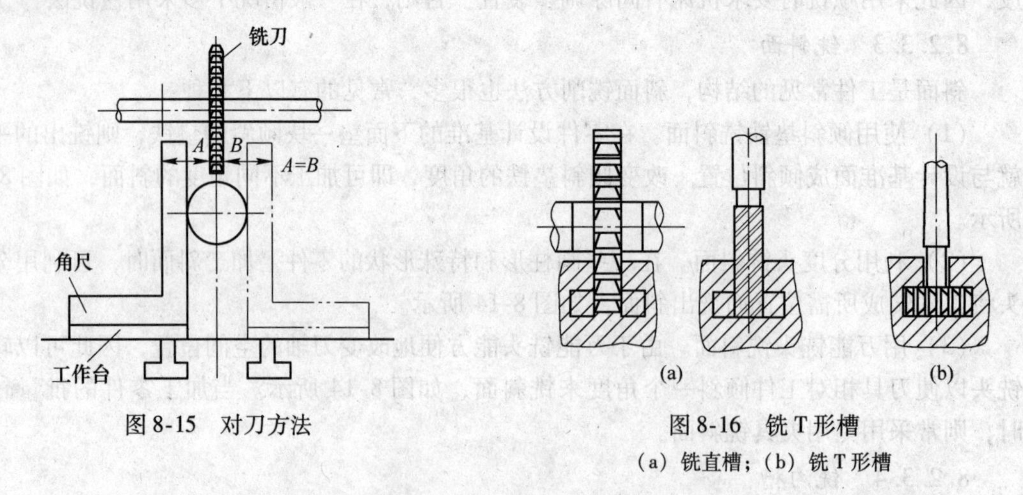

图 8-15 对刀方法

图 8-16 铣 T 形槽

（a）铣直槽；（b）铣 T 形槽

（3）铣螺旋槽。在加工麻花钻、斜齿轮、螺旋铣刀的螺旋槽时，刀具做旋转运动，工件安装在尾座与分度头之间，一方面随工作台做匀速直线运动，同时又随分度头做匀速旋转运动，如图8-17所示。根据螺旋线形成原理，要铣削出一定导程的螺旋槽，必须保证当纵向移动距离等于螺旋槽的一个导程时，工件恰好转动一圈。这一点可通过丝杠和分度头之间的配换齿轮来实现。

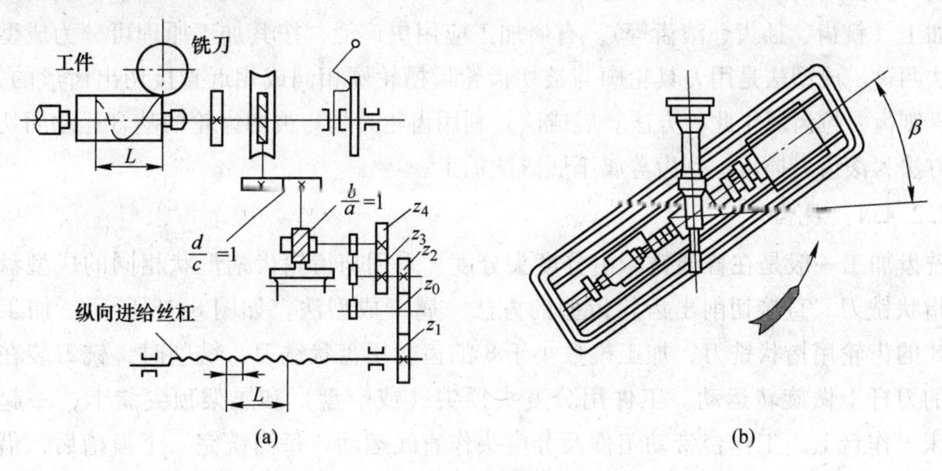

图8-17　铣螺旋槽

（a）工作台和分度头的传动系统；（b）铣右螺旋槽

根据图8-17所示的传动系统，工件纵向移动一个导程L，丝杠转L/P转，经过配换齿轮及分度头使工件转一圈，其关系式为：

$$\frac{L}{P}\times\frac{Z_1\times Z_3}{Z_2\times Z_4}\times\frac{a}{b}\times\frac{d}{c}\times\frac{1}{40}=1$$

即

$$\frac{L}{P}\times\frac{Z_1\times Z_3}{Z_2\times Z_4}\times 1\times 1\times\frac{1}{40}=1$$

整理上式得：

$$i=\frac{Z_1\times Z_3}{Z_2\times Z_4}=\frac{40t}{L}$$

式中　Z_1，Z_3——配换齿轮主动轮齿数；

Z_2，Z_4——配换齿轮从动轮齿数；

P——纵向丝杠螺距，mm；

L——工件导程。

在生产实践中，一般只要算出工件的导程或挂轮速比，即可从铣工手册中查出各挂轮的齿数。

为了获得规定的螺旋槽截面形状，还必须使铣床纵向工作台在水平面内转过一个角度，使螺旋槽的槽向与铣刀旋转平面一致。工作台转过的角度应等于螺旋角β。工作台转动的方向应由螺旋槽的方向来确定。铣右螺旋槽时，工作台转向为逆时针方向，如图8-17所示；铣左旋螺旋槽时，与铣右旋螺旋槽相反。

螺旋角β可由下式求得：

$$\beta=\arctan\left(\frac{\pi D}{L}\right)$$

式中　D——工件直径，mm；

L——螺旋槽导程，mm。

8.2.4 齿轮齿形加工

齿轮是机器、仪器中使用广泛的重要传动件。齿轮种类很多，齿形形状也各有不同，应用最广泛的是渐开线齿轮。齿轮齿形加工常分为无屑加工（如冷挤、精锻、轧制等）和有屑加工（铣齿、插齿、滚齿等）。有屑加工应用更广泛，按其加工原理可分为成型法和展成法两种。成型法是用刀具轮廓与被切齿轮齿槽轮廓相同或相近直接切出齿形的方法，铣齿、刨齿、拉齿属于此种方法。展成法是利用齿轮刀具与被切齿轮的啮合运动而切出齿形的方法，滚齿、插齿、剃齿等属于展成法加工。

8.2.4.1 铣齿

铣齿加工一般是在普通铣床由分度头分度，采用与齿轮齿槽形状相同的成型盘状铣刀和指状铣刀，直接切削出齿轮齿型的方法，属于成型法，如图 8-18 所示。加工模数大于 8 的齿轮用指状铣刀，加工模数小于 8 的齿轮用盘状铣刀。铣削时，铣刀装在铣床主轴的刀杆上做旋转运动。工件用分度头顶尖（或卡盘）和尾架顶尖装卡，一起固定在铣床工作台上。工作台带动工件及分度头作直线运动。每当铣完一个齿槽后，借助分度头将工件转过一个齿并重新铣削另一个齿槽，这样依次铣完所有的齿槽，如图 8-19 所示。

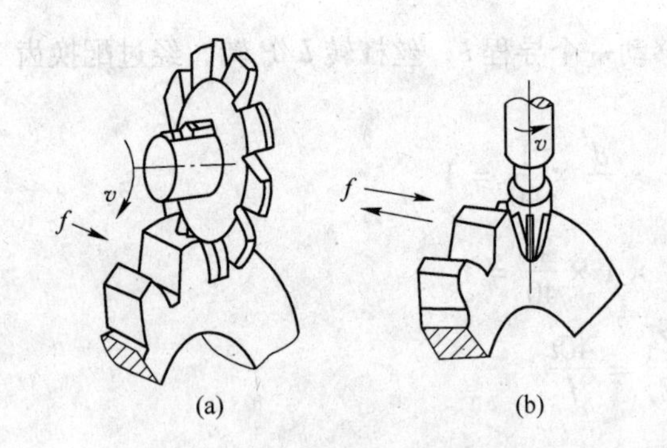

图 8-18 成型法加工齿轮

（a）盘状铣刀加工齿轮；（b）指状铣刀加工齿轮

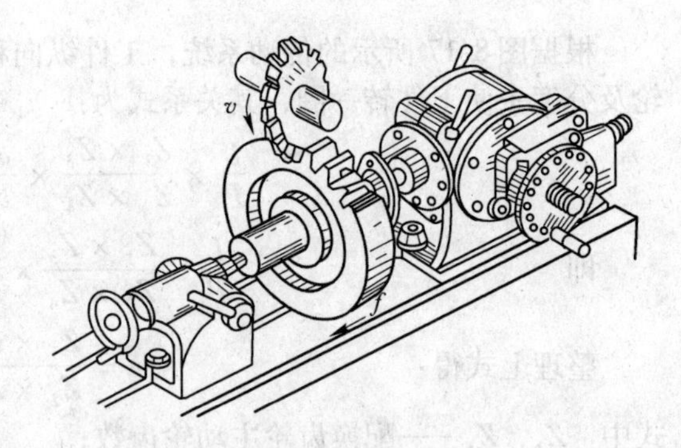

图 8-19 铣齿加工

铣齿的工艺特点：

（1）用普通铣床加工，设备简单，刀具成本低。

（2）每切一个齿槽都要重复一次切入、退刀和分度，因此辅助时间长，生产效率较低。

（3）铣切齿轮的精度低，最高为 9 级精度，齿面粗糙度 $Ra=6.3\sim3.2\mu m$。

用铣刀铣切齿轮时，铣刀的齿形与被加工齿轮的齿槽形状相同，但齿轮的齿形与模数、压力角和齿数有关，为了能准确地铣切模数和压力角相同而齿数不同的齿轮，就要求每一种齿数的齿轮要对应有一把铣刀，这显然是不经济的。因此，在实际工作中，通常把相同模数和压力角的齿轮按其齿数（由 12 到 135 以上）分成 8 组，如表 8-1 所示（更精确地分成 15 组）。每一组只用一把铣刀来加工就可以了。

表 8-1　齿轮铣刀分号

刀　号	1	2	3	4	5	6	7	8
加工齿数范围	12～13	14～16	17～20	21～25	26～34	35～54	55～134	135 以上及齿条

为了保证加工出的齿轮在啮合时不会根切而卡住，各号铣刀的齿形均按这一组内最小齿数的齿形设计制造。所以，用此号刀具加工同组内其他齿数齿轮时，其齿形是近似的。

由于上述特点，铣齿加工适用于单件、小批生产，常用来制造一些转速低、精度要求不高的齿轮。

8.2.4.2　滚齿

图 8-20 为滚齿加工原理图，滚齿时齿轮刀具为滚刀，其外形像一个蜗杆，它在垂直于螺旋槽方向开出槽以形成切削刃，如图 8-20（a）所示，其法向剖面具有齿条形状，因此当滚刀连续旋转时，滚刀的刀齿可以看成是一个无限长的齿条在移动，如图 8-20（b）所示，同时刀刃由上而下完成切削任务，只要齿条（滚刀）和齿坯（被加工工件）之间能严格保持齿轮与齿条的啮合运动关系，滚刀就可在齿坯上切出渐开线齿形，如图 8-20（c）所示。滚齿加工精度一般为 8～7 级，表面粗糙度 Ra 为 3.2～1.6μm。

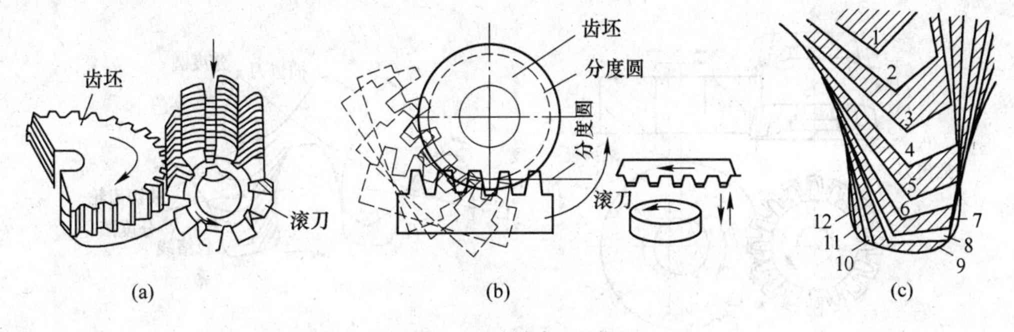

图 8-20　滚齿加工原理

滚齿加工是在滚齿机上完成的，滚齿机的外形如图 8-21 所示，滚刀安装在刀杆 2 上，工件装卡在心轴 1 上，滚齿时滚齿机有以下几个运动。

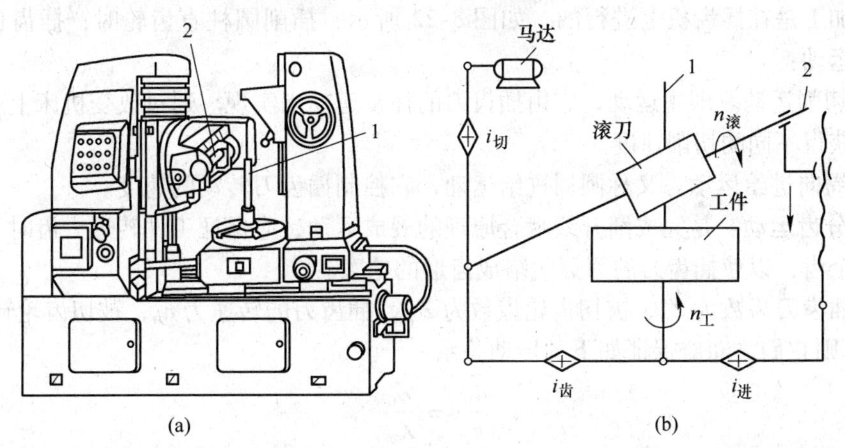

图 8-21　滚齿机

（a）滚齿机外形；（b）滚齿机传动示意图

（1）切削运动亦称主运动，即滚刀的旋转运动（$n_{滚}$），其切削速度由变速齿轮的传动比 $i_{切}$ 来实现，如图 8-21 所示。

（2）分齿运动即工件的旋转运动，其运动的速度必定和滚刀的旋转速度保持齿轮与齿条的啮合关系。对于单线滚刀，当滚刀每转 1 转时，被切齿坯需转过一个齿轮的相应角度，即 $1/Z$ 转（Z 为被加工齿轮的齿数），其运动关系由分齿挂轮的传动比 $i_{齿}$ 来实现，如图 8-21 所示。

（3）垂直进给运动即滚刀沿工件轴线的垂直移动，这是保证切出整个齿宽所必须的运动，图 8-21 中为垂直向下箭头所示。它的运动是由进给挂轮的传动比 $i_{进}$ 再通过与滚刀架相连的丝杠螺母来实现的。

8.2.4.3 插齿

图 8-22 为插齿加工原理图。它是利用一对轴线相互平行的圆柱齿轮的啮合原理进行加工的。插齿刀的外形像一个齿轮，在每一个齿上磨出前角和后角以形成刀刃，切削时刀具做上下往复运动，从工件上切除切屑。为了保证切出渐开线形状的齿形，在刀具上下做往复运动的同时，尚要强制地使刀具和被加工齿轮之间保持着一对渐开线齿轮的啮合传动关系。插齿加工精度一般为 8 ~7 级，表面粗糙度 Ra 约为 1.6μm。

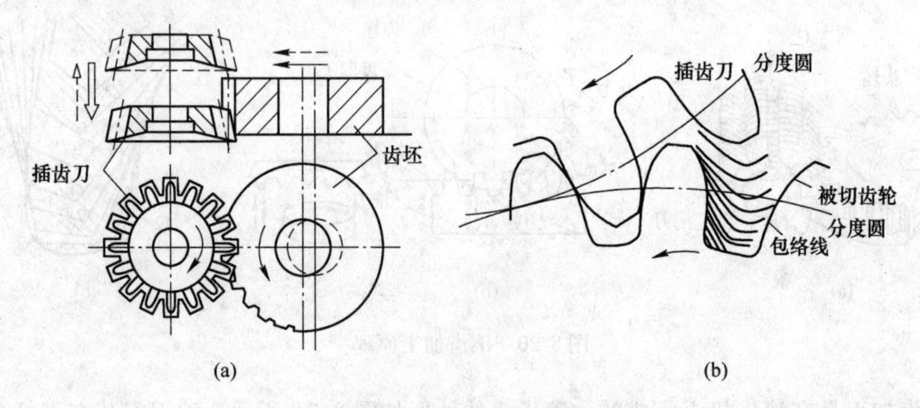

图 8-22 插齿机及加工原理

插齿加工是在插齿机上进行的，如图 8-22 所示，插削圆柱直齿轮时，插齿机必须有以下几个运动：

（1）切削运动。即主运动，它由插齿刀的往复运动来实现。通过改变机床上不同齿轮的搭配可获得不同的切削速度。

（2）周向进给运动。又称圆周进给运动，它控制插齿刀转动的速度。

（3）分齿运动。是完成渐开线啮合原理的展成运动，应保证工件转过一齿时刀具亦相应转过一个齿，以使插齿刀的刀刃包络成齿形的轮廓。

假定插齿刀齿数为 Z_0，被切齿轮齿数为 Z_W，插齿刀的转速为 n_0，被切齿轮转速为 n_W（r/min），则它们之间应保证如下的传动关系：

$$\frac{n_W}{n_0} = \frac{Z_0}{Z_W}$$

（4）径向进给运动。插齿时，插齿刀不能一开始就切至齿轮全深，需要逐步切入，故在分齿运动的同时，插齿刀需沿工件的半径方向作进给运动，径向进给由专用凸轮来控制。

（5）让刀运动。为了避免插齿刀在回程中与工件的齿面发生摩擦，由工作台带动工件做退让运动，当插齿刀工做行程开始前，工件又做恢复原位的运动。

8.3 刨削加工

在刨床上用刨刀对工件进行切削加工的过程称为刨削加工。刨削加工最常用的设备是牛头刨床。在牛头刨床上刨削时，刨刀的直线往复运动为主运动，工件的间歇移动为进给运动。其切削是间断的，这也是与其他切削运动的不同点。因而刨削加工具有如下特点：

（1）生产率较低。为了减少刨刀与工件间的冲击及主运动部件反向时的惯性力，故选取的切削速度较低。回程时不切削，加之牛头刨床只用一把刀具切削，因此刨削较铣削生产率低。但刨削狭长平面或在龙门刨床上进行多件或多刀刨削时，能获得较高的生产率。

（2）加工精度较低。由于切削运动是间断进行的，冲击、振动大，因而其加工精度较车削低，一般可达 IT11 ~ IT8 级精度，表面粗糙度 $Ra = 3.2 \sim 1.6\mu m$。但加工薄板的表面时，能获得较好的平直度。

（3）适应性较强。刨床及刨刀制造简单、经济，刀具刃磨方便。工件及刀具不需要复杂夹具装夹，很适应各种工件的单件及小批量加工。刨削加工利用各种刨刀可加工平面、沟槽及成型表面等。

8.3.1 常见的几种刨削加工机床

8.3.1.1 牛头刨床

刨削机床种类很多，按其用途、性能及结构可分为若干组、系。其中牛头刨床应用最广，主要适用于刨削长度不超过 1000mm 的中小零件。

（1）牛头刨床的编号。B6065 型牛头刨床中，B 为刨床和插床类机床的类别代号，60 为刨床组中的牛头刨床的组型代号，65 为刨削工件最大长度的 1/10，即 650mm。

（2）牛头刨床的组成。牛头刨床主要由床身、底座、滑枕、刀架、横梁、工作台等组成。主要组成部分的名称和作用如下：

1）床身和底座。床身安装在底座上，用来安装和支承机床部件。其顶面导轨供滑枕做往复运动用，侧面导轨供工做台升降用。床身的内部有传动机构，如图 8-23 所示。

2）滑枕。其前端有刀架，滑枕带动刀架沿床身水平导轨做直线往复运动。

3）刀架。如图 8-24 所示，刀架用于安装刨刀，实现纵向或斜向进给运动。摇动刀架上手柄可使滑板沿转盘上的导轨带动刨刀做上下移动。将转盘上的螺母松开，转盘扳动一定角度后，刀架就可以实现斜向进给。滑板上的刀座还可偏转，当刨刀返程时，抬刀板绕 A 轴自由上抬，以减小刨刀后刀面与工件的摩擦。

4）横梁与工作台。横梁用来带动工作台沿床身垂直导轨作升降运动，内部还装有工作台的进给丝杠。工作台是用来安装工件的，通过进给机构可使其沿横梁作横向运动。

（3）牛头刨床的传动机构及调整：

1）摇臂机构。摇臂机构是牛头刨床的主运动机构，其作用是把电动机的旋转运动变为滑枕的往复直线运动，以带动刨刀进行刨削。图 8-25 中，传动齿轮带动摇臂齿轮转动，固定在摇臂齿轮上的滑块可在摆杆的槽内滑动并带动摇臂绕下支点前后摆动，于是带动滑枕（见图 8-25）做往复直线运动。

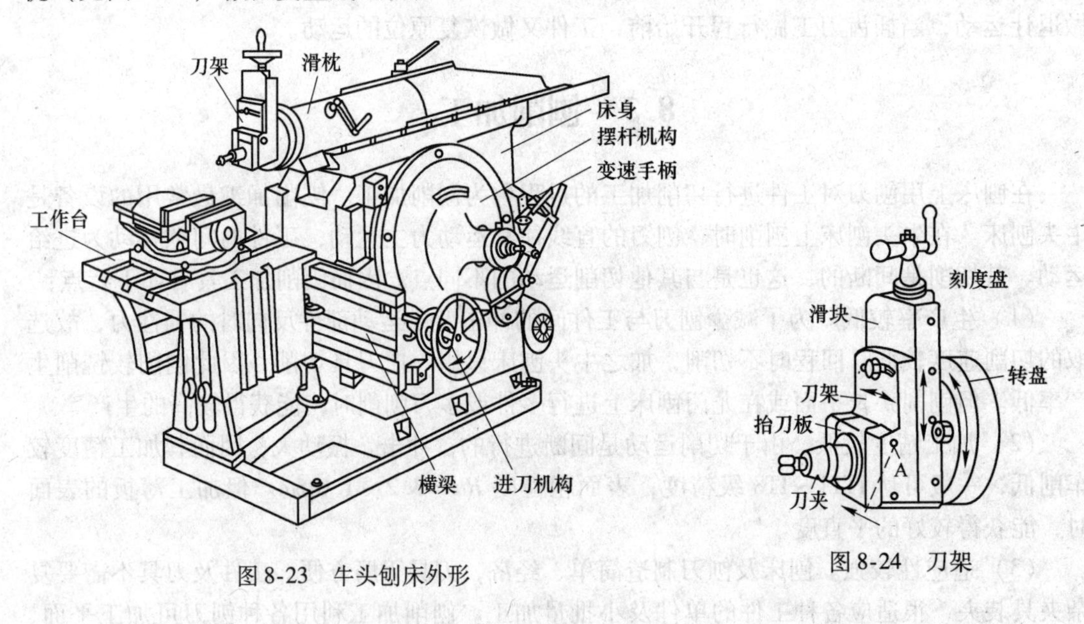

图 8-23 牛头刨床外形

图 8-24 刀架

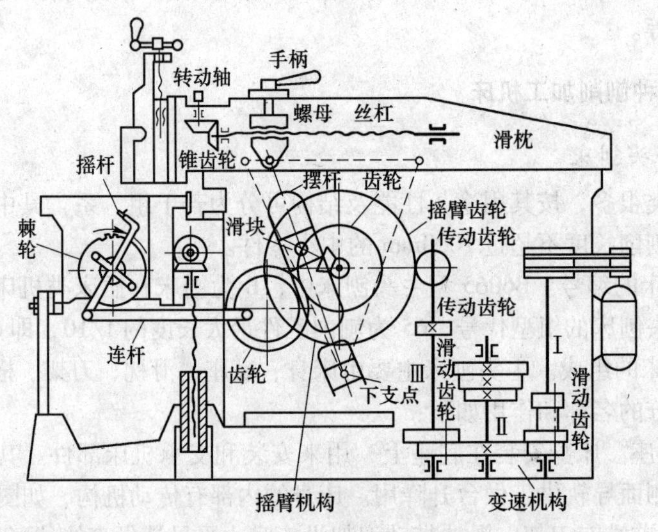

图 8-25 牛头刨床传动图

2）滑枕行程长度调整。使滑枕行程长度略大于工件加工表面的刨削长度。由曲柄摇杆机构工作原理可知，改变滑块的偏心距（见图 8-26），就能改变滑枕行程。

调整方法：松开图 8-25 中行程长度调节手柄端部的滚花螺母，用曲柄扳手转动手柄，即图 8-27 中的方头轴，通过一对锥齿轮，转动小丝杠，使偏心滑块移动，曲柄销带动图 8-25 中滑块改变其在摇臂齿轮端面上的偏心位置，从而改变滑枕的行程长度。

3）滑枕行程位置的调整。为了使刨刀有一个合适的切入和切出位置，刨削前应根据工件的位置来调整滑枕行程的位置，调整的方法是先使滑枕停留在极右的位置，如图 8-27 所示。松开锁紧手柄，用扳手转动方头轴，通过一对圆锥齿轮，使丝杠转动。由于螺母不动，从而使丝杠带动滑枕移动合适的位置。

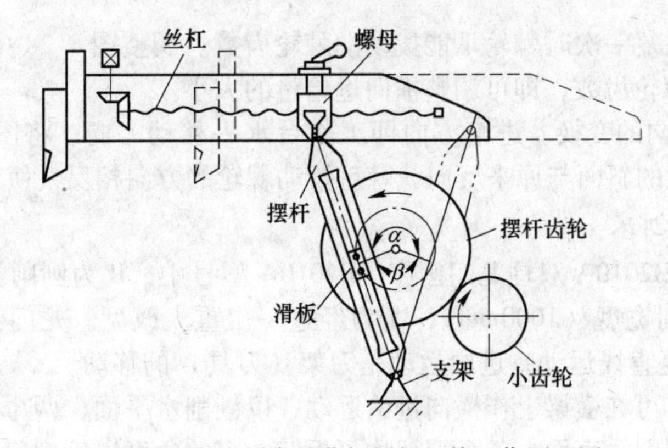

图 8-26 牛头刨床的曲柄摇杆机构工作原理图

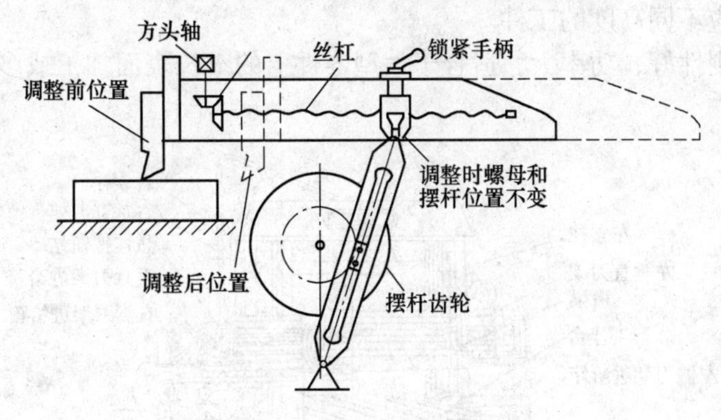

图 8-27 滑枕行程位置的调整

① 齿轮变速机构。它由两组滑动齿轮组成，通过变速手柄Ⅰ、Ⅱ轴上齿轮的位置，使轴Ⅱ获得 3×2=6 的六种转速，使滑枕变速。这种变速属于有级变速，是通过几组滑移齿轮的不同组合来改变传动比的。

② 进给棘轮机构。依靠进给机构（棘轮机构），工作台可在水平方向作自动间歇进给。在图 8-28 中，齿轮与图 8-25 中摇杆齿轮同轴旋转，齿轮带动齿轮转动，使固定于偏心槽内的连杆摆动棘爪，并拨动棘轮使同轴丝杠转一个角度，实现工作台横向进给。

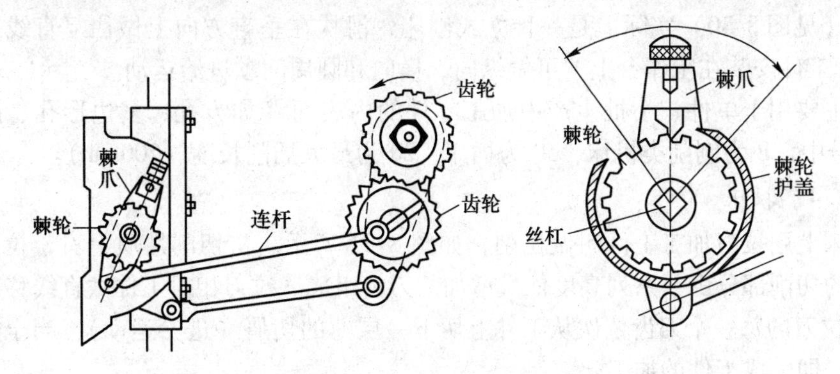

图 8-28 牛头刨床进给机构

刨削时，应根据工件的加工要求调整进给量和进给方向。

1）横向进给量的调整。进给量是指滑枕往复一次时，工作台的水平移动量。进给量的大小取决于滑枕往复一次时棘轮爪能拨动的棘轮齿数。调整图 8-28 中棘轮护盖的位置，可改变棘爪拨过的棘轮齿数，即可调整横向进给量的大小。

2）横向进给方向的变换。进给方向即工作台水平移动方向。将图 8-28 中棘爪转动 180°，即可使棘轮爪的斜面与原来反向，棘爪拨动棘轮的方向相反，使工作台移动换向。

8.3.1.2 龙门刨床

图 8-29 所示为 B2010A 双柱龙门刨床。B2010A 型号中，B 为刨削类机床，20 为龙门刨床，10 为最大刨削宽度（1000mm），A 为经过一次重大改型。龙门刨床的主运动是工作台（工件）的往复直线运动，进给运动是刀架（刀具）的移动。

两个垂直刀架，可在横梁上作横向进给运动，以刨削水平面；两个侧刀架可沿立柱作垂直进给运动，以刨削垂直面。各个刀架均可扳转一定的角度以刨削斜面。横梁可沿立柱导轨升降，以适应不同高度的工件。

龙门刨床的刚性好，功率大，适合于大型零件上的窄长表面加工或多件同时刨削，故也可用于批量生产。

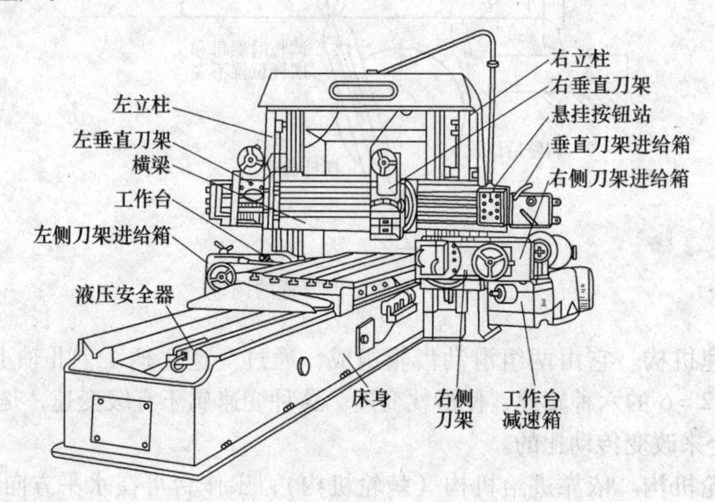

图 8-29 双柱龙门刨床

8.3.1.3 插床

插床（见图 8-30）实际上是一种立式刨床，滑枕在垂直方向上做往复直线运动（为主运动）。工件安装在工作台上，可做纵向、横向和圆周间歇进给运动。

插床主要用于单件、小批生产中加工零件的内表面（如方孔、多边形孔、键槽等）。B5020 型号中，B 为刨削类机床，50 为插床，20 为最大插削长度（200mm）。

8.3.1.4 拉床

在拉床上用拉刀加工工件叫做拉削，如图 8-31 所示。从切削性质上看，拉削近似刨削。拉刀的切削部分由一系列高度依次增加的刀齿组成。拉刀相对工件做直线移动（主运动）时，拉刀的每一个刀齿依次从工件上切下一层薄的切屑（进给运动）。当全部刀齿通过工件后，即完成工件的加工。

拉削的生产率很高，加工质量较好，加工精度可达 IT9 ~ IT7，表面粗糙度一般为 *Ra*1.6 ~ 0.8μm。在拉床上可加工各种孔（见图 8-32）、键槽或其他槽、平面、成型表面（见图 8-33）等。

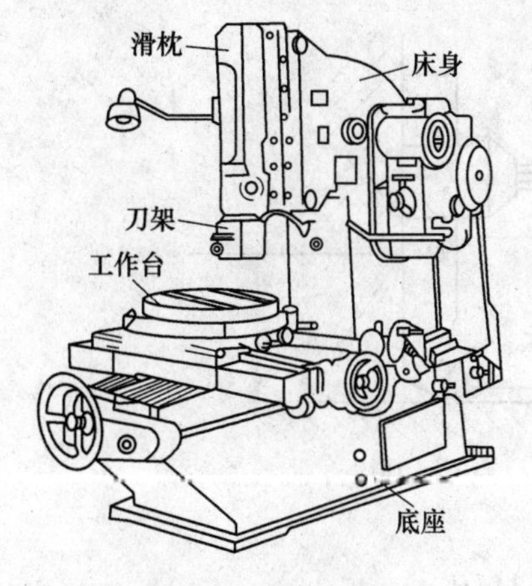

图 8-30 插床外形图

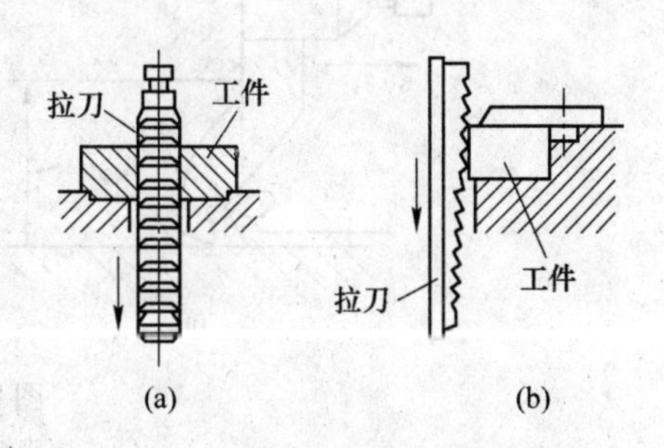

图 8-31 拉削加工
(a) 拉内孔；(b) 拉平面

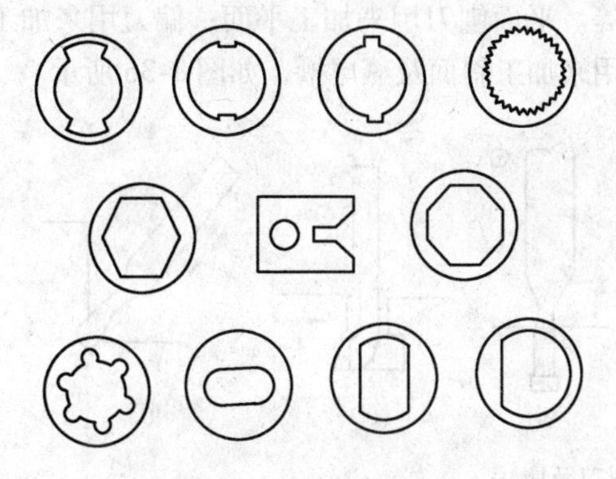

图 8-32 拉削加工的孔形

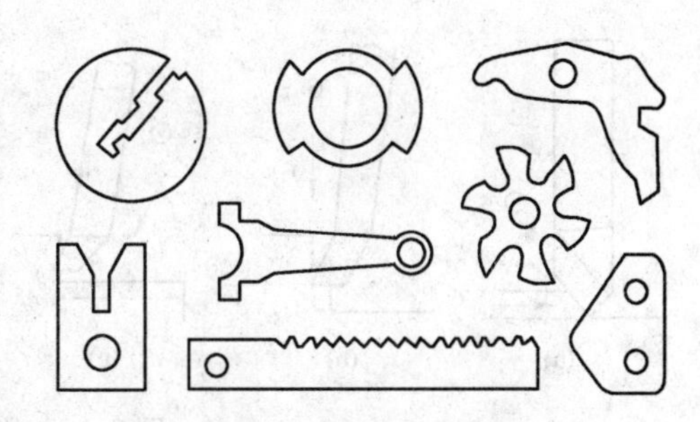

图 8-33 拉削加工的成型表面

拉床结构简单、操作简便，但拉刀结构复杂（见图 8-34），价格昂贵，且一把拉刀只能加工一种尺寸的表面，故拉削主要用于大批量生产。

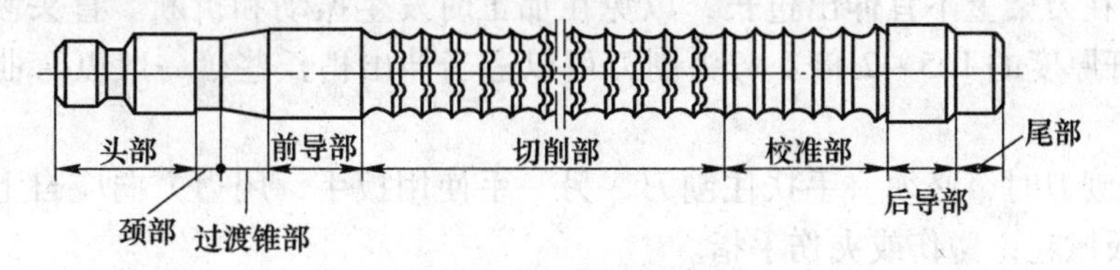

图 8-34 圆孔拉刀

8.3.2 刨刀及刨削基本加工方法

8.3.2.1 刨刀

（1）刨刀的结构特点。刨刀的结构和几何形状与车刀相似，但因刨削为断续切削，冲击力较大，所以其刀杆的横截面较车刀大。另外，在加工带有硬皮的工件表面时为避免刨刀扎入工件，刨刀刀杆常做成弯头的，当刀具碰到工件表面上的硬点时，刀尖绕 O 点向后上方产生弹性弯曲变形，使刀尖高出工件而不扎刀；而直头刨刀，其刀尖绕 O 点转动变形则低于工件表面而扎刀，如图 8-35 所示。

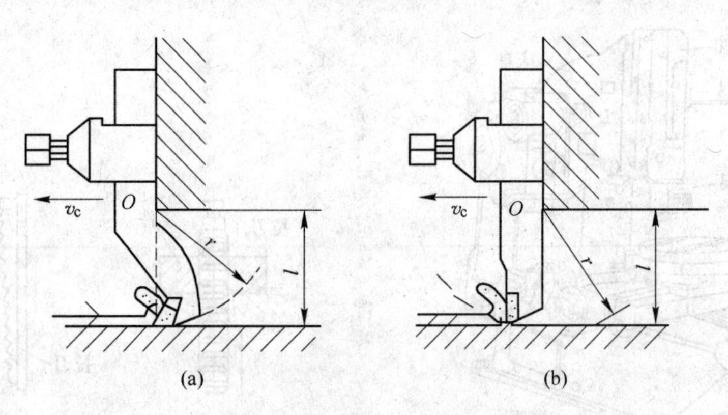

图 8-35 刨刀

(a) 弯头刨刀；(b) 直头刨刀

(2) 刨刀的种类及应用。刨刀的种类很多，按加工形式和用途不同，有各种不同的刨刀，常用的有平面刨刀、偏刀、切刀、角度偏刀等。平面刨刀用来加工平面；偏刀用来加工垂直面；切刀用来加工槽或切断工件；角度偏刀用来加工斜面及燕尾槽，如图 8-36 所示。

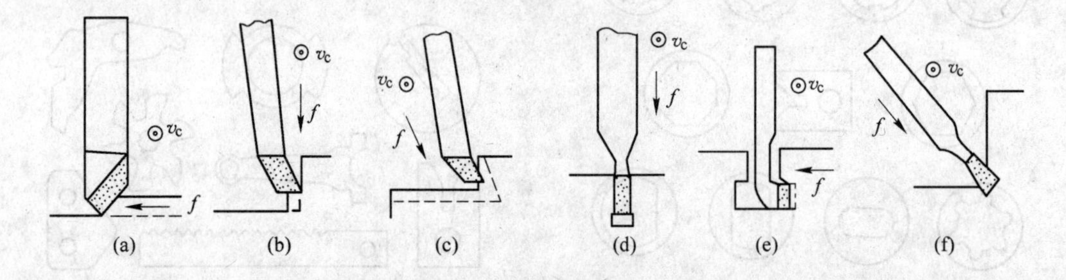

图 8-36 常见刨刀及应用

(a) 平面刨刀；(b) 偏刀；(c) 角度偏刀；(d)，(f) 切刀；(e) 弯切刀

(3) 刨刀的安装。其步骤如下：

1) 刨刀在刀架上不宜伸出过长，以免在加工时发生振动和折断。直头刨刀的伸出长度一般为刀杆厚度的 1.5 ~2 倍。弯头刨刀可以适当伸出稍长些，一般以弯曲部分不碰刀座为宜。

2) 装卸刨刀时，必须一手扶住刨刀，另一手使用扳手，用力方向应自上而下，否则容易将抬刀板掀起，碰伤或夹伤手指。

3) 刨平面或切断时，刀架和刀座的中心线都应处在垂直于水平工作台的位置上。即刀架后面的刻度盘必须准确地对零刻线。在刨削垂直面和斜面时，刀座可偏转 10° ~15°。以使刨刀在返回行程时离开加工表面，减少刀具磨损和避免擦伤已加工表面。

4) 安装带有修光刀或平头宽刃精刨刀时，要用透光法找正修光刀或宽刀刃的水平位置，夹紧刨刀后，须再次用透光法检查刀刃的水平位置准确与否。刨刀在刨平面和刨垂直面时的安装如图 8-37 所示。

8.3.2.2 刨水平面

刨水平面是最基本的刨削加工方法，常可按以下顺序完成：

(1) 熟悉工作图。明确加工要求，包括尺寸公差、粗糙度要求、形状和位置公差等。

根据以上要求检查毛坯余量。

(2) 刀具选择及安装。平面刨削分粗刨、精刨两种。刨刀也根据刨削特点选用粗刨刀或精刨刀。其安装要求刀架和刀座在中间垂直位置上。

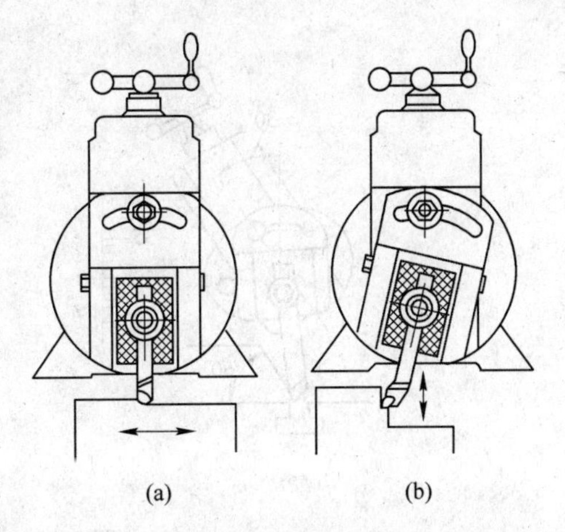

图 8-37 刨刀在刨平面和刨垂直面时的安装
(a) 刨平面；(b) 刨垂直面

(3) 工件装夹。根据工件的形状尺寸、装夹精度要求及生产批量选择不同的装夹方法。较小的工件可用预装在牛头刨床上经过校正的平口钳装夹；较大的工件可直接装夹在牛头刨床的工作台上，用压板、压紧螺栓、V 形铁或角铁装夹；大型工件需在龙门刨床上装夹加工。对于批量生产的工件，可根据工件某一工序的具体情况设计专用夹具装夹。

在平口钳或工作台上装夹，有的先在工件上划上加工线，然后根据工件装夹精度要求用划针、百分表等按线找正、装夹。

(4) 调整机床。根据工件尺寸把工作台升降到适当位置，调整滑枕行程长度和行程位置。

(5) 选择切削用量。根据工件尺寸、技术要求及工件材料、刀具材料等确定刨削深度、进给量及刨削速度。

(6) 对刀试切。调整各手柄位置，移动工作台使工件一侧靠近刀具，转动刀架和手轮，使刀尖接近工件，开动机床，使其滑枕带动刨刀做直线往复运动。用手动进行试切。将刀架手轮手动进给 0.5 ~ 1mm 后，停车测量尺寸，根据测量结果，调整刨削深度，再使工作台带动工件做水平自动进给进行正式刨削平面。

(7) 刨削完毕。停车进行检验，尺寸合格后再卸下工件。

8.3.2.3 刨垂直面

刨垂直面要采用偏刨刀，偏刨刀的安装方法如图 8-37 所示。工件安装要注意加工面与工作台垂直，加工面还应与切削方向平行，可用划线法找正工件，如图 8-38 所示。

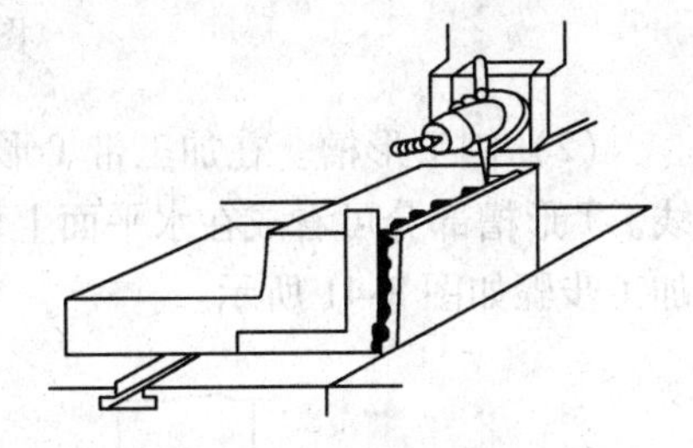
图 8-38 用划线法找正工件刨垂直面

8.3.2.4 刨斜面

刨削斜面的方法很多。如采用正夹斜刨时，必须使刀架转盘扳转一定的角度，使用偏刨刀或者角度偏刀，转动刀架手柄进行进给。这种方法既可用来刨削左侧斜面，也可用来刨削右侧斜面，常用此法加工 V 形槽、T 形槽及有一定倾斜角度的斜面，如图 8-39 所示。如采用斜夹正刨时，可将工件按预定的角度倾斜夹在平口钳或夹具内，按一般刨削水平面的方法刨削即可。当工件上的斜面很窄而加工要求较高时，可采用样板刨刀进行刨削，这种方法注意切削速度和进给量要小，刀具角度应刃磨正确，其生产率高，加工质量好。

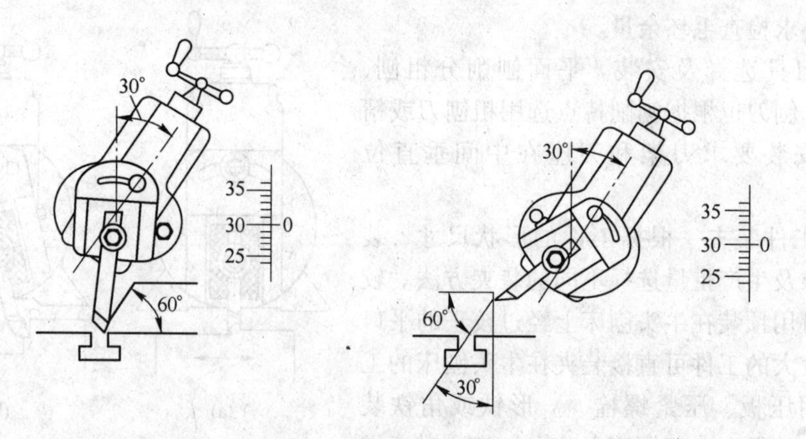

图 8-39　正夹斜刨法刨斜面

8.3.2.5　刨各种槽及长方形垫铁

（1）刨燕尾槽。刨燕尾槽实际上是刨平面、刨直角槽、刨内斜面的综合运用。其加工步骤如图 8-40 所示。

1）用切刀刨顶面及直角槽（见图 8-40（a）、（b））。

2）用左角度偏刀刨左侧斜面 c 及槽底面 b 左边一部分（见图 8-40（c））。

3）用右角度偏刀刨右侧斜面 c 及槽底面剩余部分（见图 8-40（d））。

4）在燕尾槽的内角和外角的夹角处切槽和倒角。

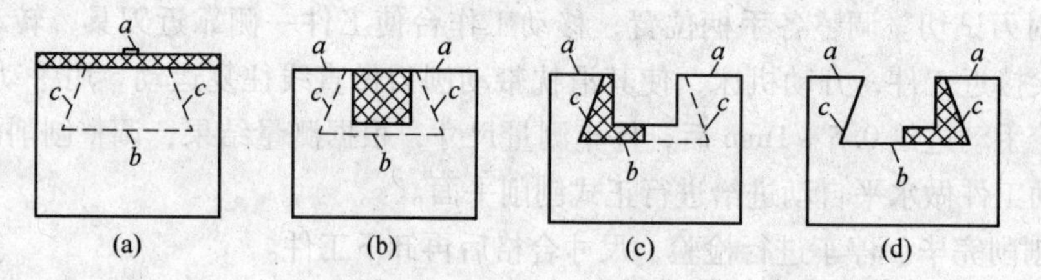

图 8-40　燕尾槽的刨削步骤

（2）刨 T 形槽。在加工带 T 形槽零件的各外部形状后，应在其两端部划出 T 形槽外形线。T 形槽部分可看成在水平面上切出直角槽，又在垂直面上切出直角槽的综合加工。其加工步骤如图 8-41 所示。

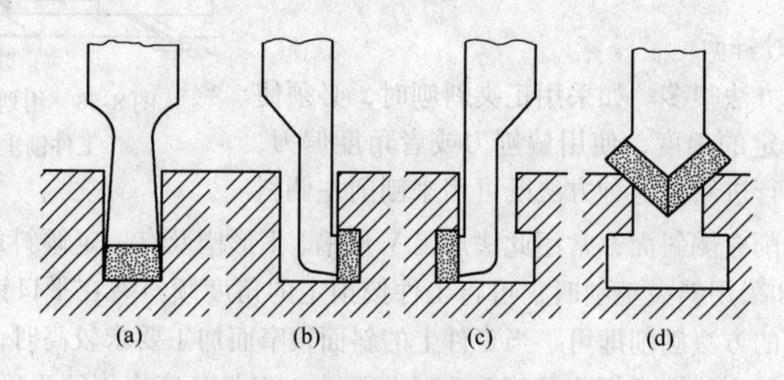

图 8-41　T 形槽的刨削步骤

1）安装并校正工件，用切槽刀以垂直走刀刨出直角槽（见图8-41（a））。

2）用弯切刀刨一侧凹槽（见图8-41（b））。

3）换方向相反的弯切刀，刨另一侧凹槽（见图8-41（c））。

4）用两主偏角均为45°的角度刨刀进行倒角，要使槽口两侧倒角大小一致（见图8-41（d））。

（3）刨六面体工件。其加工步骤如下：

1）检查平口钳本身的精度并合理安装在工作台上。

2）加工要求较高时，粗、精刨要分开。先粗刨四面，每面留0.5mm左右精刨余量。精刨时使用精刨刀。

3）正确选择加工基准面。以较为平整和较大的毛坯平面作为粗基准，加工出一个比较光滑平整的平面，如图8-42（a）中的平面1，后续加工就以该平面作为精基准进行装夹和测量。

4）将已加工好的平面1紧贴固定钳口，在活动钳口与工件之间用圆棒夹紧，刨相邻平面2，如图8-42（b）所示，刨平面2与平面1的垂直度可由平口钳本身保证。活动钳口用圆棒夹紧，目的是减小活动钳口与工件第3面的接触面积，保证基准面1能可靠地与固定钳口贴紧，而不致受平面3本身误差的影响。

5）将工件的已加工平面2紧贴平口钳底面，按上述相同装夹方法将基准面紧贴于固定钳口，刨削平面4（见图8-42（c））。如此平面4就一定与平面2相互平行，与平面1也相互垂直。

6）如图8-42（d）所示方法装夹工件，刨平面3。

7）六面体另外两个面的刨削也是以平面1紧贴固定钳口，用同样方法装夹后进行。

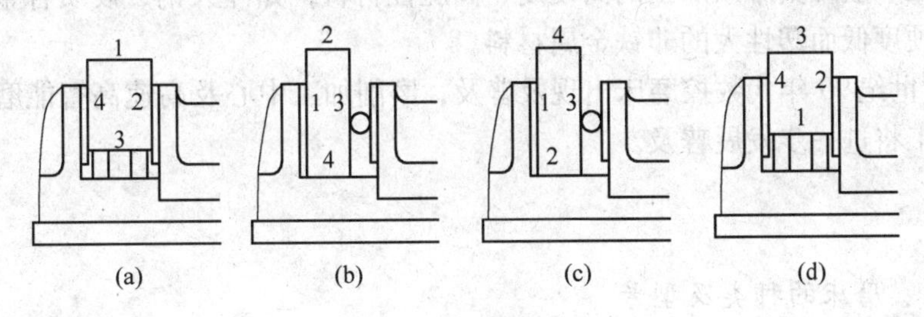

图8-42　六面体刨削步骤

8.4　磨削加工

用磨料（砂轮）来切除材料的加工方法，称为磨削加工。磨削加工是零件精加工的主要方法。砂轮是由磨料和黏结剂做成的，是磨削的主要工具。常用磨削加工所达到的精度为1T7～1T5，表面粗糙度一般为 Ra 0.8～0.2μm。根据零件表面不同，它可分为外圆、内圆、平面及成型面磨削等，图8-43为常见的几种磨削方法。虽然从本质上来说，磨削加工是一种切削加工，但与通常的切削加工相比却有以下特点：

（1）磨削属多刃、微刃切削。砂轮上每一磨粒相当于一个切削刃，而且切削刃的形状及分布处于随机状态，每个磨粒的切削角度、切削条件均不相同。

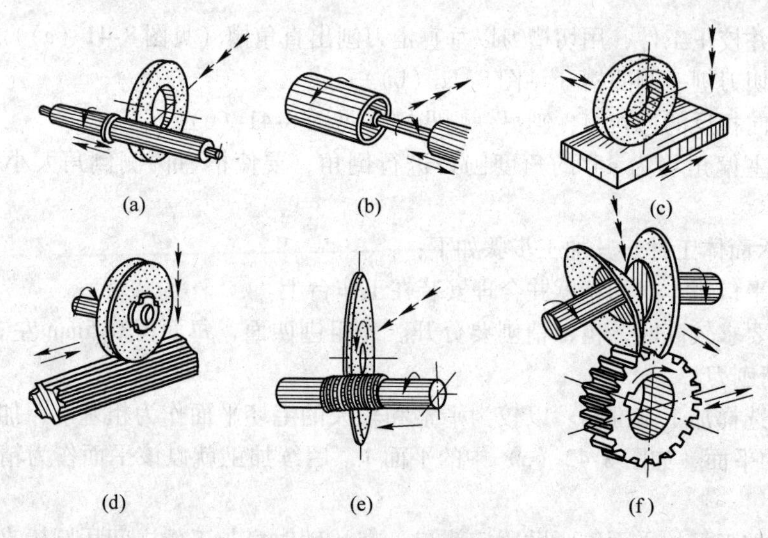

图 8-43　常见的磨削方法

（a）外圆磨削；（b）内圆磨削；（c）平面磨削；（d）花键磨削；（e）螺纹磨削；（f）齿形磨削

（2）加工精度高。磨削属于微刃切削，切削厚度极薄，每一磨粒切削厚度可小到数微米，故可获得很高的加工精度和低的表面粗糙度值。

（3）磨削速度大。一般砂轮的圆周速度达 2000 ~ 3000m/min，目前的高速磨削砂轮线速度已达到 60 ~ 250m/s。故磨削时温度很高，磨削区的瞬时高温可达 800 ~ 1000℃，因此磨削时必须使用切削液。

（4）加工范围广。磨粒硬度很高，因此磨削不但可以加工碳钢、铸铁等常用金属材料，还能加工一般刀具难以加工的高硬度、高脆性材料，如淬火钢、硬质合金等。但磨削不适宜加工硬度低而塑性大的非铁金属材料。

随着 20 世纪 90 年代数控磨床出现及普及，磨削加工中心及高速高智能磨削机床的出现，磨削加工将进一步发展普及。

8.4.1　磨床

8.4.1.1　磨床的种类及型号

磨床是指用磨具或磨料加工工件各种表面的机床。磨床的种类很多，常用的有外圆磨床、内圆磨床、平面磨床及无心磨床等。

图 8-44 是 M1432A 万能外圆磨床。型号中 M 为磨床类代号，14 为万能外圆磨床，32 表示最大磨削直径为 320mm，A 为第一次重大结构改型设计。

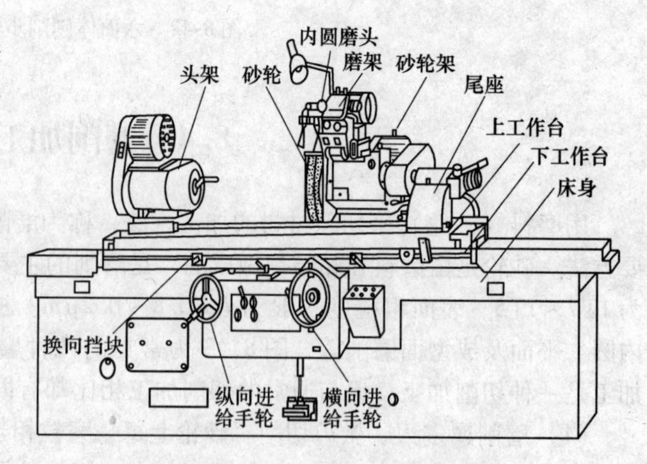

图 8-44　M1432A 万能外圆磨床

图 8-45 是 M2110 内圆磨床。主要是用来磨削内圆柱面的，最大

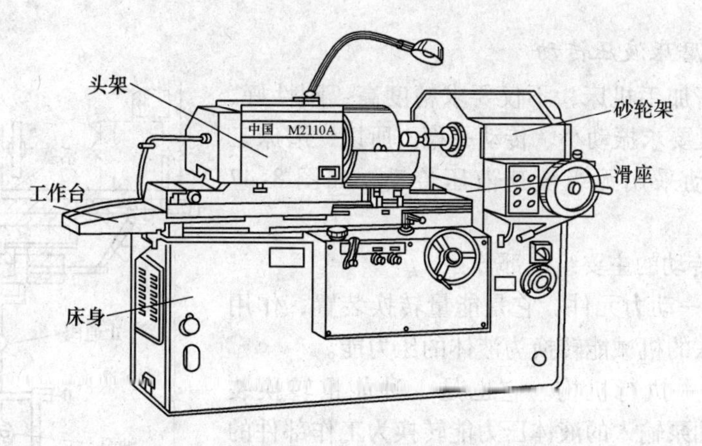

图 8-45　M2110 内圆磨床

磨削直径是100mm。

图 8-46 是 M7120A 平面磨床。主要是用来磨削工件的平面，磨床工作台宽度为200mm。

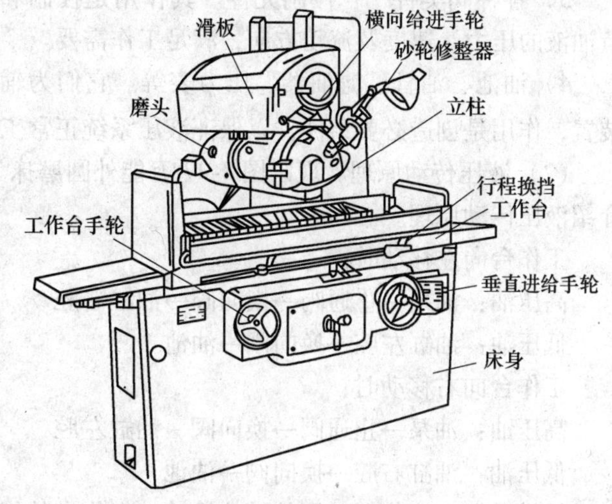

图 8-46　M7120A 平面磨床

8.4.1.2　万能外圆磨床的组成及作用

(1) 床身。用来支承和连接各部件。上部装有纵向导轨和横向导轨，用来安装工作台和砂轮架。工作台可沿床身纵向导轨移动，砂轮架可沿横向导轨移动。床身内部装有液压传动系统。

(2) 工作台。工作台安装在床身的纵向导轨上，由上、下工作台两部分组成。上工作台可绕下工作台的心轴在水平面内调整某一角度来磨削锥面。它由液压驱动，沿着床身的纵向导轨做直线往复运动，使工件实现纵向进给。工作台可以手动，也可自动换向。自动换向由安置在工作台前侧面T形槽内的两个换向挡块进行操纵。

(3) 头架。用于安装工件，其主轴由电动机经变速机构带动做旋转运动，以实现圆周进给运动；主轴前端可以装夹顶尖、拨盘或卡盘，以便装夹工件。头架还可以在水平面内偏转一定的角度。

(4) 砂轮架。它用来安装砂轮，并由单独电动机驱动，砂轮架安装在床身的横向导轨上。可通过手动或液压传动实现横向运动。

(5) 内圆磨头。它装有主轴，主轴上可安装内圆磨削砂轮，由单独电动机带动，用来磨削工件的内圆表面。内圆磨头可绕砂轮架上的销轴翻转，使用时翻下，不用时翻向砂轮架上方。

(6) 尾架。它可在工作台上纵向移动。尾架的套筒内有顶尖，用来支承工件的另一端。扳动杠杆，套筒可伸出或缩进，以便装卸工件。

8.4.1.3 磨床液压传动

磨床是精密加工机床，不仅要求精度高、刚性好、热变形小，而且要求振动小、传动平稳。所以，磨床工作台的往复运动采用无级变速液压传动，如图8-47所示。

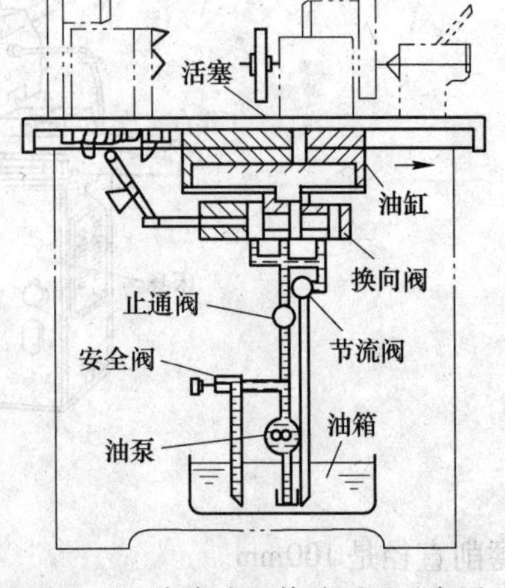

图8-47 磨床液压传动原理示意图

(1) 液压传动的主要组成部分：

1) 油泵——动力元件。它是能量转换装置，作用是将电动机输入的机械能转换为液体的压力能。

2) 油缸——执行机构。它也是一种能量转换装置，作用是把油泵输入的液体压力能转换为工作部件的机械能。

3) 各种阀类件——控制元件。其作用是控制和调节油液的压力、速度及流动方向，满足工作需要。

4) 油池、油管、滤油器、压力表等。它们为辅助装置，作用是创造必要条件，以保证液压系统正常工作。

(2) 液压传动原理。现以图8-47万能外圆磨床工作台液压传动示意图为例，简单地介绍液压传动原理。

工作台向左移动时：

高压油：油泵→止通阀→换向阀→油缸右腔

低压油：油缸左腔→换向阀→油池

工作台向右移动时：

高压油：油泵→止通阀→换向阀→油缸左腔

低压油：油缸右腔→换向阀→油池

操纵手柄由工作台一侧的挡块推动。工作台的行程长度可调整挡块的位置和距离。节流阀用来控制工作台的速度，过量的油可由安全阀排入油池。当止通阀旋转90°时，高层油全部流回油池，工作台停止运动。

8.4.1.4 磨外圆

在安装工件和调整机床后，可按下列步骤进行磨外圆：

(1) 开动磨床，使砂轮和工件转动。将砂轮慢慢靠近工件，直至与工件稍微接触，开放冷却液。

(2) 调整切深后，使工作台纵向进给，进行一次试磨。磨完全长后用分厘长尺检查有无锥度。如有锥度，须转动工作台加以调整。

(3) 进行粗磨。粗磨时，工件每往复一次，切深为0.01~0.025mm。磨削过程中因产生大量的热量，因此须有充分的冷却液冷却，以免工件表面被“烧伤”。

(4) 进行精磨。精磨前往往要修整砂轮。每次切深为0.005~0.015mm。精磨至最后尺寸时，停止砂轮的横向切深，继续使工作台纵向进给几次，直到不发生火花为止。

(5) 检验工件尺寸及表面粗糙度。由于在磨削过程中工件的温度有所提高，因此测量时应考虑膨胀对尺寸的影响。

8.4.2 砂轮

8.4.2.1 砂轮的组成

砂轮是磨削的切削工具。它是由许多细小而坚硬的磨粒用结合剂黏结而成的多孔物体。磨粒、结合剂和空隙是构成砂轮的三要素如图 8-48 所示。

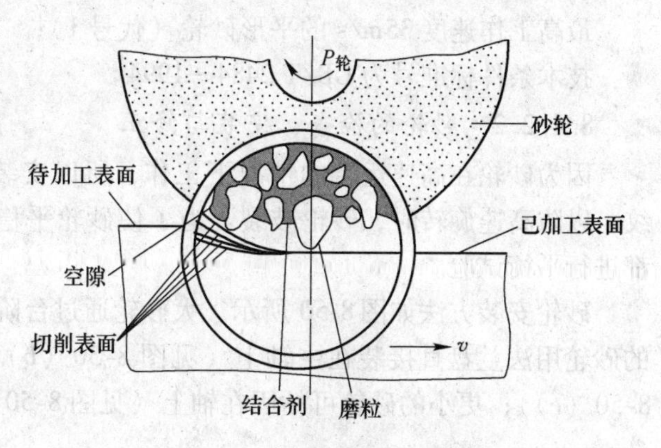

图 8-48 砂轮及磨削示意图

磨粒直接担负着切削工作。磨削时，它要在高温下经受剧烈的摩擦及挤压作用。所以磨粒必须具有很高的硬度、耐热性以及一定的韧性，还要具有锋利的切削刃口。磨粒磨钝后，磨削力也随之增大、致使磨粒破碎或脱落，重新露出锋利的刃口，此特性称为“自锐性”。“自锐性”使磨削在一定时间内能正常进行，但超过一定工作时间后，应进行人工修整，以免磨削力增大引起振动、噪声及损伤工件表面质量。常用的磨料有两类：

（1）刚玉类。主要成分是 Al_2O_3，其韧性好，适用于磨削钢料及一般刀具。

（2）碳化硅类。碳化硅类的硬度比刚玉类高，磨粒锋利，导热性好，适用于磨削铸铁及硬质合金刀具等脆性材料。

磨粒的大小用粒度表示。粒度号数越大，颗粒越小。一般情况下粗加工及磨削软材料时选用粗磨粒，精加工及磨削脆性材料时，选用细磨粒。一般磨削的常用粒度为 36 ~ 100 目。

磨粒用结合剂可以黏结成各种形状和尺寸的砂轮，如图 8-49 所示，以适应不同表面形状与尺寸的加工。常用的为陶瓷结合剂。磨粒黏结越牢，砂轮的硬度越高。

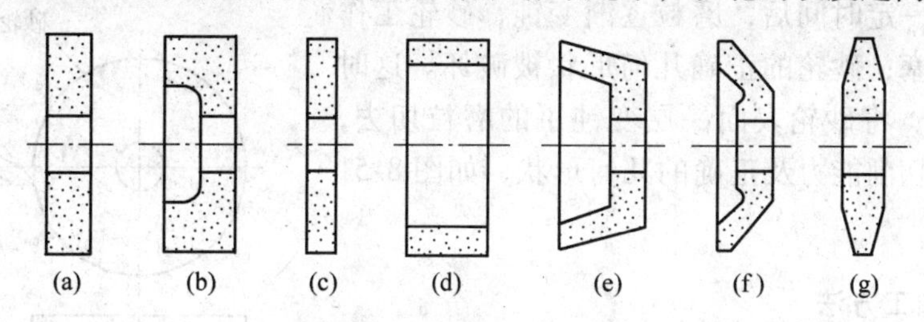

图 8-49 砂轮的形状

（a）平形；（b）单面凹形；（c）薄形；（d）筒形；
（e）碗形；（f）碟形；（g）双斜边形

按国标《普通磨具代号和标记》（GB/T 2484—1994）规定，砂轮标志顺序如下：磨具形状、尺寸、磨料、粒度、硬度、组织、结合剂和最高线速度。如砂轮 1—300 × 50 × 75-A60 L5V－35m/sGB2484。按砂轮技术条件标准规定其标志含义为：

外径 300mm，厚度 50mm，孔径 75mm；

磨料为棕刚玉（代号 A）；

粒度 60；

硬度为 L；

5 号组织，陶瓷结合剂（代号 V）；

最高工作速度 35m/s 的平形砂轮（代号 1）；

技术条件标准号为 GB/T 2484—1994。

8.4.2.2　砂轮的检查、安装与修正

因为砂轮在高速运转的情况下工作，所以安装前要用敲击响声来检查砂轮是否有裂纹，以防高速旋转时，砂轮破裂。为了使砂轮平稳地工作，对于直径大于 125mm 的砂轮都进行平衡试验。

砂轮安装方法如图 8-50 所示。大砂轮通过台阶法兰盘装夹（见图 8-50（a））；不太大的砂轮用法兰盘直接装在主轴上（见图 8-50（b））；小砂轮用螺钉紧固在主轴上（见图 8-50（c））；更小的砂轮可粘固在轴上（见图 8-50（d））。

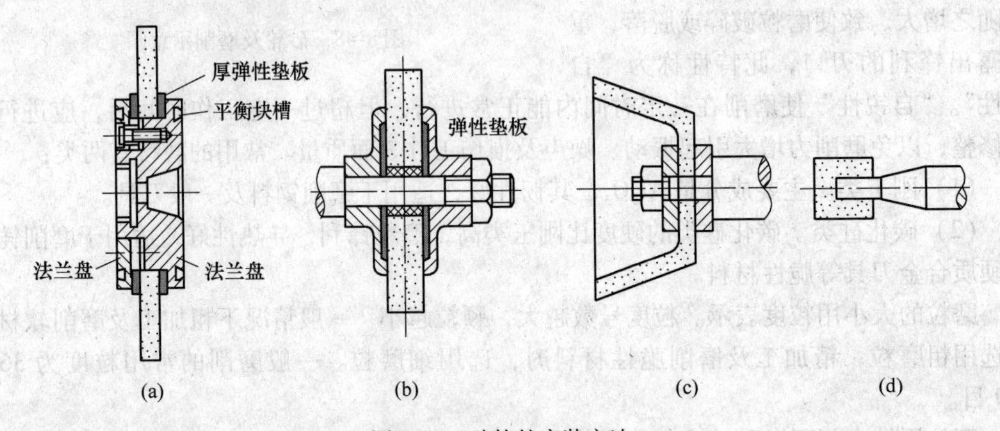

图 8-50　砂轮的安装方法

砂轮工作一定时间后，磨粒逐渐变钝，砂轮工作表面空隙被堵塞；砂轮的正确几何形状被破坏。这时必须进行修整，将砂轮表面一层变钝了的磨粒切去，以恢复砂轮的切削能力及正确的几何形状，如图 8-51 所示。

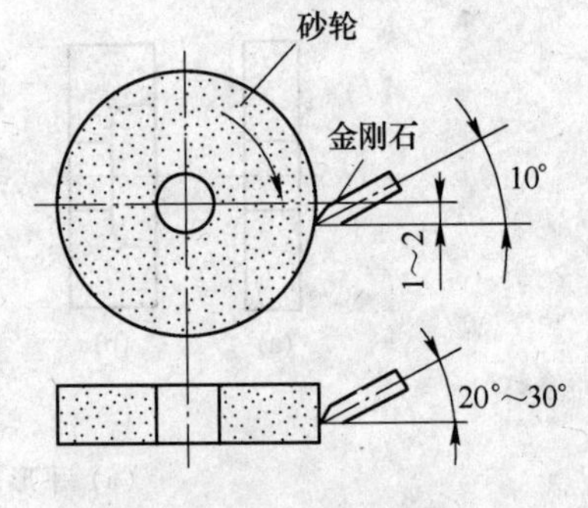

图 8-51　砂轮的修整

8.4.3　磨削加工方法

8.4.3.1　磨外圆

（1）工件的安装。在外圆磨床上，工件一般用前、后顶尖和三爪卡盘或四爪卡盘装卡，卡盘和顶尖装夹。外圆磨削最常用的装夹方法是用前、后顶尖装夹工件，其特点是迅速方便，加工精度高。

1）顶尖安装。在装夹时利用工件两端的中心孔，把工件支承在前、后顶尖上，工件由头架的拨盘和拨杆经夹头带动旋转。磨床采用的顶尖都不随工件一起转动，并且尾座顶尖是靠弹簧推紧力顶紧工件的，这样可以获得较高的加工精度。

由于中心孔的几何形状将直接影响工件的加工质量，因此磨削前应对工件的中心孔进行修研。特别是对经过热处理的工件，必须仔细修研中心孔，以消除中心孔的变形和表面氧化皮等。

2）卡盘安装。端面上没有中心孔的短工件可用三爪或四爪卡盘装夹，装夹方法与车削装夹方法基本相同。

3）心轴安装。盘套类工件常以内圆定位磨削外圆，此时必须采用心轴来装夹工件。心轴可安装在顶尖间，有时也可以直接安装在头架主轴的锥孔里。

（2）磨削方法：

1）纵磨法。一般都采用纵磨法，如图8-52（a）所示。工件旋转做圆周进给运动和纵向进给往复运动，砂轮除作高速旋转运动外，还在工件每纵向行程终了时进行横向进给。常选用的圆周速度为30~35m/s，工件周向进给量为10~30m/min，纵向进给量为工件每转移动砂轮宽度的0.2~0.8倍，横向进给量为工件每次往复移动0.005~0.04mm。这种磨削方法加工质量高，但效率较低。

2）横磨法。磨削粗、短轴的外圆和磨削长度小于砂轮宽度的工件时，常采用横磨法，如图8-52（b）所示。横磨法磨削时，工件不需做纵向进给运动，而砂轮做高速旋转运动和连续或断续地做横向进给运动。

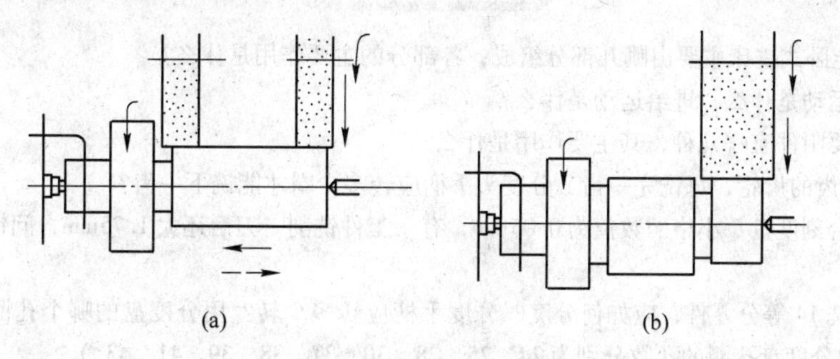

图8-52 外圆磨削方法
（a）纵磨法；（b）横磨法

8.4.3.2 平面磨削

（1）工件安装。目前磁性夹具普遍用于平面磨削，但在轴承、双端面、卡爪磨床上也常采用，它用于送料及夹持工件。这种磁性夹具的特点是装卸工件迅速，操作方便，通用性好。磁性夹具有两类：一类叫电磁吸盘，一类叫永磁吸盘。电磁吸盘用来装卡各种导磁材料工件，如钢、铸铁类等。

工件的夹持是通过面板吸附于电磁吸盘上，当线圈中通有直流电时，面板与盘体形成磁极产生磁通，此时将工件放在面板上，一端紧靠定位面，使磁通成封闭回路，将工件吸住。工件加工完后，只要将电磁吸盘激磁线圈的电源切断，即可卸下工件。

（2）磨削方式。平面磨削时，砂轮高速旋转为主运动；工件随工作台做往复直线进给运动或圆周进给运动，如图8-53所示。按砂轮工作的表面可分为周磨和端磨。

1）周磨是用砂轮的圆周面磨削平面，如图8-53（a）、（b）所示。周磨平面时，砂轮与工件的接触面积很小，排屑和冷却条件均较好，所以工件不易产生热变形。而且因砂轮圆周表面的磨粒磨损较均匀，故加工质量较高，此法适用于精磨。

2）端磨是用砂轮的端面磨削工件平面，如图8-53（c）、（d）所示。端磨平面时，砂轮与工件接触面积大，冷却液不易浇注到磨削区内，所以工件热变形大，而且因砂轮端面各点的圆周速度不同，端面磨损不均匀，所以加工精度较低。但因其磨削效率较高，适用于粗磨。

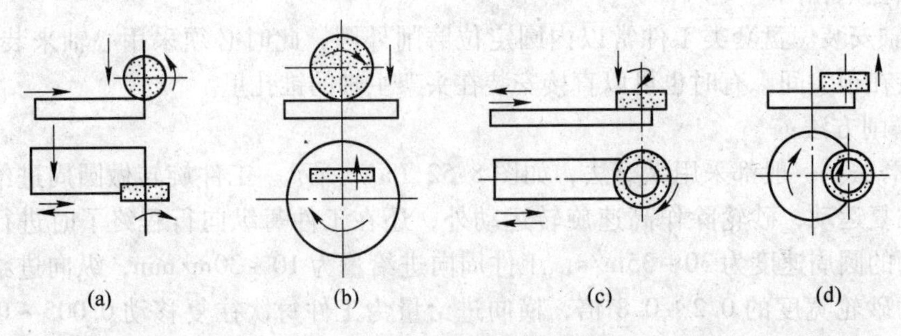

图8-53　平面的磨削方式

复习思考题

8-1　X6132万能卧式铣床主要由哪几部分组成，各部分的主要作用是什么？

8-2　铣床的主运动是什么，进给运动是什么？

8-3　铣床的主要附件有哪几种，其主要作用是什么？

8-4　铣削35个齿的齿轮，每铣完一齿，分度头手柄应转多少圈才能铣下一齿？

8-5　铣床升降台刻度盘每小格的数值为0.05mm，有一工件铣削一刀后还大1.75mm，问铣床工作台应上升多少格？

8-6　在铣床上铣14等分零件，应如何分度？分度手柄应转多少转？用分度盘的哪个孔圈，每次转过多少？（已知分度盘孔圈的孔数分别为24、25、28、30、37、38、39、41、43。）

8-7　刨削时，刀具和工件需做哪些运动？与车削相比，刨削运动有何特点？

8-8　牛头刨床主要由哪几部分组成，各有何功用？刨削前，机床需作哪些调整，如何调整？

8-9　牛头刨床和龙门刨床在应用上有何不同？

8-10　插床和拉床主要用来加工什么表面？

8-11　牛头刨床能加工哪些表面？

8-12　磨削加工的特点是什么？

8-13　磨外圆时，工件和砂轮需做哪些运动，磨削用量如何表示？

8-14　平面磨床由哪几部分组成，各有何作用？

8-15　磨床为什么要采用液压传动，磨床工作台的往复运动如何实现？

8-16　如何选用砂轮？砂轮为什么要进行修整，如何修整？

9 钳　工

9.1 实训内容及要求

A　钳工实训内容

（1）了解钳工工作特点、车间概况及在机器制造和设备维修中的地位。

（2）掌握钳工的各种基本操作，根据零件图能独立加工简单的零件。

（3）初步建立机器生产工艺过程的概念，从读图、零件加工到机器装配、调试，有较完整的认识。

（4）熟练掌握画线、锯割、锉削、钻孔基本操作，会使用加工的工具、量具、夹具和其他附件。

（5）了解钻床的种类、编号、作用、组成和运动。

B　钳工基本技能

（1）掌握钳工常用工具、量具的使用方法。能独立完成钳工作业件。

（2）具有装拆简单部件的技能。

C　钳工安全注意事项

（1）操作前应按规定穿戴好劳动保护用品，女生的发辫必须纳入帽内。

（2）禁止使用有裂纹、带毛刺、手柄松动等不合要求的工具，并严格遵守常用工具安全操作规程。

（3）钻孔、打锤不准戴手套。

（4）清除铁屑必须采用工具，禁止用手拿及用嘴吹。

（5）剔、铲工件时，正面不得有人，在固定的工作台上剔、铲工件前面，应设挡板或铁丝防护网。

（6）摇臂钻床在工作时要锁紧摇臂和主轴箱。台钻停机变换主轴转速时，要注意安全，防止皮带和带轮挤伤手指。

9.2 钳工简介

钳工是手持工具对工件进行加工的方法。加工时，工件一般是被夹紧在钳工工作台上，然后用手持工具对工件进行加工。其基本操作有划线、錾削、锯削、钻孔、铰孔、攻螺纹、套螺纹、刮削及研磨等，钳工的工作还包括对机器的修理、装配和调试等。

钳工工具简单、操作方便灵活、可以加工机械加工不方便或难以加工的工作。钳工生产率低，劳动强度大，要求工人技术水平高。但是在机械制造和修配行业仍然被广泛应用，是不可缺少的工种之一。

钳工的应用范围主要有：

（1）机械加工前的准备工作，如毛坯面的清理，工件的划线。

（2）加工生产中需要的单件小批的零件。

（3）加工制造一些要求较高的机械零件。如样板、刮削和研磨零件的配合面。

（4）零件在装配前进行的钻孔、铰孔、攻螺纹和套螺纹，以及装配时对零件的修整等。

（5）机械产品的组装、调试、试车。以及对设备的维修等。

随着切削加工技术的迅速发展，为了减轻工人的劳动强度，提高生产率和产品质量，钳工工具及其工艺也在不断的进步，并且不断地实现机械化和半机械化。

9.3 划 线

根据图纸要求，在毛坯或半成品上划出加工的界线，这种操作称为划线。

9.3.1 划线的作用及种类

9.3.1.1 划线的作用

（1）确定工件各表面的加工余量，确定孔的位置，使机械加工有明确的尺寸界线；

（2）通过划线能及时发现和处理不合格的毛坯，避免加工以后造成损失；

（3）采用借料划线可以使误差不大的毛坯得到补救，以提高毛坯的合格率；

（4）便于复杂工件在机床上安装，可以按划线找正定位，以便进行机械加工。

划线是机械加工的重要工序之一，广泛地应用于单件和小批量生产中。

9.3.1.2 划线的种类

按工件形状不同可分为两种：

（1）平面划线。它是在工件的一个表面上划线，即能明确表示加工界线，称为平面划线，如图9-1所示。如在板料、条料表面划线，在法兰盘端面上划钻孔加工线等都属于平面划线。

（2）立体划线。它是在工件的几个表面上亦即在长、宽、高三个方向上划线，如图9-2所示。这种划线比较复杂，如支架、箱体等表面的加工线都属于立体划线。

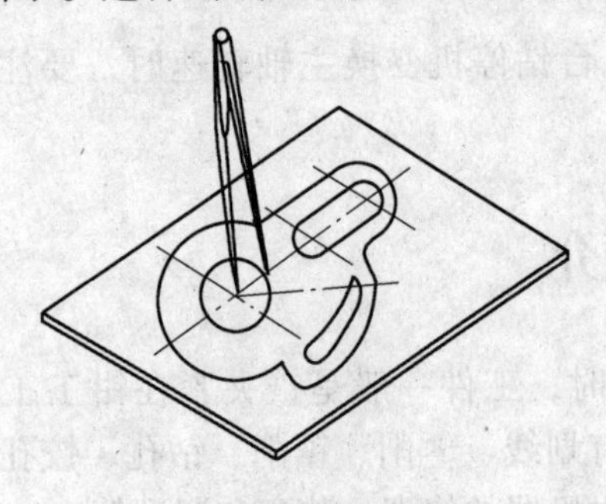

图9-1 平面划线

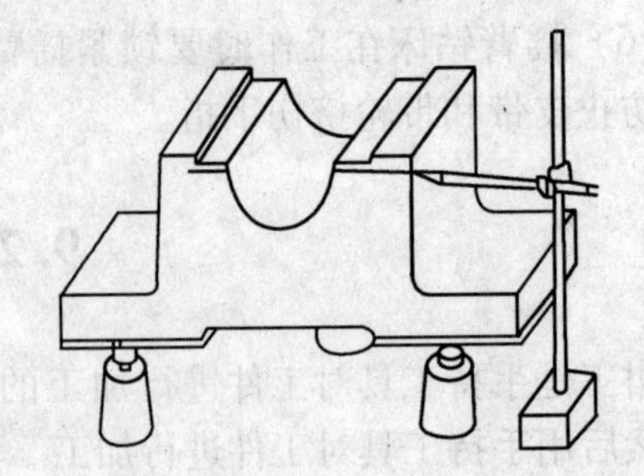

图9-2 立体划线

9.3.2 划线的工具及使用

（1）基准工具。划线的基准工具是平板，又称平台。它用铸铁制成，并经时效处理。

其作为工作表面的上平面经过精刨或刮削，非常平直、光洁，是划线的基准平面。

小型划线平板一般放在钳工工作台上，中型、大型平板应用支架安置。平板安置要牢固，工作表面应处于水平状态以便稳定地支承工件。

(2) 支承工具。常用的支承工具有方箱、V 型铁、千斤顶、角铁和垫铁等。

1）方箱。它是一个用铸铁制成的空心立方体。其上部有 V 形槽和夹紧装置。V 形槽用来安装轴、套筒等圆形工件，以便找中心或中心线。夹紧装置可把工件夹牢在方箱上，通过翻转方箱，便可在工件表面上划出互相垂直的线来。

2）V 形铁。它是用来安放圆形工件（轴、套筒等）的工具。使用时将圆形工件放在 V 形槽内，使它的轴线与平台平行，便于用划针盘对它找出中心或中心线。

3）千斤顶。在较大的工件上划线时，不适合用方箱和 V 形铁装夹时，一般采用三个千斤顶来支承工件，其高度可以调整，便于找正。

4）角铁。它由铸铁制成，有两个经过精加工互相垂直的平面。角铁常与夹头、压板配合起来使用，以夹持工件进行划线。

5）垫铁。有平垫铁和斜垫铁两种，每副有两或三块，主要用来支持垫平和升高工件。

(3) 划线工具：

1）划针。它是在工件上直接划出加工线条的工具。

2）划卡。它是单脚规，主要用来确定轴和孔的中心位置。

3）划针盘（见图 9-3（a））。划针盘是在工件上进行立体划线和找正工件位置时常用的工具。使用时，根据需要调节划针的高度，并在平板上移动划针盘，即可在工件表面上划出与平板平行的线，用弯头端对工件的安放位置进行找正。用划针盘在刨床、车床上校正工件的位置也较方便。

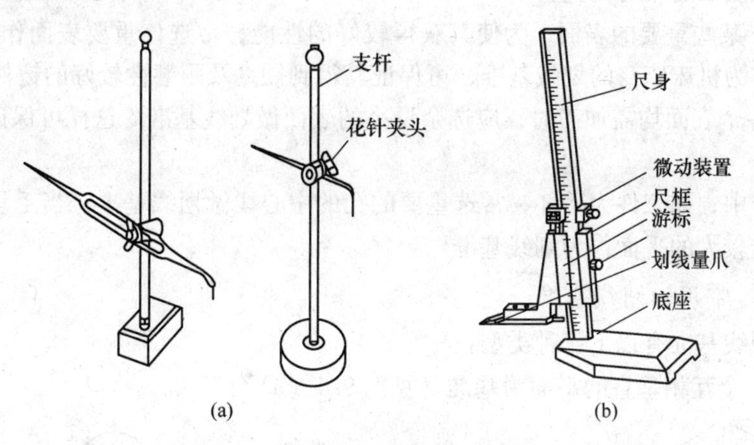

图 9-3　划针盘及高度游标尺的应用

（a）划针盘；（b）高度游标尺

4）划规。是平面划线的主要工具，主要用于划圆或圆弧、等分线段或角度，以及量取尺寸。

5）样冲。是在工件所划线上冲小眼用的工具。样冲冲眼的目的是使所划的线模糊后仍能找到原线的位置。样冲眼也可作为划圆弧和钻孔时的定位孔用。

6）高度游标尺（见图 9-3（b））。高度游标尺是高度尺和划针盘的组合。它是精密工具，不允许用它划毛坯，只能在半成品（光坯）上划线。

（4）量具。划线时常用的量具有钢尺、高度尺、直角尺、高度游标尺等。

9.3.3 划线前的准备工作

（1）工件清理。铸件上的浇口、冒口、坡缝、粘在表面上的型砂要清除。铸件上的飞边、氧化皮要去掉（需划线的表面上）。对中小毛坯件可用滚筒、喷砂或酸洗来清理。对半成品划线前要把毛刺修掉，油污擦净，否则涂料不牢划出的线条不准确、不清晰。

（2）工件涂色。为了使划线清晰，工件划线都应涂色。铸件和锻件毛坯上涂石灰水，也可涂以粉笔。钢、铸铁半成品（光坯）上，一般涂蓝油，也可以用硫酸铜溶液。铝、铜等有色金属光坯上，一般涂蓝油，也有涂墨汁的。

（3）找孔的中心。首先要填中心塞块，以便于用圆规划圆。常用的中心塞块是木块。木块钉上铜皮或白铁皮，塞块要塞得紧，保证打样冲眼时不会松动。

9.3.4 划线基准的选择

在划线时，用来确定工件几何形状各部分相对位置的面或线，就是划线基准。

9.3.4.1 划线基准选择原则

（1）以设计基准为划线基准。

（2）当工件上有已加工表面时，应尽可能以此作为划线基准。这样，易保证待加工表面与已加工表面的尺寸精度和位置精度。

（3）对于具有不加工表面的工件，一般应选不加工表面为划线基准。这样能保证加工表面与不加工表面的相对位置要求。

（4）对于某些重要的表面，为使其获得较好的性能，常选该重要表面作为划线基准，如选导轨面作为机床床身的划线基准，可保证其得到硬度及耐磨性较好的铸件表层表面。

（5）当各个表面均需加工时，应选余量小的表面做划线基准。这样可保证各表面都有足够的余量。

实际操作中，如工件为毛坯，常选重要的孔的中心线做划线基准；当毛坯上没有重要孔时，则应选较大的平面作为划线基准。

9.3.4.2 常用的划线基准

常用的划线基准有以下三种类型：

（1）以两个互相垂直的平面为基准（见图9-4（a））；

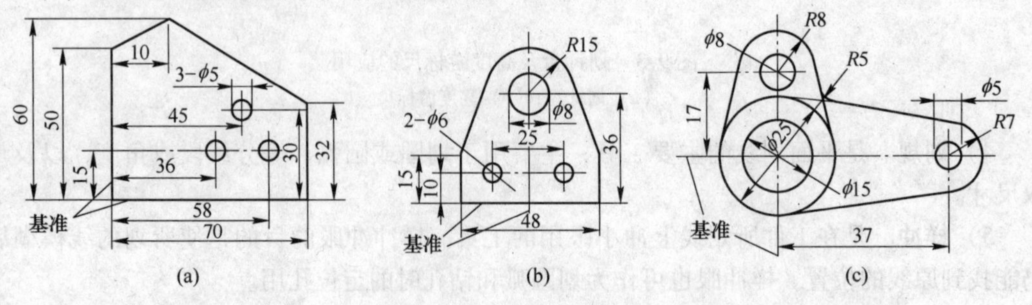

图9-4 划线基准类型

（a）互相垂直的平面为基准；（b）平面与中心平面为基准；（c）互相垂直的中心平面为基准

（2）以一个平面和一个中心平面为基准（见图9-4（b））；

（3）以两个互相垂直的中心平面为基准（见图9-4（c））。

由于划线时在工件的每一个方向都要有一个基准，因此，平面划线一般应选用两个划线基准，立体划线一般应选用三个划线基准。

9.3.5 划线的方法与步骤

根据零件的形状不同，其划线方法、步骤也不相同。相同零件，也可以采用不同的划线方法。平面划线与几何作图相似。立体划线的方法有直接翻转法和用角铁划线法两种。

9.3.5.1 划线的步骤

（1）看清图纸及其尺寸，详细了解需要划线的部位，明确工件及其划线的有关部分的作用和要求，了解有关加工工艺；

（2）确定加工基准，初步检查毛坯误差情况；

（3）正确安放工件和选用划线工具；

（4）对工件进行涂色，准备划线；

（5）详细检查划线的准确性及是否有漏划的线条，在线条上用样冲冲眼。

9.3.5.2 立体划线方法

用直接翻转法对毛坯件进行立体划线，它的优点是能够对零件进行全面检查，并能在任意平面上划线；其缺点是工作效率低，劳动强度大，调整找正困难。现以轴承座（见图9-5）为例进行划线，其步骤如下：

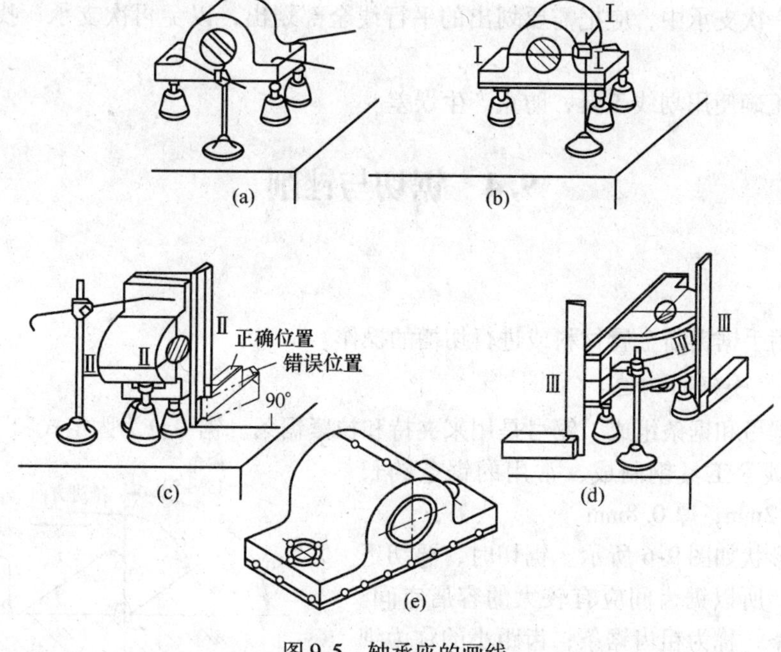

图9-5 轴承座的画线

（1）确定划线基准。首先研究图纸、检查毛坯是否合格，确定划线基准和安装方法。该轴承座需要划线的部位有两个端面、底面、$\phi40$ 内孔、两个 $\phi10$ 的螺钉孔。轴承座内孔是重要的表面，划线基准应选在孔的中心上，这样能保证孔壁均匀。此零件需划线的尺寸分布在三个方向上，有三条基准线。因此，零件需要安放三次，才能完成划线。

(2) 清理毛坯。去掉毛坯疤痕和毛刺等，在划线部分涂上涂料（铸件和锻件用大白浆，已加工面用硫酸铜溶液），用铅块或木块堵孔，以定孔的中心位置。

(3) 找正和划线。用三个千斤顶支承轴承座底面，根据孔中心及上表面，调整千斤顶高度，用划针盘找正，将两端孔中心初步调到同一高度，并使底面尽量达到水平位置，如图 9-5（a）所示。

以 R40 外轮廓线为找正基准求出中心兼顾轴承座内孔 ϕ40 四周是否有足够的加工余量，如果偏心过大，要适当借料，划出基准线Ⅰ—Ⅰ及轴承座底面四周的加工线，如图 9-5（b）所示。

将工件翻转 90°，用三个千斤顶支承并用直角尺找正，使轴承孔两端中心处于同一高度，同时用直角尺将底面加工线调整到垂直位置，划出与底面加工线垂直的另一基准线Ⅱ—Ⅱ。然后再划两螺孔的一条中心线，如图 9-5（c）所示。

将工件再翻转 90°，以螺钉孔中心为基准，用直角尺在两个方向找正，划线。试划螺钉孔的中心线Ⅲ—Ⅲ，如有偏差则调整螺钉孔中心位置，直到均匀为止，如图 9-5（d）所示。然后再划出两大端的加工线。

(4) 检查划线与打样冲眼。最后用直角尺划出轴承孔及螺孔圆周的尺寸线，检查所划线是否正确，并打样冲眼，如图 9-5（e）所示。

9.3.5.3 划线操作中应注意的问题

(1) 工件支承要稳定，防止滑倒或移动；

(2) 在一次支承中，应把需要划出的平行线全部划出，以免再次支承、找正、补划，造成误差；

(3) 要正确使用划线工具，防止产生误差。

9.4 锯切与锉削

9.4.1 锯切

锯切是用手锯锯断金属材料或进行切槽的操作。

9.4.1.1 手锯的构造

手锯由锯弓和锯条组成。锯弓是用来夹持和拉紧锯条。锯弓分为固定式和可调式两种。锯条一般由碳素工具钢制成，常用的锯条约长 300mm，宽 12mm，厚 0.8mm。

锯齿的形状如图 9-6 所示。锯切时，要切下较多的锯屑，所以锯齿间应有较大的容屑空间。齿距大的锯条，称为粗齿锯条；齿距小的称为细齿锯条。一般在 25mm 长度内有 14 ~ 18 个齿的为粗齿锯条；有 24 ~ 32 个齿的为细齿锯条。锯条齿距的粗细应根据材料的软硬和材料的厚薄来

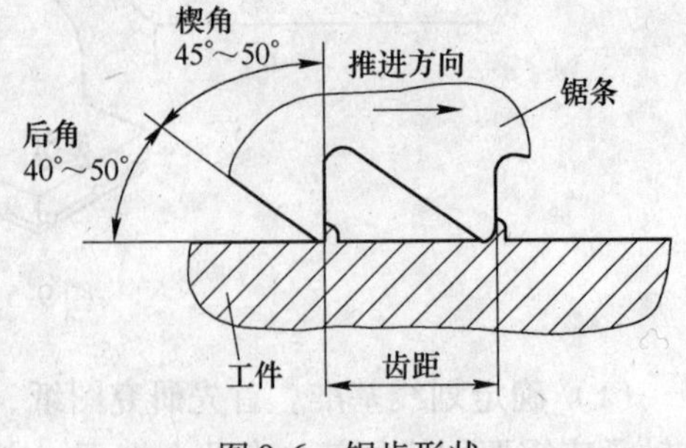

图 9-6 锯齿形状

选择。

（1）锯割软材料或厚材料时应选用粗齿锯条。因为锯割软材料时，锯屑多，要求有较大的容屑空间。如铜、铝、低碳钢、中碳钢、铸铁等。

（2）锯割硬材料或薄材料时应选用细齿锯条。因为锯割硬材料时，锯齿不易切入，锯屑量少，不需要大的容屑空间，同时切削的齿数多，材料容易被切除。如硬钢、管子、薄板料、薄角铁等。

注意在锯割厚度为3mm以下的薄板时，还应使锯条对工件倾斜一定的角度，以免使锯齿崩断。

9.4.1.2 锯切操作

（1）锯条安装时，手锯是在向前推动时进行切削的，锯齿应注意安装方向，不得装反。

（2）工件的夹持不要伸出钳口太长，以免锯割时产生振动。

（3）起锯时右手稳推手柄，起锯角度应稍小于15°，否则易碰落锯齿，再以左手拇指靠住锯条以引其切入。锯弓往复行程要短，用力要轻，速度要慢，锯条要与工件垂直，锯出锯口后，逐渐将锯弓改成水平状态。

在锯割时，锯弓不得左右摆动，前推时均匀加压，返回时从工件上轻轻滑过。锯削速度不宜过快，一般每分钟往复20~40次。锯削时要用锯条的全长，以免锯条中间迅速磨钝。锯钢料时应加机油润滑。

当快锯断时，锯割速度应减慢，压力应减小，以免碰伤手臂。

9.4.1.3 锯切各种工件的方法

（1）锯切棒料。当断面要求较高时，应从起锯开始至结束，始终保持同一方向锯切；当断面要求不高时，可分别从几个方向锯切（即锯到一定深度后转过一定角度再锯），最后一次锯断。

（2）锯切管子。为避免夹扁或夹坏管子表面，薄壁管子应夹持在两V型木衬垫之间。锯切时可视对断面要求不同，采用由一个方向锯到结束或从几个方向锯切的方法进行锯切。

（3）深缝锯切。若锯缝的深度达到锯弓的高度时，锯弓就会碰到工件，因此，须将锯条退出。转过90°，横装在锯弓上，再按原锯缝锯切。此时应注意调整工件的高度，使锯切部位不至于离钳口过高或过低，否则将会因工件的振动而降低锯切质量或损坏锯条。

9.4.2 锉削

锉削是指用锉刀对工件表面进行切削加工，锉掉多余金属的操作方法。它多用于錾削和锯削后对零件进行精加工，其尺寸精度高达0.01mm左右，表面粗糙度 Ra 可达0.8μm。

锉削的应用范围很广，可以锉削内孔、沟槽和各种形状复杂的表面。在现代化生产中，大多数工件表面已经或将被机械加工所代替，但仍有一些不便于用机械加工的场合需要锉削来完成。所以锉削在零件加工和装配修理中，仍有一定的应用。

9.4.2.1 锉刀

锉刀是锉削的主要工具。它由碳素工具钢T13或T12制成，经热处理后切削部分硬度达 60 ~ 64HRC。

锉刀由锉身（即工作部分）和锉柄两部分组成。其各部分名称如图 9-7 所示。其规格以锉刀工作部分长度表示。常用规格有 100mm、150mm、200mm、300mm 等几种。剁出的锉齿形状如图 9-8 所示。

锉刀的齿纹分单纹和双纹两种。双纹锉刀的齿刃是间断的，即在全宽齿刃上有许多分屑槽，使锉屑易碎断，锉刀不易被锉屑堵塞，锉削时也比较省力。

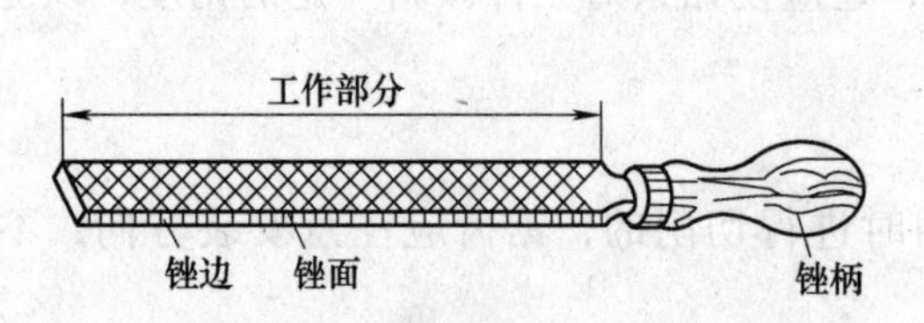

图 9-7　锉刀各部分名称

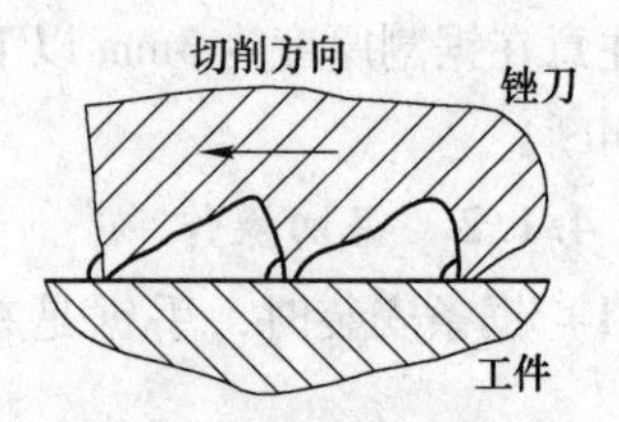

图 9-8　锉齿的形状

锉刀的粗细是按锉刀齿纹的齿距大小来划分的，可分为粗齿锉刀、中齿锉刀、细齿锉刀和油光锉刀。粗齿锉刀齿距为 0.8 ~ 2.3mm，中齿锉刀齿距为 0.42 ~ 0.77mm，细齿锉刀齿距为 0.25 ~ 0.33mm，油光锉刀齿距为 0.16 ~ 0.2mm。通常粗齿锉刀的齿间大、不易堵塞，适于加工余量大、精度要求不高或软材料（如锉铜和铝等金属）的表面；中齿锉刀适于半精加工；细齿锉刀适于加工余量小、精度要求高和粗糙度要求小的表面，如锉钢和铸铁等；油光锉刀适于精加工，用于修光表面。表 9-1 列出了不同规格锉刀常用的加工余量、所能达到的精度和表面粗糙度。

表 9-1　锉刀的选择

锉　刀	适 用 场 合		
	加工余量/mm	尺寸精度/mm	$Ra/\mu m$
粗齿锉刀	0.5 ~ 0.1	0.2 ~ 0.5	50 ~ 12.5
中齿锉刀	0.2 ~ 0.5	0.05 ~ 0.2	6.3 ~ 3.2
细齿锉刀	0.05 ~ 0.2	0.01 ~ 0.05	1.6 ~ 0.8
油光锉刀	0.02 ~ 0.05	0.01	0.8 ~ 0.4

锉刀的种类有：普通锉刀、整形锉刀（又称什锦锉）和特种锉。普通锉刀按其截面形状的不同，可分为平锉、方锉、圆锉、半圆锉、三角锉等，如图 9-9 所示。它适于锉削不同形状的工件。

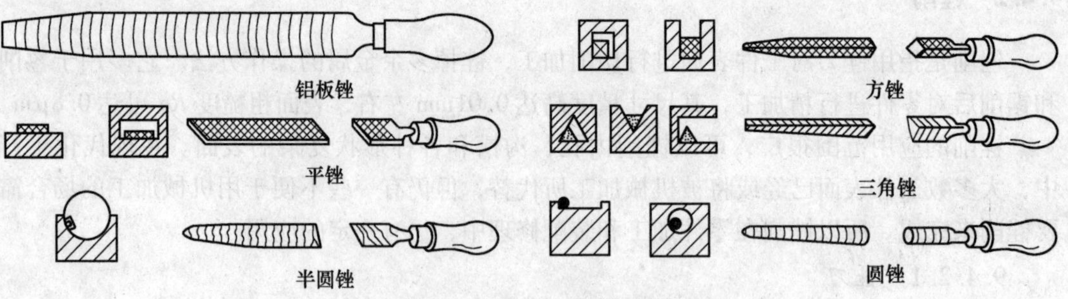

图 9-9　锉刀类型及应用

整形锉刀适于修整工件上细小部位和加工精密工件，如样板、模具等。根据数量的不同，它可由5~12个组成一组。

特种锉适用于加工工件上的特殊表面。

9.4.2.2 锉刀的使用方法

(1) 锉刀的握法。使用大的平锉和小锉刀时，其握法如图9-10所示。主要由右手用力，左手使锉刀保持水平，并引导锉刀水平移动。

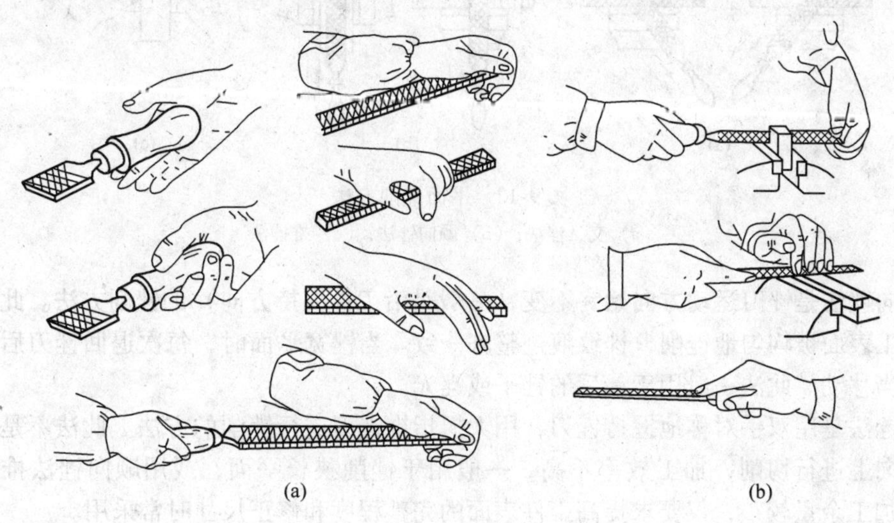

图9-10 握锉方法
(a) 较大锉刀的握法；(b) 小锉刀的握法

(2) 锉削的姿势。锉刀开始前推时（如图9-11所示），身体应一同前进；当锉刀前推至约三分之二时，身体停止前进，两臂则继续将锉刀前推到头；锉刀后退时，两手不加压力，身体逐渐恢复原位，将锉刀收回，如此往复作直线的锉削运动。

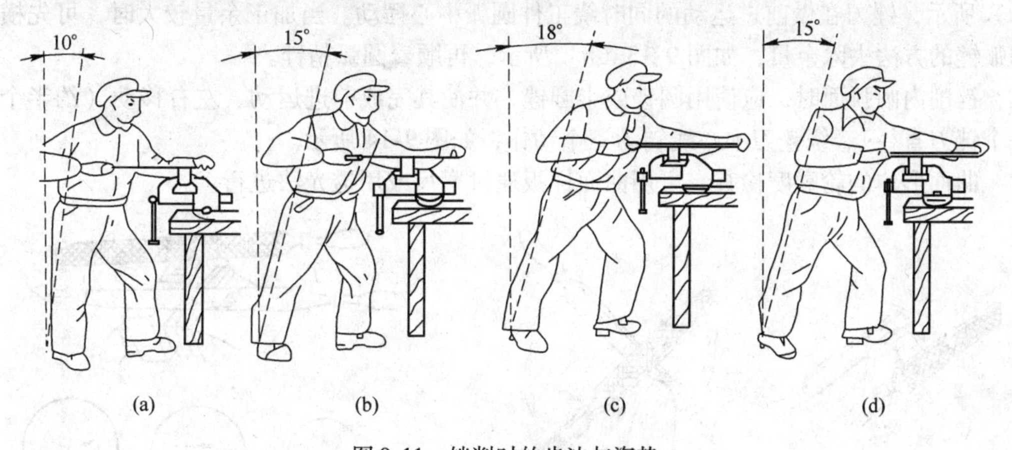

图9-11 锉削时的步法与姿势

9.4.2.3 各种表面的锉削方法及检验

(1) 平面的锉削方法。锉平面可采用交叉锉法、顺向锉法或推锉法，如图9-12所示。交叉锉法是使锉刀运动方向与工件夹持方向约成30°~40°角，先沿一个方向锉一层，然后再转90°左右锉平，且锉纹交叉。此法切削效率高，锉刀容易掌握平稳，且可利用锉痕判断锉削面的凹凸情况，便于不断地修正锉削部位，把平面锉平。交叉锉一般用于加工余量较大的工件。

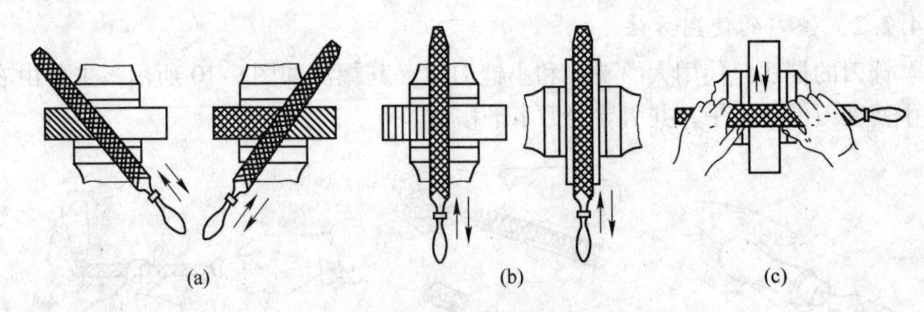

图9-12 平面锉削方法
（a）交叉锉法；（b）顺向锉法；（c）推锉法

顺向锉法是锉刀运动方向始终不变（一般是沿工件夹持方向）的锉削方法。此法能使整个加工表面被均匀地锉削，锉纹痕迹整齐一致。当锉宽平面时，每次退回锉刀后应在横向作适当移动。此法一般用于最后的锉平或锉光。

推锉法是用双手对称地握持锉刀，用大拇指推锉刀进行锉削的方法。此法不是在锉齿切削方向上进行切削，加工效率不高，一般用于锉削狭长平面，或用顺向锉法推进受阻碍，在加工余量较小，仅要求提高工件表面的完整程度和修正尺寸时常采用。

由上可见，粗锉平面时，宜用交叉锉法；当平面基本锉平后，宜用细锉刀或油光锉刀以顺向锉法锉削；当平面已锉平、余量很小时，宜用推锉法提高表面的完整程度和修正尺寸。

平面锉削后，其尺寸可用钢尺或卡尺等检查；其平直度及直角要求可使用有关器具通过看是否透过光线来检查。

（2）曲面的锉削方法。锉削外圆弧面一般用锉刀顺着圆弧面锉削的方法，如图9-13（a）所示，锉刀在做前进运动的同时绕工件圆弧中心摆动。当加工余量较大时，可先横着圆弧锉的方法去除余量，如图9-13（b）所示，再顺着圆弧精锉。

锉削内圆弧面时，应使用圆锉或半圆锉，并使其完成前进运动、左右移动（约半个至一个锉刀直径）、绕锉刀中心线转动三个动作，如图9-14所示。

曲面形体的轮廓度检查，可用曲面样板通过塞尺或用透光法进行。

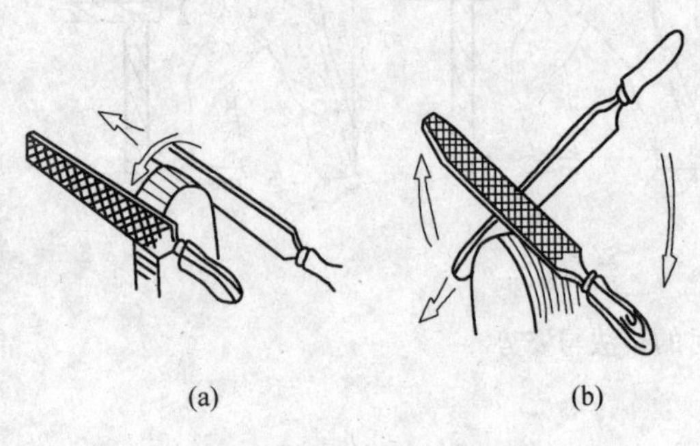

图9-13 外圆弧面的锉削
（a）横锉法；（b）滚锉法

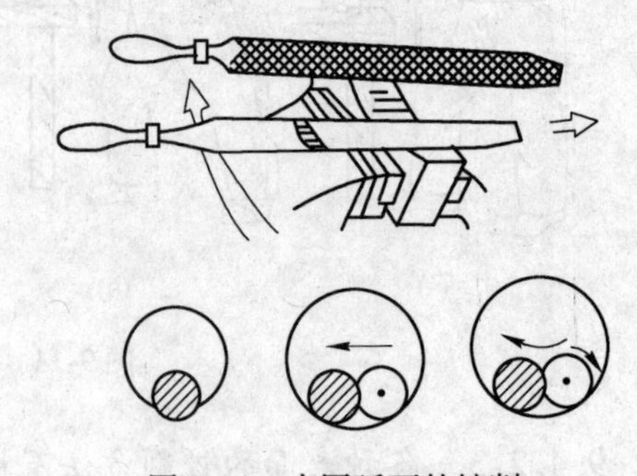

图9-14 内圆弧面的锉削

9.5 攻螺纹和套螺纹

攻螺纹是用丝锥在孔壁上加工内螺纹的操作；套螺纹是用板牙在圆杆上加工外螺纹的操作。

9.5.1 攻螺纹

9.5.1.1 丝锥和铰杠

丝锥是一种加工内螺纹的标准刀具，其构造如图 9-15 所示。

丝锥的方头用来装铰杠（机用丝锥用专门的辅助工具装夹在机床上），以传递力矩。丝锥的工作部分包括切削部分和校准部分。切削部分担负主要切削工作；校准部分起引导丝锥和校准螺纹牙形的作用。切削部分的牙齿不完整且逐渐升高；校准部分具有完整的齿形，校准已切出的螺纹，并引导丝锥沿轴向移动。工作部分开有 3～4 个容屑槽，以形成切削刃，排除切屑。

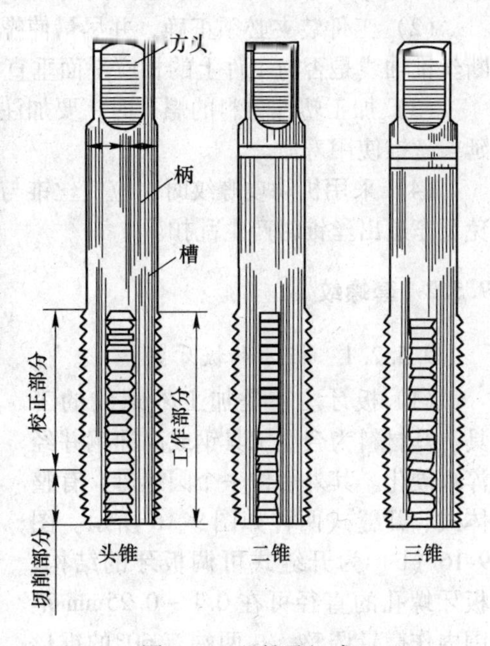

图 9-15 丝锥及组成

通常 M6～M24 的丝锥由两支组成一套，M6 以下及 M24 以上的丝锥由三支组成一套，分别称为头锥、二锥和三锥，依次使用。这样可合理地分配丝锥上的切削力，提高丝锥耐用度。一套中的每一支丝锥，其切削部分的锥度大小不同。细牙丝锥不论大小都为一套两支。

铰杠是手工攻螺纹时转动丝锥的工具，有固定式和活动式（可调试）两种，常用的是活动式铰杠。

9.5.1.2 攻螺纹方法

（1）钻孔。攻螺纹前需要钻孔。用丝锥攻螺纹主要是切削金属，但也有挤压金属的作用。被挤压出来的材料嵌到丝锥的牙间，甚至接触到丝锥内径把丝锥挤住。工件是韧性材料时，这种现象比较明显，所以钻孔直径一定要大于螺孔规定的内径尺寸。

考虑到攻螺纹时丝锥牙对工件金属的挤压作用；也考虑到钻孔的扩张量，加工韧性金属（钢、黄铜等）时，钻头直径 $d = d_0 - 1.1t$；加工脆性材料（铸铁、青铜等）时，钻头直径 $d = d_0 - 1.2t$。其中，t 为螺距（mm），d_0 为螺纹外径（mm）。

在盲孔（不通孔）里攻螺纹时，由于丝锥起切削作用的部分，不能切制出完整的螺纹，所以钻孔深度至少要等于需要的螺纹长度加上丝锥切削部分的长度（这段长度大约等于螺纹外径 d_0 的 0.7 倍）。

（2）用头锥攻螺纹。开始时，必须将丝锥铅垂地放在工件孔内（可用直角尺在互相垂直的两个方向检查），然后，用铰杠轻压旋入。当丝锥的切削部分已经切入工件，即可只转动，不加压。每转一周应反转 1/4 周，以便断屑。

（3）二攻和三攻。先把丝锥放入孔内，旋入几扣后，再用铰杠转动。旋转铰杠时不需加压。

（4）攻螺纹时，使用润滑油以减少摩擦，降低螺纹的粗糙度，延长丝锥的寿命。攻铸铁一般不用润滑油。

9.5.1.3 攻螺纹注意事项

（1）螺纹底孔的孔口要倒角（通孔螺纹两端均要倒角），以方便丝锥切入，并可防止孔口的螺纹牙崩裂或出现毛边。倒角尺寸一般为（1～1.5）螺距 $P\times45°$。

（2）工件装夹必须正确，并尽量使螺孔轴线处于铅垂或水平位置，以方便攻螺纹时判断丝锥轴线是否与工件上的相应平面垂直。

（3）加工塑性材料的螺孔时，要加注切削液进行冷却和润滑，以提高螺孔加工质量，延长丝锥使用寿命。

（4）采用机动攻螺纹时，应使丝锥与螺纹孔同轴；丝锥的校准部分不能全部出头，以免反车退出丝锥时产生乱扣。

9.5.2 套螺纹

9.5.2.1 板牙和板牙架

（1）板牙。它是加工外螺纹的工具。其材料为合金工具钢或高速钢并经淬火硬化。其外形像一个圆螺母，有整体式、开缝式两种如图 9-16 所示。图 9-16（b）为开缝式可调板牙的结构，板牙螺孔的直径可在 0.1～0.25mm 范围内作微量调整，孔两端有 60°的锥形角，是板牙的切削部分，中间是校准部分，也叫定径部分，起修光作用。用于 M12 以上的螺纹套丝，分两次逐渐套成，较为省力。

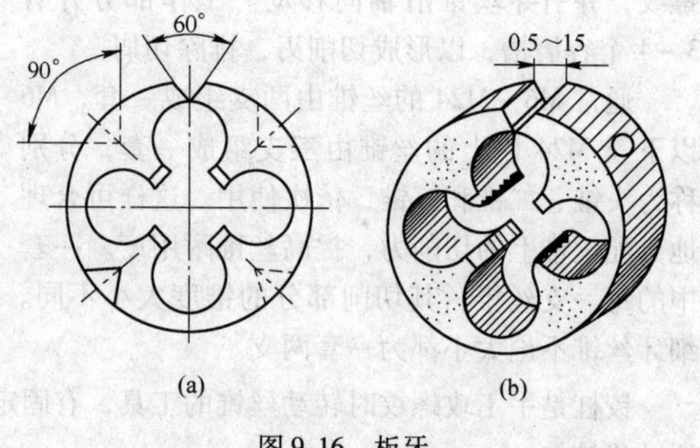

图 9-16 板牙

（a）整体式；（b）开缝式

（2）板牙架是夹持板牙并带动它转动的工具。

9.5.2.2 套螺纹方法

（1）套螺纹前圆杆直径的确定。套螺纹前圆杆直径的大小一定要合适，如果直径太大，套螺纹困难；如果直径太小，套出的螺纹牙型不完整。圆杆直径可查有关手册或按下面经验公式计算：

$$\text{圆杆直径 } d_0 = \text{外螺纹大径 } d - 0.13P\ (\text{螺距})$$

（2）圆杆端部倒角。圆杆端部必须倒角，以使板牙容易套入。

9.5.2.3 套螺纹注意事项

（1）套螺纹时，板牙端面须与圆杆轴线垂直，以免套出的螺纹一面深一面浅。

（2）板牙开始切入工件时，转动要慢，压力要大；套入 3～4 扣后就只需转动，不必加压，否则会损坏螺纹和板牙。为了断屑和排屑，与攻螺纹一样，也应经常反转板牙。

(3) 由于套螺纹时切削力矩大，因此圆杆必须夹紧。

(4) 在钢件上套螺纹，应加注润滑油进行冷却、润滑，以提高螺纹的表面质量，延长板牙使用寿命。

9.6 孔 加 工

在各种机器上，孔的应用十分广泛，而孔加工主要是指在钻床上钻孔、扩孔、铰孔、锪孔、锪凸台及镗床上镗孔等。

9.6.1 钻床及加工过程

9.6.1.1 钻床

钻床是一种最通用的孔加工机床。常用的钻床有台式钻床、立式钻床和摇臂钻床。

(1) 台式钻床。台式钻床简称台钻。其结构如图9-17所示。这是一种放在台桌上使用的小型钻床，其钻孔直径一般在12mm以下，最小可以加工小于1mm的孔。

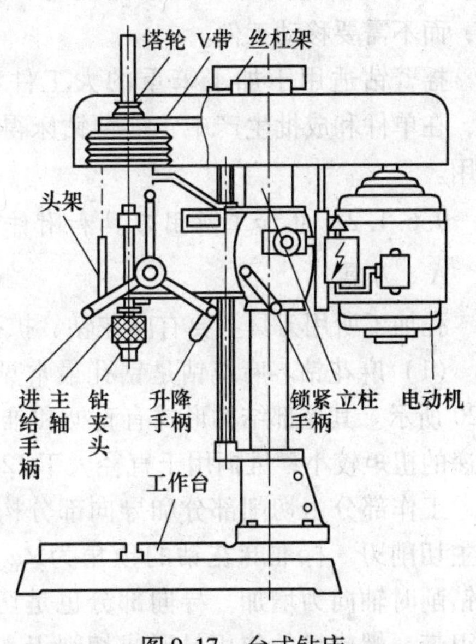

图9-17 台式钻床

台钻主要由机座（工作台）、立柱、主轴架、主轴等部分构成。机座（又称工作台，有的台钻另配有单独的工作台）是支持其他部分的部件（没有单独的工作台时，用它装夹工件）。立柱是支持主轴架的，也是调节主轴架高度的导轨。主轴架的前端是主轴，后端是电动机，电动机的运动由三角皮带传动给主轴。主轴用来带动刀具转动，其下端有供安装工具用的锥孔，其转速可通过改变三角胶带在带轮上的位置来调节。主轴的进给运动是靠手动完成的。

台钻结构简单、小巧灵活、使用方便，主要用于加工小型零件上的各种小孔，在仪表制造、钳工工作中应用广泛。

(2) 立式钻床。立式钻床简称立钻。其构造如图9-18所示。立钻规格以最大钻孔直径表示，常用的有25mm、35mm、40mm、50mm等几种。

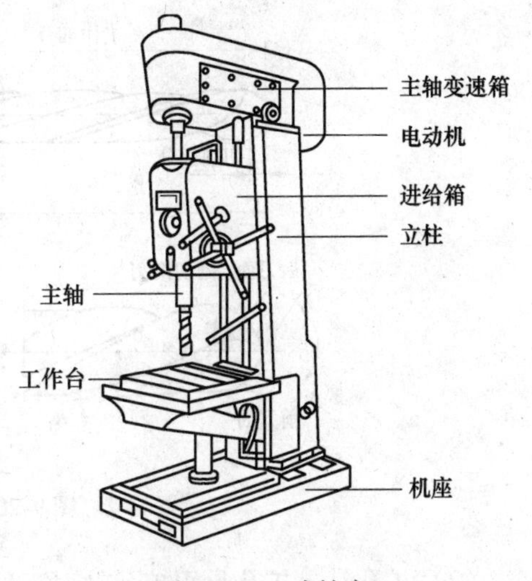

图9-18 立式钻床

立钻由机座、工作台、主轴、进给箱、电动机、主轴变速箱、立柱组成。电动机的运动经主轴变速箱传给主轴，使主轴带动刀具以所需的各种转速旋转。主轴向下进给既可手动，又可自动。为适应各种尺寸工件的加工需要，进给箱和工作台可沿立柱导轨上下移动。

立钻的加工孔径较台钻大，可自动进给。但立钻的主轴位置是固定的，因此，在加工完一个孔后，必须移动工件，才能再加工另一个孔，这就限制了被加工工件的尺寸。因此，立钻主要用于加工中小型工件上的孔。

（3）摇臂钻床。摇臂钻床的构造如图 9-19 所示。它由机座、工作台、立柱、摇臂、主轴箱、主轴等组成 。其主轴箱装在摇臂上，可沿摇臂作横向移动。摇臂既可绕立柱旋转，同时也可沿立柱垂直移动，因此，使用时可以很方便地调整刀具的位置，而不需要移动工件。

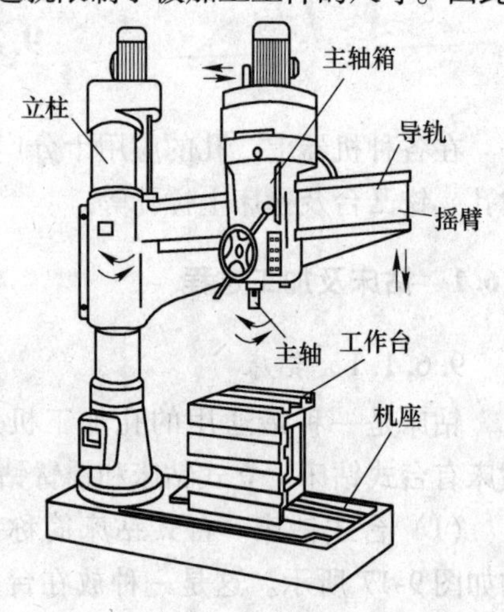

图 9-19 摇臂钻床

摇臂钻适用于加工笨重的大工件和多孔的工件，在单件和成批生产中，摇臂钻床得到了广泛的应用。

9.6.1.2 孔加工所用刀具和附件

A 刀具

孔加工所用刀具主要有麻花钻、扩孔钻和铰刀。

（1）麻花钻。麻花钻是钻孔最常见的刀具，它由尾部、颈部和工作部分组成，如图 9-20 所示。其尾部结构形式有直柄和锥柄两种。直柄一般用于直径小于 12mm 的钻头，其传递的扭矩较小；锥柄用于直径大于 12mm 的钻头，它可传递较大的扭矩。

工作部分由切削部分和导向部分构成。切削部分起主要切削作用，它包含两个对称的主切削刃。标准麻花钻的顶角为 $2\varphi = 116° \sim 118°$。钻头的顶部有横刃，横刃的存在使钻削时轴向力增加。导向部分也是切削部分的后面部分，它有两条对称的螺旋槽和两条刃带。螺旋槽的作用是形成切削刃和向孔外排屑。刃带的作用是减少钻头与孔壁的摩擦和导向。

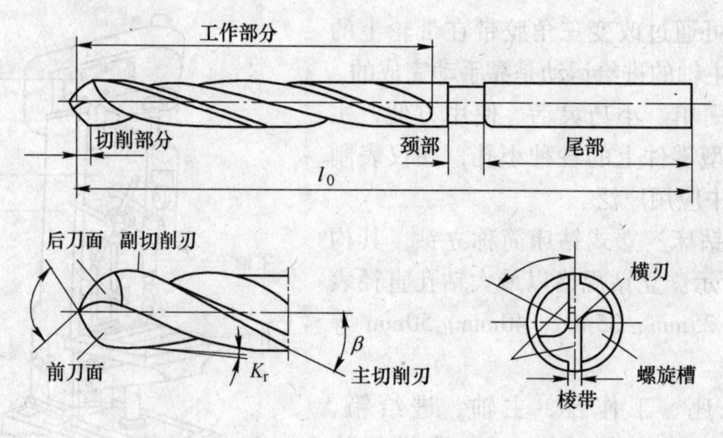

图 9-20 麻花钻的构造

（2）扩孔钻。扩孔是用扩孔钻对工件上已有的孔进行扩大和适当提高孔的加工精度及降低表面粗糙度。扩孔钻的构造如图9-21所示。其形状与麻花钻相似，所不同的是扩孔钻有3~4个切削刃，没有横刃，容屑槽（螺旋槽）较小、较浅。显然，扩孔钻的钻体粗壮，刚性较好。

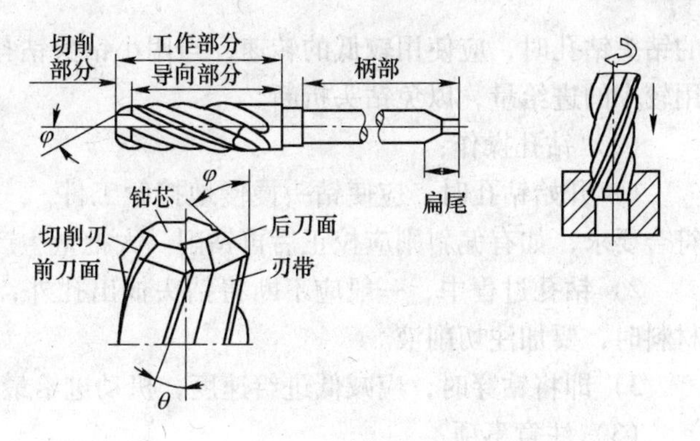

图9-21 扩孔钻及扩孔

（3）铰刀。铰刀是对工件上已有的孔进行半精加工和精加工的一种刀具。其结构如图9-22所示。

铰刀有手用和机用两种。前者尾部为直柄，后者多为锥柄。

铰刀由柄部、颈部和工作部分三部分构成。其工作部分包括切削部分和校准部分。切削部分担负主要的切削工作，其形状为锥形；校准部分起导向、校准和挤光作用，其每个刀齿（一般为6~12个）上均有一个窄棱带（为减少棱带与孔壁间的摩擦，其宽度一般为0.1~0.4mm）。

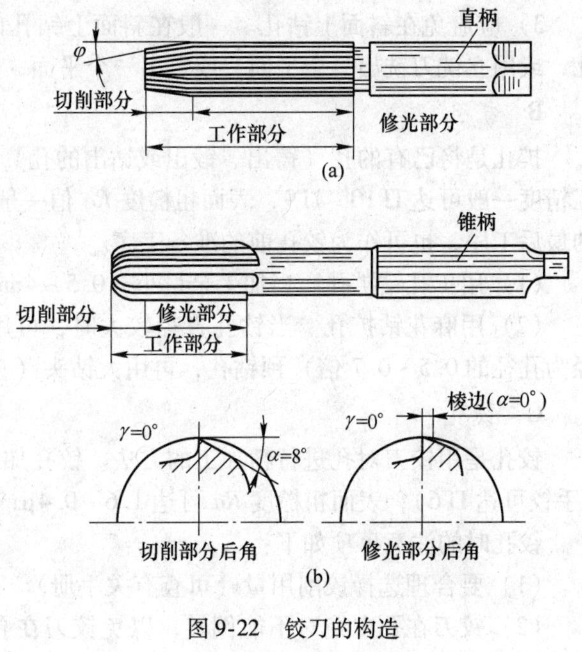

图9-22 铰刀的构造
（a）手铰刀；（b）机铰刀

B 附件

钻床上用于刀具装夹的附件主要有钻夹头、过渡套等。用于工件装夹的附件有台钳、压板螺钉、钻模等。

9.6.1.3 孔加工过程及注意事项

A 钻孔

钻孔是用钻头在实体材料上加工孔的方法。由于钻头刚性差及其结构上的其他缺陷，影响了钻出孔的质量。钻孔的加工精度一般为IT12左右，表面粗糙度Ra值为50~12.5μm。

（1）钻孔前的准备工作：

1）划线、打样冲眼。为避免钻孔时钻头偏离孔中心，应使钻头横刃预先落入样冲眼锥坑中。

2）安装工件。要使工件孔中心线与钻床工作台面垂直，需经仔细校正。夹紧时，要使其均匀受力，安装要稳固。

3）选择和安装钻头。先应根据孔径大小选择钻头，然后将选出的钻头安装到钻床主轴上；锥柄钻头可直接装在主轴的锥孔内（当锥柄尺寸较小时，可用过渡套安装）；直柄钻头用钻夹头安装。

4）选择切削用量与调整机床。切削用量主要取决于工件材料情况。此外，当用较大的钻头钻孔时，应使用较低的转速，当用小钻头钻孔时，则应使用较高的转速，且必须使用较小的进给量，以免钻头折断。

（2）钻孔操作：

1）开始钻孔时，应使钻头慢慢地接触工件，一般试钻一个浅坑，检查钻孔中心是否符合要求，如有偏斜则应校正后再钻削。大批量生产时，常用钻模导向。

2）钻孔过程中，一般应不断将钻头抽出孔外，以便排屑，防止钻头过热。加工韧性材料时，要加注切削液。

3）即将钻穿时，应减低进给速度，机动进给最好改用手动进给，以免折断钻头。

（3）注意事项：

1）直径超过30mm的孔应分两次钻成。

2）钻削较硬材料及较深孔时，应不断将钻头抽出孔外，并应使用切削液。

3）应避免在斜面上钻孔。一般在斜面上钻孔前，要先用小钻头或中心钻钻出一个浅孔，或用立铣刀铣出一个平面，或錾出一个平面，然后再钻孔。

B　扩孔

扩孔是将已有的孔（铸出、锻出或钻出的孔）的直径扩大的一种加工方法。扩孔的加工精度一般可达IT10～IT9，表面粗糙度 *Ra* 值一般为6.3～3.2μm。扩孔既可作为孔加工的最后工序，也可作为铰孔前的准备工序。

（1）用扩孔钻扩孔。当加工余量小（0.5～4mm）时常用这种方法。

（2）用麻花钻扩孔。当钻孔直径较大时，可用这种方法。加工时，先用小钻头（直径为孔径的0.5～0.7倍）预钻孔，再用大钻头（直径与所要求的孔径相适应）扩孔。

C　铰孔

铰孔是用铰刀对孔进行精加工的方法。铰孔加工的质量高，加工精度一般为IT8～IT7（手铰可达IT6），表面粗糙度 *Ra* 可达1.6～0.4μm。铰孔方法有手铰和机铰两种。

铰孔时的注意事项如下：

（1）要合理选择铰削用量（可查有关手册）。

（2）铰刀在孔中绝对不能倒转，以免铰刀在孔壁间挤住切屑，造成孔壁划伤或刀刃崩裂。

（3）机铰时，须将铰刀退出后才能停车，否则易把孔壁拉毛。

（4）铰通孔时，铰刀校准部分不能全部伸出孔外，否则会划坏出口处。

（5）铰钢件时，应经常清除刀刃上的切屑，并加注切削液，以提高孔的表面质量。

9.6.2　镗床及其工作

（1）镗床及镗孔刀具。镗床由床身、立柱、主轴箱、尾架和工作台等部分组成，如图9-23所示。

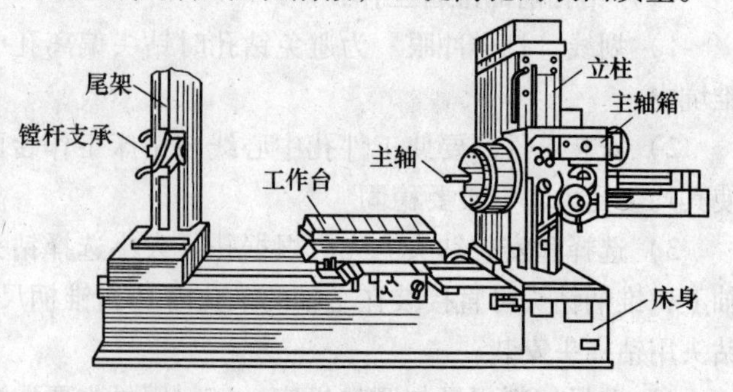

图9-23　卧式镗床

镗床的主轴能做旋转运动。安装工件的工作台可以实现纵向和横向进给运动。有的镗床工作台，还可以回转一定的角度。主轴箱在立柱导轨上升下降时，尾架上的镗杆支承也和主轴箱同时上下。尾架可沿床身导轨水平运动。

镗孔刀具实际是一把内孔车刀（单刃镗刀），如图9-24所示，与车削加工相似，用单刃镗刀镗孔时，孔的尺寸是由操作者保证，不像钻头、扩孔钻、铰刀等加工时的尺寸是由刀具保证的，镗孔刀头装在镗刀杆上，根据镗孔尺寸调节镗刀头在刀杆上径向的位置。单刃镗刀参加切削的刀刃少，因此生产率比扩孔和铰孔低。

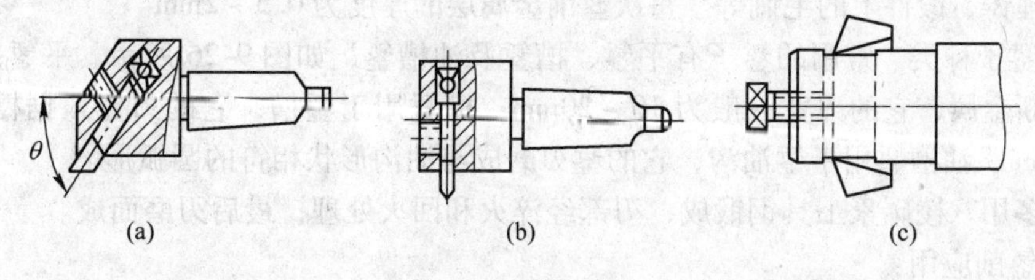

图9-24　镗孔刀具

（2）镗削加工。镗床主要用于加工各种复杂和大型工件上的孔，例如变速箱、发动机气缸体等。这些零件上的孔往往要求相互平行或垂直，同时轴线间距离要求较高，在镗床上加工，可较容易地达到这些要求。镗孔精度可达IT7，表面粗糙度 Ra 为1.6～0.8μm，有时 Ra 可达0.8～0.2μm。此外，它还可用来铣端面、钻孔、攻丝、车外圆和端面等多种工作。

镗短的同轴孔如图9-25（a）所示，用较短的镗刀杆插在主轴锥孔内，从一个方向进行加工，工作台沿轴向作进给运动。镗削轴向距离较大的同轴孔如图9-25（b）所示，用主轴锥孔和后立柱支承镗杆进行加工。刀头装在镗杆上，镗杆做旋转运动，工作台做轴向进给运动。镗削轴向距离较大的同轴孔时，镗好一端的孔后，将工作台回转180°，再镗削另一端的孔，如图9-25（c）所示。这时，两孔的同轴度，由于镗床回转工作台的定位精度较高可以得到保证。

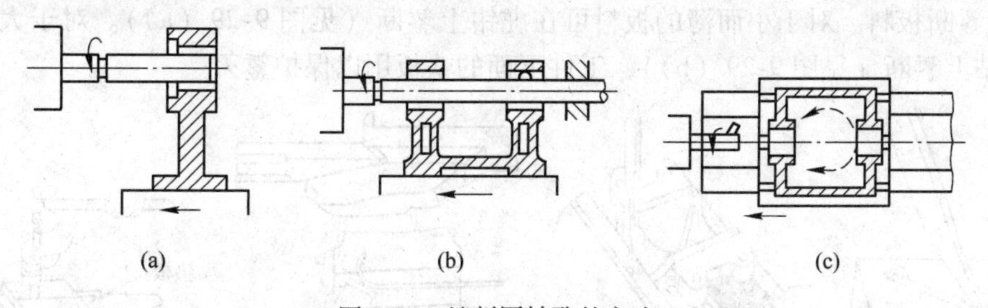

图9-25　镗削同轴孔的方法

在镗互相垂直的孔时，可先加工一个孔，然后将工作台旋转90°，再加工另一个孔。利用回转工作台的定位精度来保证两孔的垂直度。

镗床上还可进行钻孔、扩孔和铰孔加工，刀具装在主轴锥孔中做旋转运动，同时做轴向进给运动或工作台沿刀具轴向进给运动。

在镗床上可用装在主轴上的端铣刀铣端面。将刀具装在刀盘的刀架上可车端面和外圆。车端面时刀具旋转，并完成径向进给运动；车外圆时，刀具只做旋转运动，工作台带着工件完成进给运动。

9.7　錾削与刮削

9.7.1　錾削

錾削是用手锤锤击錾子，对工件进行切削加工的操作。錾削可加工平面、沟槽、切断金属及清理铸、锻件上的毛刺等。每次錾削金属层的厚度为0.5～2mm。

（1）錾子种类。常用的錾子有平錾、槽錾及油槽錾，如图9-26所示。平錾用于錾削平面和錾断金属，它的刃宽一般为10～20mm；槽錾用于錾槽，它的刃宽根据槽宽决定，一般为5mm；油槽錾用于錾油沟，它的錾刃磨成与油沟形状相符的圆弧形。

錾子多用八棱碳素工具钢锻成，刃部经淬火和回火处理，最后刃磨而成。

（2）錾削应用：

1）錾平面。先用槽錾开槽（见图9-27（a）），然后用平錾錾平（见图9-27（b））。

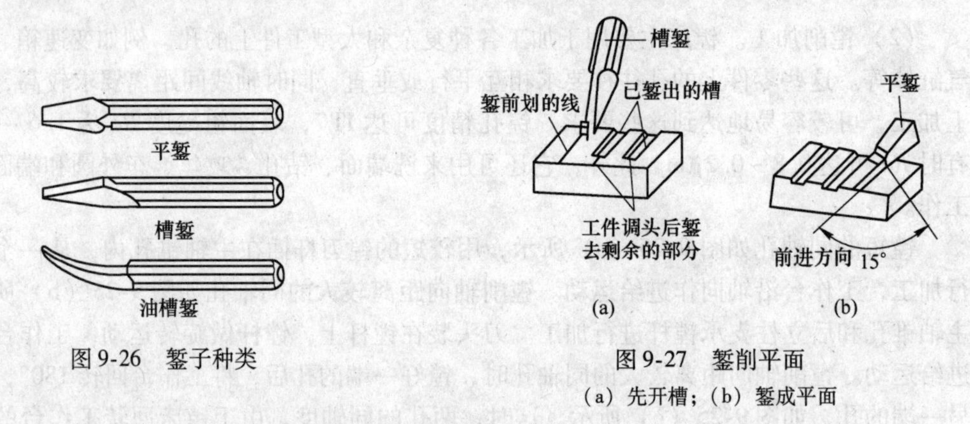

图9-26　錾子种类

图9-27　錾削平面
（a）先开槽；（b）錾成平面

2）錾油槽。在工件上按划线錾油槽（见图9-28）。

3）錾断板料。对于小而薄的板料可在虎钳上錾断（见图9-29（a））。对于大的板料可在铁砧上錾断（见图9-29（b）），工件下面的垫板用以保护錾刃。

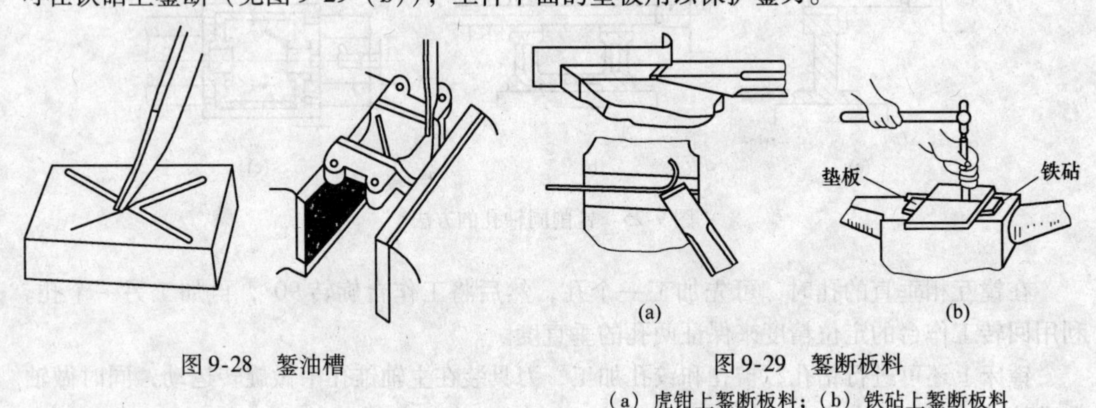

图9-28　錾油槽

图9-29　錾断板料
（a）虎钳上錾断板料；（b）铁砧上錾断板料

9.7.2　刮削

刮削是工件表面经过车、铣、刨等机械加工之后，仍不能满足精度和表面粗糙度的要求时，而用刮刀在这些表面上刮去一层很薄的金属，以提高工件几何精度的操作，称为刮削。经过刮削后的表面粗糙很小，Ra 为 1.6 ~ 0.8μm。

刮削的特点和作用是切削量小，切削力大，产生热量小，装夹变形小等特点。通过刮削可清除加工表面的凹凸不平和扭曲的微观不平度；刮削能提高工件间的配合精度，形成存油空隙，减少摩擦阻力。刮刀对工件有压光作用，改善了工件的表面质量和耐磨性。刮削还能使工件表面美观。刮削的缺点是生产率低，劳动强度大。因此，目前常用磨削等机械加工来代替。

9.7.2.1 刮削工具

（1）刮刀。刮刀常用碳素工具钢（如 T10、T12A 等）制造。刮刀的种类很多，常用的是平面刮刀和曲面刮刀。平面刮刀主要用于刮削平面（如平板、导轨面等），也可用来刮花、刮削外曲面。使用时，平面刮刀做前后直线运动，往前推是切削，往回收是空行程。平面刮刀与所刮表面的角度要恰当，如图 9-30（a）所示。曲面刮刀主要用于刮削内曲面。常用的曲面刮刀有三角刮刀、蛇头刮刀、柳叶刮刀等。图 9-30（b）是用三角刮刀刮削轴瓦。

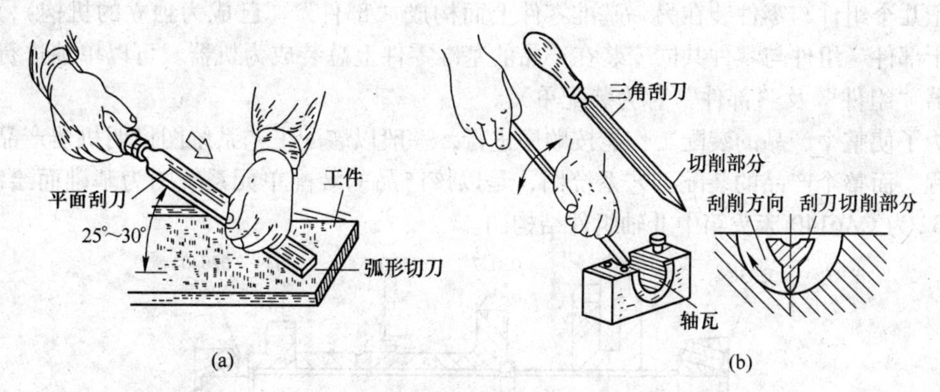

图 9-30 刮削加工
（a）刮削平面；（b）刮削曲面

（2）校准工具。校准工具也称研具、检验工具，是用来研磨点和检验刮削面准确性的工具。常用的校准工具有检验平板、校准直尺、角度直尺等。校准工具的工作面必须平直、光洁，且能保证刚度好、不变形。

9.7.2.2 刮削质量的检验

用平板检查工件的方法如下：将工件擦净，并均匀地涂上一层很薄的红丹油（氧化铁红粉与机油的混合剂），然后将工件表面与擦净的平板稍加压力配研（见图 9-31（a））。配研后，工件表面上的高点（与平板的贴合点）便因磨去红丹油而显示出亮点来（见图 9-31（b））。这种显示高点的方法常称为研点子。

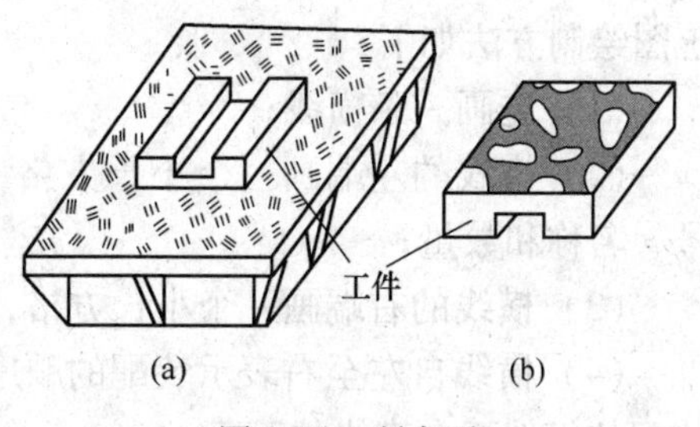

图 9-31 研点子

刮削质量是以 25mm × 25mm 面积内均匀分布的贴合点数来衡量的。普通机床的导轨面要求 8 ~ 10 点。

9.7.2.3 平面刮削方法

（1）粗刮。若工件表面存有机械加工的刀痕，应先用交叉刮法将表面全部粗刮一次，使表面较为平滑，以免研点子时划伤平板。刀痕刮除后，即可研点子，并按显出的高点逐点粗刮。当研点增加到4个点时，进行细刮。

（2）细刮。细刮时选用较短的刮刀，这种刮刀用力小，刀痕较短（3~5mm）。经过反复刮削后，点数逐渐增多，直到最后达到要求为止。

9.8 装配和拆卸

9.8.1 机器的装配

9.8.1.1 装配的工艺过程

任何产品都是由许多零件组成的，但是一般较复杂的产品，很少直接由许多零件装配而成。往往以某一零件作为基准零件，把几个其他零件装在基准零件上构成“组件”，然后再把几个组件与零件装在另一基准零件上而构成“部件”（已成为独立的机构），最后将若干部件、组件与零件共同安装在产品的基准零件上总装成为机器。可以单独进行装配的机器“组件”及“部件”称为装配单元。

为了使整个产品的装配工作能按顺序进行，一般以装配工艺系统图说明机器产品的装配过程。而整个产品的装配工艺系统图，是以该产品的装配单元系统图为基础而绘制的。图9-32为CA6140床头箱中Ⅱ轴组件结构图。

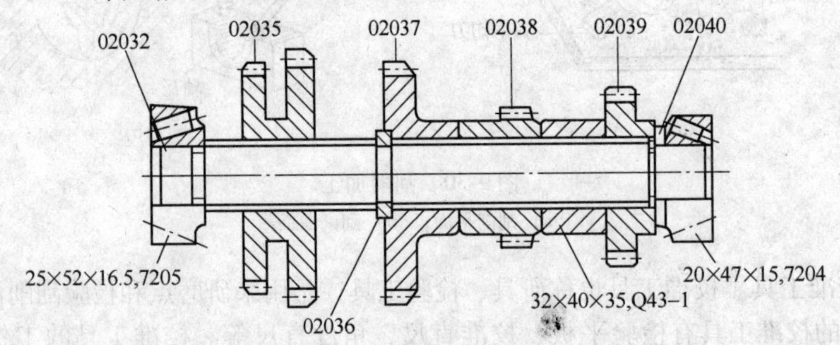

图9-32 CA6140床头箱Ⅱ轴组件结构图

装配前要做好准备工作。首先将构成组件的全部零件集中，并清洗干净。装配单元系统图绘制方法如下：

（1）先画一条横线；

（2）横线的左端画一个小长方格，代表基准零件。在长方格中要注明装配单元的编号、名称和数量；

（3）横线的右端画一个小长方格，代表装配的成品；

（4）横线自左至右表示装配的顺序，直接进入装配的零件画在横线的上面，直接进入装配的组件画在横线的下面。

按此法绘制的Ⅱ 轴组件装配单元系统图如图9-33所示。由图可见，装配单元系统图可以一目了然地表示出成品的装配过程，装配所需的零件名称、编号和数量，并可根据它

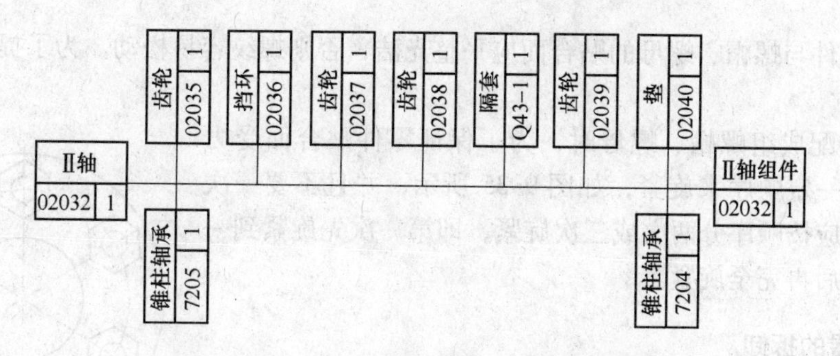

图9-33 CA6140床头箱Ⅱ轴组件装配单元系统图

划分装配工序。因此它可起到指导和组织装配工艺的作用。

9.8.1.2 对装配工作的要求

（1）装配时，应检查零件的形状和尺寸精度是否合格，检查有无变形，损坏等。并要注意零件上的各种标记，防止错装。

（2）各种运动部件的接触表面，必须保证润滑，油路必须畅通。

（3）固定连接的零、部件不允许有间隙。活动连接的零、部件能在正常的间隙下，灵活地按限定方向运动。

（4）高速运动机构的外面，不得有凸出的螺钉头、销钉头等。各种管道和密封部件，装配后不允许有渗漏现象。

（5）试车前，应检查各部件连接的可靠性和运动的灵活性，检查各种变速和换向机构的操纵是否灵活，手柄位置是否合适。试车从低速到高速逐步完成。根据试车情况，再进行调整，使其达到运转要求。注意尽量不要在运行中调整。

9.8.1.3 滚动轴承的装配

滚珠轴承的装配多数为较小的过盈配合。常用手锤或压力机压装。为了使轴承圈受到均匀压力，须用垫套加压。轴承压到轴上时，应通过垫套施力于内圈端面（见图9-34（a））；轴承压到机体孔中时，则应施力于外圈端面（见图9-34（b））；若同时压到轴上和机体孔中时，则内外圈端面应同时加压（见图9-34（c））。

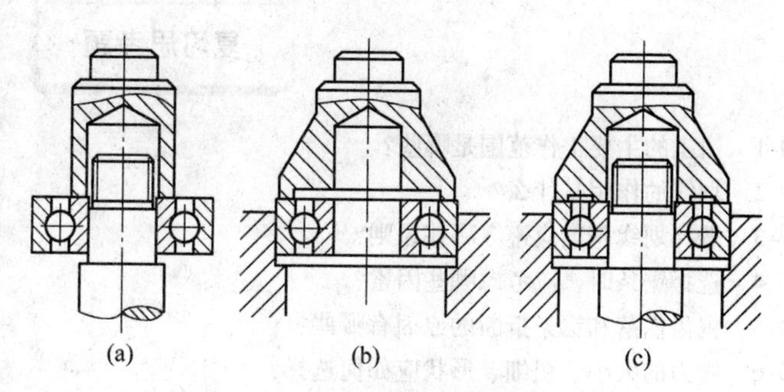

图9-34 用垫套压装滚动轴承

如若轴承与轴为较大的过盈配合时，最好将轴承吊在80～90℃的热油中加热，然后趁热装入。

9.8.1.4 螺钉、螺母的装配

在装配工作中经常碰到大量螺钉、螺母的装配，请注意以下几点：

（1）螺纹配合应做到用手能自由旋入，过紧会咬坏螺纹，过松则受力后，螺纹易断裂。

（2）螺帽、螺母端面应与螺纹轴线垂直，以便受力均匀。

（3）零件与螺帽、螺母的贴合面应平整光洁，否则螺纹容易松动。为了提高贴合质量可加垫圈。

（4）装配成组螺帽、螺母时，为了保证零件贴合面受力均匀，应按一定顺序来旋紧，如图9-35所示；并且不要一次完全旋紧，应按顺序分两次或三次旋紧，即第一次先旋紧到一半程度，然后再完全旋紧。

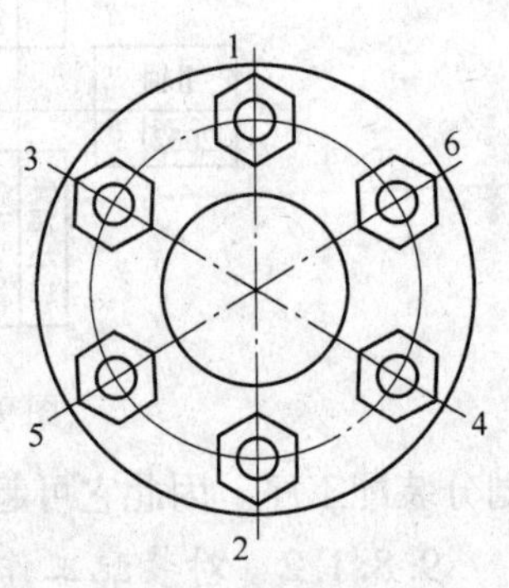

图9-35 螺母旋紧顺序

9.8.2 机器的拆卸

（1）机器拆卸工作，应按其结构的不同，预先考虑操作程序，以免先后倒置，或贪图省事猛拆猛敲，造成零件的损伤变形。

（2）拆卸的顺序与装配的顺序相反。一般应先拆外部附件，然后按总成、部件进行拆卸。在拆卸部件或组件时，应按从外部到内部，从上部到下部的顺序，依次拆卸组件或零件。

（3）拆卸时，使用的工具必须保证对合格零件不会发生损伤（尽可能使用专用工具，如各种拉出器，固定扳手等）。严禁用手锤直接在零件的工作表面上敲击。

（4）拆卸时，零件的回松方向（左、右螺旋）必须辨别清楚。

（5）拆下的部件和零件必须有次序、有规则地放好，并按原来结构套在一起，配合件做上记号，以免搞乱。对丝杠、长轴类零件必须用绳索将其吊起，并且用布包好，以防弯曲变形和碰伤。

复习思考题

9-1 钳工的主要工作范围是哪些？

9-2 划线的作用是什么？

9-3 选择划线基准应遵守哪些原则？

9-4 选择锯条时，应考虑哪些因素？

9-5 锯齿崩落和锯条折断的原因有哪些？

9-6 锉刀的大小、粗细、形状应如何选择？

9-7 三个一套的丝锥，各锥切削部分和校准部分有何不同，怎样区分？

9-8 台钻、立钻和摇臂钻床的结构和用途有何不同？

9-9 扩孔为什么比钻孔的精度高，铰孔为什么又比扩孔精度高？

9-10 镗床的结构及镗孔加工的特点，镗刀与钻头有什么不同？

9-11 錾削的作用是什么，錾削可加工哪些表面？

9-12 刮削有什么特点和用途？

9-13 装配工作应注意哪些事项？

9-14 装配单元系统图如何绘制？

9-15 拆卸时，应注意哪些问题？

10 数控加工

10.1 实训内容及要求

A 数控加工实训内容

（1）了解数控车床、数控铣床、加工中心的工作原理、主要组成部分及其作用。

（2）掌握数控车床、数控铣床、加工中心加工零件的工艺过程。

（3）掌握“CAXA2004 制造工程师”的基本操作。

（4）掌握数控车床、数控铣床、加工中心的操作方法，掌握简单零件加工程序的编制和输入方法。

B 数控加工基本技能

掌握各种数控机床的操作技能，能按要求编制简单零件在数控车床、数控铣床和加工中心上的数控加工程序。

C 数控加工安全注意事项

（1）禁止用手接触刀尖和铁屑，铁屑必须要用铁钩子或毛刷来清理。

（2）禁止用手或其他任何方式接触正在旋转的主轴、工件或其他运动部位。

（3）禁止加工过程中量活、变速，更不能用棉丝擦拭工件、也不能清扫机床。

（4）车床运转中，操作者不得离开岗位，机床发现异常现象应立即停车。

（5）在加工过程中，不允许打开机床防护门。

（6）学生必须在操作步骤完全清楚时进行操作，遇到问题立即向教师询问，禁止在不知道规程的情况下进行尝试性操作，操作中如机床出现异常，必须立即向指导教师报告。

10.2 数控加工概述

10.2.1 数控加工的基本概念及发展

10.2.1.1 数控加工的基本概念

数字控制简称数控（NC），是一种借助数字、字符或其他符号对某一工作过程（如加工、测量、装配等）进行可编程控制的自动化方法。

数控技术是指用数字量及字符发出指令信息并实现自动控制的技术，它已经成为制造业实现自动化、柔性化、集成化生产的基础。

数控系统是指采用数字控制技术的控制系统。

数控机床是指采用数字控制技术对机床的加工过程进行控制的一类机床。国际信息处理联盟（IFIP）第五技术委员会对数控机床定义如下：数控机床是一个装有程序控制系统的机床，该系统能按逻辑处理具有使用信号或其他符号编码指令规定的程序。定义中所说的程序控制系统即数控系统。

10.2.1.2　数控机床的发展过程及现状

20 世纪 40 年代末，美国开始研究数控机床。1952 年，美国麻省理工学院（MIT）伺服机构实验室成功研制出第一台数控铣床，并于 1957 年投入使用。这是制造技术发展过程中的一个重大突破，标志着制造领域中数控加工时代的开始。数控加工是现代制造技术的基础，这一发明对于制造业具有划时代的意义和深远的影响。世界上主要工业发达国家都十分重视数控加工技术的研究和发展。我国于 1958 年开始研制数控机床，成功试制出配有电子管数控系统的数控机床；1965 年开始批量生产配有晶体管数控系统的三坐标数控铣床。经过几十年的发展，数控机床已经得到了广泛应用，在模具制造行业的应用尤为普及。

数控机床从 1952 年诞生至今，已有半个多世纪，随着科学技术的飞速发展，数控机床在数量、品种、性能、可靠性及应用等方面都有了很大的发展。目前已拥有数控车床、数控铣床、数控镗床、数控钻床、数控磨床、数控冲床、数控齿轮加工机床、数控线切割机床、数控加工中心等上百种数控加工设备。

目前，国外先进工业国家数控机床的现状：占有数量较多，通常占主要生产设备的 20% 以上；大型数控机床较多，如落地式镗铣床，大型龙门镗铣床，以及三坐标测量机等；更新换代较快，许多新开发的设备能很快地装备到生产线上，投入生产应用。

我国数控机床的生产和应用，近年来发展很快，在高档数控机床方面，除少量国产的高档数控系统外，主要以进口的全功能高档数控装备为主体；在中档层次上，国外引进与国产两方面并举；在低档数控机床方面，绝大多数是国产的机床。

目前，国内外不少企业都已拥有柔性制造系统（FMS）及计算机集成制造系统（CIMS），国外在无人化工厂方面已取得较大的进展，如日本的法那克（FANUC）公司，拥有的无人化工厂（FA）已在实际生产中应用多年，并取得了较好的经济效益。

10.2.1.3　数控机床的发展趋势

现代数控机床及其数控系统，目前大致向以下几个方向发展：

（1）向高速、高精度化方向发展。机械方面：进一步提高机械结构的刚度和耐磨性，提高热稳定性和可靠性，使主轴转速达到 10000～20000r/min，进给速度达到 60～80m/min，加速度大于等于 9.81m/s^2，实现高速切削。数控系统方面：数控系统的 CPU 从 32 位向 64 位发展，主频率由 5MHz 提高到 20～33MHz，进一步提高数控系统的运算速度。普通型数控机床的加工精度可以达到 1μm，精密型数控机床的加工精度可以达到 0.1μm。

（2）充分利用 PC 机的资源，将其功能集成到 CNC 中，使系统智能化，简化应用软件的开发，提高数控系统的通信能力，使之容易联网，进行网络测控，并实现自动化编程。

（3）开发具有专门功能的 CNC 及其配套装置，扩大数控设备的品种，满足一些专门需要。

（4）提高数控机床的可靠性和可维修性。采用大规模集成电路和专用芯片，提高集成度，减少故障率。提高可靠性，采用在线检测，人工智能故障诊断系统指导排除故障。

（5）向自动化生产系统发展。在现代生产中，单功能机床已不能满足多品种、小批量、产品更新换代周期快的要求，因而具有多功能和一定柔性的设备和生产系统相继出现，促使数控技术向更高层次发展。

10.2.2 数控机床的组成及工作原理

数控机床是一种利用数控技术，按照编好的程序实现加工动作的自动化金属切削机床。它由控制介质、计算机数控装置、伺服驱动系统、辅助控制装置和机械部件等部分组成，如图 10-1 所示。

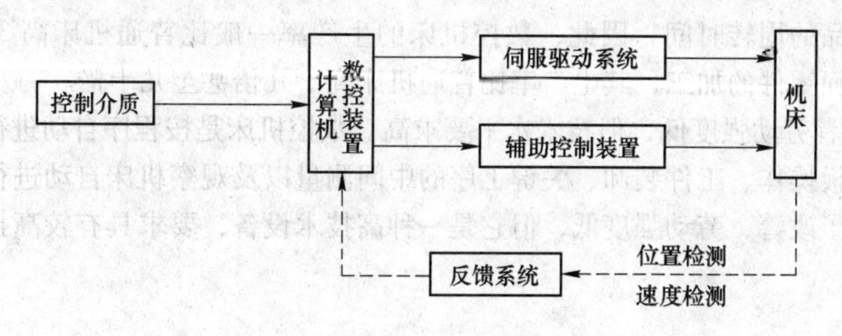

图 10-1 数控机床的组成框图

10.2.2.1 数控机床的工作原理

在数控机床上加工零件，通常要经过以下几个步骤：

(1) 根据零件图上的图样和技术条件，编写出零件的加工程序，并记录在控制介质即程序载体上。

(2) 把程序载体上的程序通过输入装置输入到计算机数控装置中去。

(3) 计算机数控装置将输入的程序经过运算处理后，由输出装置向各个坐标的伺服系统、辅助控制装置发出指令信号。

(4) 伺服系统把接收的指令信号放大，驱动机床的移动部件运动；辅助控制装置根据指令信号控制主轴电动机等部件运转。

(5) 通过机床的机械部件带动刀具及工件做相对运动，加工出符合图样要求的零件。

(6) 位置检测反馈系统检测机床的运动，并将信号反馈给数控装置，以减少加工误差。当然，对于开环机床来说，没有检测、反馈系统。

10.2.2.2 数控机床的特点

数控机床之所以在机械制造业中得到迅速发展和日益广泛的应用，这归因于它有以下特点：

(1) 适应性强。适合单件、小批量的复杂零件加工。由于数控机床是按照被加工零件的数控程序来进行自动加工的，当改变加工零件时，只要改变数控程序，不必制作夹具、模具、样板等专用工艺装备，更不需重新调整机床，就可迅速地实现新零件的加工。因此，它不仅缩短了生产准备周期，而且节省了大量的工艺装备费用，有利于机械产品的更新换代。

(2) 加工精度高，加工质量稳定。由于目前数控装置的脉冲当量普遍达到了 0.001mm/脉冲，传动系统与机床结构具有很高的刚度和热稳定性，进给系统采取了间隙消除措施，并且 CNC 装置能够对误差进行补偿，因此加工精度高。同时由于数控机床是自动加工的，避免了操作者的人为操作误差，因此，同一批工件加工的尺寸一致性好，加工质量十分稳定。

（3）生产效率高。数控机床主轴转速和进给速度调速范围大，机床刚性好，可以采用较大的切削用量，有效地节省了加工时间。快速移动和定位均采用了加、减速措施，具有自动换速，自动换刀等功能，而且加工精度比较稳定，工序间无需检验与测量（一般只作首件检验或工序间关键尺寸的抽检），更换零件不需重新调整，因此大大缩短了辅助时间。还可以集中工序，一机多用，在一台机床上，一次装夹的情况下实现多道工序的连续加工，减少半成品的周转时间，因此，数控机床的生产率一般比普通机床高 3 ~4 倍以上。特别是复杂型面零件的加工，其生产率比普通机床高十几倍甚至几十倍。

（4）操作者劳动强度低，但技术水平要求高。数控机床是按程序自动进行加工的，操作者只进行面板操作、工件装卸、关键工序的中间测量以及观察机床自动进行。操作者的劳动条件得到了改善，劳动强度低，但它是一种高技术设备，要求具有较高技术水平的人员来操作。

10.3 数控车床

数控车床与普通车床一样，主要用来加工轴类或盘类回转体零件。与普通车床相比，数控车床加工精度高、加工质量稳定、效率高、适应性强、操作劳动强度低，数控车床尤其适合加工形状复杂的轴类或盘类零件。

10.3.1 数控车床分类

10.3.1.1 按数控系统的功能分类

（1）经济型数控车床。一般是在普通车床基础上进行改进设计的，配置方型四工位刀架。

（2）全功能型数控车床。一般采用闭环或半闭环控制系统，配置多工位转塔式刀架，自动排屑系统，有的还配有自动上下料装置，功能更强。具有高刚度、高精度和高效率等特点。

10.3.1.2 按主轴配置形式分类

（1）卧式数控车床。主轴轴线处于水平位置。

（2）立式数控车床。主轴轴线处于垂直位置。

（3）双轴卧式（或立式）数控车床。机床具有两根主轴。

10.3.1.3 按加工零件的基本类型分类

（1）卡盘式数控车床。这类车床没有尾座，适于车削盘类零件。其夹紧方式多为电动或液压控制，卡盘结构大多具有三卡爪。

（2）顶尖式数控车床。这类车床设置有普通尾座或数控尾座，适合加工较长的轴类零件及直径不大的盘、套类零件。

10.3.1.4 其他分类方法

数控车床还可分为直线控制数控车床、轮廓控制数控车床等；按特殊或专门的工艺性能分为螺纹数控车床、活塞数控车床、曲轴数控车床等。

10.3.2 数控车床的加工范围

与传统车床相比，数控车床比较适合于车削具有以下要求和特点的回转体零件：

(1) 精度要求高的零件。由于数控车床的刚性好，精度高，以及能方便和精确地进行人工补偿，甚至自动补偿，所以它能够加工尺寸精度要求高的零件，在有些场合可以以车代磨。此外，由于数控车削时刀具运动是通过高精度插补运算和伺服驱动来实现的，再加上机床的刚性好和制造精度高，所以它能加工对母线直线度、圆度、圆柱度要求高的零件。

(2) 表面粗糙度小的零件。数控车床能加工出表面粗糙度小的零件，不但是因为机床的刚性好和制造精度高，还由于它具有恒线速度切削功能。在材质、精车余量和刀具已定的情况下，表面粗糙度取决于进给速度和切削速度。使用数控车床的恒线速度切削功能，就可选用最佳线速度来切削端面，这样切出的粗糙度既小又一致。数控车床还适合于车削各部位表面粗糙度要求不同的零件，粗糙度小的部位可以用减小进给速度的方法来达到，而这在传统车床上是做不到的。

(3) 轮廓形状复杂的零件。数控车床具有直线插补、圆弧插补等功能，所以数控车床可加工由任意曲线组成的回转体零件。如果说车削圆柱零件和圆锥零件既可选用传统车床，也可选用数控车床，那么车削复杂旋转体零件就只能使用数控车床了。

(4) 带一些特殊类型螺纹的零件。传统车床所能切削的螺纹相当有限，它只能加工等螺距的直、锥面螺纹，而且一台车床只限定加工若干种螺距。数控车床不但能加工任何等螺距直、锥面螺纹和端面螺纹，而且能加工增螺距、减螺距的螺纹。数控车床加工螺纹时，主轴转向不必像传统车床那样交替变换，它可以一刀又一刀不停顿地循环，直至完成，所以它车削螺纹的效率很高。数控车床还配有精密螺纹切削功能，再加上一般采用硬质合金刀片，以及可以使用较高的转速，所以车削出来的螺纹精度高、表面粗糙度低。可以说，包括丝杠在内的螺纹零件很适合于在数控车床上加工。

(5) 超精密、超低表面粗糙度的零件。磁盘、激光打印机的多面反射体、复印机的回转鼓、照相机等光学设备的透镜及其模具，以及隐形眼镜等要求超高的轮廓精度和超低的表面粗糙度值，它们适合于在高精度、高功能的数控车床上加工。以往很难加工的塑料散光用的透镜，现在也可以用数控车床来加工。超精密加工的轮廓精度可达到0.1μm，表面粗糙度可达0.02μm。超精密车削零件的材质以前主要是金属，现已扩大到塑料和陶瓷。

10.3.3 数控车床的结构

虽然数控车床的种类较多，但其结构均主要由车床主体、数控装置和伺服系统三大部分组成。这里着重介绍车床主体的结构。

数控车床主体通过专门设计，各个部位的性能都比普通车床优越，如结构刚性好，能适应高速和强力车削需要；精度高，可靠性好，能适应精密加工和长时间连续工作等。

(1) 主轴。数控车床的主轴一般采用直流或交流主轴电动机，通过带传动带动主轴旋转，或通过带传动和主轴箱内的减速齿轮（以获得更大的转矩）带动主轴旋转。由于主轴电动机调速范围广，又可无级调速，使得主轴箱的结构大为简化。主轴电动机在额定转速时可输出全部功率和最大转矩。

（2）床身及导轨。机床的床身是整个机床的基础支承件，是机床的主体，一般用来放置导轨、主轴箱等重要部件。数控车床的床身除了采用传统的铸造床身外，也有采用加强钢筋板或钢板焊接等结构，以减轻其结构重量，提高其刚度。

车床的导轨可分为滑动导轨和滚动导轨两种。滑动导轨具有结构简单、制造方便、接触刚度大等优点。但传统滑动导轨摩擦阻力大，磨损快，动、静摩擦因数差别大，低速时易产生爬行现象。目前，数控车床已不采用传统滑动导轨，而是采用带有耐磨粘贴带覆盖层的滑动导轨和新型塑料滑动导轨。它们具有摩擦性能良好和使用寿命长等特点。

（3）机械传动机构。除了部分主轴箱内的齿轮传动等机构外，数控车床已在原普通车床传动链的基础上，作了大幅度的简化，如取消了进给箱、溜板箱及其绝大部分传动机构，而仅保留了纵、横进给的螺纹传动机构，并且增加了消除传动间隙的机构。

（4）刀架。数控车床的刀架是机床的重要组成部分。刀架用于夹持切削用的刀具，因此其结构直接影响机床的切削性能和切削效率。在一定程度上，刀架的结构和性能体现了机床的设计和制造技术水平。随着数控车床的不断发展，刀具结构形式也在不断翻新。按换刀方式的不同，数控车床的刀架系统主要有回转刀架、排式刀架和带刀库的自动换刀装置等多种形式，如图 10-2 所示。其驱动刀架工作的动力有电力和液压两类。

（5）辅助装置。数控车床的辅助装置较多，除了与普通车床所配备的相同或相似的辅助装置外，数控车床还可配备对刀仪、位置检测反馈装置、自动编程系统及自动排屑装置等。

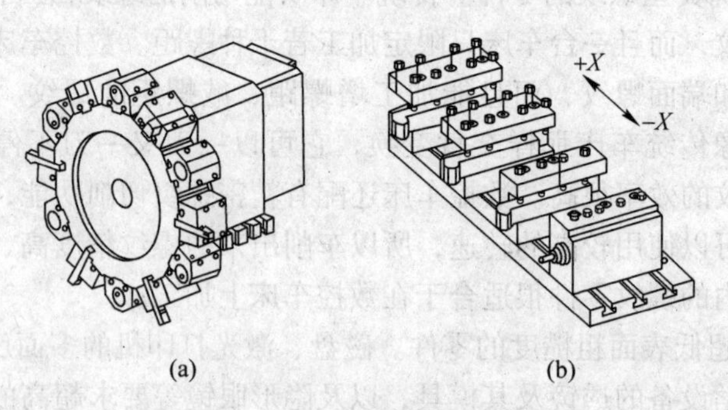

图 10-2 刀架的结构

（a）卧式回转刀架；（b）排式刀架

10.3.4 CK6136 数控车床

CK6136 数控车床的结构如图 10-3 所示。主要由控制面板、主轴箱、刀架、照明、防护门、尾座和床身等组成。CK6136 数控车床可配置国产数控系统（大森、广数、华中）、西门子数控系统、法那克数控系统等。主要技术参数如下：

最大回转直径（mm）：360

最大工件长度（mm）：750、1000、1500

主轴通孔直径（mm）：52

主轴转速（变频调速）（r/min）：60 ~2000

快速进给速度（mm/min）：6000

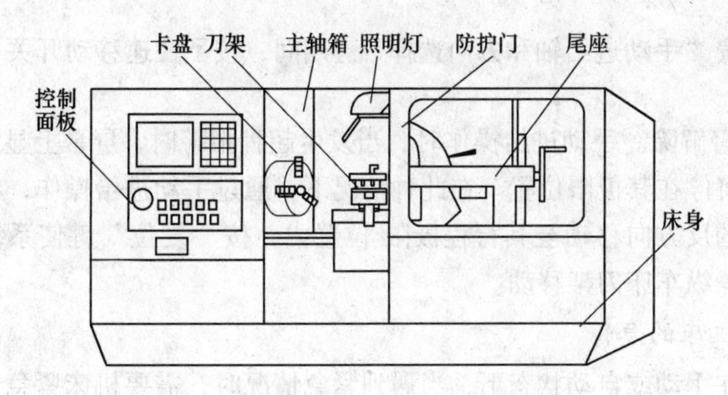

图 10-3 CK6136 数控车床

最小设定单位（mm）：0.001

回转刀架工位数：4

刀架横向最大行程（mm）：239

顶尖套筒直径（mm）：75

顶尖套筒行程（mm）：120

机床外形尺寸（长×宽×高）(mm×mm×mm)：2020×1000×1600

机床净重（kg）：1500

10.3.5 数控车床基本操作

10.3.5.1 电源接通前后的检查

在机床主电源开关接通之前，操作者应检查机床的防护门等是否关闭、油标的液面位置是否符合要求、切削液的液面是否高于水泵吸入口。当检查以上各项均符合要求时，方可合上机床主电源开关。接通电源后，检查机床照明灯是否点亮，风扇是否启动，润滑泵、冷却泵是否启动。

10.3.5.2 手动操作机床

当机床按照加工程序对工件进行自动加工时，机床的操作基本上是自动完成的。其他情况下，要靠手动来操作机床。

(1) 手动返回机床参考点。机床断电后，数控系统会失去对参考点的记忆。再次接通电源后，操作者必须进行返回参考点的操作。另外，当机床遇到急停信号或超程报警信号后，待故障排除，机床恢复工作时，也须进行回参考点的操作。操作中要求先将工作方式转到“回零”方式，然后按下“+X”和“+Z”按键，使滑板在所选择的轴向移动回零。

但是要注意以下两点：

1) 在回参考点前，应确保回零轴位于参考点的“回参考点方向”相反侧（如X轴的回参考点方向为负，则回参考点前应保证X轴当前位置在参考点的正向侧)，否则应手动移动该轴直到满足此条件。

2) 在回参考点过程中，若出现超程，请向相反方向手动移动该轴使其退出超程状态。

(2) 手动进给操作。手动进给操作时，首先将机床置于“JOG”方式，按“进给轴和方向选择”键（如+X)，机床按相应轴的方向移动。手动连续进给速度可由速度倍率刻度盘调整。若在按“手动进给轴和方向选择”键期间，按了快速移动开关，机床按快速移动速度运动。

（3）超程报警解除。手动进给操作时，当发生超程报警时，屏幕上显示报警信号，车床主轴或工作台将停在其极限位置。在此种情况下，通过手动进给操作，将车床主轴或工作台向超程方向的反方向移动至其行程极限 位置内，按“复位”键使系统解除报警，才能正常手动进给操纵车床刀架移动。

10.3.5.3 机床的急停

机床无论是在手动或自动状态下，当遇到紧急情况时，需要机床紧急停止，可通过下面的操作来实现。

（1）按下“急停”按键。按下“急停”按钮后，除润滑泵外，机床动作及各种功能均停止。同时屏幕上出现报警信号。待故障排除后，顺时针旋转按钮，被压下的按钮弹起，则急停状态解除。但此时要恢复机床的工作，必须进行返回参考点的操作。

（2）按下复位键。机床在自动运转过程中，按下此键则机床全部操作均停止，因此可用此键完成急停的操作。

10.3.5.4 程序的输入、检查和编辑

不同的数控系统，程序的输入和编辑操作是不同的。下面分别介绍配备 FANUC 0i 与 Siemens 802S 数控系统的数控车床程序的输入、检查和编辑操作。

（1）FANUC 0i 数控系统 ：

1）程序的输入。使用 MDI 键盘输入程序时，在“EDIT”方式下用数据输入键输入程序号：O××××，然后依次输入各程序段。输入程序时，每输入一个程序段后，要按下“EOB”键及“INPUT”键，直到全部程序段输入完成，如图 10-4 所示。

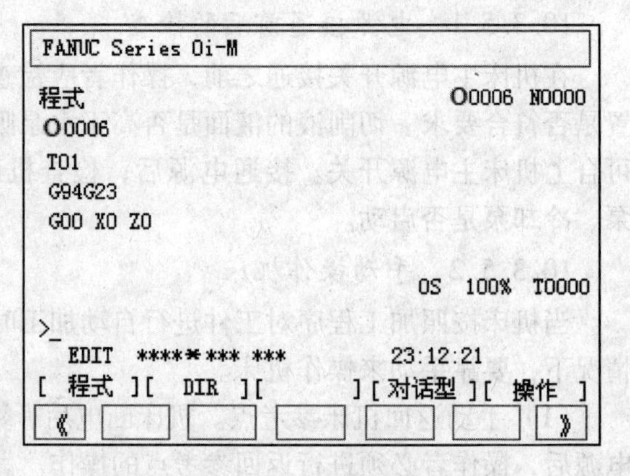

图 10-4 FANUC 数控系统的新程序输入

2）程序的检查。程序的检查是正式加工前的必要环节，对检查中发现的程序指令错误、坐标值错误、几何图形错误及程序格式等进行修正，待完全正确后才可进行仿真加工。仿真加工中，逐段的执行程序，以确定每条语句的正确性。

程序检查时首先进行手动返回机床参考点的操作，然后将机床置于自动运行方式，锁上机床驱动锁，然后输入被检查程序的程序号，此时屏幕显示该程序。将光标移到程序头，按下“循环启动”按键，机床开始自动运行，屏幕上显示正在运行的程序。若程序正确，校验完成后光标将返回到程序头；若程序有错，命令行将提示程序的哪一行有错。

3）程序的编辑。程序的编辑主要指对程序段的修改、插入、删除等操作。在编辑方式下，按下“PROG”按键，用数据输入键输入需要修改的程序号：O××××，之后按下“INPUT”键，则 CRT 屏幕显示该程序。移动光标到要编辑的位置，当输入要更改的字符后按下“ALTER”键；当输入新的字符后按下“INSERT”键；当要删除字符时，按下

“DELET”键。

（2）Siemens 802S 数控系统：

1）新程序输入。在主菜单界面按“程序”键，进入新程序编辑窗口，如图10-5所示。输入新主程序或子程序名，在程序名后输入文件类型。主程序扩展名“.MPF”可以自动输入，子程序扩展名“.SPF”必须与子程序文件名一起输入。程序名前两个字符必须是字母，后面可以是字母、数字或下划线。程序名最多不超过8个字符。输入完文件名后，按“确认”键生成新程序文件，此时在屏幕上显示程序编辑窗口，就可以输入和编辑新程序。新程序编好后，系统自动保存，用“关闭”键中断程序编辑并关闭窗口。

程序	复位	自动	10000 INC
名称	类型		
LOND1	MPF		
LOND2	MPF		
LOND3	MPF		
新程序			
给定新程序名			
			确认

图10-5 Siemens 802S 数控系统新程序输入

2）程序编辑。在零件程序处于非执行状态时，可以进行编辑。在零件程序中进行的任何修改均立即被存储。

在主菜单下选择“程序”键，进入程序目录窗口。用光标键选择待编辑的程序，按“打开”键进入程序编辑窗口，即可对程序进行编辑。程序编辑完成后，按“关闭”键，则在文件中存储修改情况，并关闭编辑窗口。

10.3.5.5 数控车床对刀操作

不同的数控系统，数控车床对刀操作是不同的。下面分别介绍配备 FANUC 0i 与 Siemens 802S 数控系统的数控车床的对刀操作。

（1）FANUC 0i 数控系统。在实际编程时可以不使用G50指令设定工件坐标系，而是将任一位置作为加工的起始点，当然该点的设置要保证刀具与卡盘或工件不发生干涉。用试切法确定每一把刀具起始点的坐标值，并将此坐标值作为刀补值输入到相应的存储器内。

对刀前要先进行手动返回参考点，然后任选一把加工中所使用的刀具，按下“OFS/SET”键，选择“补正”→“形状”，此时CRT屏幕上显示工件补正/磨耗对话框，如图10-6所示。以手动方式移动滑板，轻轻车一刀工件的端面，沿X向退刀，并停下主轴。测量工件端面至工件原点的距离。按下“Z”键，输入工件原点到工件端面的距离，按下“INPUT”键，完成Z向对刀。如果端面需留有精加工余量，则将该余量值加入刀补值。同样用手动方式轻轻车一刀外圆，沿Z向退刀，主轴停转。测量切削后的工件直径。按下“X”键，输入测量的直径值，按下“INPUT”键，完成X向对刀。

其他刀具的对刀，重复执行以上的操作，直到所有刀具的补偿值输入完毕。

（2）Siemens 802S 数控系统。配备 Siemens 802S 数控系统的数控车床在对刀时，首先用手动方式试切零件外圆，记下此时X轴的坐标，记为X_1；测出被切零件的半径，记为X_2；记$X = X_1 - X_2$。试切零件端面，记下此时Z轴的坐标，记为Z。进入参数中的“刀具补偿”对话框，如图10-7所示。

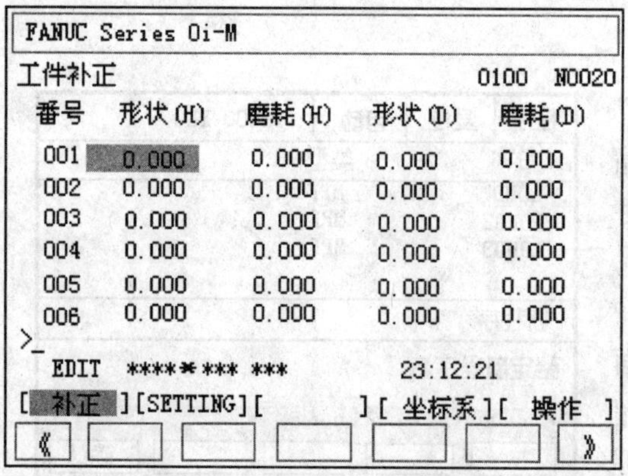

FANUC Series 0i-M

工件补正 0100 N0020

番号	形状(H)	磨耗(H)	形状(D)	磨耗(D)
001	0.000	0.000	0.000	0.000
002	0.000	0.000	0.000	0.000
003	0.000	0.000	0.000	0.000
004	0.000	0.000	0.000	0.000
005	0.000	0.000	0.000	0.000
006	0.000	0.000	0.000	0.000

>_

EDIT ****** *** *** 23:12:21

[补正][SETTING][ ][坐标系][操作]

《 》

图 10-6 工件补正/磨耗对话框

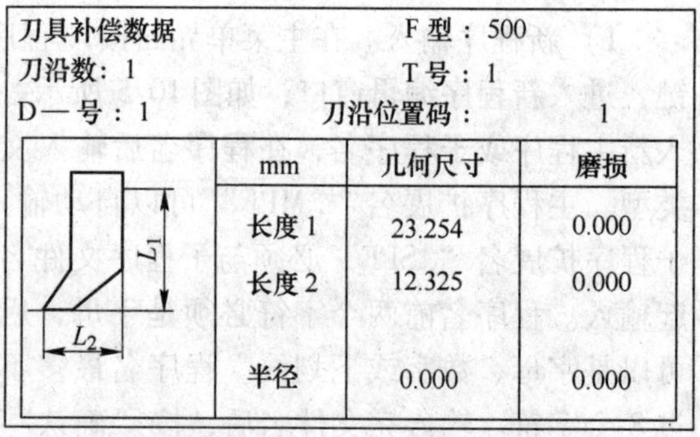

刀具补偿数据 F 型：500

刀沿数：1 T 号：1

D— 号：1 刀沿位置码： 1

mm	几何尺寸	磨损
长度 1	23.254	0.000
长度 2	12.325	0.000
半径	0.000	0.000

L_1 L_2

图 10-7 刀具补偿设置

在“长度 1”栏中输入 X 的值，在“长度 2”栏中，输入 Z 的值，在“半径”栏中输入所选刀具的刀尖半径值。此时将机床回零，执行数控程序“T01D01M06/G00X0Z0”，则机床移到零件端面中心点。(注意此时不需设工件坐标系)。

多把刀对刀时，先用第一把刀对刀，采用长度偏移法在第一把刀的“刀具补偿数据”对话框中设定“长度 1”，“长度 2”和“半径”数据；然后按软键“T > >”进入第二把刀的“刀具补偿”对话框，用同样的方法设定“长度 1”，“长度 2”和“半径”数据。其他刀具的对刀，重复执行以上的操作，直到所有刀具的补偿值输入完毕。同样这种对刀方法不用设工件坐标系。

10.3.5.6 程序检验

工件的加工程序输入到数控系统后，经检查无误，且各刀具的位置补偿值和刀尖圆弧半径补偿值已输入到相应的存储器当中，便可进行机床的空运行。数控机床的空运行是指在不装工件的情况下，自动运行加工程序。机床空运行完毕后，并确认加工过程正确，装夹工件可进行试切。加工程序正确且加工出的工件符合零件的图样要求，便可连续执行加工程序进行正式加工。

10.3.5.7 自动运行

系统调入零件加工程序，经校验无误后，可正式启动运行。运行前将机床置于“自动运行”方式，然后按下机床控制面板上的“循环启动”按键，机床开始自动运行输入的零件加工程序。零件程序在自动执行过程中可以停止和中断。其操作方法有两种：用“程序暂停”键停止零件程序，然后按“循环启动”键可以恢复程序运行；用“复位”键中断零件程序，按“循环启动”键重新启动，程序从头开始执行。

10.3.5.8 检查与检验

工件加工完毕后，需要检验零件是否合格。在卸下工件之前必须对照零件图样的要求，对各项尺寸的要求及公差要求进行检测，一定要在符合要求的前提下，才能卸下工件。否则一旦工件卸下后再进行二次装夹时，就很难保证其形位公差的要求。

10.3.5.9 关机

按下控制面板上的“急停”按钮，断开伺服电源，断开机床电源，完成关机。

10.4 数控铣床

数控铣床是一种用途广泛的数控机床，特别适合于加工凸轮、模具等形状复杂的零件，在汽车、模具、航空航天、军工等行业得到了广泛的应用。数控铣床在制造业中具有重要地位，目前迅速发展起来的加工中心也是在数控铣床的基础上产生的。由于数控铣削工艺较复杂，需要解决的技术问题也较多，因此，铣削也是研究机床和开发数控系统及自动编程软件系统的重点。

10.4.1 数控铣床的分类

10.4.1.1 按布置形式及布局特点分类

按数控铣床主轴的布置形式及布局特点分类，数控铣床可分为数控立式铣床、数控卧式铣床和数控龙门铣床等。

（1）数控立式铣床。数控立式铣床主轴与机床工作台面垂直，工件装夹方便，加工时便于观察，但不便于排屑。一般采用固定式立柱结构，工作台不升降。主轴箱做上下运动，并通过立柱内的重锤平衡主轴箱的质量。为保证机床的刚性，主轴中心线距立柱导轨面的距离不能太大，因此，这种结构主要用于中小尺寸的数控铣床。

（2）数控卧式铣床。数控卧式铣床的主轴与机床工作台面平行，加工时不便于观察，但排屑顺畅。一般配有数控回转工作台，便于加工零件的不同侧面。单纯的数控卧式铣床现在已比较少，而多是在配备自动换刀装置（ATC）后成为卧式加工中心。

（3）数控龙门铣床。对于大尺寸的数控铣床，一般采用对称的双立柱结构，以保证机床的整体刚性和强度，这就是数控龙门铣床。数控龙门铣床有工作台移动和龙门架移动两种形式。它适用于加工飞机整体结构件零件、大型箱体零件和大型模具等。

10.4.1.2 按数控系统的功能分类

按数控系统的功能分类，数控铣床可分为经济型数控铣床、全功能数控铣床和高速铣削数控铣床等。

（1）经济型数控铣床。经济型数控铣床一般采用开环控制，可以实现三坐标联动。这种数控铣床成本较低，功能简单，加工精度不高，适用于一般复杂零件的加工。一般有工作台升降式和床身式两种类型。

（2）全功能数控铣床。全功能数控铣床采用半闭环控制或闭环控制，其数控系统功能丰富，一般可以实现四坐标以上的联动，加工适应性强，应用最广泛。

（3）高速铣削数控铣床。高速铣削是数控加工的一个发展方向，技术已经比较成熟，已逐渐得到广泛的应用。这种数控铣床采用全新的机床结构、功能部件和功能强大的数控系统，并配以加工性能优越的刀具系统，加工时主轴转速一般在8000～40000r/min，切削进给速度可达60～80m/min，可以对大面积的曲面进行高效率、高质量的加工。但目前这种机床价格昂贵，使用成本比较高。

10.4.2 数控铣床加工范围

数控铣床是一种用途很广泛的机床，铣削是机械加工中最常用和最主要的数控加工方法之一。一般情况数控铣床只用来加工较简单的三维曲面。如增加一个回转轴或分度头，数控铣床就可以用来加工螺旋槽、叶片等复杂三维曲面的零件。数控铣床加工范围如下：

（1）平面类零件。加工各种水平或垂直面，或加工面与水平面的夹角为定角的零件。平面类零件是数控铣削加工中最简单的一类零件，一般只需用三坐标数控铣床的两坐标联动就可以加工出来。

（2）曲面类零件。加工面为空间曲面的零件叫曲面类零件，如模具、叶片、螺旋桨等。曲面类零件的加工面不能展开为平面，加工时，加工面与铣刀始终为点接触。加工曲面类零件一般采用三坐标数控铣床。当曲面较复杂、通道较狭窄、会伤及相邻表面及需要刀具摆动时，要采用四坐标或五坐标铣床。

10.4.3 数控铣床的组成

数控铣床形式多样，不同类型的数控铣床在组成上虽有所差别，但却有许多相似之处。

（1）床身。床身内部布局合理，具有良好的刚性，底座上设有4个调节螺栓，便于机床进行水平调整，切削液储液池设在机床底座内部。

（2）铣头。铣头部分由有级（或无级）变速箱和铣头两个部件组成。

铣头主轴支承在高精度轴承上，保证主轴具有高回转精度和良好的刚性；主轴装有快速换刀螺母，前端锥孔采用ISO50#锥度；主轴采用机械无级变速，其调节范围宽，传动平稳，操作方便。制动机构能使主轴迅速制动，可节省辅助时间，制动时通过制动手柄撑开止动环使主轴立即制动。启动主电动机时，应注意松开主轴制动手柄。铣头部件还装有伺服电动机、内齿带轮、滚珠丝杠副及主轴套筒，它们形成垂向（Z向）进给传动链，使主轴作垂向直线运动。

（3）工作台。工作台与床鞍支承在升降台较宽的水平导轨上，工作台的纵向进给是由安装在工作台右端的伺服电动机驱动的。通过内齿带轮带动精密滚珠丝杠副，从而使工作台获得纵向进给。工作台左端装有手轮和刻度盘，以便进行手动操作。床鞍的纵、横向导轨面均采用了TURCTIE－B贴塑面，从而提高了导轨的耐磨性、运动的平稳性和精度的保持性，消除了低速爬行现象。

（4）升降台（横向进给部分）。升降台前方装有交流伺服电动机，驱动床鞍作横向进给运动，其传动原理与工作台的纵向进给相同。此外，在横向滚珠丝杠前端还装有进给手轮，可实现手动进给。升降台左侧装有锁紧手柄，轴的前端装有长手柄，可带动锥齿轮及升降台丝杠旋转，从而获得升降台的升降运动。

（5）冷却与润滑系统：

1）冷却系统。机床的冷却系统由冷却泵、出水管、回水管、开关及喷嘴等组成，冷却泵安装在机床底座的内腔里，冷却泵将切削液从底座内的储液池抽至出水管，然后经喷嘴喷出，对切削区进行冷却。

2）润滑系统。润滑系统由手动润滑泵、分油器、节流阀、油管等组成。机床采用周期润滑方式，用手动润滑泵，通过分油器对主轴套筒、纵横向导轨及三向滚珠丝杠进行润滑，以提高机床的使用寿命。

10.4.4 XK713型立式铣床

XK713型立式铣床（见图10-8）主要由数控系统、主轴、手摇脉冲发生器、工作台和床身等部分组成。可配置国产数控系统（大森、广数、华中）、西门子数控系统、法那克数控系统等。其主要技术参数如下：

工作台面（长×宽）(mm×mm)：800×320

最大载重量（kg）：350

功率（kW）：3.7/5.5

主轴转速（r/min）：8000/10000

主轴中心线到立柱前端距离（mm）：350

主轴端到工作台最大距离（mm）：95～545

最大铣刀盘直径（mm）：63

主轴最大输出转矩（N·m）：40

工作台左右行程（X轴）(mm)：650

工作台前后行程（Y轴）(mm)：350

主轴箱上下行程（Z轴）(mm)：450

定位精度（全程）(mm)：±0.01

重复定位精度（mm）：±0.005

机床外形尺寸（长×宽×高）(mm×mm×mm)：2000×2050×2200

净重（kg）：2400

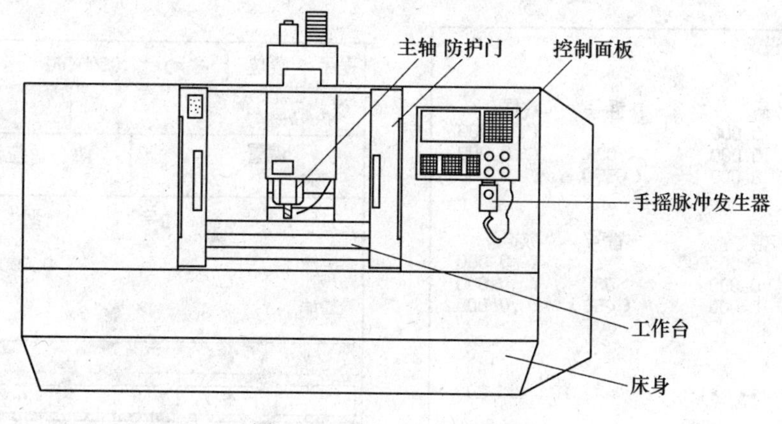

图10-8 XK713型立式铣床

10.4.5 铣床的基本操作

数控铣床的操作与数控车床基本相同，本节仅讲述与数控车床不同的操作部分。

(1) 数控铣床的开机、关机、程序的输入、程序检查与修改与车床相同，在此不再叙述。

(2) 数控铣床的对刀。粗铣加工时可以用试切法对刀。在刀具装好后，在手动方式下，移动 Z 轴及 X、Y 轴使刀具与工件的左（右）侧面留有一定距离（约1mm），然后转为增量方式（主轴为旋转状态），移动 X 轴，在刀具刚好轻微接触到工件时，记下此时机床坐标系下的 X 值为 X_1。然后抬刀，移动刀具到工件右（左）侧，记下机床坐标值 X_2。用同样方法记下 Y_1、Y_2。利用刀具端面与工件的上表面接触，记下 Z 值。

在精加工中，由于不能损伤工件表面，故在装夹后使用标准 $\phi10$ 的对刀杆对刀。先移动 Z 轴及 X、Y 轴，让对刀杆与工件左侧留有一段间隙（大于1mm），然后将1mm 塞规放进去，手动调节 X 轴，直到松紧合适为止，记下此时机床坐标系的 X 值为 X_1。然后抬刀，移动对刀杆到工件右侧，用同样方法记下 X_2 值。同样的方法记下 Y_1、Y_2 值。用对刀杆端面与工件的上表面接触，记下 Z 值。

假定工件坐标系原点在工件对称中心上，那么工件坐标系各轴零点在机床坐标系下的坐标为 $X_0=(X_1+X_2)/2$，$Y_0=(Y_1+Y_2)/2$，$Z_0=Z$ 。

（3）建立工件坐标系：

1）FANUC 0i 数控系统。FANUC 0i 数控系统在建立工件坐标系时，在“工件坐标系设定”界面下，选择在 G54 ~ G59 坐标系中对刀。例如选择 G54 坐标系，手动输入 X_0 坐标值“ -200”，然后按“输入”，完成 X 坐标输入，如图 10-9 所示。同样将 Y_0、Z_0 值输入，完成工件坐标系设定。

2）Simens 802S 数控系统。Simens 802S 数控系统建立坐标系时，首先用手动方式移动刀具到工件坐标系原点位置（X_0，Y_0，Z_0），然后进入零点偏置界面，输入当前刀号的值，如1，然后按“确认”键。此时屏幕显示如图 10-10 所示。按计算和确认按键后，系统即自动生成在 X 方向的零点偏置。按“轴 +”软键使屏幕上变为“轴 Y”，“轴 Z”，同样方法生成在 Y、Z 方向的零点偏置 。

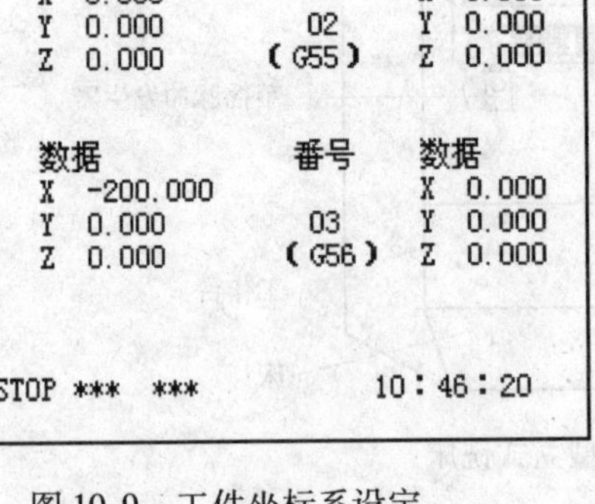

图 10-9 工件坐标系设定

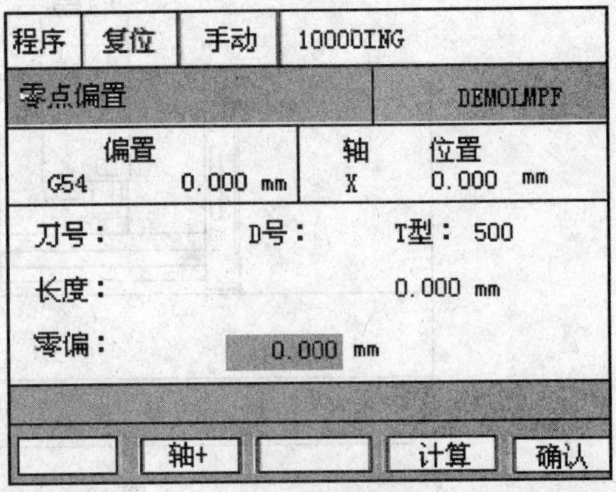

图 10-10 零点偏置

（4）程序校验。工件的加工程序输入到数控系统后，经检查无误，且各刀具的半径补偿值已输入到相应的存储器当中，便可进行机床的空运行。机床空运行完毕后，并确认加工过程正确，装夹工件可进行试切削。加工程序正确且加工出的工件符合零件的图样要求，便可连续执行加工程序进行正式加工。

（5）启动自动运行。系统调入零件加工程序，将机床置于“自动运行”方式。按下机床控制面板上的“循环启动”按键，机床开始自动运行调入的零件加工程序。

（6）检查与检验。工件加工完毕后，需要检验零件是否合格。在测量时，不要卸下零件，否则一旦尺寸不准就难以修正。在检验合格后，方可卸下工件。

（7）关机。

10.5 加工中心

10.5.1 加工中心简介

加工中心是带有自动换刀装置及刀库的数控机床。它最早是在数控铣床的基础上，通过增加刀库与回转工作台发展起来的。加工中心具有数控车床、数控铣床、数控镗床、数控钻床等功能，零件在一次装夹后，可以进行多面的铣、镗、钻、扩、铰及攻螺纹等多工序的加工。

10.5.1.1 加工中心主要特点

（1）工序高度集中，一次装夹后可以完成多个表面的加工。

（2）带有自动分度装置或回转工作台、刀库系统。可自动改变主轴转速、进给量和刀具相对于工件的运动轨迹。

（3）生产率是普通机床的5~6倍，尤其适合加工形状复杂、精度要求较高、品种更换频繁的零件。

（4）操作者劳动强度低，但机床结构复杂，对操作者技术水平要求较高。

（5）机床成本高。

10.5.1.2 加工中心分类

从加工中心的分类来看主要有以下几种：

（1）立式加工中心。主轴轴心线垂直布置，结构多为固定立柱式，适合加工盘类零件。可在水平工作台上安装回转工作台，用于加工螺旋线。

（2）卧式加工中心。主轴水平布置，带有分度回转工作台，有3~5个运动坐标，适合箱体类零件的加工。卧式加工中心又分为固定立柱式或固定工作台式。

（3）龙门式加工中心。龙门式加工中心主轴多为垂直布置，带有可更换的主轴头附件，一机多用，适合加工大型或形状复杂的零件。

（4）万能加工中心。具有五轴以上的多轴联动功能，工件一次装夹后，可以完成除安装面外的所有面的加工。降低了工件的形位误差，可省去二次装夹，生产率高，成本低。但此加工中心结构复杂。

10.5.2 XH714 立式加工中心

XH714 立式加工中心（见图10-11）是针对模具等机械行业设计的机床，具有高刚性、高可靠性、切削功率大的特点，气动换刀快捷、方便。XH714 立式加工中心主要由防护门、刀库、主轴、控制面板、手摇发生器、工作台和床身等部分组成。主要选配系统有西门子、法那克、三菱、华中等数控系统。XH714 立式加工中心主要技术参数如下：

工作台面尺寸（mm）：405×1370

X 轴最大行程（mm）：900

Y 轴最大行程（mm）：460

Z 轴最大行程（mm）：500

定位精度（mm）：±0.01

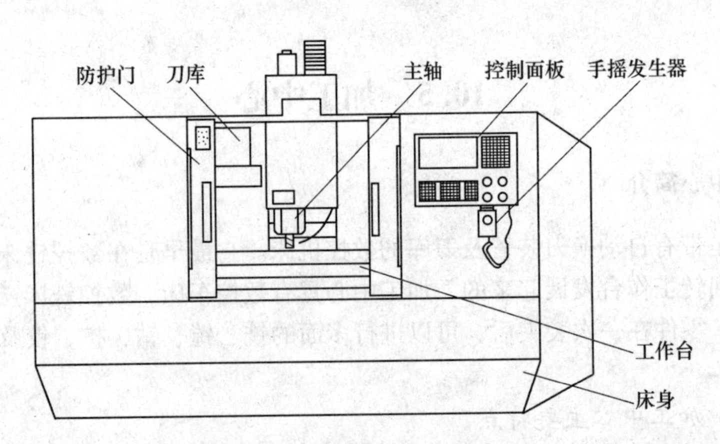

图 10-11　XH714 立式加工中心

重复定位精度（mm）：±0.0075

主轴电动机功率（kW）：5.5/7.5

主轴最高转速（mm/min）：6000 ~ 8000（无级变频调速）

最大快进速度（mm/min）：6000 ~ 10000

主轴端面至工作台面距离（mm）：50 ~ 600

主轴锥孔：BT40

工作台承重（kg）：500

机床总功率（kW）：15

机床净重（T）：4.5

10.5.3　加工中心操作

配备 FANUC 0i 数控系统的加工中心操作同数控铣床，篇幅有限，在此不再叙述。本章主要介绍配备 Siemens 802D 数控系统的加工中心操作。

（1）手动操作：

1）返回参考点。机床开机后，显示屏上方显示急停信号（0030）。顺时针旋转急停开关，使急停开关抬起，消除急停报警。然后按下返回参考点按键，再分别按下 +X、+Y、+Z 键，机床上的坐标轴将返回参考点，显示屏上坐标轴 X、Y、Z 后的空心圆变为实心圆，同时 X、Y、Z 的坐标值为 0。

2）手动运行方式。在手动运行状态下，按下坐标轴方向选择键（如 +X），机床在相应的轴上发生运动。只要按住坐标轴方向选择键不放，机床就会以设定的速度连续移动。使用机床控制面板上的进给速度修调旋钮可以选择进给速度。如果按下快进按键，然后再按坐标轴方向键，则该轴将产生快速运动。

（2）程序输入与编辑。在程序列表界面，如图 10-12 所示，按下“新程序”按键，然后输入程序名。例如：输入字母 WEI，然后按“确认”键，就可以进入新程序编辑界面。在新程序编辑界面完成程序的输入。

在零件程序处于非执行状态时，可以进行编辑。在零件程序中进行的任何修改均立即被存储。在程序列表界面，选择要编辑的程序，按“程序打开”键，进入程序编辑窗口，即可对程序进行编辑。程序编辑完成后，关闭编辑窗口，则在文件中存储修改情况。

(3) 数据设置:

1) 设置刀具参数。打开刀具补偿设置窗口，该窗口显示所使用的刀具清单，如图10-13所示。

程序名称	类型	长度	执行
			新程序
WEI	MPF	1	复制
LCYC82	MPF	254	程序删除
			程序打开
			程序改名
			读入
			读出
程序	循环	用户循环	数据存储

图10-12 新程序输入

刀具数据补偿		刀沿		有效刀具号 D		
类型	T	D	几何		磨损		测量刀具
			长度	半径	长度	半径	
钻	1	1	0.000	0.000	0.000	0.000	删除刀具
							扩展
							刀沿
							刀具搜索
							新刀具
刀具表		零点偏置	R参数	设定数据	用户数据		

图10-13 刀具补偿设置

使用光标移动键将光标定位到需要输入数据的位置。按数控系统面板上的数字键，输入相应的刀具参数值，然后按输入键“INPUT”确认。

2) 设置零点偏置值。在零点偏置界面如图10-14所示，使用光标移动键，将光标定位到需要输入数据的位置，按数控系统面板上的数字键，输入数值，然后按输入键“INPUT”确认。

补偿　　下一个轴

可设置零点偏置　　测量工件

WCS X 0.000 mm　　MCS X 0.000 mm
Y 0.000 mm　　Y 0.000 mm
Z 0.000 mm　　Z 0.000 mm

	X	Y	Z	X	Y	Z
基本	0.000	0.000	0.000	0.000	0.000	0.000
G54	0.000	0.000	0.000	0.000	0.000	0.000
G55	0.000	0.000	0.000	0.000	0.000	0.000
G56	0.000	0.000	0.000	0.000	0.000	0.000
G57	0.000	0.000	0.000	0.000	0.000	0.000
G58	0.000	0.000	0.000	0.000	0.000	0.000
G59	0.000	0.000	0.000	0.000	0.000	0.000

刀具表　零点偏置　R参数　设定数据　用户数据

图10-14 零点偏置

(4) 程序检验。工件的加工程序输入到数控系统后，经检查无误便可进行机床的空运行。机床空运行完毕后，并确认加工过程正确，装夹工件可进行实际切削。加工程序正确且加工出的工件符合零件图样要求，便可连续执行加工程序进行加工。

(5) 启动自动运行。运行前将机床置于“自动运行”方式。按一下机床控制面板上的“循环启动”按键，机床开始自动运行零件加工程序。

(6) 检查与检验。工件加工完毕后，在卸下工件之前必须对照图样的要求，对各项尺寸要求及公差要求进行检测，一定要在符合要求的前提下，才能卸下工件。

(7) 关机。按下控制面板上的“急停”按钮，断开伺服电源，断开机床电源，完成关机。

10.6 数控机床编程基础

10.6.1 数控机床坐标系

在数控编程时，为了描述机床的运动，简化程序编制的方法及保证记录数据的互换性，数控机床的坐标系和运动方向均已标准化，ISO 和我国都拟定了命名的标准。通过这一部分的学习，能够掌握机床坐标系、编程坐标系的概念，具备实际动手设置机床加工坐标系的能力。

10.6.1.1　机床坐标系

A　机床坐标系的确定

(1) 机床相对运动的规定。在机床上，始终认为工件静止，而刀具是运动的。这样编程人员在不考虑机床上工件与刀具具体运动的情况下，就可以依据零件图，确定机床的加工过程。

(2) 机床坐标系的规定。在数控机床上，机床的动作是由数控装置来控制的，为了确定数控机床上的成型运动和辅助运动，必须先确定机床上运动的位移和运动的方向，这就需要通过坐标系来实现，这个坐标系被称之为机床坐标系。

标准机床坐标系中 X、Y、Z 坐标轴的相互关系用右手笛卡尔直角坐标系决定。

1）伸出右手的大拇指、食指和中指，并互为 90°。则大拇指代表 X 坐标，食指代表 Y 坐标，中指代表 Z 坐标。

2）大拇指的指向为 X 坐标的正方向，食指的指向为 Y 坐标的正方向，中指的指向为 Z 坐标的正方向。

3）围绕 X、Y、Z 坐标旋转的旋转坐标分别用 A、B、C 表示，根据右手螺旋定则，大拇指的指向为 X、Y、Z 坐标中任意轴的正向，则其余四指的旋转方向即为旋转坐标 A、B、C 的正向，如图 10-15 所示。

(3) 运动方向的规定。增大刀具与工件距离的方向即为各坐标轴的正方向。

B　附加坐标系

为了编程和加工的方便，有时还要设置附加坐标系。

对于直线运动，可以采用平行于 X、Y、Z 坐标轴的附加坐标系：第一组附加坐标系为 U、V、W 坐标；第二组附加坐标系为 P、Q、R 坐标。

10.6.1.2　编程坐标系

编程坐标系是编程人员根据零件图及加工工艺等建立的坐标系。

编程坐标系一般供编程使用，确定编程坐标系时不必考虑工件毛坯在机床上的实际装夹位置。如图 10-16 所示，其中 O_2 即为编程坐标系原点。

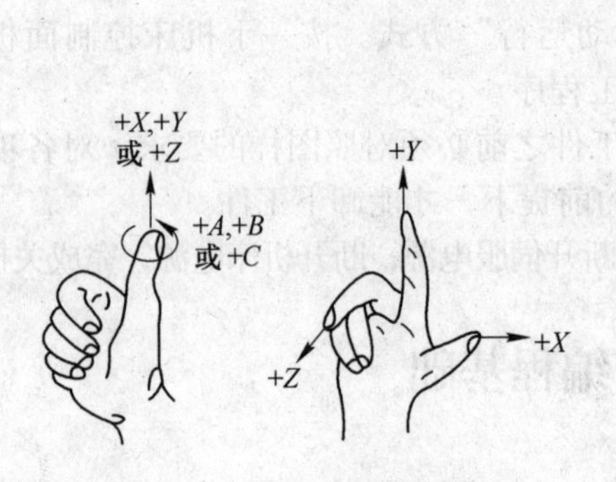

图 10-15　笛卡儿直角坐标系

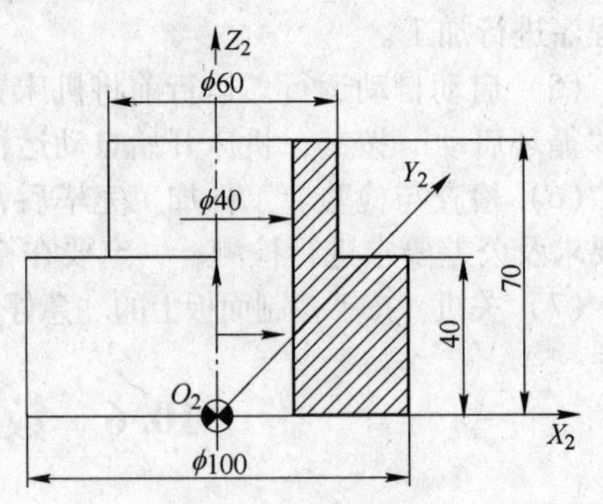

图 10-16　编程坐标系

编程原点是根据加工零件图及加工工艺要求选定的编程坐标系的原点。

编程原点应尽量选择在零件的设计基准或工艺基准上，编程坐标系中各轴的方向应该与所使用的数控机床相应的坐标轴方向一致。

10.6.2 数控程序的编制

在编制数控加工程序前，应首先了解数控程序编制的主要工作内容、程序编制的工作步骤、每一步应遵循的工作原则等，最终才能获得满足要求的数控程序。

10.6.2.1 数控程序编制的概念

编制数控加工程序是使用数控机床的一项重要技术工作，理想的数控程序不仅应该保证加工出符合零件图要求的合格零件，还应该使数控机床的功能得到合理的应用与充分的发挥，使数控机床能安全、可靠、高效地工作。

数控编程是指从零件图样到获得数控加工程序的全部工作过程。数控程序编制的内容及步骤如图10-17所示。

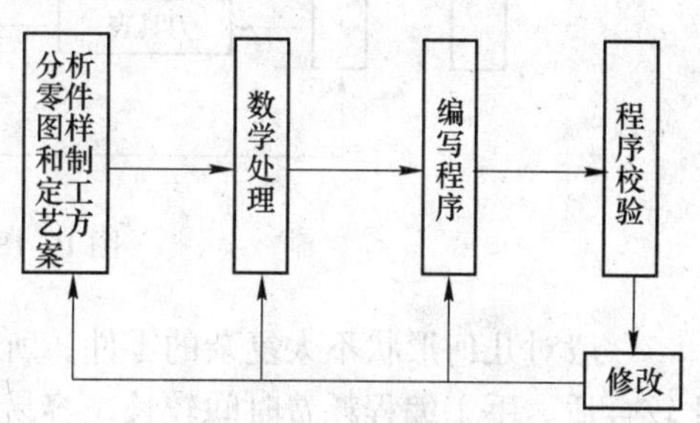

图10-17 数控程序编制的内容及步骤

(1) 分析零件图和制定工艺方案。这项工作的内容包括：对图样进行分析，明确加工的内容和要求；确定加工方案；选择适合的数控机床；选择或设计刀具和夹具；确定合理的走刀路线及选择合理的切削用量等。这一工作要求编程人员能够对图样的技术特性、几何形状、尺寸及工艺要求进行分析，并结合数控机床使用的基础知识，如数控机床的规格、性能、数控系统的功能等，确定加工方法和加工路线。

(2) 数学处理。在确定了工艺方案后，就需要根据零件的几何尺寸、加工路线等，计算刀具中心运动轨迹，以获得刀位数据。数控系统一般均具有直线插补与圆弧插补功能，对于加工由圆弧和直线组成的较简单的平面零件，只需要计算出零件轮廓上相邻几何元素交点或切点的坐标值，得出各几何元素的起点、终点、圆弧的圆心坐标值等，就能满足编程要求。当零件的几何形状与控制系统的插补功能不一致时，需要进行较复杂的数值计算，一般需要使用计算机辅助计算，否则难以完成。

(3) 编写零件加工程序。在完成上述工艺处理及数值计算工作后，即可编写零件加工程序。程序编制人员使用数控系统的程序指令，按照规定的程序格式，逐段编写加工程序。程序编制人员应对数控机床的功能、程序指令及代码十分熟悉，才能编写出正确的加工程序。

(4) 程序检验。将编写好的加工程序输入数控系统，就可控制数控机床的加工工作。一般在正式加工之前，要对程序进行检验。通常可采用机床空运转的方式，来检查机床动作和运动轨迹的正确性，以检验程序。在具有图形模拟显示功能的数控机床上，可通过显示走刀轨迹或模拟刀具对工件的切削过程，对程序进行检查。对于形状复杂和要求高的零件，也可采用铝件、塑料或石蜡等易切材料进行试切来检验程序。通过检查试件，不仅可确认程序是否正确，还可知道加工精度是否符合要求。若能采用与被加工零件材料相同的材料进行试切，则更能反映实际加工效果，当发现加工的零件不符合加工技术要求时，可修改程序或采取尺寸补偿等措施。

10.6.2.2 数控程序编写方法

数控加工程序的编写方法主要有两种：手工编写程序和自动编写程序。

(1) 手工编程。手工编程指主要由人工来完成数控编程中各个阶段的工作。如图10-18所示。

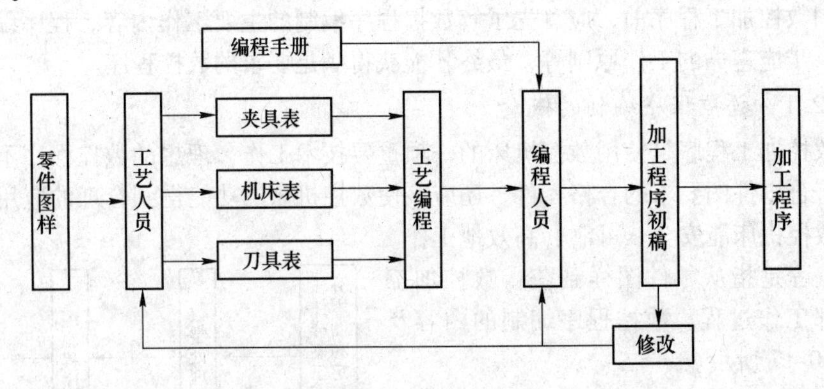

图10-18 手工编程内容

一般对几何形状不太复杂的零件，所需的加工程序不长，计算比较简单，用手工编程比较合适。手工编程耗费时间较长，容易出现错误，无法胜任复杂形状零件的编程。

(2) 计算机自动编程。自动编程是指在编程过程中，除了分析零件图样和制定工艺方案由人工进行外，其余工作均由计算机辅助完成。

采用计算机自动编程时，数学处理、编写程序、检验程序等工作是由计算机自动完成的，由于计算机可自动绘制出刀具中心运动轨迹，使编程人员可及时检查程序是否正确，需要时可及时修改，以获得正确的程序。又由于计算机自动编程代替程序编制人员完成了繁琐的数值计算，可提高编程效率几十倍乃至上百倍，因此解决了手工编程无法解决的许多复杂零件的编程难题。因而，自动编程的特点就在于编程工作效率高，可解决复杂形状零件的编程难题。

根据输入方式的不同，可将自动编程分为图形数控自动编程、语言数控自动编程和语音数控自动编程等。图形数控自动编程是指将零件的图形信息直接输入计算机，通过自动编程软件的处理，得到数控加工程序。目前，图形数控自动编程是使用最为广泛的自动编程方式。语言数控自动编程指将加工零件的几何尺寸、工艺要求、切削参数及辅助信息等用数控语言编写成源程序后，输入到计算机中，再由计算机进一步处理得到零件加工程序。语音数控自动编程是采用语音识别器，将编程人员发出的加工指令声音转变为加工程序。

10.6.3 程序段的构成与格式

10.6.3.1 指令字

指令字由地址符和数据符组成。地址符由英文A~Z组成，由它确定跟随的数据及含义，如G01代表直线插补功能（G是地址符，01是数据符）。

(1) 程序段序号N。由地址符N和其后的2~3位数字组成，用于表示程序的段号。

(2) 准备功能字G。由地址符G和其后两位数字组成，用于指定坐标、指定定位方式、插补方式、加工螺纹、各种固定循环及刀具补偿等功能。常见的指令字如表10-1所示。

表10-1 G功能字含义表

G功能字	FANUC系统	SIEMENS系统	G功能字	FANUC系统	SIEMENS系统
G00	快速移动点定位	快速移动点定位	G70	精加工循环	英制
G01	直线插补	直线插补	G71	外圆粗切循环	米制
G02	顺时针圆弧插补	顺时针圆弧插补	G72	端面粗切循环	—
G03	逆时针圆弧插补	逆时针圆弧插补	G73	封闭切削循环	—
G04	暂停	暂停	G74	深孔钻循环	—
G05	—	通过中间点圆	G75	外径切槽循环	—
G17	XY平面选择	XY平面选择	G76	复合螺纹切削循环	—
G18	ZX平面选择	ZX平面选择	G80	撤销固定循环	撤销固定循环
G19	YZ平面选择	YZ平面选择	G81	定点钻孔循环	固定循环
G32	螺纹切削	—	G65	用户宏指令	—
G33	—	恒螺距螺纹切削	G90	绝对值编程	绝对尺寸
G40	刀具补偿注销	刀具补偿注销	G91	增量值编程	增量尺寸
G41	刀具半径补偿—左	刀具半径补偿—左	G92	螺纹切削循环	主轴转速极限
G42	刀具半径补偿—右	刀具半径补偿—右	G94	每分钟进给量	直线进给率
G43	刀具长度补偿—正	—	G95	每转进给量	旋转进给率
G44	刀具长度补偿—负	—	G96	恒线速控制	恒线速度
G49	刀具长度补偿注销	—	G97	恒线速取消	注销G96
G50	主轴最高转速限制	—	G98	返回起始平面	—
G54 ~ G59	加工坐标系设定	零点偏置	G99	返回R平面	—

(3) 进给功能字F。由地址F和其后的数字组成，用于指定刀具相对于工件的进给速度。进给方式有每分钟进给（r/min）和每转进给（mm/r）。

(4) 主轴转速功能字S。用于指定机床的转速，其数据既有以转数值直接指定的，也有用代码指定的。如一般的经济型数控系统，其S只能指定某一机械挡位的高速和低速。

(5) 刀具功能字T。用于指定刀具号和刀具补偿值，T后面有2位或4位数值，如T0202，前2位指定刀具号为2号刀，后2位则为调用第2组刀补值。

(6) 辅助功能字M。辅助功能字的地址符是M，后续数字一般为2位正整数，又称为M功能或M指令，用于指定数控机床辅助装置的开关动作，M指令如表10-2所示。

表10-2 辅助功能字M含义表

M功能	含 义	M功能	含 义
M00	程序停止	M03	主轴顺时针
M01	计划停止	M04	主轴逆时针
M02	程序停止	M05	主轴旋转停

续表 10-2

M 功能	含　义	M 功能	含　义
M06	换刀	M30	程序停止并返回程序头
M07	2 号切削液开	M98	调用子程序
M08	1 号切削液开	M99	返回子程序
M09	切削液关		

10.6.3.2　程序段的格式

程序段是可作为一个单位来处理的、连续的指令字组，是数控加工程序中的一条语句。一个数控加工程序是若干个程序段组成的。

程序段格式是指程序段中的字、字符和数据的安排形式。现在一般使用字地址可变程序段格式，每个字长不固定，各个程序段中的长度和功能字的个数都是可变的。地址可变程序段格式中，在上一程序段中写明的，本程序段里又不变化的那些字仍然有效，可以不再重写，这种功能字称之为续效字。

程序段格式举例：

N30 G01 X88.1 Y30.2 F500 S3000 T02 M08

N40 X90（本程序段省略了续效字"G01 Y30.2 F500 S3000 T02 M08"，但它们的功能仍然有效）

在程序段中，必须明确组成程序段的各要素：

（1）移动目标：终点坐标值 X、Y、Z。

（2）沿怎样的轨迹移动：准备功能字 G。

（3）进给速度：进给功能字 F。

（4）切削速度：主轴转速功能字 S。

（5）使用刀具：刀具功能字 T。

（6）机床辅助动作：辅助功能字 M。

10.6.3.3　程序的格式

（1）程序开始符、结束符。程序开始符、结束符是同一个字符，ISO 代码中是%，EIA 代码中是 EP，书写时要单列一段。

（2）程序名。程序名有两种形式：一种是英文字母 O 和 1～4 位正整数组成（如法那克系统）；另一种是由英文字母开头，字母数字混合组成的（如西门子系统）。一般要求单列一段。

（3）程序主体。程序主体是由若干个程序段组成的。每个程序段一般占一行。

（4）程序结束指令。程序结束指令可以用 M02 或 M30。一般要求单列一段。

加工程序的一般格式举例：

```
%；  开始符
O1000；  程序名
N10 G00 G54 X50 Y30 M03 S3000  ⎫
N20 G01 X88.1 Y30.2 F500 T02 M08 ⎬；程序主体
N30 X90                          ⎪
          ……                     ⎭
N300 M30                         ；结束指令
```

除上述零件程序的正文部分以外，有些数控系统可在每一个程序段后用程序注释符加入注释文字，如“（ ）”内部分或“;”后的内容为注释文字。

10.6.4 编程实例

10.6.4.1 车削编程实例 1

编制图 10-19 所示工件的数控加工程序，不要求切断，1 号刀为外圆刀，2 号刀为螺纹刀，3 号刀为切槽刀，切槽刀宽度 4mm，毛坯直径 32mm

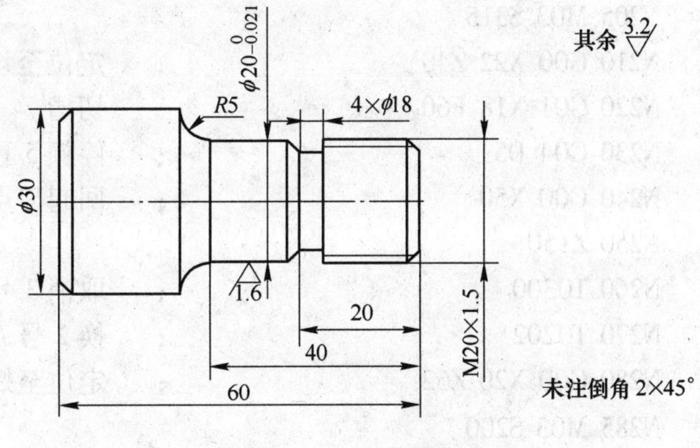

图 10-19 车削实例 1

（1）确定工艺路线。首先根据图样要求按先主后次的加工原则，确定工艺路线如下：

加工外圆与端面→切槽→车螺纹。

（2）选择刀具，确定工件原点。根据加工要求需选用 3 把刀具，1 号刀车外圆与端面；2 号刀车螺纹；3 号刀切槽。用试切法对刀以确定工件原点，此例中工件原点位于工件左端面中心。

（3）确定切削用量：

1）加工外圆与端面，主轴转速 630r/min，进给速度 150mm/min。

2）切槽，主轴转速 315r/min，进给速度 150mm/min。

3）车螺纹，主轴转速 200r/min，进给速度 200mm/min。

（4）编制加工程序：

```
N10 G50 X50 Z150              ;    确定起刀点
N20 M03 S630                  ;    主轴正转
N30 T0101                     ;    选用 1 号刀，1 号刀补
N40 G00 X33 Z60               ;    准备加工右端面
N50 G01 X-1 F150              ;    加工右端面
N60 G00 X31 Z62               ;    准备开始进行外圆循环
N70 G90 X28 Z20 F150          ;    开始进行外圆循环
N80 X26
N90 X24
N100 X22
N110 X21                      ;    ϕ20 圆先车削至 ϕ21
N120 G00 Z60                  ;    准备车倒角
N130 G01 X18 F150             ;    定位至倒角起点
N140 G01 X20 Z59              ;    倒角
N150 Z20                      ;    车削 ϕ20 圆
N160 G03 X30 Z15 I10 K0       ;    车削圆弧 R5
```

```
N170 G01 X30 Z0             ;  车削φ30 圆
N180 G00 X50 Z150           ;  回起刀点
N190 T0100                  ;  取消 1 号刀补
N200 T0303                  ;  换 3 号刀
N205 M03 S315
N210 G00 X22 Z40            ;  定位至切槽点
N220 G01 X18 F60            ;  切槽
N230 G04 D5                 ;  停顿 5 秒钟
N240 G00 X50                ;  回起刀点
N250 Z150
N260 T0300                  ;  取消 3 号刀补
N270 T0202                  ;  换 2 号刀
N280 G00 X20 Z62            ;  定位至螺纹起切点
N285 M03 S200
N290 G92 X19.5 Z42 P1.5     ;  螺纹循环开始
N300 X19
N310 X18.5
N320 X17.3
N330 G00 X50 Z150           ;  回起刀点
N340 T0200                  ;  取消 2 号刀补
N350 M05                    ;  主轴停止
N360 M02                    ;  程序结束
```

10.6.4.2 车削编程实例 2

编制图 10-20 所示工件的数控加工程序，要求切断，1 号刀为外圆刀，2 号刀为切槽刀，切槽刀宽度 4mm，毛坯直径 32mm。

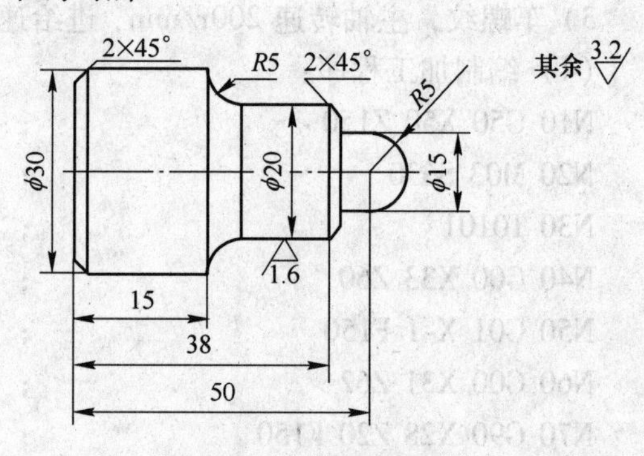

图 10-20 车削实例 2

（1）确定工艺路线。首先根据图样要求按先主后次的加工原则，确定工艺路线：

1）粗加工外圆与端面。

2）精加工外圆与端面。

3）切断。

（2）选择刀具，对刀，确定工件原点。根据加工要求需选用 2 把刀具，T01 号刀车外圆与端面，T02 号刀切断。用碰刀法对刀以确定工件原点，此例中工件原点位于最左面。

（3）确定切削用量：

1）加工外圆与端面，主轴转速 630r/min，进给速度 150mm/min。

2）切断，主轴转速 315r/min，进给速度 150mm/min。

（4）编制加工程序：

```
N10 G50 X50 Z150            ;  确定起刀点
```

```
N20 M03 S630                        ;  主轴正转
N30 T0101                           ;  选用1号刀，1号刀补
N40 G00 X35 Z57.5                   ;  准备加工右端面
N50 G01 X-1 F150                    ;  加工右端面
N60 G00 X32 Z60                     ;  准备开始进行外圆循环
N70 G90 X28 Z20 F150                ;  开始进行外圆循环
N80 X26
N90 X24
N100 X22
N110 X21                            ;  φ20 圆先车削至 φ21
N120 G01 X0 Z57.5 F150              ;  结束外圆循环并定位至半圆 R7.5 的起切点
N130 G02 X15 Z50 I0 K-7.5 F150      ;  车削半圆 R7.5
N140 G01 X15 Z42 F150               ;  车削 φ15 圆
N150 X16                            ;  倒角起点
N160 X20 Z40                        ;  倒角
N170 Z20                            ;  车削 φ20 圆
N180 G03 X30 Z15 I10 K0 F150        ;  车削圆弧 R5
N190 G01 X30 Z2 F150                ;  车削 φ30 圆
N200 X26 Z0                         ;  倒角
N210 G0 X50 Z150                    ;  回起刀点
N220 T0100                          ;  取消1号刀补
N230 T0202                          ;  换2号刀
N235 M03 S315
N240 G0 X33 Z-4                     ;  定位至切断点
N250 G01 X-1 F150                   ;  切断
N260 G0 X50 Z150                    ;  回起刀点
N270 T0200                          ;  取消2号刀补
N280 M05                            ;  主轴停止
N290 M02                            ;  程序结束
```

10.6.4.3 铣削编程实例 1

编制图 10-21 中矩形的内轮廓，圆的外轮廓数控加工程序，要求使用刀补，铣刀直径 10mm，一次下刀 8mm。

（1）首先根据图样要求按先主后次的加工原则，确定工艺路线：

1）加工矩形的内轮廓。

2）加工圆的外轮廓。

（2）选择刀具，确定工件原点。根据加工要求需选用 1 把键槽铣刀，直径 10mm，刀补在面板上输入。用随机对刀法确定工件原点。

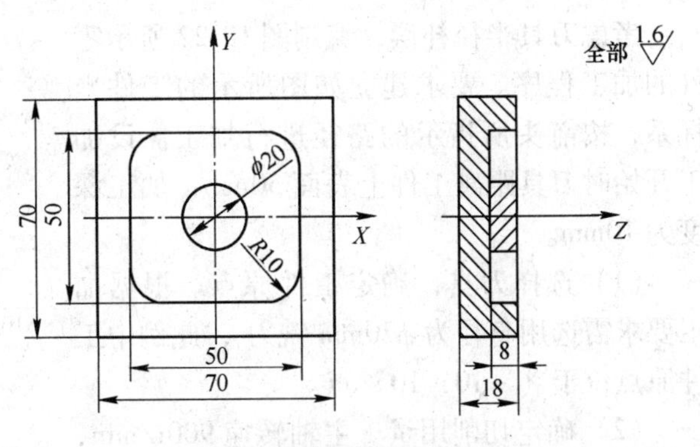

图 10-21 铣削实例 1

（3）确定切削用量。主轴转速 1000r/min，进给速度 150mm/min。

（4）编制加工程序：

```
N10 G92 X0 Y0 Z40              ；确定工件原点，此时工件原点在刀位点下方40mm处
N20 M03 S1000                  ；主轴正转
N30 G00 X-50 Y-50              ；快移至刀补起点
N40 G42 G01 X-25 Y0 D01 F150   ；建立右刀补并至起刀点
N50 G01 Z-8                    ；下刀
N60 Y15                        ；开始加工内轮廓
N70 G02 X-15 Y25 R10
N80 G01 X15
N90 G02 X25 Y15 R10
N100 G01 Y-15
N110 G02 X15 Y-25 R10
N120 G01 X-15
N130 G02 X-25 Y-15 R10
N140 G01 Y0                    ；内轮廓加工结束，定位至外轮廓加工过渡圆起点
N150 G02 X-10 Y0 R7.5          ；走外轮廓加工过渡圆，使外轮廓进刀时圆滑过渡
N160 G03 I10                   ；加工外轮廓
N170 G02 X-25 Y0 R7.5          ；走外轮廓加工过渡圆，使外轮廓退刀时圆滑过渡
N180 G01 Z20                   ；抬刀
N190 G40 G00 X0Y0 D01          ；取消刀补并回工件原点
N200 M30                       ；程序结束
```

10.6.4.4 铣削编程实例 2

考虑刀具半径补偿，编制图 10-22 所示零件的加工程序。要求建立如图所示的工件坐标系，按箭头所指示的路径进行加工。设加工开始时刀具距离工件上表面 50mm，加工深度为 10mm。

（1）选择刀具，确定工件原点。根据加工要求需选用直径为 ϕ20mm 铣刀，此例中工件原点位于（-10，10）点。

（2）确定切削用量。主轴转速 900r/min，进给速度 80mm/min。

（3）编写加工程序：

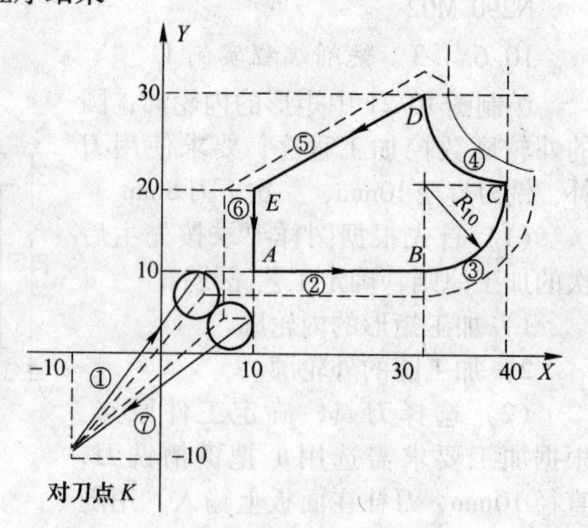

图 10-22 铣削实例 2

```
%
O4011
G92 X-10 Y-10 Z50          ;  建立工件坐标系，对刀点坐标（-10，-10，50）
G90 G17                    ;  绝对坐标编程，刀具半径补偿平面为XY平面
G42 G00 X4 Y10 D01         ;  建立右刀补，刀补号码01，快移到工件切入点
Z2 M03 S900                ;  Z向快移接近工件上表面，主轴正转
G01 Z-10 F80               ;  Z向切入工件，加工深度10mm，进给速度80mm/min
X30                        ;  加工AB段直线
G03 X40 Y20 I0 J10         ;  加工DC段圆弧
G02 X30 Y30 I0 J10         ;  加工CD段圆弧
G01 X10 Y20                ;  加工DE段直线
Y5                         ;  加工EA段直线
G00 Z50 M05                ;  Z向快移离开工件上表面，主轴停转
G40 X-10 Y-10              ;  取消刀补，快移到对刀点
M02
```

10.6.4.5　加工中心编程实例

编制图10-23所示工件的数控加工中心程序。

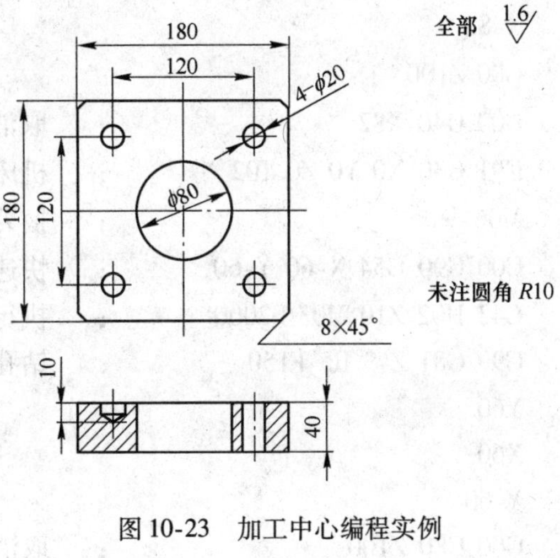

图10-23　加工中心编程实例

（1）确定工艺路线。首先根据零件图样要求按先主后次的加工原则，确定工艺路线。

1）铣削ϕ80mm内孔。

2）铣削工件外轮廓。

（2）选择刀具，确定工件原点。根据加工要求需选用3把刀具，选用1号刀为ϕ20mm铣刀；2号刀为中心钻；3号刀为ϕ20mm钻头。

此例中工件原点位于工件上表面中心。

（3）确定切削用量：

1）加工内孔与外轮廓，主轴转速1000r/min，进给速度150mm/min。

2）钻孔，主轴转速2000r/min，进给速度150mm/min。

```
%
O001
G17 G40 G80                ;  选择加工平面，取消补偿
G00 G91 G30 X0 Y0 Z0 T01   ;  机床返回换刀点，选择1号刀
M06                        ;  换刀
G00 G90 G54 X0 Y0 Z0       ;  快速定位到工件原点
```

```
G43 H01 Z20 M03 S1000        ;  执行1号长度补偿，主轴正转1000r/min
Z-42
G01 G42 D01 X-40 F400        ;  执行半径右补偿
G02 I40 J0 F150              ;  铣削φ80mm内孔
G00 Y0 G40                   ;  取消半径补偿
Z100
G00 G90 G54 X-110 Y-100
Z-42
G01 G41 X-90 F150            ;  执行半径左补偿
Y82                          ;  铣削工件外轮廓
X-82 Y90
X82
X82 Y90
X-82
X82 Y-90
X-82
G00 Z100
G00 G40 X82                  ;  取消半径补偿
G91 G30 X0 Y0 Z0 T02         ;  机床返回换刀点，选择2号刀
M06                          ;  换刀
G00 G90 G54 X-60 Y-60        ;  快速定位到钻孔位置
G43 H02 Z10 M03 S2000        ;  执行2号长度补偿，主轴正转2000r/min
G99 G81 Z-3 R5 F150          ;  钻孔
Y60
X60
Y-60
G00 G80 Z100                 ;  取消钻孔循环
G91 G30 X0 Y0 Z0 T03         ;  机床返回换刀点，选择3号刀
M6                           ;  换刀
G00 G90 G54 X-60 Y-60        ;  快速定位到钻孔位置
G43 H03 Z10 M03 S2000        ;  执行3号长度补偿，主轴正转2000r/min
G99 G81 Z-12 R3 F150         ;  钻孔
Y60
X60 Z-42
Y-60
G00 G80 Z100                 ;  取消钻孔循环
G00 G28 Y0                   ;  机床返回参考点
M30                          ;  程序结束
```

复习思考题

10-1　判断题

1. 我国于1965年开始批量生产配有电子管数控系统的数控铣床。(　　)
2. 对于开环机床，位置检测反馈系统将反馈信号反馈给数控装置，以减少加工误差。(　　)
3. 机床断电后，再次接通电源时，操作者必须进行返回参考点的操作。(　　)
4. 按下“急停”按钮后，除润滑泵外，机床动作及各种功能均停止。(　　)
5. 机床在自动运转过程中，按下“急停”键则机床全部操作均停止。(　　)
6. 经济型数控铣床一般采用开环控制，可以实现三坐标联动。(　　)
7. 加工中心可以进行多面的铣、镗、钻、扩、铰及攻螺纹等多工序的加工。(　　)
8. 确定编程坐标系时不必考虑工件毛坯在机床上的实际装夹位置。(　　)
9. 在数控机床上，机床的动作是由数控装置来控制的。(　　)
10. G02和G03都是圆弧插补指令。(　　)

10-2　选择题

1. 数控铣床是一种加工功能很强的数控机床，但不具有________工艺手段。
   A. 镗削　　B. 钻削　　C. 螺纹加工　　D. 车削
2. 根据加工零件图样选定的编制零件程序的原点是________。
   A. 机床原点　　B. 编程原点　　C. 加工原点　　D. 刀具原点
3. 直线插补指令是________。
   A. G01　　B. G05　　C. G43　　D. G28
4. 加工中心用来换刀的指令是________。
   A. M16　　B. M06　　C. M04　　D. M03
5. 撤销刀具长度补偿指令是________。
   A. G40　　B. G41　　C. G43　　D. G49
6. 加工坐标系设定指令是________。
   A. G01　　B. G54　　C. G43　　D. G28
7. 程序结束并复位到起始位置的指令________。
   A. M00　　B. M01　　C. M02　　D. M30
8. 数控车床不可以加工________。
   A. 平面　　B. 曲面　　C. 轴类零件　　D. 盘类零件
9. 下列指令属于准备功能字的是________。
   A. G01　　B. M08　　C. T01　　D. S500
10. 数控铣床的G41/G42是对________进行补偿。
   A．刀尖圆弧半径　　B. 刀具半径　　C. 刀具长度　　D. 刀具角度

10-3　简答题

1. 试分析数控车床X轴方向的手动对刀过程。
2. 数控铣削适用于哪些加工场合？
3. 加工中心可分为哪几类，其主要特点有哪些？
4. 数控机床加工程序的编制步骤？
5. 数控机床加工程序的编制方法有哪些，它们分别适用什么场合？
6. 如何选择一个合理的编程原点？

7. 数控程序由哪几部分组成？

10-4 选择加工图 10-24 所示零件所需刀具，编制数控加工程序。

10-5 加工图 10-25 所示的各平面型腔零件。各型腔深 5mm，材料选用 45 钢，试编写加工程序。

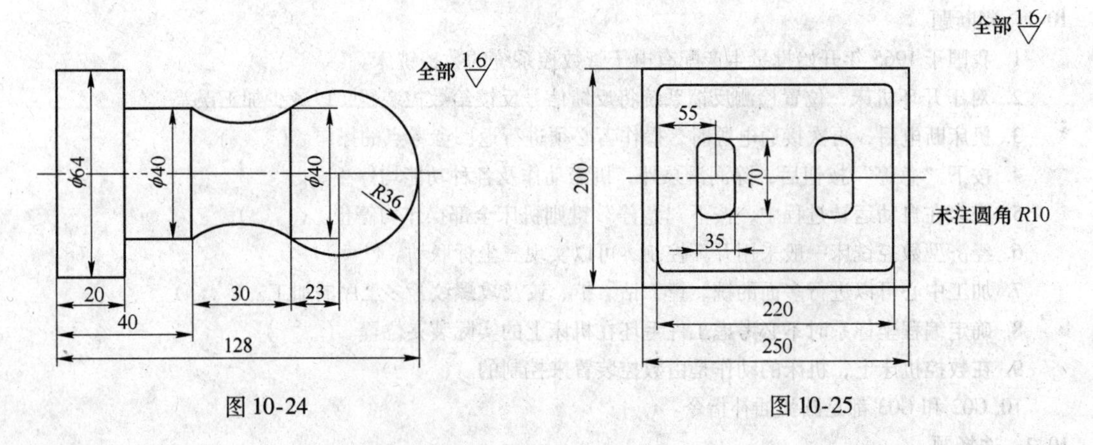

图 10-24 图 10-25

10-6 采用 XH714 加工中心加工图 10-26 所示的零件图样，材料为 45 钢，表面粗糙度要求 Ra 值为 1.6，试编制加工程序，并请提供尽可能多的程序方案。

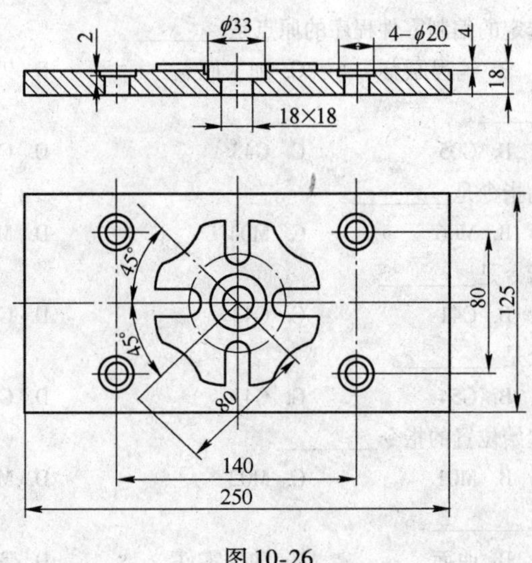

图 10-26

特种加工、工业机器人及塑料成型

11.1 实训内容及要求

A 实训内容

(1) 了解特种加工、工业机器人的工作原理、主要组成部分及其作用，了解塑料成型常见方法、原理。

(2) 掌握线特种加工的操作方法，掌握简单零件加工程序的编制和输入方法。

(3) 理解焊接机器人的功能、编程，并掌握其操作方法。

(4) 理解塑料成型加工过程及操作方法。

B 基本技能

(1) 掌握电火花、线切割机床的操作技能，能按要求编制简单零件的加工程序。

(2) 掌握焊接机器人的操作方法。

C 安全注意事项

a 特种加工

(1) 在进行数控线切割加工时，要正确安装电极丝与工件，调整钼丝至预期的切入位置，钼丝接高频电源负端，工件接正端，钼丝不可接触工件。

(2) 严格按照设备使用说明和操作规程进行操作。

(3) 加强机床的机械装置的日常检查、防护和润滑。

b 焊接机器人

(1) 开机时确认机器人动作区域没有其他工作人员。

(2) 穿戴长袖的工作服装、工作手套，戴上防护眼镜，不要穿暴露脚面的鞋子，以防烫伤。

(3) 操作时，夹具工装的压紧装置必须压牢，取下焊接完的工件必须远离焊接部位。

(4) 如发现机器人工作异常，立即停机保修，非专业人员不可擅动。

c 注塑成型

(1) 将手伸入模具时应先将安全门打开。

(2) 无论什么场合，整个身体进入两模板之间时，都应先切断电源。

(3) 身体不要接触注射机的可移动部分。

(4) 落料不可中断，否则机筒热量增加会使注射口有发生火灾的危险。

11.2 特种加工

随着科技与生产的发展，许多现代工业产品要求具有高强度、高硬度、耐高温、耐低温、耐高压等技术性能，为适应上述各种要求，需要采用一些新材料、新结构，从而对机械加工提出了许多新问题，如高强度合金钢、耐热钢、钛合金、硬质合金等难加工材料的加工；陶瓷、玻璃、人造金刚石、硅片等非金属材料的加工；高精度、表面粗糙度极小的表面加工；复杂型面、薄壁、小孔、窄缝等特殊工件的加工等等。此类加工如采用传统的切削加工往往很难解决，不仅效率较低、成本高，而且很难达到零件的精度和表面粗糙度要求，有些甚至无法加工。特种加工工艺正是在这种新形势下迅速发展起来的。

相对于传统的常规加工方法而言，它又称为非传统加工工艺，它与传统的机械加工方法比较，具有以下特点：

（1）“以柔克刚”，特种加工的工具与被加工零件基本不接触，加工时不受工件的强度和硬度的制约，故可加工超硬脆材料和精密微细零件，甚至工具材料的硬度可低于工件材料的硬度。

（2）加工时主要用电、化学、电化学、声、光、热等能量去除多余材料，而不是主要靠机械能量切除多余材料。

（3）加工机理不同于一般金属切削加工，不产生宏观切屑，不产生强烈的弹、塑性变形，故可获得很低的表面粗糙度，其残余应力、冷作硬化、热影响度等也远比一般金属切削加工小。

（4）加工能量易于控制和转换，故加工范围广，适应性强。

特种加工的种类很多，本节介绍几种常用的特种加工方法：线切割加工、电火花加工、电解加工、超声加工和激光加工等。

11.2.1　电火花加工

11.2.1.1　电火花加工的原理

电火花加工（Electrical Discharge Machining，简称 EDM）又称电腐蚀加工。电火花加工其实就是一个电蚀过程，该过程的四个阶段是绝缘液体介质电离→火花放电通道形成→金属熔化或汽化→金属微粒脱离工件表面。电火花加工工作原理如图 11-1 所示。脉冲电源发出一连串的脉冲电压，加在浸于绝缘液体介质（多用煤油）中的工具电极（常用纯铜和石墨）和工件电极上，此时液体介质迅速发生电离，形成火花放电通道产生瞬时高温（高达 10000℃左右），使局部金属迅速熔化、甚至汽化。每次火花放电后，工件表面就形成一个微小的凹坑。此脉冲放电过程连续不断，周而复始，随着工具电极不断向工件送进，结果在工件表面重叠起无数个电蚀出的小凹坑，从而将工具电极的轮廓形状精确地“复印”在工件电极上，获得所需尺寸和形状的表面。

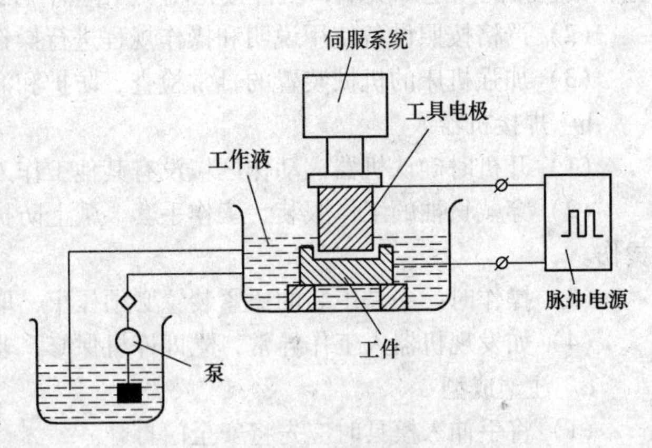

图 11-1　电火花加工

11.2.1.2 工艺特点及应用

电火花加工是特种加工中应用最为广泛的，主要特点是加工适应性强，任何硬、脆、软的材料和高耐热材料，只要导电都能加工；能胜任用传统加工方法难以加工的小孔、薄壁、窄槽及各种复杂截面的型孔和型腔的加工；脉冲参数可根据需要进行调节，工件安装方便，故在同一台电火花机床上可一次完成粗加工、半精加工和精加工；工件热影响区小，工件无热变形；加工精度高、表面质量好、耐磨；机床结构简单，易于实现自动化。

电火花加工主要应用在以下几个方面，如图 11-2 所示：

(1) 电火花穿孔加工适用于型孔（圆孔、方孔、多边孔、异形孔）、深孔、斜孔、弯孔以及小孔和微孔加工。

(2) 电火花型腔加工主要用于加工各类热锻模、压铸模、挤压模、塑料模和胶木膜的型腔，其加工尺寸范围大（小至汽车齿轮、大至汽车曲轴用的锻造模）。

(3) 电火花镗削、电火花磨削、电火花表面强化等。

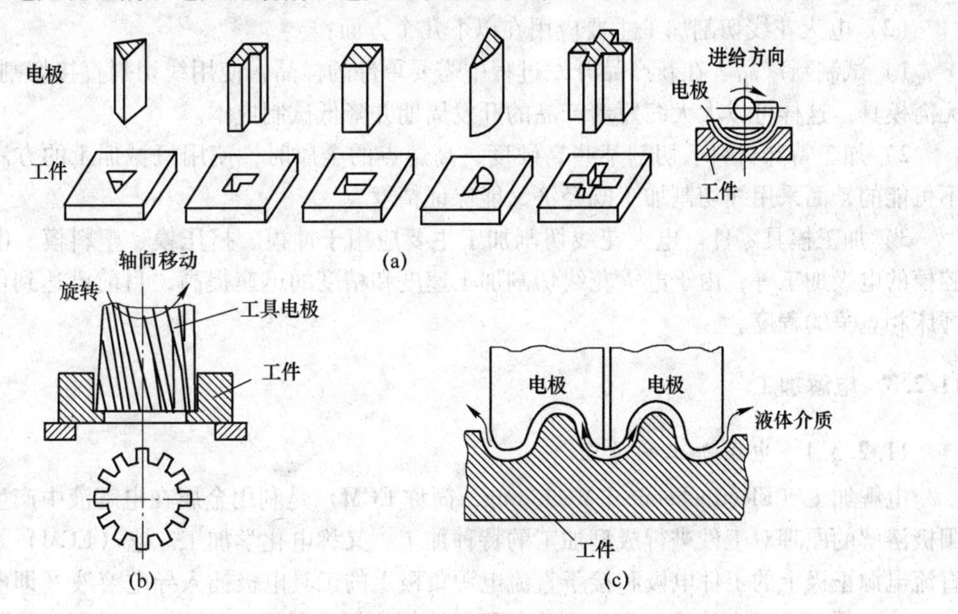

图 11-2 电火花加工应用实例

(a) 加工各种形式的孔；(b) 加工内螺旋表面；(c) 加工型腔

11.2.2 线切割加工

11.2.2.1 线切割加工的原理

电火花线切割加工（Wire Cut Electrical Discharge Machining，简称 WEDM）是在电火花成型加工基础上发展起来的。其基本工作原理是利用细金属丝（钼丝或铜丝）作工具电极，对工件进行脉冲火花放电、切割成型，故又称线切割。图 11-3 是数

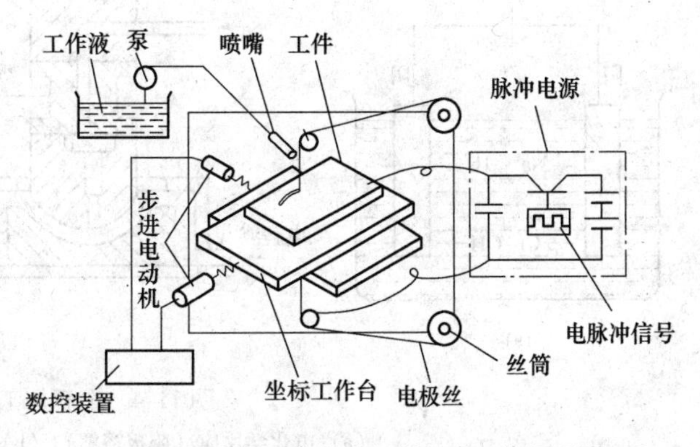

图 11-3 数控电火花线切割机床工作原理图

控电火花线切割机床工作原理图。工件固定在工作台上，与脉冲电源正极相连，电极丝沿导轮不停的运动、并且通过导电块与负极相连。当工件与电极丝的间隙适当时，它们之间就产生火花放电。而控制器通过步进电动机控制坐标工作台的动作，使工件沿预定的轨迹运动，从而将工件腐蚀成规定的形状。工作液通过液压泵浇注在电极丝与工件之间。

11.2.2.2 线切割加工的特点及应用

（1）电火花线切割加工的特点：

1）无须制造成型的工具电极，准备工作简单。

2）采用乳化液或去离子水的工作液，不必担心发生火灾，可以昼夜无人连续加工。

3）无论被加工工件的硬度如何，只要是导体或半导体的材料都能实现加工。

4）可无视电极丝损耗（高速走丝切割采用低损耗脉冲电源，慢速走丝线切割采用单向连续供丝，在加工区总是保持新电极丝加工），加工精度高。

5）加工过程中几乎不存在切削力。

（2）电火花线切割加工主要应用在以下几个方面：

1）试制新产品。在新产品开发过程中需要单件的样品，使用线切割直接切割出零件，无需模具，这样可以大大缩短新产品的开发周期并降低试制成本。

2）加工特殊材料。切割某些高硬度，高熔点的金属时，使用机械加工的方法几乎是不可能的，而采用线切割加工既经济又能保证精度。

3）加工模具零件。电火花线切割加工主要应用于冲模、挤压模、塑料模、电火花型腔模的电极加工等，由于电火花线切割加工速度和精度的迅速提高，目前已达到可与坐标磨床相竞争的程度。

11.2.3 电解加工

11.2.3.1 电解加工的原理

电解加工（Electrochemical Machining，简称 ECM）是利用金属在电解液中产生电化学阳极溶解的原理对工件进行成型加工的特种加工，又称电化学加工。它（ECM）是将接于直流电源正极上的工件电极和接于直流电源负极上的工具电极插入导电溶液（即电解质溶液）中，通过电极和溶液之间所产生的阳极溶解作用（见图 11-4（a）），即工件阳极失去

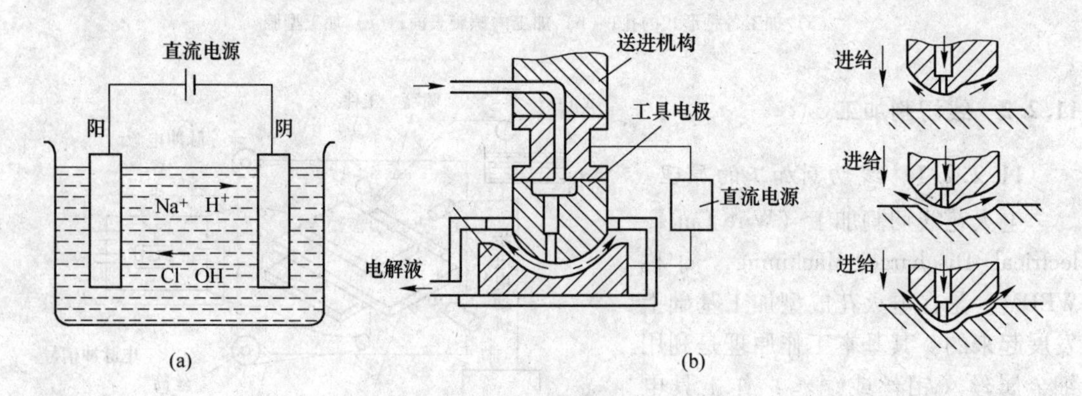

图 11-4 电解加工
（a）电化学反应（阳极溶解）；（b）电解加工原理

电子而工具阴极得到电子，使工件阳极表面金属迅速溶解。随着工具阴极连续缓慢向工件阳极送进，工件则不断地按工具轮廓形状溶解（见图11-4（b）），电解腐蚀物被高速流动的电解液冲走，最终工具的形状就“复印”在工件上。

11.2.3.2 工艺特点及应用

电解加工对工件材料的适应性强，不受强度、硬度、韧性的限制，可以加工淬火钢、硬质合金、不锈钢和耐热合金等高强度、高硬度和高韧性的导电材料；加工过程中无机械力，加工表面不会产生应力、应变，也没有飞边毛刺，故表面质量好；工具电极理论上完全不被消耗，可长期使用，能以简单的进给运动一次完成形状复杂零件表面的加工。电解加工存在的问题是加工间隙受许多参数的影响，不易严格控制，因而加工精度较低，稳定性差，并难以加工尖角和窄缝。此外，设备投资较大，电极制造以及电解产物的处理和回收都较困难等。

电解加工是继电火花加工之后发展较快、应用较广的一种新工艺。其主要应用表现在以下几个方面：

(1) 电解穿孔加工，它可以方便地加工深孔、弯孔、狭孔和各种型孔（见图11-5（a）），典型实例有：在耐热合金涡轮机叶片上，加工孔径0.8mm、长150mm的细长冷却孔以及在宇宙飞船的引擎集流腔上加工弯曲的长方孔。与电火花加工相比，电解加工可以显著地缩短加工时间。

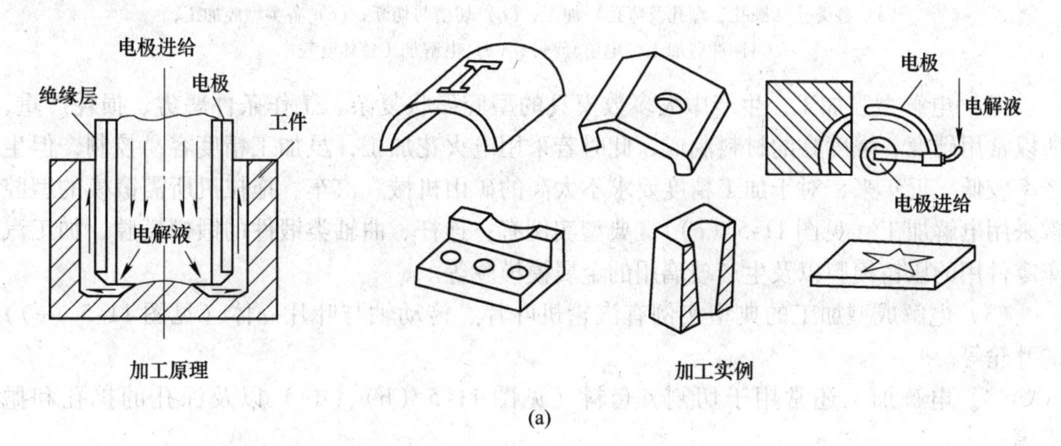

(a)

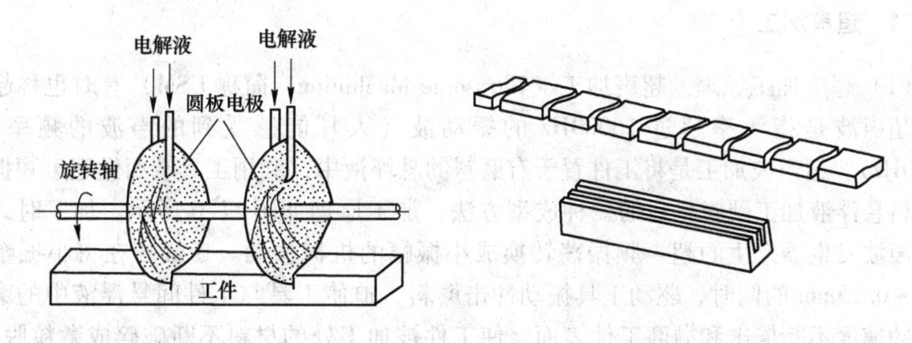

(b)

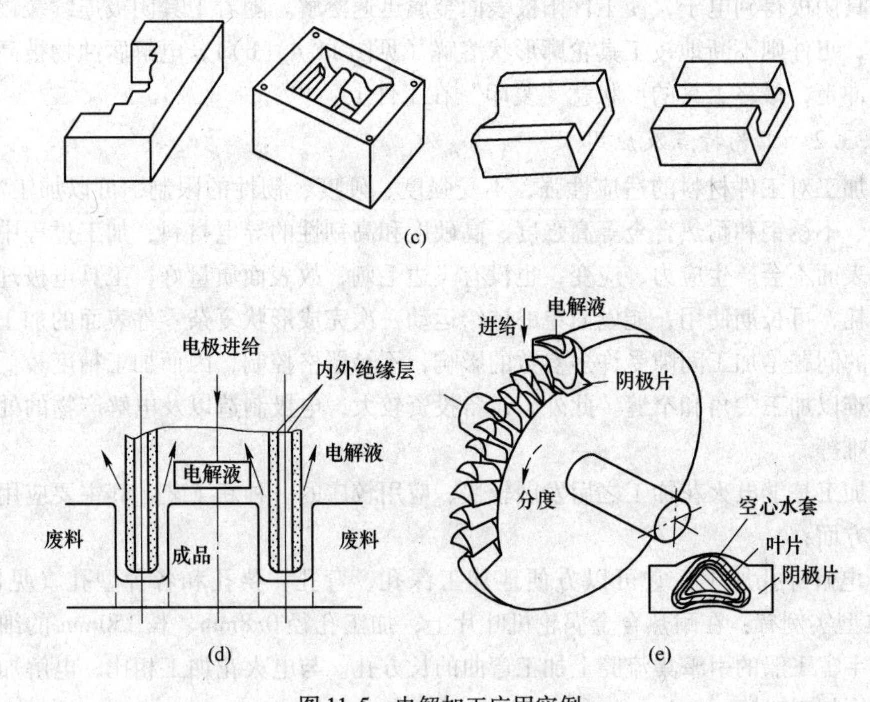

图 11-5 电解加工应用实例

(a) 各类孔（圆孔、型孔及弯孔）加工；(b) 切槽与切断；(c) 各类型腔加工；
(d) 冲剪加工（电解套料）；(e) 电解加工整体叶轮

(2) 电解型腔加工，生产中大多数模具的型腔形状复杂、工作条件恶劣、损耗严重，所以常用硬度、强度高的材料制成，此时若采用电火花加工，虽加工精度容易控制，但生产率较低。近年来，对于加工精度要求不太高的矿山机械、汽车、拖拉机所需锻模的型腔常采用电解加工（见图 11-5（c））。典型实例有：连杆、曲轴类锻件的锻模模膛、加工汽车零件用的压铸模膛以及生产玻璃用的金属模模膛等。

(3) 电解成型加工的典型实例有汽轮机叶片、传动轴与叶片一体（见图 11-5（e））的叶轮等。

(4) 电解加工还常用于切割、套料（见图 11-5（b）、(d)）以及深孔的扩孔和抛光等。

11.2.4 超声加工

(1) 超声加工原理。超声加工（Ultrasonic Machining，简称 USM）有时也称超声波加工。超声波是指频率超过 16000Hz 的振动波（人耳能感受到的声波的频率为 16 ~ 16000Hz）。超声波加工是将工件置于有磨料的悬浮液中，利用工具端面做超声频振动，通过磨料悬浮液加工硬脆材料的一种成型方法，加工原理如图 11-6 所示。加工时，换能器将超声波发生器产生的超声频振荡转换成小振幅的机械振动。变幅杆在将小振幅放大到 0.01 ~ 0.15mm 的同时，驱动工具振动冲击磨料，迫使工具与工件间悬浮液中的磨粒，以很高的速度不断撞击和抛磨工件表面，使工件被加工处的材料不断破碎成微粒脱落下来，工具不断送进，其形状就“复印”到工件上。

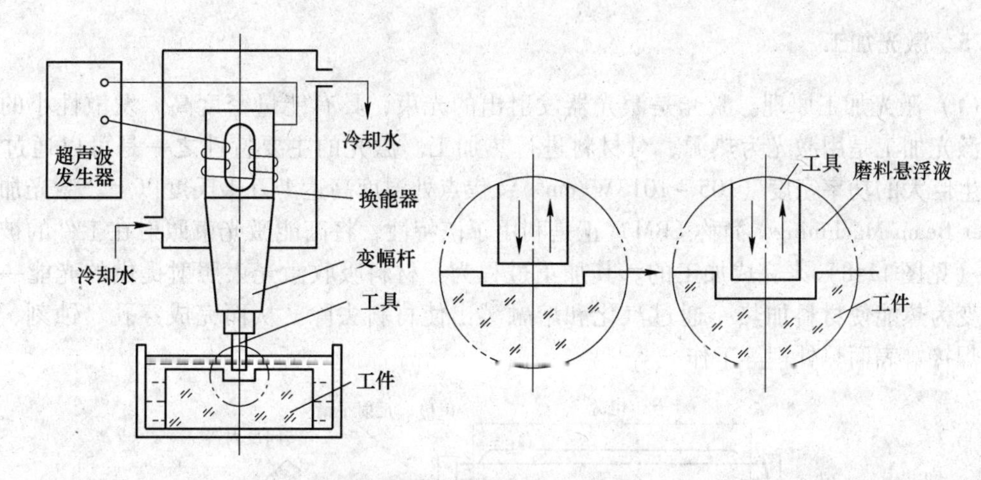

图 11-6　超声波加工示意图

（2）工艺特点及应用。超声波加工适宜加工各种硬脆材料，尤其适宜加工用电火花和电解难以加工的不导电材料和半导体材料，如宝石、玛瑙、金刚石、玻璃、陶瓷、半导体锗和硅片等不导电的非金属硬脆材料；其加工质量好于电火花和电解加工，常用于因受较大切削力产生变形，影响加工质量的薄片、薄壁及窄缝类零件以及各种形状复杂的型孔、型腔、成型表面和刻线、分割、雕刻和研磨等，如图 11-7 所示。

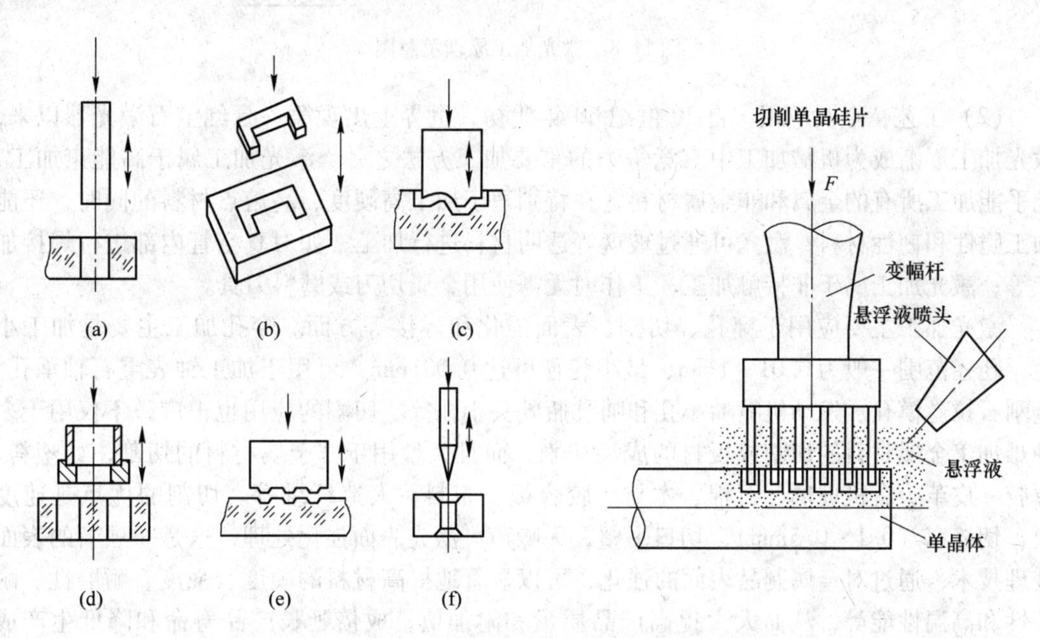

图 11-7　超声波加工应用实例

（a）加工圆孔；（b）加工异形孔；（c）加工型腔；（d）套料；（e）雕刻；（f）研抛金刚石拉丝模

超声波加工生产率较低，但加工精度和表面粗糙度都比电火花、电解加工好，故生产中加工某些硬脆导电材料（如硬质合金、耐热合金等）的高精度零件和模具时，通常采用超声电火花（或电解）复合加工，即在电火花加工过程中引入超声波，使工具电极作高频超声振动，以期改善放电间隙状况，强化电火花加工过程的复合特种加工工艺。

11.2.5 激光加工

(1) 激光加工原理。激光是激光器发射出的光束，具有能量密度高，发散性小的特点。激光加工是用激光为热源，对材料进行热加工。激光的主要特性之一是可以通过聚焦产生巨大的功率密度（105 ~1013W/cm^2），焦点处温度高达 1 万摄氏度以上。激光加工（Laser Beam Machining，简称 LBM）正是利用了该特性，将高能激光束照射在工件的被加工处（见图 11-8）来完成加工的。其加工过程为：材料吸收激光束照射提供的光能→光能转变为热能使材料加热→通过汽化和熔融溅出使材料去除。从而完成穿孔、蚀刻、切割、焊接、表面热处理等工作。

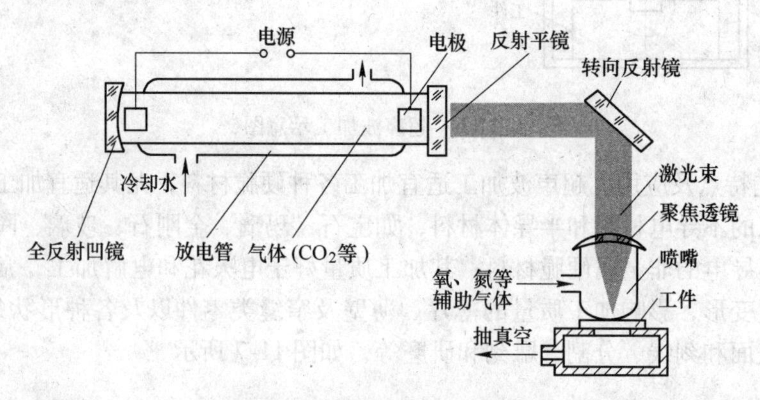

图 11-8 激光加工原理示意图

(2) 工艺特点及应用。自 20 世纪 60 年代初，世界上出现第一台红宝石激光器以来，激光加工逐渐成为机械加工中有竞争力的重要加工方法之一。激光加工属于高能束加工，几乎能加工所有的金属和非金属材料，在特别适于加工高硬度、高熔点材料的同时，还能加工脆性和韧性材料；激光可通过玻璃等透明材料进行加工，如对真空管内部进行焊接加工等；激光加工属于非接触加工，工作时无需使用金属切刀或磨料刀具。

激光加工主要应用于穿孔、切割、表面强化和焊接等方面。穿孔加工主要是加工小孔，孔径范围一般为 0.01 ~1mm，最小孔径可达 0.001mm，可用于加工钟表宝石轴承孔、金刚石拉丝模孔、发动机喷嘴小孔和哺乳瓶乳头小孔等。切割的应用也很广，不仅用于多种难加工金属材料的切割或板材的成型切割，而且大量用于非金属材料的切割，如塑料、橡胶、皮革、有机玻璃、石棉、木材、胶合板、布料、人造纤维等。切割的优点是速度快，切缝窄（0.1 ~0.5mm），切口平整，无噪声。激光表面强化处理，这是一项新的表面处理技术，通过对金属制品表面的强化，可以显著地提高材料的硬度、强度、耐磨性、耐蚀性和高温性能等，从而大大提高产品质量和附加值，成倍延长产品寿命和降低生产成本，取得巨大的经济效益。目前该技术已广泛用于汽车、机床、轻工、纺织，军工等行业中的刀具、模具和零配件的表面强化中。激光焊接无需焊料和焊剂，只需将工件的加工区域“热熔”在一起即可，焊接过程迅速、热影响区小、焊缝质量高，既可以焊接同种材料又可以焊接异种材料，还可以透过玻璃进行焊接。目前，在印刷电路板的焊接，尤其是片状元件组装、显像管电子枪焊接、集成电路封装、汽车车架拼装、飞机发动机壳体及机翼隔架等零件的生产中已得到成功的使用。

11.3 工业机器人

人类很早就向往着造出一种像人一样聪明灵巧的机器。这种追求和愿望，在各种神话故事里得到充分的体现，而且古代人在当时的科学技术水平下也曾制造出许多构思巧妙的“机器人”：

(1) 公元前3世纪的古代希腊神话中描述了一个克里特岛的青铜巨人“太罗斯”，他刀枪不入，每天在岛上巡逻可以用巨石砸沉船只，还可以将自身变成火焰烧死敌人。

(2) 1879年一位法国作家在题为“未来的夏娃”的小说中，描写了一个美丽的人造人“阿达里”，她是由齿轮、发条、电线和按钮组成的复杂机器，有着柔软的皮肤，可以思考问题，外形和人一模一样。

我国魏晋年代的《列子·汤问篇》记述了公元前900多年周穆王出游，遇到名叫偃师的巧匠，他做了一个会走动能歌舞，称为“倡者”的机器人。原料均为“革、木、胶、漆、……”，结构上“内则肝、胆、心、肺、脾、肾、肠、胃，外则筋骨、支节、皮毛、齿发，皆假物也”。

(3) 相传黄帝在与蚩尤的战争中，使用了一种自动定向指南车，车辆在运动过程中始终指向南方。

(4) 三国时诸葛亮曾制造了一种移动机器人“木牛流马”。

(5) 沈括在他的《梦溪笔谈》中描绘了一种可以捉老鼠的机器“钟馗”。

17世纪以后，随着各种机械装置的发明和应用，特别是随着机械计时装置的发展，先后出现了各种由发条、凸轮、齿轮和杠杆驱动且具有人形的自动机械装置。19世纪出现了由人自己牵动的灵活的假肢；19世纪末出现了内燃机驱动的汽车原型。虽然它们不是机器人，但却是今天移动机器人的雏形。20世纪初，随着电器技术的发展，生产出了各种电器驱动和开关控制的自动机械装置。

英文中的机器人（robot）来源于捷克文robota（意为苦力、劳仆），它是捷克作家K. Capek于1920年推出的科幻话剧“罗莎姆万能机器人公司”中形状像人的机器的名字，robo－ta能够听从人的命令完成各种工作。作为技术名词机器人的英文robot就是从捷克文robo－ta衍生而来的。1954年美国人George C. Devol在他的专利中首次提出了“示教/再现机器人”的概念，1958年美国就推出了世界上首台工业机器人的实验样机。工业机器人（industrial robot，IR）是1960年由“美国金属市场”报首先使用。此后10年，美国Unimation，AMF等公司先后制造出了可编程的工业机器人。到1970年全美国有200台左右的工业机器人用于自动生产线上。日本丰田和川崎公司于1967年分别引进了美国的工业机器人技术，20世纪80年代日本已经在机器人的产品开发和应用方面走在了世界的前列。今天日本的工业机器人产量占全世界的65%左右。我国机器人技术起步较晚，但近年来也有了很大的发展，已经达到了工业应用的水平。

11.3.1 工业机器人的定义和组成

11.3.1.1 工业机器人的定义

全世界对“机器人”这个术语有各种各样的定义。由美国工业机器人学会提供的定义是：工业机器人是一种可以重复编程的多功能机械手，主要用来搬运材料、传送工件和操作工具；也可以说它是一种可以通过改变动作和程序来完成各种工作的特殊装置。“重复编程”和“多功能”是工业机器人区别于各种单一功能机器的两大特征。“重复编程”是指机器人能按照所编程序进行操作并能改变原有程序，从而获得新功能以满足不同的制造任务。“多功能”则是指：可以通过重复编程和使用不同的执行机构去完成不同的制造任务。围绕这两个关键特征来给机器人下定义，已逐渐被制造专业人员所接受。ISO 曾于 1987 年对工业机器人给出定义：“工业机器人是一种具有自动控制操作和移动功能，能够完成各种作业的可编程操作机”，日本工业标准（JIS）采用此定义。ISO 给出的定义也与美国工业机器人学会（RIA）的定义相近。

其实工业机器人也是一类机器人的总称。依据具体应用的不同又常常以其主要用途命名。例如到现在为止应用最多的焊接机器人，包括点焊和电弧焊机器人，装配机器人，喷漆机器人，搬运、上下料、码垛机器人等等。并不是说只有机器人才能完成这些工作，有些专用设备也行；但是使用工业机器人的要点在于它可以通过编程来灵活地改变工作内容和方式，来满足生产要求的变化，如焊缝轨迹、喷漆位置、装卸零件的变化。工业机器人使生产线具有了一定的柔性。

11.3.1.2　工业机器人的组成

目前使用的工业机器人多用于代替人上肢的部分功能，按给定程序、轨迹和要求，实现自动抓取、搬运和操作。工业机器人一般由两大部分组成：一部分是机器人的执行机构，也称为机器人操作机，它完成机器人的操作和作业；另一部分是机器人控制器，它主要完成信息的获取、处理、作业编程、规划、控制以及整个机器人系统的管理等功能。机器人控制器是机器人中最核心的部分，是性能品质优劣的关键。当然，机器人要想完成指定的生产任务，还必须有相应的作业机构及配套的周边设备，它们与机器人一起构成了完整的工业机器人作业系统。图 11-9 是工业机器人的基本组成框图。图 11-10 是一个工业机器人作业系统的示意图，这个系统主要的组成部分和作用有以下几点：

（1）执行系统。它是由手部、腕部、臂部、立柱和行走机构组成，作用是将物件或工具传送到预定的工作位置。

1）手部（手爪或抓取机构）用于直接抓取和放置物体（如零件、工具）。

2）腕部（手腕）是连接手部和臂部的部件，并用于调整或改变手部的方位。

3）臂部（手臂）是支撑腕部的部件，用于承受工作对象物体的重量，并将物件或工具传送到预定工作位置。

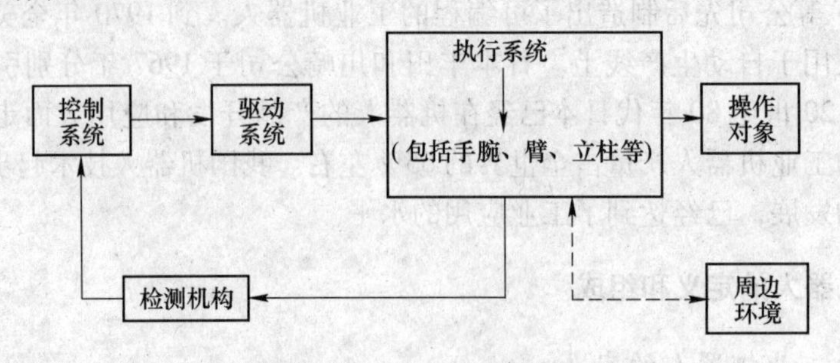

图 11-9　工业机器人基本组成框图

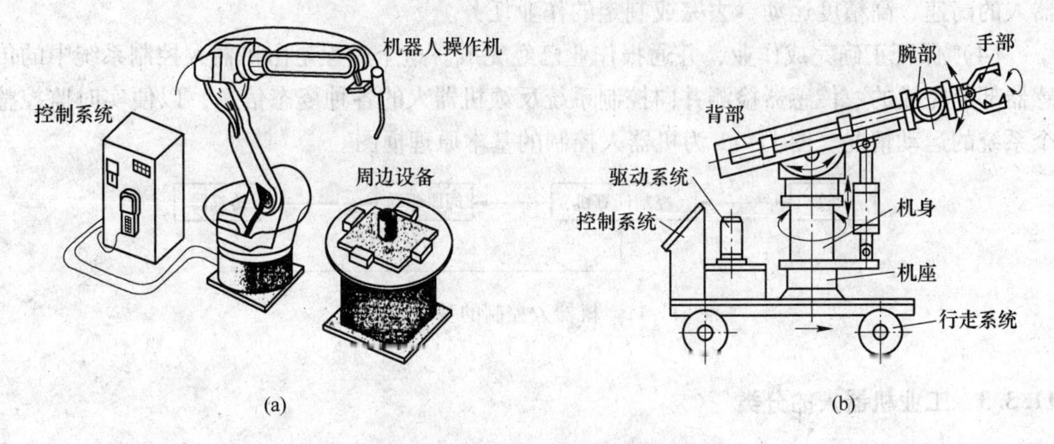

图 11-10 工业机器人作业系统
(a) 系统外形；(b) 结构示意图

4）立柱用来支撑并带动臂部做回转、升降和俯仰运动，扩大臂部的活动范围，是机器人的基本支撑件。

5）行走机构的作用是可以扩大机器人的活动空间，实现整机运动。大多数工业机器人和图 11-10 中的（a）一样没有行走机构，一般由机座支撑整机。行走机构的形态有两种：模仿步行的脚和模仿汽车车轮的滚轮，如图 11-10（b）所示。

（2）驱动系统。它是用来为操作机及各部件提供动力和运动的装置，常用的有液压传动、气压传动和伺服电动机传动等形式。

（3）控制系统。它是用来控制驱动系统，使执行系统按照预定的要求进行工作。对于示教再现型工业机器人来说，就是指示教、存储、再现、操作等环节的控制系统。

（4）检测机构。它是利用各种检测器、传感器对执行机构的位置、速度、方向、作用力及温度等进行监视和检测，并反馈给控制系统以判断运动是否符合要求。

（5）周边设备。这里泛指工业机器人执行任务所能到达的工作环境，协助机器人完成工作任务，或者对机器人正常工作产生影响的各种设备。

11.3.2 工业机器人的控制原理

控制系统是机器人的关键和核心部分，它类似于人的大脑，控制着机器人的全部功能。机器人功能的强弱、性能的优劣和水平的高低，主要取决于控制系统。要使机器人按照人们的要求去完成特定的作业，机器人的控制系统需要完成以下四件事情：

（1）告诉机器人要做什么。这个过程称为“示教”，也就是通过计算机可以接受的方式告诉机器人应该做什么，给机器人发送作业命令。

（2）机器人接受命令，形成作业过程的控制策略。这个过程实际上是由机器人控制系统中的计算机部分完成的，包括机器人系统的管理、信息的获取及处理、控制策略的制定、作业轨迹的规划等任务。

（3）完成作业任务。这个过程是由机器人控制系统中的伺服驱动部分完成的。控制系统可以根据不同的控制方法、将机器人控制策略转化为控制伺服驱动系统的信号，实现机器人的高速、高精度运动，去完成制定的作业任务。

（4）保证正确完成作业，并通报作业已经完成。这个过程是由机器人控制系统中的传感器部分完成的。传感器检测并向控制系统反馈机器人的各种姿态信息，以便实时监控整个系统的运动情况。图 11-11 为机器人控制的基本原理框图。

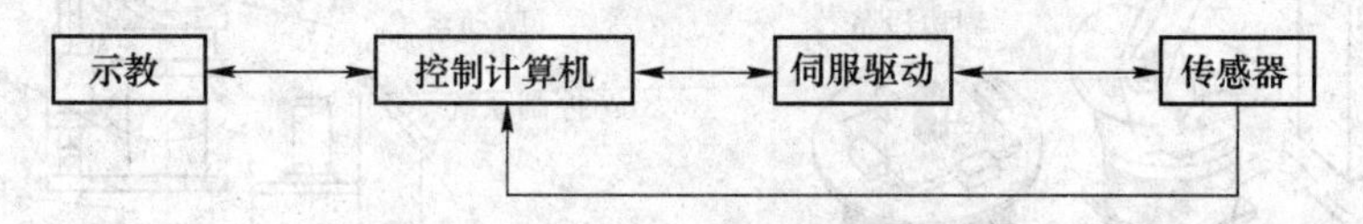

图 11-11　机器人控制的基本原理图

11.3.3　工业机器人的分类

以下六种方法中任意一种均可作为工业机器人分类的标准：（1）手臂的几何形状；（2）驱动方式；（3）控制系统；（4）运动轨迹；（5）用途；（6）智能化程度。表 11-1 是根据控制系统方式对工业机器人进行分类。图 11-12 是按机器人手臂动作形态进行分类的。

表 11-1　工业机器人的分类（根据输入信息和示数方式）

专用语	意　义
人工操作机械手	由人操作的机械手
固定程序机器人	按照预先设计的程序、条件和位置，逐次进行各阶段动作的机器人
可变程序机器人	按照预先设计的程序、条件和位置，逐次进行各阶段动作的机器人，设计的信息可以方便的变更
再现机器人	人们预先教会机器人完成加工所需的有关作业，工作时机器人根据记忆，再现示教时的顺序位置和其他信息进行作业
数控机器人	根据顺序、位置及其他信息，由数值指令进行作业的机器人
智能机器人	根据感觉功能和识别功能决定行动的机器人

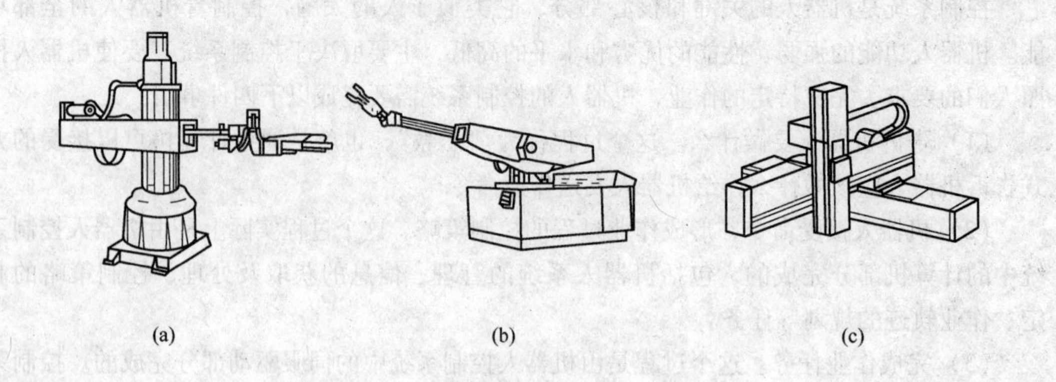

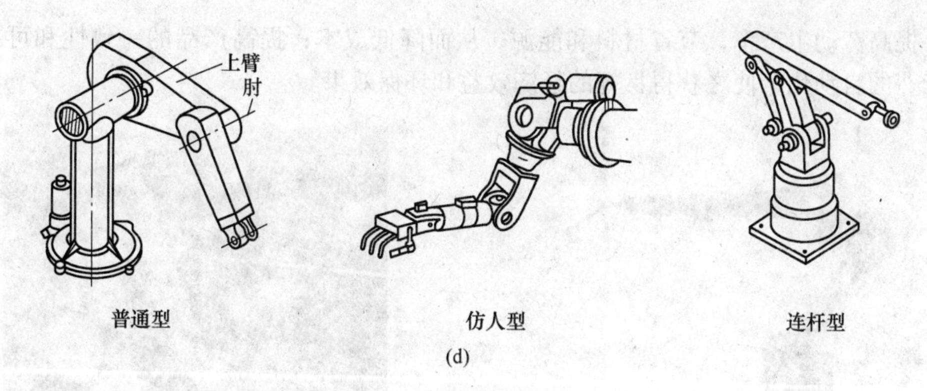

图 11-12 机器人分类示意图

（a）圆柱坐标型；（b）球坐标型；（c）直角坐标型；（d）关节型机器人

11.3.4 工业机器人语言及编程

人们心目中理想的机器人应该能像人一样自主地进行运动，但机器人是机器，而不是人。工业机器人和计算机一样，只能做预先告之的工作，即人是通过程序来告诉机器人该做什么和怎么做，这和计算机编制程序的概念是一致的。

早期的机器人编程是人通过手把手地示教方式进行的，示教时用多通道记录仪记录下机器人各个关节的运动（角度、速度、力矩）信号，然后将信号输给机器人让它重复（即再现）与各个关节运动相同的运动。这个过程很像用摄像机摄像后再重放的过程。这种方式在机器人术语中叫做示教再现（teaching play-back）。后来，一种用来描述机器人运动的形式语言出现了，这就是机器人语言（robot language）。

用机器人语言记录作业位置信息、运动形式和作业内容，得到机器人作业程序，执行这些程序，机器人就完成了预定的作业任务。用于机器人编程的实用方法有人工编程法、预演法、示教法和离线编程法等，其中用的最多的是计算机辅助离线编程。使用离线编程时，机器人在完成某道工序的同时，编程人员可利用个人计算机编制出引导机器人工作的另一程序并将其存储起来，此时多采用机器人语言和 CAD 技术共同来完成编程。

11.3.5 工业机器人的应用

美国从 20 世纪 50 年代后期就大力开发工业机器人。国际上第一台工业机器人诞生于 20 世纪 60 年代。20 世纪 80 年代机器人产业得到巨大发展，成为一个里程碑，其间开发出的点焊机器人、弧焊机器人（见图 11-13）、喷涂机器人（见图 11-14）以及搬运机器人等四大类型的工业机器人系列产品，已经成熟并形成产业规模，不仅满足了汽车行业的需求，也有力地推动了制造业的发展。20 世纪 90 年代，装配机器人及柔性装配线得到广泛应用。目前工业机器人已进入智能化发展阶段，并与数控（NC）、可编程控制器（PLC）一起成为工业自动化的三大技术支柱和基本手段。用于铸造、锻造、焊接、装配、切削加工、喷漆、热处理及水下作业等领域。人们将工业机器人和随后发展起来的医疗、教学、电子、国防、矿山、海洋、航天、林业及农业等领域使用的机器人，统称为机器人。机器人得到广泛使用的主要原因是：将操作人员从肮脏、危险和单调的工作中解放出来，使用安全；提高劳动生产率，节省材料和能源，从而降低成本；提高产品的一致性和可靠性，促进产业的自动化，使之获得良好的经济效益和环保效果。

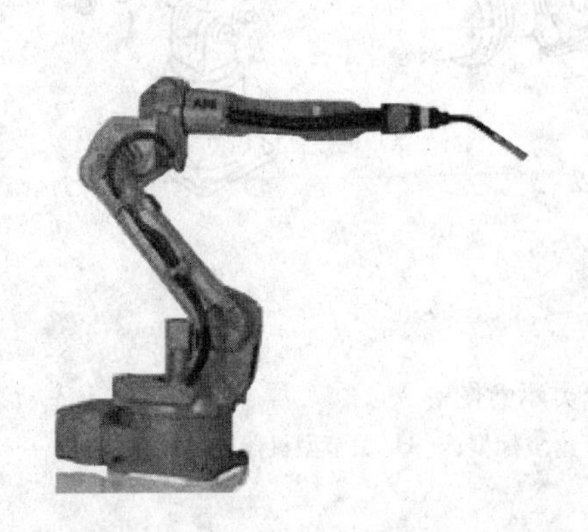

图 11-13　典型弧焊机器人

图 11-14　电动喷涂机器人

11.4　塑料成型

塑料工业是一个新兴的领域，又是一个发展迅速的领域。塑料已进入一切工业部门以及人们的日常生活中。塑料因其材料本身易得、性能优越、加工方便，而广泛应用于包装、日用消费品、农业、交通运输、电子、建筑材料等各个领域，并显示出其巨大的优越性和发展潜力。当今世界把一个国家的塑料消费量和塑料工业水平作为衡量一个国家工业发展水平的重要标志之一。在第 1 章已介绍了塑料的基本知识，所以本节主要介绍常用塑料成型方法。

塑料成型是将各种初始形态的塑料制成具有一定形状和尺寸制品的过程。常用的塑料成型方法有注射成型、挤出成型、吹塑成型等。

（1）注射成型。注射成型是使热塑性塑料先在加热料筒中均匀塑化，而后由柱塞或移动螺杆推挤到闭合模具的模腔中成型的一种方法，如图 11-15 所示。其工艺过程是粉状或粒状的塑料原料经料斗流入料筒，并在其内加热熔融塑化，成为黏流态熔体，然后在柱塞或移动螺杆作用下注入模具，经保压冷却定型后即可得到所需形状塑料制品。注射成型几乎适用于所有的热塑性塑料。近年来，注射成型也成功地用于成型某些热固性塑料。由于模具系统昂贵，故注射成型工艺必须用于大批量生产中才是廉价和经济的。主要应用实例有：玩具、容器、接头、泵、螺旋桨以及齿轮、轴承、导向元件、罩、仪表箱等。

（2）挤出成型。挤出成型是在挤出机中通过加热、加压而使物料以流动状态连续通过口模成型的方法，也称为“挤塑”，如图 11-16 所示。其工艺过程为聚合物原料（通常为粒状或粉末状）从料斗流入转动的螺杆，螺杆推动聚合物前进的同时，聚合物被加热、压缩和熔化。接着螺杆强迫熔化了的聚合物通过一个具有特定形状的模具成型，挤出物在空气或水槽中冷却固化成为等截面制品，如绝缘管、输送管、板材和涂有绝缘层的电线和电缆，常用挤出法来生产。当两种甚至多种材料从同一模具挤出时，可获得多层制品。挤出成型是一种价廉、快速的模塑成型方法，主要用于热塑性塑料成型。挤出的制品都是连续的型材，如管、棒、丝、板、薄膜、电线电缆包覆层等。

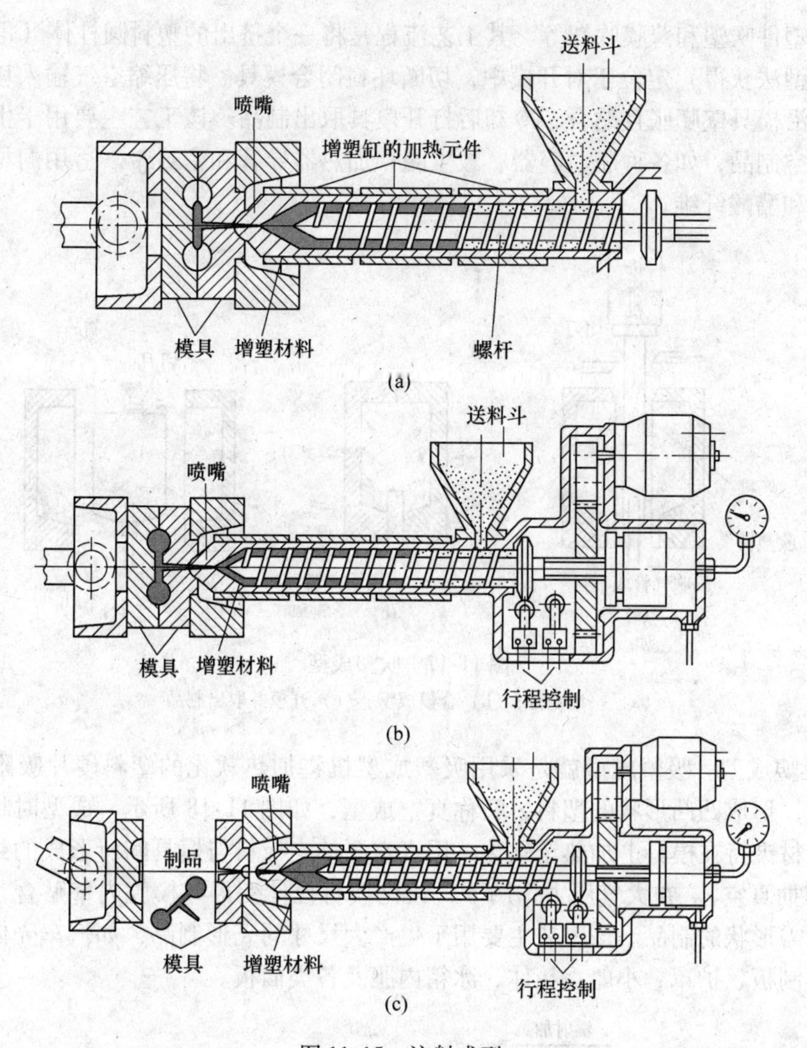

图 11-15　注射成型

（a）原料被加热并随螺杆向前运动；（b）在压力作用下固化；（c）下一次注射前增塑，同时模具打开，制品弹出

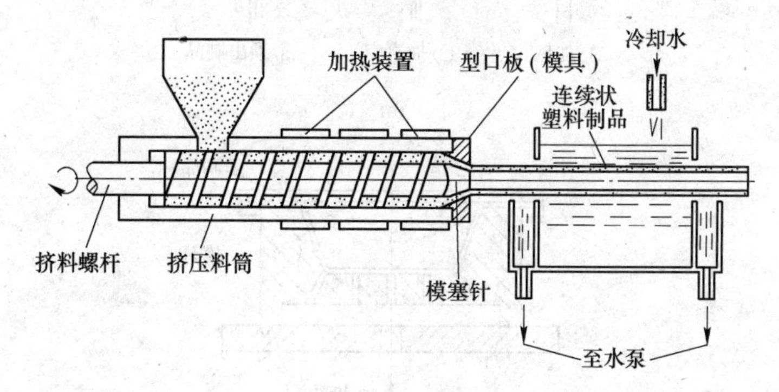

图 11-16　挤出成型

（3）吹塑成型。吹塑成型是借助于压缩空气，使处于高弹态或塑性状态的空心塑料型坯发生吹胀变形，再经冷却定型，获取塑料制品的加工方法，如图 11-17 所示。吹塑成型

可分为中空塑件吹塑和薄膜吹塑等。其工艺流程是将一个挤出的塑料圆柱体（即坯料，通常用挤出成型法获得）定位于对开模中，切断坯料闭合模具。将压缩空气输入坯料中，使塑料管坯料沿模具壁膨胀且贴合，冷却后打开模具取出制品。该工艺主要用于生产热塑性塑料薄壁中空制品，如各种瓶、容器、救生圈、加热器导管和密封带。适用的材料是聚乙烯、聚丙烯和醋酸纤维。

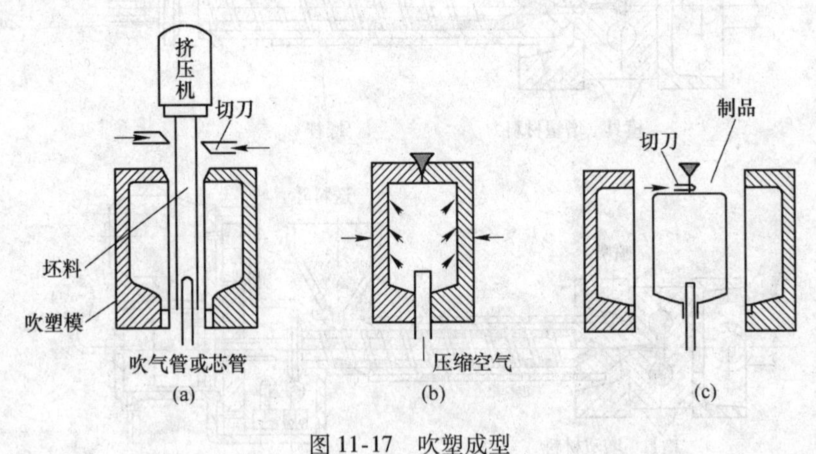

图 11-17 吹塑成型
（a）挤出定位；（b）合模成型；（c）开模并取出制品

（4）吸塑成型。吸塑成型就是采用吸塑成型机将加热软化的塑料硬片吸附于模具表面，冷却后，形成凹凸形状的塑料，又称真空成型，如图 11-18 所示。成型时将热塑性塑料板材、片材夹持在模具上加热至软化，用真空泵抽走板料与模具间所形成的封闭模腔中的空气（即抽真空）。在大气压力作用下，软化板材拉伸变形与模膛内壁贴合，经冷却后定型获得所需形状的制品。该工艺主要用于生产大尺寸的壳形制品，如汽车壳体、汽车或飞机用的控制板、护罩、小船、箱体、冰箱内胆及各类面板。

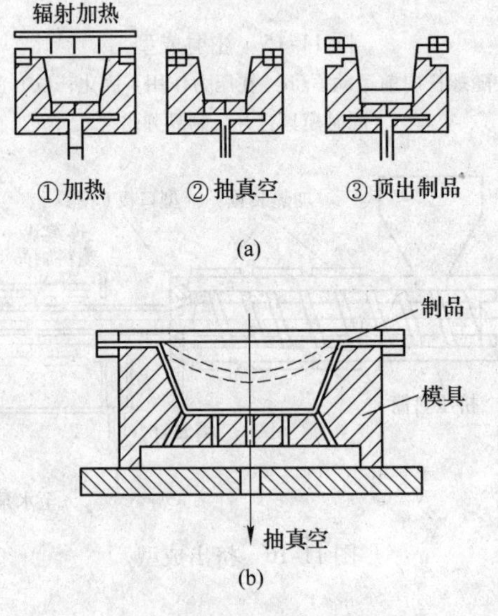

图 11-18 真空板成型
（a）工艺流程；（b）加工原理

复习思考题

11-1 特种加工与传统切削加工相比，具有哪些特点？

11-2 说明电火花加工的原理是什么，其主要特点是什么？

11-3 什么是线切割加工，其主要应用于哪些方面？

11-4 超声波加工和激光加工有哪些工艺特点，各适用于何种场合？

11-5 什么是工业机器人，其由哪几部分组成？

11-6 解释名词：挤出成型，吹塑成型，吸塑成型。

11-7 什么是注射成型，其适用于哪类塑料？

12 3D 打印

12.1 实训内容及要求

A 3D 打印工程训练内容

（1）掌握3D打印的基本理论。

（2）了解3D打印工艺方法种类及特点。

（3）掌握3D打印机操作方法。

B 3D 打印基本技能

（1）在计算机中用Pro/E、SolidWorks、UG等三维软件建立产品参数化模型，并输出为STL文件格式。

（2）操作3D打印机，进行产品的3D打印。

C 3D 打印工程训练安全注意事项

（1）应严格遵守各项安全操作规程，爱护所使用的每个设备，维护保养所使用的机床，并保持教学场地的环境卫生。

（2）加工现场严禁明火及吸烟，必须定期检查消防灭火设备是否合格。

（3）严格服从教师的指导，不得擅自使用未经允许使用的设备及附件。

（4）正确开关计算机，计算机使用结束后应关闭计算机。

（5）不得损坏所使用的每个设备、附件及工夹量具，并确保人身安全和设备安全。

（6）进行加工所使用的STL文件，必须经过指导教师的检查方可使用。

12.2 3D 打印基本理论

3D打印（3D printing），属于快速成型技术的一种，它是以一种数字模型文件为基础，运用粉末状金属或塑料等可黏合材料，通过逐层堆叠累积的方式来构造物体的技术（即“积层造型法”）。过去其常在模具制造、工业设计等领域被用于制造模型，现正逐渐用于一些产品的直接制造。特别是一些高价值应用（比如髋关节或牙齿，或一些飞机零部件）已经有使用这种技术打印而成的零部件，意味着“3D打印”这项技术的普及。

12.2.1 3D 打印技术的发展历程及现状

3D打印技术出现在20世纪90年代中期，实际上是利用光固化和纸层叠等技术的最新快速成型装置。它与普通打印工作原理基本相同，打印机内装有液体或粉末等“打印材料”，与电脑连接后，通过电脑控制把“打印材料”一层层叠加起来，最终把计算机上的蓝图变成实物。这打印技术称为3D立体打印技术。

1986年，Charles Hull开发了第一台商业3D印刷机。

1993年，麻省理工学院获3D印刷技术专利。

1995年，美国ZCorp公司从麻省理工学院获得唯一授权并开始开发3D打印机。

2005年，市场上首个高清晰彩色3D打印机SpectrumZ510由ZCorp公司研制成功。

2010年11月，世界上第一辆由3D打印机打印而成的汽车Urbee问世。

2011年6月6日，发布了全球第一款3D打印的比基尼。

2011年7月，英国研究人员开发出世界上第一台3D巧克力打印机。

2011年8月，南安普敦大学的工程师们开发出世界上第一架3D打印的飞机。

2012年11月，苏格兰科学家利用人体细胞首次用3D打印机打印出人造肝脏组织。

2013年10月，全球首次成功拍卖一款名为“ONO之神”的3D打印艺术品。

2013年11月，美国德克萨斯州的3D打印公司“固体概念”（Solid Concepts）设计制造出3D打印金属手枪。

3D打印技术虽然有20多年的历史，但发展并不快。20世纪90年代主要在美国和以色列得到应用，主要用于制作印刷电路板。3D打印机的用途很广，可以制造飞机零件、人造骨骼、复杂的以及纳米级的机器等，称为无所不能的打印技术，但目前全球市场的规模并不大，约为30亿美元。自2010年以来开始出现3D打印热潮，2010年世界上第一台打印的汽车诞生，许多自行车、飞机也开始被打印出来，3D打印使用的材料多种多样，目前已经达到100多种，仍在开发更多种材料。目前世界上掌握3D打印技术的国家也不多，只有美国、以色列、德国等少数发达国家，我国也已全面掌握了3D打印技术。

我国3D打印技术虽然市场规模不大，只有3亿元人民币左右，但已在镶牙、航天、卫星定位、军事等领域得到了应用，虽然在材料和软件方面与发达国家还有一定差距，但我国的3D打印技术将会快速发展。为了加快3D打印技术的产业化，促进3D打印技术与传统制造技术的有机结合，2012年10月，由亚洲制造业协会联合了华中科技大学、北京航空航天大学、清华大学等权威科研机构以及3D打印领先企业成立了“3D打印技术产业联盟”，这标志着我国3D打印技术开始进入快速发展的新阶段。

12.2.2 3D打印技术的发展趋势

未来5~10年，随着技术的不断进步及市场需求的扩大，3D打印机将呈现四个方面的发展趋势。

（1）3D打印速度和效率将不断提升。随着开拓并行、多材料制造工艺方法的采用，打印速度和效率有望获得更大提升。

（2）3D打印材料更加多样化。随着先进材料的不断发展，智能材料、纳米材料、新型聚合材料、合成生物材料等将成为3D打印材料。

（3）3D打印机价格大幅下降。一些较小规模的3D打印机制造商已经开始推出1万美元以下的3D打印机。随着技术进步及推广应用，3D打印机的价格有望大幅下降。

（4）3D打印机应用领域更加广泛。3D打印机诞生后，早期主要用于航空航天、机械、医疗、建筑等行业的模型制作。随着其进一步走向成熟，3D打印机已开始用来制造汽车、飞机等高科技含量零部件、皮肤、骨骼等活体组织。专家预计，在不久的将来，从鞋、眼镜到厨房用具、汽车等各种产品都可以用3D打印机生产出来。

12.2.3 3D打印技术的基本原理

不同种类的3D打印系统可能使用的成型材料不同，成型原理和操作系统也可能各不相同，甚至有自己独有的特点，但它们基本工作原理都是一样的，那就是“分层制造、逐层叠加”，可以形象地比喻为一台“立体打印机”，即将一个复杂的三维物理实体模型离散成一系列二维层片进行叠层堆积成形，是一种降维制造的思想，大大降低了加工难度，并且成型过程的难度与待成型的物理实体模型的形状和结构的复杂程度无关。3D 打印技术彻底摆脱了传统机械加工的“去除”加工法，而是采用全新的“增材”加工制造方法。

其整个成型过程是在没有任何刀具、模具及工装卡具的情况下，快速直接地实现零件单件生产的，这个过程只需很短的时间。

3D 打印的设计过程是：先通过计算机辅助设计（CAD）或计算机动画建模软件建模，再将建成的三维模型“分区”成逐层的截面，从而指导打印机逐层制造，具体流程图如图 12-1 所示。

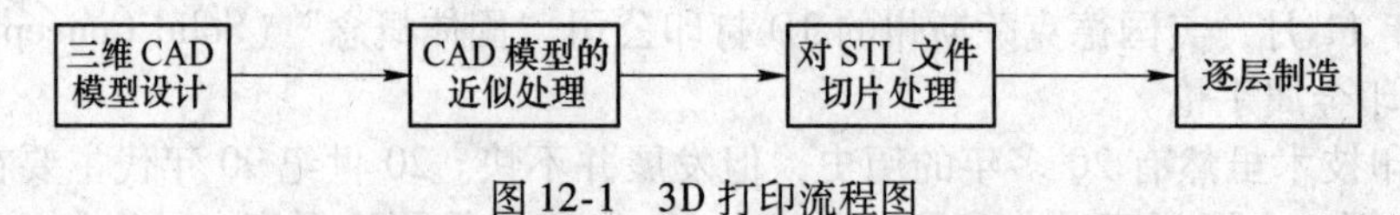

图 12-1 3D 打印流程图

（1）三维 CAD 模型设计：三维模型数据的获得方式简单来讲有三种：

1）通过在 PC 机或图形工作站上用三维软件 Pro/E、UG、CATIA 等设计零件的三维 CAD 模型。

2）通过扫描仪扫描实物获得其模型数据。

3）通过拍照的方式拍取实物多角度照片，然后通过电脑相关软件将照片数据转化成模型数据。

（2）CAD 模型的近似处理。用 STL 文件格式进行数据转换，将三维实体表面用一系列相连的小三角形逼近，得到 STL 格式的三维近似模型文件。

（3）对 STL 文件切片处理。切片是将模型以片层的方式来描述，片层的厚度通常在 50 ~ 500μm 之间；无论零件形状多么复杂，对每一层来说却是简单的平面矢量扫描组，如图 12-2 所示，轮廓线代表了片层的边界。

（4）逐层制造。用 3D 打印机制作每一层，自下而上层层叠加就成为三维实体，成型过程如图 12-3 所示。

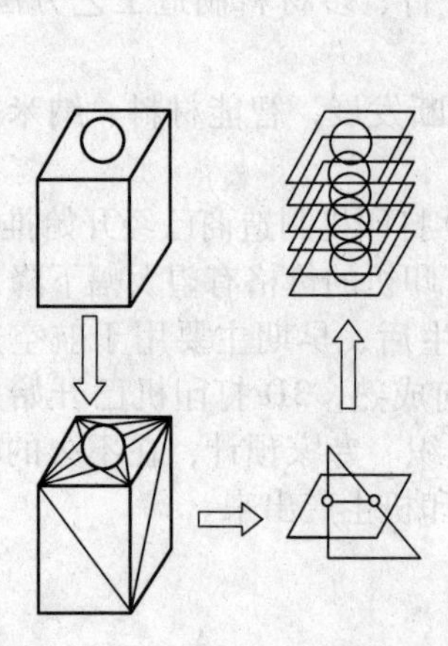

图 12-2 模型切片处理过程图

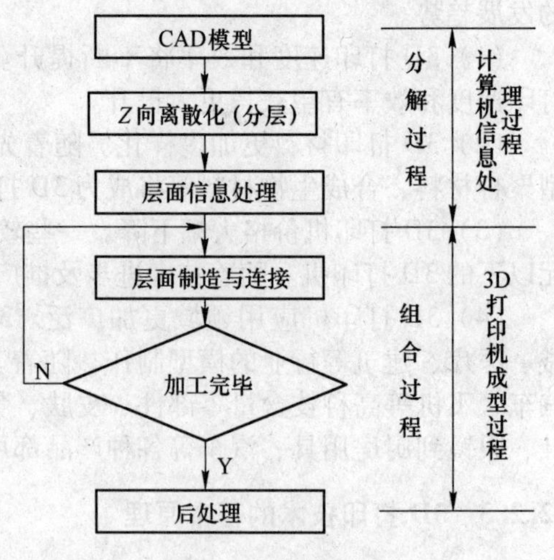

图 12-3 成型过程图

12.2.4 3D打印的技术特点

（1）高度柔性。3D打印技术最突出的特点就是柔性好，在计算机管理和控制下使所制造的零件的信息过程和物理过程并行发生，把可重编程、重组、连续改变的生产装备用信息方式集成到一个制造系统中，使制造成本完全与批量无关。

（2）技术的高度集成。3D打印技术是计算机、数控、激光、材料和机械等技术的综合集成。CAD技术通过计算机进行精确的离散运算和繁杂的数据转换，实现零件的曲面或实体造型，数控技术为高速精确的二维扫描提供必要的基础，这又是以精确高效堆积材料为前提的，激光器件和功率控制技术使材料的固化、烧结、切割成为现实。快速扫描的高分辨率喷头为材料精密堆积提供了技术保证。

（3）设计制造一体化。在传统的CAD/CAM技术中，复杂的CAPP一直是实现设计、制造一体化过程中比较难以克服的一个障碍。而3D打印技术突破了成型思想的局限性，采用了离散—堆积的加工工艺，避开了传统的工艺规划制定，使CAD和CAM能够很顺利地结合在一起，实现了设计制造一体化。

（4）快速响应性。3D打印零件制造从CAD设计到原型（或零件）的加工完毕，只需几个小时至几十个小时，复杂、较大的零部件也可能达到几百小时，但从总体上看，速度比传统的成型方法要快得多。尤其适合于新产品的开发，3D打印技术已成为支持并行工程和快速反求设计及快速模具制造系统的重要技术之一。

（5）自由成型制造。3D打印技术的这一特点是基于自由成型制造的思想。自由的含义有两个方面：一是指根据零件的形状，不受任何专用工具（或模腔）的限制而自由成型；二是指不受零件任何复杂程度的限制，由于传统加工技术的复杂性和局限性，要达到零件的直接制造仍有很大距离，3D打印技术大大简化了工艺规程、工装准备、装配等过程，很容易实现由产品模型驱动直接制造或称自由制造。

（6）材料的广泛性。由于各种3D打印工艺的成型方式不同，因而材料的使用也各不相同，如金属、纸、塑料、光敏树脂、蜡、陶瓷，甚至纤维等材料在3D打印领域已有很好的应用。

12.2.5 3D打印的工艺分类

目前，3D打印技术的成型工艺方法有十多种。现简要介绍四种比较成熟且常用的成型方法，分别是立体光固化成型法（stereo lithography appearance，SLA）、分层实体制造法（laminated object manufacturing，LOM）、选择性激光烧结成型法（selective laser sintering，SLS）和熔融沉积成型法（fused deposition modeling，FDM）。

（1）SLA。光固化成型法（SLA）是用特定波长与强度的激光聚焦到光固化材料表面，使之由点到线，由线到面顺序凝固，完成一个层面的绘图作业，然后升降台在垂直方向移动一个层片的高度，再固化另一个层面。这样层层叠加构成一个三维实体。SLA是最早实用化的快速成型技术，采用液态光敏树脂原料。其工艺过程是：首先通过CAD设计出三维实体模型，利用离散程序将模型进行切片处理，设计扫描路径，产生的数据将精确控制激光扫描器和升降台的运动；激光光束通过数控装置控制的扫描器，按设计的扫描路径照射到液态光敏树脂表面，使表面特定区域内的一层树脂固化后，当一层加工完毕后，就生成零件的一个截面；然后升降台下降一定距离，固化层上覆盖另一层液态树脂，再进行第二层扫描，第二固化层牢固地黏结在前一固化层上，这样一层层叠加而成三维工件原型，如图 12-4 所示。将原型从树脂中取出后，进行最终固化，再经打光、电镀、喷漆或着色处理即得到要求的产品。

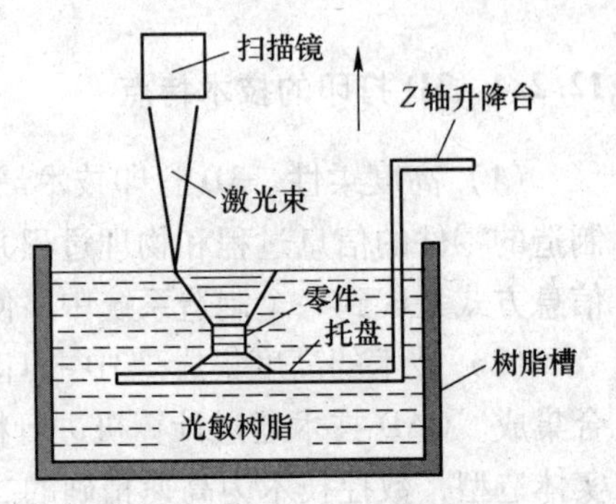

图 12-4　SLA 工艺原理图

SLA 技术主要用于制造多种模具、模型等；还可以在原料中通过加入其他成分，用 SLA 原型模代替熔模精密铸造中的蜡模。SLA 技术成型速度较快，精度较高，但由于树脂固化过程中产生收缩，不可避免地会产生应力或引起形变。因此开发收缩小、固化快、强度高的光敏材料是其发展趋势。

（2）LOM。分层实体制造法（LOM），又称层叠法成型，它以片材（如纸片、塑料薄膜或复合材料）为原材料，激光切割系统按照计算机提取的横截面轮廓线数据，将背面涂有热熔胶的纸用激光切割出工件的内外轮廓。切割完一层后，送料机构将新的一层纸叠加上去，利用热黏压装置将已切割层黏合在一起，然后再进行切割，这样一层层地切割、黏合，最终成为三维工件，如图 12-5 所示。LOM 常用材料是纸、金属箔、塑料膜、陶瓷膜等，此方法除了可以制造模具、模型外，还可以直接制造结构件或功能件。

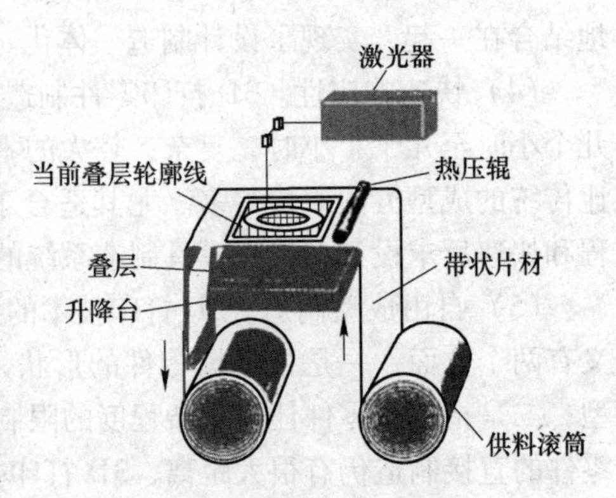

图 12-5　LOM 工艺原理图

LOM 技术的优点是工作可靠，模型支撑性好，成本低，效率高。缺点是前、后处理费时费力，且不能制造中空结构件。成型材料主要是涂敷有热敏胶的纤维纸；制件性能相当于高级木材；主要用途是快速制造新产品样件、模型或铸造用木模。

（3）SLS。选择性激光烧结技术（SLS）是采用激光有选择地分层烧结固体粉末，并使烧结成型的固化层，层层叠加生成所需形状的零件。其整个工艺过程包括 CAD 模型的建立及数据处理、铺粉、烧结以及后处理等。

整个工艺装置由粉末缸和成型缸组成，工作时粉末缸活塞（送粉活塞）上升，由铺粉辊将粉末在成型缸活塞（工作活塞）上均匀铺上一层，计算机根据原型的切片模型控制激光束的二维扫描轨迹，有选择地烧结固体粉末材料以形成零件的一个层面。粉末完成一层后，工作活塞下降一个层厚，铺粉系统铺上新粉。控制激光束再扫描烧结新层。如此循环往复，层层叠加，直到三维零件成型。最后，将未烧结的粉末回收到粉末缸中，并取出成型件，如图 12-6 所示。对于金属粉末激光烧结，在烧结之前，整个工作台被加热至一定温度，可减少成型中的热变形，并利于层与层之间的结合。

与其他 3D 打印机技术相比，SLS 最突出的优点在于它所使用的成型材料十分广泛。从理论上说，任何加热后能够形成原子间黏结的粉末材料都可以作为 SLS 的成型材料。目前，可成功进行 SLS 成型加工的材料有石蜡、高分子、金属、陶瓷粉末和它们的复合粉末材料。由于 SLS 成型材料品种多、用料节省、成型件性能分布广泛、适合多种用途以及 SLS 无需设计和制造复杂的支撑系统，所以 SLS 的应用广泛。

(4) FDM。熔积成型（FDM）法，该方法使用丝状材料（石蜡、金属、塑料、低熔点合金丝）为原料，利用电加热方式将丝材加热至略高于熔化温度（约比熔点高 1℃），如图 12-7 所示，在计算机的控制下，喷头作 $x-y$ 平面运动，将熔融的材料涂覆在工作台上，冷却后形成工件的一层截面，一层成型后，喷头上移一层高度，进行下一层涂覆，这样逐层堆积形成三维工件。

该技术污染小，材料可以回收，用于中、小型工件的成型。成型材料：固体丝状工程塑料，制件性能相当于工程塑料或蜡模，主要用于塑料件、铸造用蜡模、样件或模型。

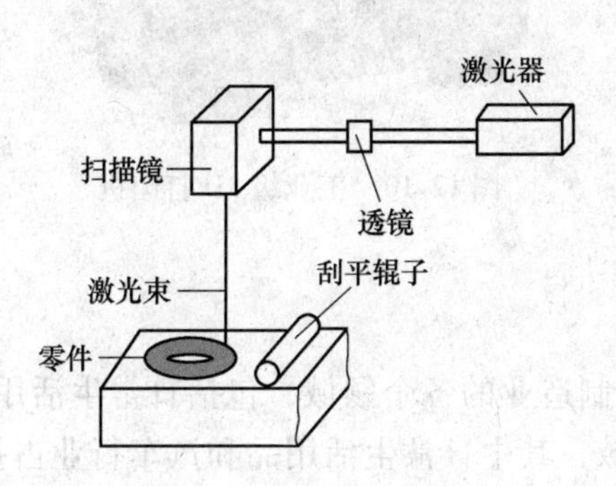

图 12-6　SLS 工艺原理图

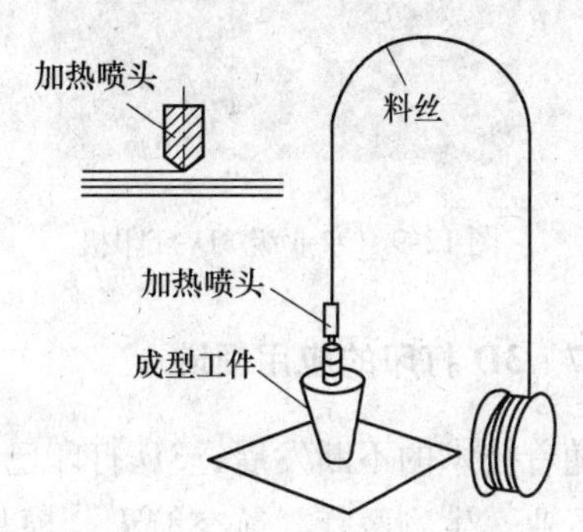

图 12-7　FDM 工艺原理图

12.2.6　3D 打印的设备

3D 打印机是 3D 打印的核心设备，主要由高精度机械系统、数控系统、喷射系统和成型环境等子系统组成，是集机械、控制和计算机技术等为一体的机电一体化系统。

目前国内还没有一个明确的 3D 打印机分类标准，但是我们可以根据设备的市场定位将它简单的分成三类：个人级、专业级、工业级。

(1) 个人级 3D 打印机。以国内各大电商网站上销售的个人 3D 打印机为例，大部分国产的 3D 打印机都是基于国外开源技术延伸的，如图 12-8 所示。由于采用了开源技术，技术成本得到了很大的压缩，因此售价在 3000 元至 1 万元不等，十分有吸引力。国外进口的品牌个人 3D 打印机价格一般都在 2 万至 4 万元之间。

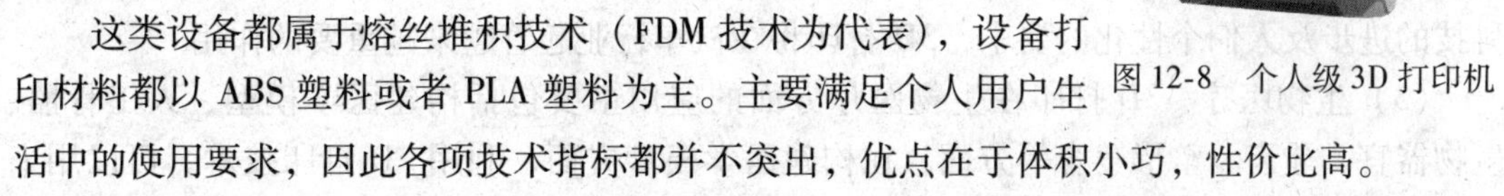
图 12-8　个人级 3D 打印机

这类设备都属于熔丝堆积技术（FDM 技术为代表），设备打印材料都以 ABS 塑料或者 PLA 塑料为主。主要满足个人用户生活中的使用要求，因此各项技术指标都并不突出，优点在于体积小巧，性价比高。

(2) 专业级 3D 打印机。专业级的 3D 打印机，可供选择的成型技术和耗材（塑料、尼龙、光敏树脂、高分子、金属粉末等）就要比个人 3D 打印机要丰富很多，如图 12-9 所示。设备结构和技术原理相比起来更先进自动化程度更高，应用软件的功能以及设备的稳定性也是个人 3D 打印机望尘莫及。这类设备售价都在十几万元至上百万元人民币。

(3) 工业级3D打印机。工业级的设备除了要满足材料上面的特殊性，还要满足制造大尺寸的物件等要求，如图12-10所示。更关键是物品制造后它需要符合一系列的特殊应用的标准，因为这类设备制造出来的物体是直接应用的。比如飞机制造中用到的钛合金材料，就需要对物件的刚性、韧性、强度等等参数有一系列的要求。由于很多设备是根据需求定制的，因此价格很难估量了。

图12-9　专业级3D打印机

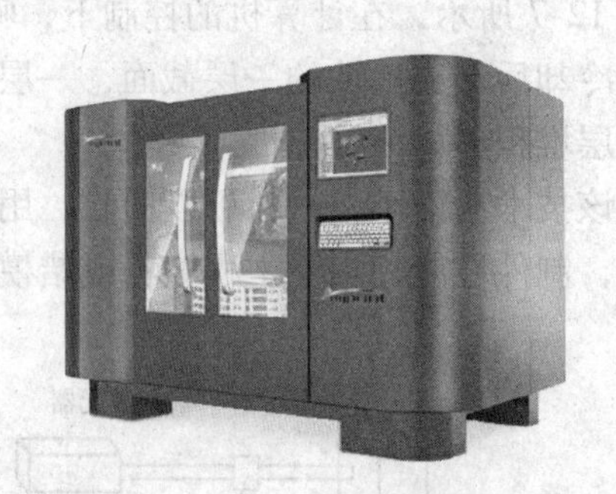

图12-10　工业级3D打印机

12.2.7　3D打印的应用领域

随着技术的不断发展，3D打印已逐步应用于制造业的各个领域，包括日常生活用品、汽车行业、生物医疗、航空航天、模具制造等领域，其中日常生活用品和汽车行业占据主要份额，生物医疗方面的占比在持续提升，而3D打印设备在航空航天领域的应用也稳中有升。

(1) 日常生活用品。杯子、桌椅、玩具、灯具、刀叉、吸尘器、衣柜、家电等家用日常生活用品均可以进行个性化设计，并且用3D打印技术打印出来。材料可以选择用塑料、金属、陶瓷等。可以想象3D打印如果能够进入每个家庭的景象，个性化的设计充满了房间的每一个角落，创意无处不在，甚至每个人所用的筷子都是独一无二的。距离上述景象的出现，3D打印技术还有很长的一段路要走，包括3D打印机和材料的成本、材料的多样化、材料的安全性及操作的简易化等问题均需要一一解决。

(2) 汽车行业。目前，3D打印在汽车行业的主要应用为汽车设计、原型制造和模具开发。测试样件和应用模具的3D打印使得设计者能够对所设计的产品有直观的感受，并且能够找出其中的问题进行优化，明显提高产品的开发设计速度。另外，维修环节的零部件和个性化汽车部件也可以进行直接制造。目前3D打印的汽车已经试运行成功，其中的整个汽车外壳是一体打印，车内的零部件是单独打印，最后结合其他部件组装而成。随着科技的进步及人们个性化的要求，3D打印将在汽车行业起着越来越重要的作用。

(3) 生物医疗。3D打印在生物医疗方面的应用主要包括构建医学模型、人工骨骼、生物器官、牙齿、整形美容等方面。在构建医学模型方面，利用3D打印技术，可以用来进行包括神经外科、脊柱外科、整形外科、耳鼻喉科等外科模拟手术，以制定最佳手术方案，提高手术的成功率。在制造人工骨骼方面，可以根据患者的具体情况，制造出钛合金或多孔生物陶瓷等材料的人工骨骼，然后植入人体，目前该项技术已日趋成熟，并在多名患者身上成功应用。在制造生物器官方面，需要将支架材料、细胞、细胞所需营养、药物等化学成分在合理的位置和时间同时传递，进而形成生物器官，目前虽然科学家们成功用3D 打印技术制作出了仿生耳和肾脏等，但是距离实际的应用还有很长的距离。在制造牙齿方面，可以对患者的牙齿进行扫描，打印制造钛合金等材料的义齿支架，目前已经有专门应用于牙科的 3D 打印机。在整形美容方面，利用扫描设备对需要整形的部位进行扫描，利用计算机重现原来面貌，之后再进行 3D 打印缺损部分，目前已经成功对多名患者进行了整形美容。

3D 打印技术应用于医学领域的成效比较显著，但是目前 3D 打印技术的医学应用很大一部分仍处于研究阶段。随着对生物材料、成型分辨率、组织工程血管的制造等医学关键问题的解决，必将推动 3D 打印技术在医学领域发挥出更大的作用。

(4) 航空航天。3D 打印技术在航空航天领域的应用主要集中在外形验证、直接产品制造和精密熔模铸造的原型制造等方面。在国外，波音公司已经利用 3D 打印技术制造出了几百种不同的飞机零部件；在国内，北京航空航天大学全面突破了钛合金、超高强度钢等难加工大型复杂关键构件的激光成型的关键技术，成功打印出钛合金战机零件。随着材料和技术的不断突破，3D 打印技术将在航空航天领域发挥巨大的作用。

除了上述主要应用领域，3D 打印技术在房地产、食品、服装、艺术等领域的应用也越来越广泛。随着 3D 打印的设备、技术、材料等方面的进一步发展，3D 打印技术的应用将会进一步扩大，将会拓展到生活、生产的各个方面，直接影响到人们的生活方式和生产模式等方面。

12.3 3D 打印基本操作

12.3.1 Aurora 软件简介

Aurora 是一款三维打印/快速成型软件，它输入 STL 模型，进行分层等处理后输出到三维打印/快速成型系统，可以方便快捷地得到模型原型。Aurora 软件功能完备，处理三维模型方便、迅捷、准确，使用特别简单，实现了“一键打印”。

概括起来，Aurora 软件具有如下功能：

(1) 输入输出：STL 文件，CSM 文件（压缩的 STL 格式），CLI 文件。数据读取速度快，能够处理上百万片面的超大 STL 模型。

(2) 三维模型的显示：在软件中可方便地观看 STL 模型的任何细节，并能测量、输出。鼠标 + 键盘的操作，简单、快捷，用户可以随意观察模型的任何细节，甚至包括实体内部的孔、洞、流道等。基于点、边、面三种基本元素的快速测量，自动计算、报告选择元素间各种几何关系，不需切换测量模式，简单易用。

(3) 校验和修复：自动对 STL 模型进行修复，用户无需交互参与；同时提供手动编辑功能，大大提高了修复能力，不用回到 CAD 系统重新输出，节约时间，提高工作效率。

(4) 成型准备功能：用户可对 STL 模型进行变形（旋转、平移、镜像等）、分解、合并、切割等几何操作；自动排样可将多个零件快速地放在工作平台上或成型空间内，提高快速成型系统的效率。

(5) 自动支撑功能：根据支撑角度、支撑结构等几个参数，自动创建工艺支撑。支撑结构自动选择，智能程度高，无需培训和专业知识。

（6）直接打印：可将 STL 模型处理后直接传送给三维打印机/快速成型系统，无需在不同软件中切换。处理算法模型效率高，容错、修复能力强，对三维模型上的裂缝、空洞等错误能自动修复。打印的同时对三维打印机/快速成型系统进行状态检测，保证系统正常运行。

12.3.2 Aurora 软件基本操作

12.3.2.1 启动 Aurora

（1）启动。从桌面和开始菜单中的快捷方式都可以启动本软件。Aurora 软件界面由三部分构成。上部为菜单和工具条，菜单及工具条的功能；左侧为工作区窗口，有三维模型、二维模型、三维打印机三个窗口，显示 STL 模型列表等；右侧为图形窗口，显示三维 STL 或 CLI 模型，以及打印信息。第一次运行 Aurora 需要从三维打印机/快速成型系统中读取一些系统设置。首先连接好三维打印机/快速成型系统和计算机，然后打开计算机和三维打印机/快速成型系统，启动软件，选择菜单中“文件 >三维打印机 >连接”，系统自动和三维打印机/快速成型系统通讯，读取系统参数。三维打印机/快速成型系统的系统参数自动保存到计算机中，以后就不必每次读取了。

（2）载入 STL 模型。STL 格式是 3D 打印领域的数据转换标准，几乎所有的商用 CAD 系统都支持该格式，如 UG/II，Pro/E，AutoCAD，SolidWorks 等。在 CAD 系统或反求系统中获得零件的三维模型后，就可以将其以 STL 格式输出（输出方式请参考该 CAD 或反求软件的使用手册，或查看本手册的附录），供 3D 打印系统使用。STL 模型是三维 CAD 模型的表面模型，由许多三角面片组成。输出为 STL 模型时一般会有精度损失，请用户注意。载入 STL 模型的方式有多种：选择菜单“文件 > 载入模型”；在三维模型图形窗口中使用右键菜单，或者三维模型和二维模型列表窗的右键菜单中选择“载入模型”；或者按快捷键“CTRL+L”。选择命令后，系统弹出打开文件对话框，选择一个 STL（或 CSM，CLI）文件。本软件附带一个 STL 模型目录，在其安装目录下，名为 example，里面有一些 STL 文件。选择一个或多个 STL 文件后，系统开始读入 STL 模型，并在最下端的状态条显示已读入的面片数（facet）和顶点数（vertex）。读入模型后，系统自动更新，显示 STL 模型。当系统载入 STL 和 CLI 模型后，会将其名称加入左侧的三维模型或二维模型窗口。用户可以在三维模型窗口内选择 STL 模型，也可以用鼠标左键在图形窗口选择 STL 模型。

注意：本软件中一些操作是针对单个模型的，所以执行这些操作前，必须先选择一个模型作为当前模型，当前模型会以系统设定的特定颜色显示（该颜色在“查看 > 色彩…”命令中设定）。注意：CSM 文件为压缩的 STL 模型，可以减小 STL 文件的大小（大约为原文件的 1/10），方便用户传输，交换模型。该格式的文件可以直接读入。

（3）载入 CSM 和 CLI 模型。选择同样的命令，也可以载入 CSM 和 CLI 文件，不过要在“打开 > 文件对话框”中选择合适的文件类型。

（4）打印。本软件可以打印三维模型窗口内容，并附加载入的 STL 模型的信息。

12.3.2.2 三维模型操作

三维模型操作包括坐标变换、模型分割、分解、合并、排样等，下面一一进行介绍。

A 坐标变换

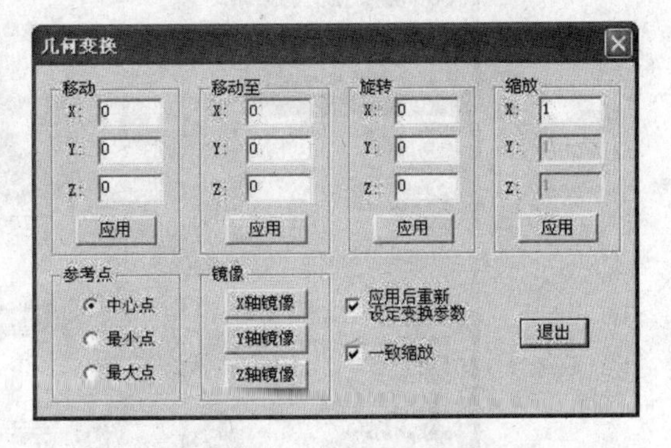

图12-11 几何变换对话框

坐标变换是对三维模型进行缩放、平移、旋转、镜像等。这些命令将改变模型的几何位置和尺寸。坐标变换命令集中在“模型 > 几何变换”菜单中的几何变换对话框内，分别为：移动、移动至、旋转、缩放和镜像这5种。其界面如图12-11所示。

(1) 移动：移动是最常用的坐标变换命令，它将模型从一个位置移动到另一个位置。输入的X、Y、Z坐标为模型在X、Y、Z三个方向上的移动距离。

(2) 移动至：是移动命令的另一种形式，不同于“移动”命令，它将模型参考点移至所输入的目标位置。点击“应用”按钮后，程序执行移动操作。其快捷操作是：用鼠标左键和键盘可以完成实时模型移动，包括XY移动和Z向移动，以方便用户进行多零件排放。同时按住鼠标左键和CTRL键（先按下CTRL键），可以在XY平面上进行移动操作。同时按住鼠标左键和SHIFT键（先按下SHIFT键），可以在Z方向上移动选择的三维模型。

(3) 旋转：旋转也是一个常用的坐标变换命令，该命令以参考点为中心点对模型绕X、Y、Z轴进行旋转。同时按住鼠标左键和ALT键（先按下ALT键），可以在X、Y、Z轴实时旋转的三维模型。

(4) 缩放：以某点为参考点对模型进行比例缩放。如果选中了“一致缩放”，则X、Y、Z方向以相同的比例缩放，否则要对X、Y、Z轴分别设定缩放比例。

(5) 镜像：是较少使用的几何变换命令。应用镜像时所选择的轴，为镜像平面的法向轴。

B 处理多个三维模型

3D打印工艺一般可以同时成型多个原型。本软件也可以同时处理多个STL模型。系统载入多个STL模型后，可以分别对他们进行处理，也可以一起进行处理。如图2-12所示，系统载入多个模型后，在左侧的三维模型列表窗口中会依次显示各STL文件名，用户可以在树状列表中选择其中的一个作为激活的STL模型。激活的三维模型会以不同的颜色在图形窗口中显示，激活模型的颜色可以在“色彩设定”命令中选择。

图12-12中，同时载入了多个模型，激活的模型用粉色显示。同时，模型列表下面的窗口还会显示选中模型的模型信息，包括面片、顶点、体积、面积、尺寸等。

注意：部分命令对所有已载入STL模型有效，另一部分则只对当前模型有效，请用户使用时注意。选择激活的三维模型有两种方式，一是鼠标单击列表中该STL的名称，另一种是在图形窗口中选择。当一次成型多个模型时，用户可以使用自动布局功能，该命令能自动安排模型的成型位置，可以大大提高成型准备工作的效率。

C 三维模型合并、分解及分割

为方便多个三维模型处理，可以将多个三维模型合并为一个模型并保存，如图12-13

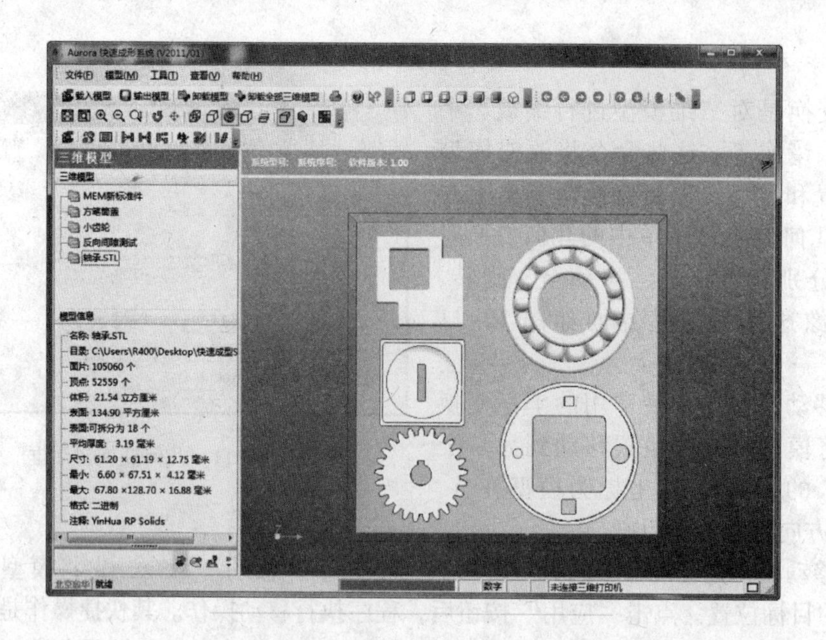

图 12-12　同时载入多个 STL 模型

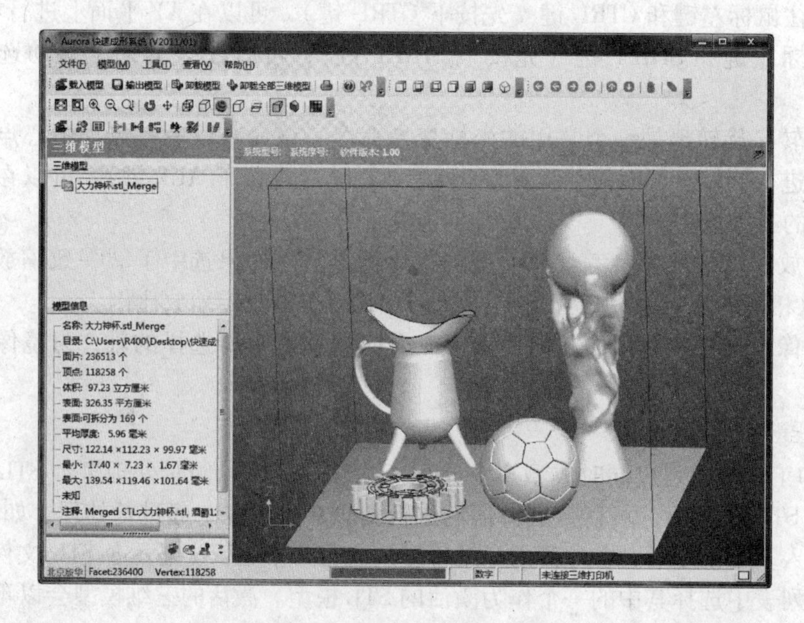

图 12-13　合并多个 STL 模型

所示。在三维模型列表窗口中选择零件，然后选择“合并”命令，合并后自动生成一个名为“Merge”的模型。

与合并操作相反的是分解操作，若一个三维模型中包含若干个互不相连的部分，则该命令将其分解为若干各独立的 STL 模型。激活要分解的三维模型，然后选择“分解”命令，该模型将分解为多个模型，并依次在每个模型后添加“_ 序号”进行区别，如图 12-14 所示。

与模型分解有一个类似命令，叫做“分割”命令，该命令将一个三维模型在一个确定的高度分解为两个三维模型。选中要分割的三维模型，然后选择“分割”命令，系统弹出

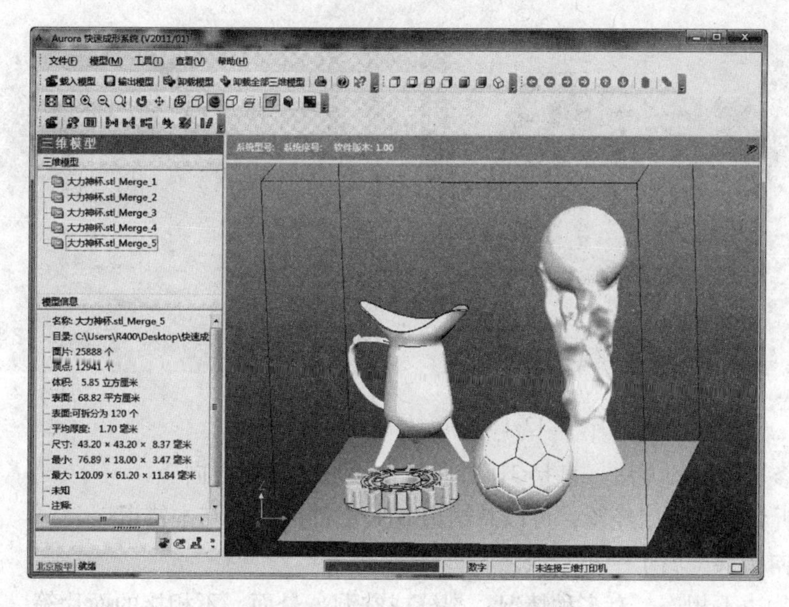

图 12-14 分解为多个 STL 模型

如图 12-15 所示对话框。

对话框中的移动标尺可以设定模型的分割高度，同时在标尺下面的编辑框中同样可以输入分割位置。当设定新的分割高度或拖动标尺时，图形窗口会实时显示该高度上的截面轮廓。下面两个按钮分别为“确定”，“取消”。设定分割高度后，图形窗口中的三维模型会在分割位置显示其轮廓，如图 12-16 所示。

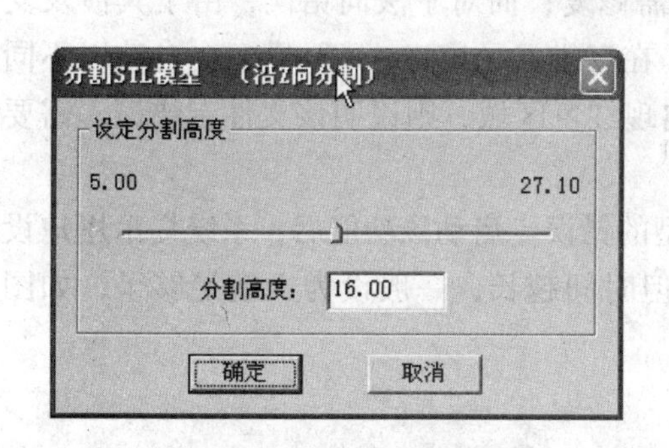

图 12-15 模型分割对话框

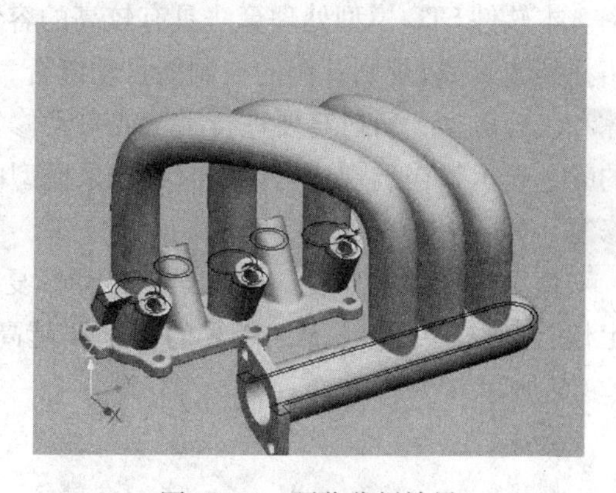

图 12-16 预览分割效果

分割位置确定后，单击“确定”按钮，开始分割，三维模型分割为上下两部分，生成两个 STL 模型，系统自动在原文件名后加“_ UP”和“_ DOWN”以示区别。模型分割在制作超过快速原型系统成型空间的大尺寸原型时非常有用，可提高成型系统的成型较大原型的能力，如图 12-17 所示。

D STL 模型检验和修复

3D 打印工艺对 STL 文件的正确性和合理性有较高的要求，主要是要保证 STL 模型无裂缝、空洞、无悬面、重叠面和交叉面，以免造成分层后出现不封闭的环和歧义现象。从 CAD 系统中输出的 STL 模型错误几率较小，而从反求系统中获得的 STL 模型较多。错误

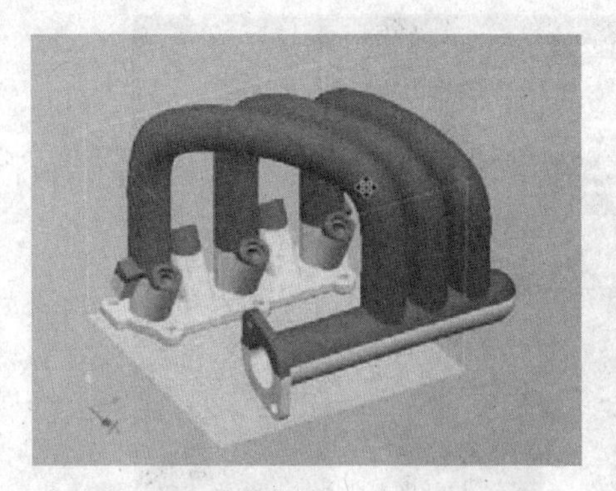

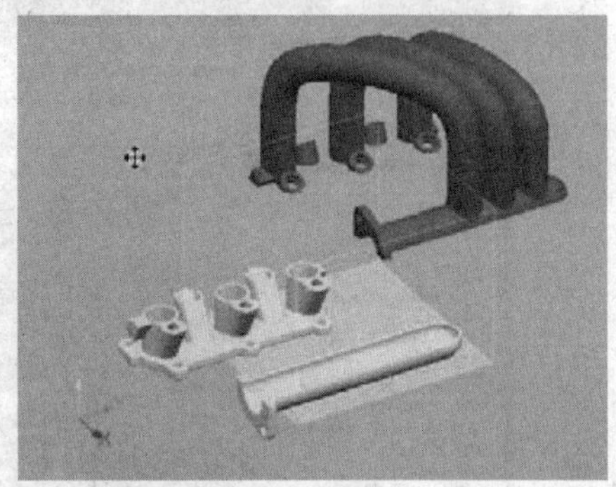

图 12-17　模型分割与分割后移动

原因和自动修复错误的方法一直是 3D 打印软件领域的重要方向。

根据分析和实际使用经验，可以总结出 STL 文件的四类基本错误：

（1）法向错误。属于中小错误。

（2）面片边不相连。有多种情况：裂缝或空洞、悬面、不相接的面片等。

（3）相交或自相交的体或面。

（4）文件不完全或损坏。

STL 文件出现的许多问题往往来源于 CAD 模型中存在的一些问题，对于一些较大的问题（如大空洞，多面片缺失，较大的体自交），最好返回 CAD 系统处理。一些较小的问题，可使用自动修复功能修复，不用回到 CAD 系统重新输出，可节约时间，提高工作效率。本软件 STL 模型处理算法具有较高的容错性，对于一些小错误，如裂缝（几何裂缝和拓扑裂缝），较规则孔洞的空洞能自动缝合，无需修复；而对于法向错误，由于其涉及支撑和表面成型，所以需要进行手工或自动修复。在三维显示窗口，STL 模型会自动以不同的颜色显示，当出现法向错误时，如果模型中出现红色区域，则说明该文件有错误，需要修复，如图 12-18 所示。

使用“校验并修复”功能可以自动修复模型的错误。启动该功能后，系统提示用户设定校验点数，点数越多，修复的正确率越高，但时间越长，一般设为 5 就足够了，如图 12-19 所示。

图 12-18　含错误的 STL 模型

图 12-19　修复后的 STL 模型

E 三维模型的测量和修改

模型测量对于用户是个非常重要的工具，它可以帮助用户了解模型的重要尺寸，检验原型的精度，而无需回到 CAD 系统中。首先选择被测量的模型，然后选择菜单“模型 > 测量”，可以进入测量和修改模式。测量是基于三种基本元素进行的——“顶点”，“边”和“面片”。通过鼠标左键点击，可以在图形窗口任意拾取这三种元素。

注意：单击鼠标左键——拾取面片；按住 CTRL 键，单击鼠标左键——拾取边；按住 SHIFT 键，单击鼠标左键——拾取顶点。

（1）测量。用户拾取被测量体后，系统弹出一个窗口，显示被测体的几何信息。如图 12-20 所示。

与其他软件不同，本软件不需选择测量的类型，只需根据需要选择不同的测量元素，如顶点、面片。系统会根据选择元素的类型，自动计算可提供的几何信息，这样可以减少不同测量模式之间的切换操作，大大提高测量的速度和易用性。

顶点信息：坐标值，引用面片数。

边信息：顶点坐标值，长度。

面片信息：三个顶点坐标值，面积。

不同元素间的几何信息：顶点和顶点，直线距离，X、Y、Z 差值。

连续三个顶点：两条段间的夹角，三点外接圆的半径（选择同一个圆弧上的三个点，可测量其半径）。

顶点和边：点到边的距离。

顶点和面片：顶点到面片的距离。

边和边：两条边间的夹角，当边平行时，计算两边间的距离。

边和面片：边和面片间的夹角，当平行时，计算它们之间的距离。

面片和面片：面片平行时，计算它们之间的距离。

（2）修改。当 STL 模型出现错误，自动修复功能不能完全修复后，可以使用修改功能对其进行交互修复。如图 12-21 所示。

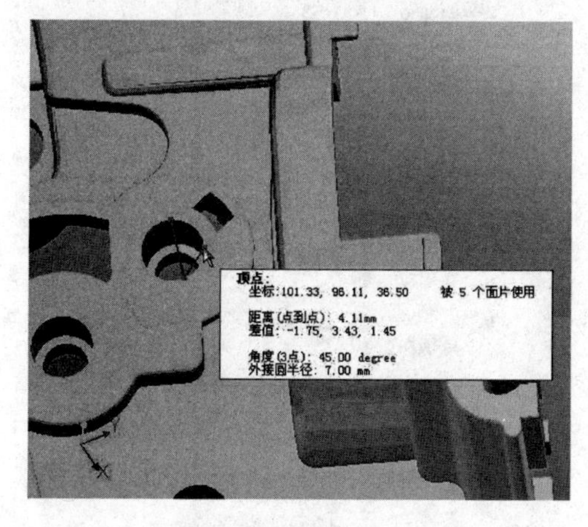

图 12-20 测量三个点

图 12-21 修复后仍有错误（箭头所指部分）

修复过程如下：

1）首先选择三维模型，进入“测量”模式。

2）拾取错误表面上的一个面片，如图12-22所示。

3）单击鼠标右键，弹出快捷菜单，选择“表面反向”，即可实现修复，如图12-23所示。

图12-22 拾取错误表面上的面片

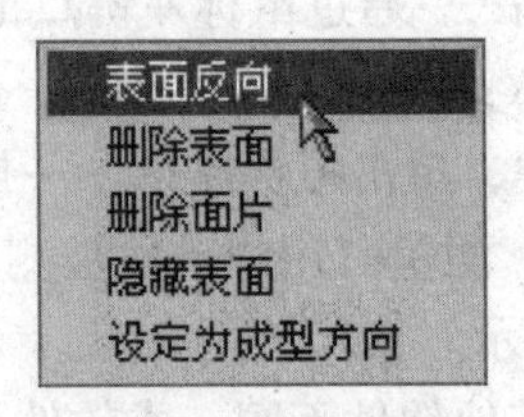

图12-23 表面反向

12.3.2.3 分层

A 分层前的准备

分层是三维打印/快速成型的第一步，在分层前，要首先做如下准备：检查三维模型（看是否有错误，如法向错误、空洞、裂缝、实体相交等），确定成型方向（把模型旋转到最合适的成型方向和位置）。

该软件自动添加支撑，无需用户添加。

该软件能同时对多个模型分层，如果用户只对一个模型分层，应在三维模型窗口中将该模型选中。

B 分层参数详解

如图12-24所示，分层后的层片包括三个部分，分别为原型的轮廓部分、内部填充部

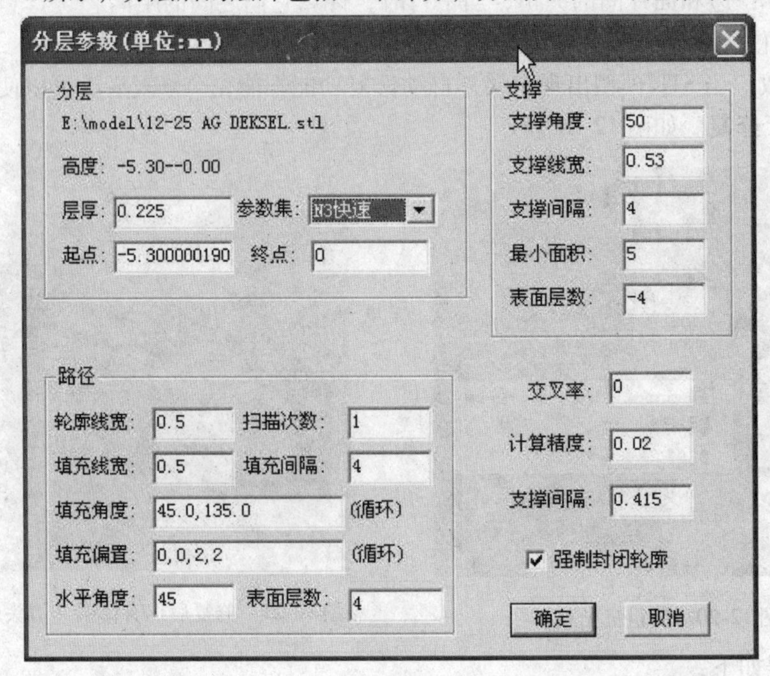

图12-24 分层参数对话框

分和支撑部分。轮廓部分根据模型层片的边界获得，可以进行多次扫描。内部填充是用单向扫描线填充原型内部非轮廓部分，根据相邻填充线是否有间距，可以分为标准填充（无间隙）和孔隙填充（有间隙）两种模式。标准填充应用于原型的表面，孔隙填充应用于原型内部（该方式可以大大减小材料的用量）。支撑部分是在原型外部，对其进行固定和支撑的辅助结构。

分层参数包括三个部分，分别为分层、路径和支撑。大部分参数已经固化在三维打印机/快速成型系统中，用户只需根据喷嘴大小和成型要求选择合适的参数集即可，一般无需对这些预设参数进行修改。

分层部分有四个参数，分别为层片厚度，起始、终止高度，参数集。层厚为 3D 打印系统的单层厚度。起点为开始分层的高度，一般应为零；终点为分层结束的高度，一般为被处理模型的最高点。参数集为三维打印机/快速成型系统预置的参数集合，包括了路径和支撑部分的大部分参数设定。选择合适的参数集后，一般不需要用户再修改参数值。路径部分为快速原型系统制造原型部分的轮廓和填充处理参数，具体如下：

（1）轮廓线宽。层片上轮廓的扫描线宽度，应根据所使用喷嘴的直径来设定，一般为喷嘴直径的 1.3 ~1.6 倍之间。实际扫描线宽会受到喷嘴直径、层片厚度、喷射速度、扫描速度这 4 个因素的影响，该参数已在三维打印机/快速成型设备中的预设参数集中设定，一般不应修改。

（2）扫描次数。指层片轮廓的扫描次数，一般该值设为 1 ~2 次，后一次扫描轮廓沿前一次轮廓向模型内部偏移一个轮廓线宽。

（3）填充线宽。层片填充线的宽度，与轮廓线宽类似，它也受到喷嘴直径，层片厚度，喷射速度，扫描速度这四个因素的影响，需根据原型的实际情况进行调整。以合适的线宽造型，表面填充线应紧密相接，无缝隙，同时不能发生过堆现象（材料过多）。

（4）填充间隔。对于厚壁原型，为提高成型速度，降低原型应力，可以在其内部采用孔隙填充的方法：即邻填充线间有一定的间隔。该参数为 1 时，内部填充线无间隔，可制造无孔隙原型；该参数大于 1 时，相邻填充线间隔（$n-1$）个填充线宽。

（5）填充角度。设定每层填充线的方向，最多可输入 6 个值，每层角度依次循环。如果该参数为 30，90，120，则模型的第 $3\times N$ 层填充线为 30 度，第 $3\times N+1$ 层为 90 度，第 $3\times N+2$ 为 120 度。

（6）填充偏置。设定每层填充线的偏置数，最多可输入 6 个值，每层依次循环；当填充间隔为 1 时，该参数无意义。若该参数为（0，1，2，3），则内部孔隙填充线在第一层平移 0 个填充线宽，第二层平移 1 个线宽，第三层平移 2 个线宽，第四层平移 3 个线宽，第五层偏移 0 个线宽，第六层平移 1 个线宽，依次继续。

（7）水平角度。设定能够进行孔隙填充的表面的最小角度（表面与水平面的最小角度）。当面片与水平面角度大于该值时，可以孔隙填充；小于该值，则必须按照填充线宽进行标准填充（保证表面密实无缝隙），这边表面成为水平表面。该值越小，标准填充的面积越小，过小的话，会在某些表面形成孔隙，影响原型的表面质量。

（8）表面层数。设定水平表面的填充厚度，一般为 2 ~4 层。如该值为 3，则厚度为 $3\times$层厚。即该面片的上面三层都进行标准填充。

支撑部分参数如下：

(1) 支撑角度。设定需要支撑的表面的最大角度（表面与水平面的角度），当表面与水平面的角度小于该值时，必须添加支撑。角度越大，支撑面积越大；角度越小，支撑越小，如果该角度过小，则会造成支撑不稳定，原型表面下塌等问题。

(2) 支撑线宽。支撑扫描线的宽度。

(3) 支撑间隔。距离原型较远的支撑部分，可采用孔隙填充的方式，减少支撑材料的使用，提高造型速度。该参数和填充间隔的意义类似。

(4) 最小面积。需要填充的表面的最小面积，小于该面积的支撑表面可以不进行支撑。

(5) 表面层数。靠近原型的支撑部分，为使原型表面质量较高，需采用标准填充，该参数设定进行标准填充的层数，一般为 2 ~4 层。

C 分层

选择菜单“模型 > 分层”，启动分层命令。系统会自动生成一个 CLI 文件，并在分层处理完成后载入。在分层过程中再次选择分层命令，将中止分层。

12.3.2.4 层片模型

层片模型（CLI 文件）存储对三维模型处理后的层片数据。CLI 文件是本软件的输出格式，供后续的三维打印/快速成型系统使用，制造原型。

(1) 显示 CLI 模型。CLI 模型为二维层片，包括轮廓和填充，支撑三部分，每层对应一个高度。本软件可以载入 CLI 文件并显示其图形。载入 CLI 模型的方法和载入 STL 文件的方法类似。

选择命令后，系统弹出打开文件对话框，选择一个 CLI 文件，然后单击确定按钮。层片模型载入后，系统自动切换到二维模型窗口，将 CLI 文件加入二维模型列表中，并在右侧窗口显示第一层。二维模型窗口以平面方式显示 CLI 层片，同时 CLI 模型也可在三维模型窗口中显示，它的显示与三维模型类似，同样可以使用各显示命令结合鼠标操作进行放大、旋转等操作。同时 CLI 可以整体进行三维显示，也可显示单层轮廓填充，如图 12-25 所示。

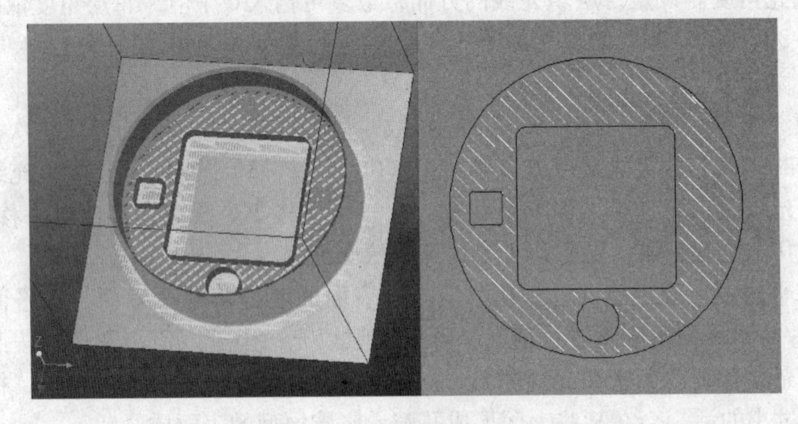

图 12-25 整体显示和单层显示

CLI 层片中的不同实体用不同颜色显示，共分为三种“轮廓”、“填充”和“支撑”，其显示颜色可以在“色彩设定”对话框中选择。

利用层片浏览工具条上的命令，我们可以查看该层片文件的每一层。如图 12-26 所示。

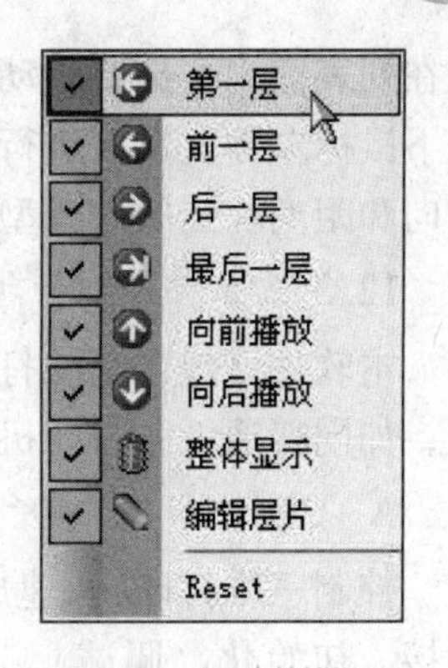

图 12-26　层片浏览命令

（2）在二维模型窗口显示。如图 12-27 所示，CLI 模型在二维模型窗口显示时，只能显示单个层片。层片的填充和轮廓分别用不同的颜色显示。同时还会在模型列表下显示模型的相关信息。显示层片的高度和层号可以在状态条上看到。蓝色的矩形为成型系统的成型空间，层片模型一定要放置在该矩形内。按下鼠标左键，然后移动鼠标，可以拖动显示区域。鼠标滚轮和 Page Up，Page Down 键可以缩放图形。

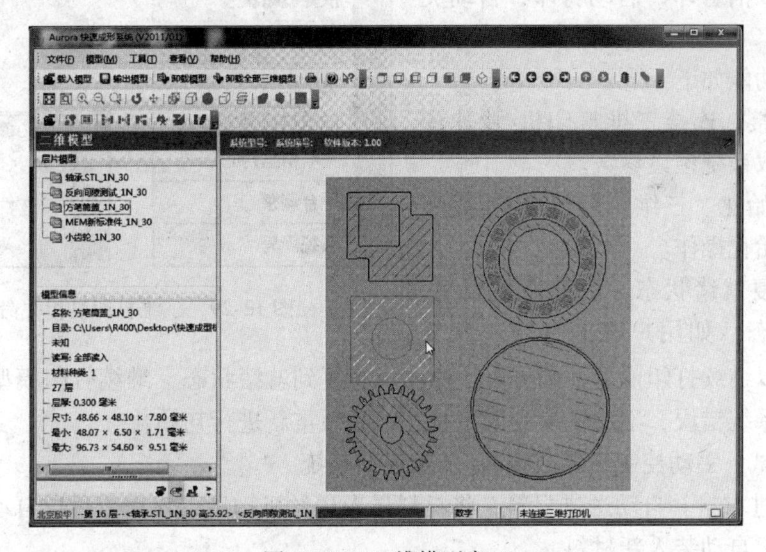

图 12-27　二维模型窗口

（3）设定成型位置。如图 12-28 所示，模型实际成型位置可以在窗口中自由移动。首

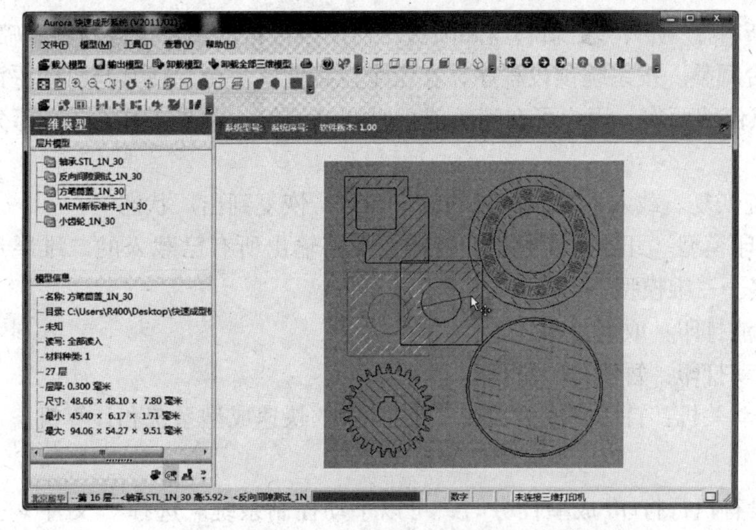

图 12-28　移动二维模型

先在列表窗内选择要移动的模型，然后在图形窗口内拖动。按下 CTRL 键，在图形窗口内按下鼠标左键，然后进行拖动，图形窗口会显示一条红色的线段，该线段代表模型移动的方向和距离。当所有模型都在蓝色矩形内，才可以开始成型。

12.3.2.5 三维打印/快速成型

本软件已包含三维打印机/快速成型系统控制软件。一键即可完成数据处理和原型制造，如同普通纸张打印机一样方便。

A 3D 打印机命令

控制三维打印/快速成型的命令包括：连接，初始化，调试，设为默认打印机，打印模型，取消打印，启动打印，自动关机等。如图 12-29 所示。

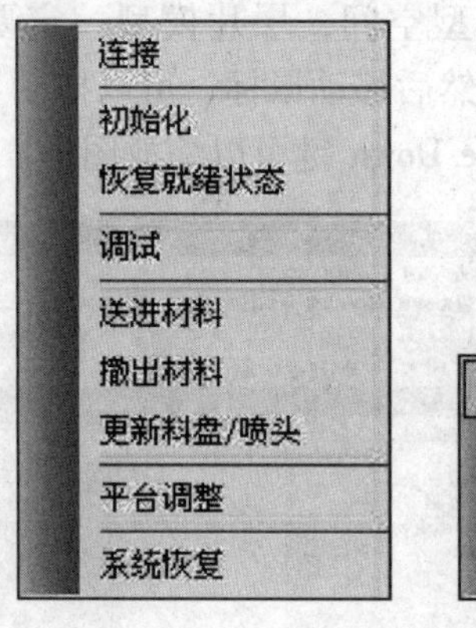

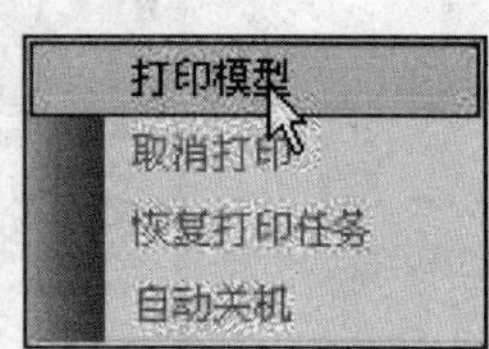

图 12-29 三维打印机相关命令

各命令功能如下：

(1) 连接。连接三维打印机/快速成型系统，读取系统预设参数。

(2) 初始化。三维打印机/快速成型系统执行初始化操作。

(3) 恢复就绪状态。系统完成模型，或从故障状态（如用户取消打印）恢复后，如果可以继续打印模型，则可以使用命令恢复到就绪状态，继续打印模型。某些状态下，如运动系统错误，不能恢复到就绪状态，必须重新进行初始化。

(4) 调试。手动控制三维打印机/快速成型系统。

(5) 送进材料。自动送进材料，将材料送入送丝机构后，该命令可以自动送进材料到喷头中。用于自动装入新材料。

(6) 撤出材料。自动撤出材料。加热喷头到一定温度后，从喷头中自动撤出，用于更换材料。

(7) 更新料盘/喷头。更新料盘和喷头时使用，可帮助用户记录材料和喷头使用信息。

(8) 平台调整。按系统预设程序，在三个位置调整平台，使其与打印平面平行。系统会依次在各点停留两次，用户可在喷头停止时调整螺钉，调平工作台。（部分机型无此功能）

(9) 系统恢复。载入系统出厂时的设定参数，恢复到出厂状态。

(10) 打印模型。开始打印模型。打印命令将输出所有已载入的二维层片模型，即一次可以打印多个三维模型。

(11) 取消打印：取消打印任务。

(12) 启动打印：暂停/恢复打印。

(13) 自动关机：打印完成后关闭三维打印机/快速成型系统和计算机。

B 手动调试

当系统没有执行打印/成型任务时，可以手动控制系统。选择“文件 > 三维打印机 > 调试”，系统启动手动对话框。

在该对话框内，用户可以平移喷头，升降工作台，喷丝，开关温控和报警器。工作台区域左侧控制工作台升高或下降，右侧控制运动的速度。同时系统还显示工作台高度，更换喷头后重新确定工作台高度时，就根据该高度值来确定实际的工作台高度。该对话框可在更换喷头，取型和更换材料等时使用。

12.3.3 打印操作

接下来，以Aurora软件和北京殷华激光与模具技术公司生产的3D打印机（型号是F-Print A）的连接操作过程来说明3D打印的操作过程。F-Print A采用的是熔融挤压工艺原理，成型材料选用的是ABS塑料丝。

12.3.3.1 打印流程

使用本软件打印模型的流程如下：

（1）打开3D打印机/快速成型系统，上电。

（2）启动Aurora软件。

（3）启动“初始化”命令，让3D打印机/快速成型系统执行初始化操作。

（4）载入三维模型，分层，再载入二维层片模型。

（5）设定工作台的高度，在一个合适的高度开始成型。

（6）打印模型。如果打印过程中出现异常，可以选择取消打印或暂停打印。

（7）打印完成，工作台下降，取出模型。

（8）关机或重新开始制作另外一个模型。

12.3.3.2 准备打印

准备打印应包括如下几个步骤：

（1）启动软件，载入三维模型（如果模型已经处理成二维模型，则可省略本步骤）。将模型用“变形”、“自动排放”等命令放置到合适的位置（三维图形和二维图形窗口显示了三维打印机/快速成型系统的工作台面）。用户应根据需要放置到合理的位置。

（2）分层处理，根据三维打印机/快速成型系统安装的喷头大小和实际需要，选择合适的参数集，对三维模型进行分层处理，并保存为CLI文件。

（3）载入CLI模型，如成型位置有变动，则可以在二维图形窗口内将其移动到适宜的位置。注意：打印模型将输出所有已载入的二维模型，并非选中的层片模型。

（4）打开三维打印机/快速成型系统的电源。如果刚开机，则需要对系统进行初始化，选择命令“文件 > 三维打印机 > 初始化”。如果系统刚完成前一个模型，或者刚修复好错误，则需要恢复就绪状态，选择命令“文件 > 三维打印机 > 恢复就绪状态”。

12.3.3.3 打印模型

打开3D打印机/快速成型系统，进行完打印准备工作后，即可开始打印。打印分为以下步骤：

（1）调整并测量高度。升高工作台到靠近喷头的高度。注意，升高工作台时应小心注意，防止工作台升高过快，撞击喷头，发生意外。为保证高度测量准确，可以先将喷头移动到易于观察的位置。对于可以自动对高的三维打印机，更换喷头后测量一次高度即可，不用每次测量。

（2）工作台一般要升高到距离喷头 1mm 左右的高度，然后在调试对话框中记录下此时的高度，然后在此高度基础上增加 1mm 左右作为工作台成型高度，该高度应保证成型开始时，喷头距离工作台 0.1～0.3mm。该值可以根据底面粘结情况微调。

（3）开始打印，选择命令“文件 > 三维打印 > 打印模型”，系统弹出“三维打印”对话框，用户可以选择要输出的层数，即“层片范围”中的开始层和结束层，系统默认从第一层到最后一层。其他参数为预留选项，暂时没有使用。

（4）然后系统弹出工作台高度对话框，输入前面测量的工作台到喷头距离。

（5）系统自动开始打印。

12.3.3.4　后处理

后处理包括设备降温、零件保温、去除支撑、表面处理等步骤。

（1）设备降温。原型制作完毕后，如不继续造型，即可将系统关闭，为使系统充分冷却，至少于 10min 后再关闭散热按钮和总开关按钮。

（2）零件保温。零件加工完毕，下降工作台，将原型留在成型室内，薄壁零件保温 15～20min，大型零件保温 20～30min，过早取出零件会出现应力变形。

（3）模型后处理。用小铲子小心取出原型。去除支撑，避免破坏零件。用砂纸打磨台阶效应比较明显处，用小刀处理多余部分，用填补液处理台阶效应造成的缺陷。如需要可用少量丙酮溶液把原型表面上光。

复习思考题

13-1　简述 3D 打印技术的含义及其常用的方法。

13-2　指出 3D 打印技术的主要发展方向。

13-3　说明熔积成型（FDM）法成型工艺的原理及特点。

13-4　3D 打印技术有哪些应用？

13-5　简述 3D 打印的设计过程。

13-6　简述 3D 打印机的操作步骤。

13 电　工

13.1 实训内容及要求

A 电工实训内容

（1）掌握机床电路图，包括电气原理图和电气接线图。

（2）了解机床控制电路中各电器元件的名称和作用。

（3）掌握万用表、电流表、电压表等常用电工仪表的工作原理及主要用途，掌握它们的应用。

B 电工基本技能

（1）掌握机床控制电路的识图、布线与连接，每个学生一套工具，组装一套车床控制电路。

（2）掌握常用电工仪表的应用及安全用电。

C 电工安全注意事项

（1）不要用湿手操作墙壁上机床和风扇的开关，以防触电，发现接线中铜线外露，决不能用手触摸。

（2）发现电气设备起火，应首先设法切断电源。

（3）电气设备着火后，不能直接用水灭火，一般采用二氧化碳、干粉等灭火器灭火。

（4）假若有人被触电且还未脱离电体，决不能用手拉，因为人体导电。应用木棒、塑料棒等绝缘体将其与带电体脱离，不能用铁棍、铜棍等导电金属物体。

13.2 安全用电

要培养出一个合格的大学生，除必须具备扎实的专业知识外，还必须掌握一些的电工技术，这对以后的工作乃至生活都具有重要的作用。在本章中，让学生熟悉常见的安全用电常识；对照机床电路图，能够联接出实际的机床控制电路；并学会使用常用的电工仪表。

电是现代社会不可缺少的动力来源，工业生产和文明社会生活都离不开电，电对人类的进步和发展起着非常重要的作用。电的使用有其两面性，使用得当，能给使用者带来很大的益处；若使用不当，则会造成很大的危险。因此，掌握安全用电的基本知识非常重要。

13.2.1 触电危害

触电是指人体触及带电体后，电流对人体造成的伤害。它有两种类型，即电伤和电击。

（1）电伤。电伤是指电流的热效应、化学效应、机械效应及电流本身作用造成的人体伤害。电伤会在人体皮肤表面留下明显的伤痕，常见的有灼伤、电烙伤和皮肤金属化等现象。

（2）电击。电击是指电流通过人体内部，破坏人体内部组织，影响呼吸系统、心脏及神经系统的正常功能，甚至危及生命。在触电事故中，电击和电伤常会同时发生。

影响触电危险程度的因素：

（1）电流大小对人体的影响。通过人体的电流越大，人体的生理反应就越明显，感应就越强烈，引起心室颤动所需的时间就越短，致命的危害就越大。

（2）电流的类型。工频交流电的危害性大于直流电，因为交流电主要是麻痹破坏神经系统，往往难以自主摆脱。一般认为 40～60Hz 的交流电对人最危险。随着频率的增加，危险性将降低。当电源频率大于 2000Hz 时，所产生的损害明显减小，但高压高频电流对人体仍十分危险。

（3）电流的作用时间。人体触电，当通过电流的时间越长，越容易造成心室颤动，生命危险性就越大。据统计，触电 1～5min 内急救，90% 有良好的效果，10min 内有 60% 救生率，超过 15min 希望甚微。

（4）电流路径。电流通过头部可使人昏迷；通过脊髓可能导致瘫痪；通过心脏会造成心跳停止，血液循环中断；通过呼吸系统会造成窒息。因此，从左手到胸部是最危险的电流路径；从手到手、从手到脚也是很危险的电流路径；从脚到脚是危险性较小的电流路径。

（5）人体电阻。人体电阻是不确定的电阻，皮肤干燥时一般为 100kΩ 左右，而一旦潮湿可降到 1kΩ。人体不同，对电流的敏感程度也不一样，一般地说，儿童较成年人敏感，女性较男性敏感。患有心脏病者，触电后的死亡可能性就更大。

（6）安全电压。安全电压是指人体不戴任何防护设备时，触及带电体不受电击或电伤。人体触电的本质是电流通过人体产生了有害效应，然而触电的形式通常都是人体的两部分同时触及了带电体，而且这两个带电体之间存在着电位差。因此在电击防护措施中，要将流过人体的电流限制在无危险范围内，也即将人体能触及的电压限制在安全的范围内。国家标准制定了安全电压系列，称为安全电压等级或额定值，这些额定值指的是交流有效值，分别为 42V、36V、24V、12V、6V 等几种。

13.2.2　常见的触电原因

人体触电主要原因有两种：直接触电和跨步电压触电。直接触电又可分为单相触电和两相触电。

（1）单相触电。单相触电是指人站在地上或其他接地体上，人的某一部位触及一相带电体而引起的触电，如图 13-1 所示。

1）中性点直接接地单相触电。如图 13-1（a）所示，当人体接触其中一根相线时，人体所承受 220V 的相电压，电流通过人体→大地→中性点接地体→中性点，形成闭合回路，触电后果比较严重。

2）中性点不直接接地单相触电。如图 13-1（b）所示，当人体接触一根相线时，触

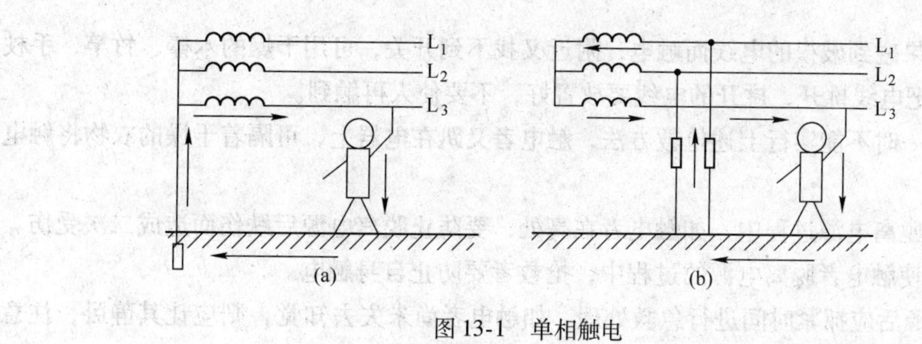

图 13-1 单相触电

（a）中性点直接接地；（b）中性点不直接接地

电电流经人体→大地→线路→对地绝缘电阻（空气）和分布电容形成两条闭合回路。如果线路绝缘良好，空气抗阻、容抗很大，人体承受的电流就比较小，一般不发生危险；如果绝缘性不好，则危险性就增大。

（2）两相触电。两相触电是指人体两处触及两相带电体而引起的触电，如图 13-2 所示。两相触电加在人体上的电压为线电压，由于触电电压为 380V，所以两相触电的危险性更大。

（3）跨步电压触电。当带电体接地时有电流向大地流散，在以接地点为圆心，半径 20m 的圆面积内形成分布电位。人站在接地点周围，两脚之间（以 0.8m 计算）的电位差称为跨步电压 U_k，如图 13-3 所示，由此引起的触电事故称为跨步电压触电。为了防止跨步电压触电，应离带电体着地点 20m 以外。

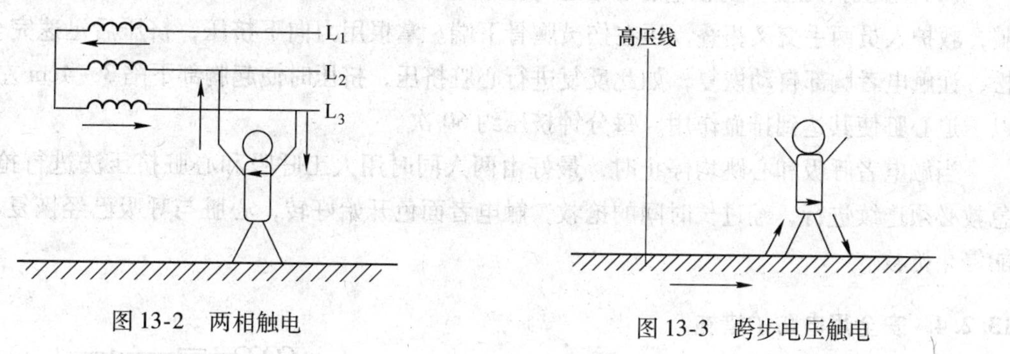

图 13-2 两相触电

图 13-3 跨步电压触电

13.2.3 触电急救

一旦发生人身触电事故，首要的是迅速处理，并抢救得法。人触电后，往往出现心跳停止、呼吸中断、昏迷不醒等死亡征象，但是很可能是假死现象。救护者切勿放弃抢救，而应果断地以最快的速度和正确的方法就地施行抢救。有的触电者经过 4、5 个小时的抢救，才能脱离险境。

13.2.3.1 脱离电源

当人体触电以后，可能由于痉挛或失去知觉等原因而紧抓带电体，不能自行摆脱电源。此时抢救人员不要惊慌，要在保护自己不被触电的情况下使触电者脱离电源。

（1）如果接触电器触电，应立即断开近处的电源，可就近拔掉插头，断开开关或打开保险盒。

(2) 如果碰到破损的电线而触电，附近又找不到开关，可用干燥的木棒、竹竿、手杖等绝缘工具把电线挑开，挑开的电线要放置好，不要使人再触到。

(3) 如一时不能实行上述抢救方法，触电者又趴在电器上，可隔着干燥的衣物将触电者拉开。

(4) 在脱离电源过程中，如触电者在高处，要防止脱离电源后跌伤而造成二次受伤。

(5) 在使触电者脱离电源的过程中，抢救者要防止自身触电。

切断电源后应抓紧时间进行急救处理。如触电者尚未失去知觉，则应让其静卧，注意观察，并请医生前来进行诊治。如果心脏已停止跳动，呼吸停止，则应立即进行人工呼吸或用心脏挤压法，使触电者恢复心跳和呼吸，切勿滥用药物或搬动、运送，并应立即请医务人员前来指导抢救。

13.2.3.2　触电的急救方法

(1) 人工呼吸法。当触电者呼吸停止，但心脏还在跳动时，可采取口对口（或口对鼻）式人工呼吸抢救。抢救时，救护者一只手捏紧触电者鼻，自己深呼吸后，将自己的嘴靠近触电者嘴，进行口对口吹气，并注意触电者的胸部应略有起伏。吹气完毕准备换气时，救护者的口应立即离开触电者的口，同时放开捏鼻子的手，让触电者自动换气，并注意其胸部的复原情况。人工呼吸要长时间反复进行，一般每次吹气约2s，呼气约3s。如果触电者牙关紧闭时，可采用对鼻进行吹气施行急救。

(2) 心脏挤压法。当触电者心脏已停止跳动，应采用此法急救。救护时，使触电者平躺，救护人员两手交叉相叠，压在伤员胸骨下端。掌根用力向下挤压，挤压后迅速完全放松，让触电者胸部自动恢复，如此反复进行心脏挤压，挤压时使起胸部下陷3～4cm左右，以压迫心脏使其达到排血作用，每分钟挤压约60次。

当触电者呼吸和心跳均停止时，最好由两人同时用人工呼吸和心脏挤压法进行抢救。急救必须连续进行，经过长时间的抢救，触电者面色开始好转，心脏与呼吸已经恢复，才能停止抢救。

13.2.4　安全用电防护措施

为了防止触电事故的发生，除了工作人员必须严格遵守操作规程，正确安装和使用电器设备或器材之外，还应该采取保护接地、保护接零和漏电保护开关等安全措施。

(1) 保护接地。将电器设备在正常情况下不带电的金属外壳和埋入地下并与其周围土壤良好接触的金属接地体相连接，称为保护接地，如图13-4所示。它适用于中性点不直接接地的低压电力系统。保护接地电阻一般不应大于4Ω，最大不得大于10Ω。

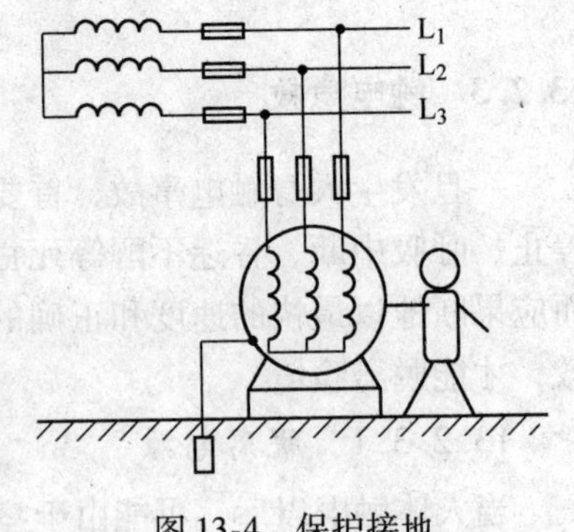

图13-4　保护接地

(2) 保护接零。保护接零就是将电器设备在正常情况下不带电的金属外壳接到三相四线制电源的零线（中性线）上，如图13-5所示。它适用于中性点接地的三相四线制供电系统。

（3）漏电保护装置。漏电保护器是一种防止漏电的保护装置，当设备因漏电外壳上出现对地电压或产生漏电流时，它能够自动切断电源。

保护接地和保护接零，一般可以有效地防止触电。但仍不可能保证绝对安全，最好采用漏电保护开关进行防范。国家规定，凡手持电动工具、移动电器者，均需配有漏电开关，以确保安全。

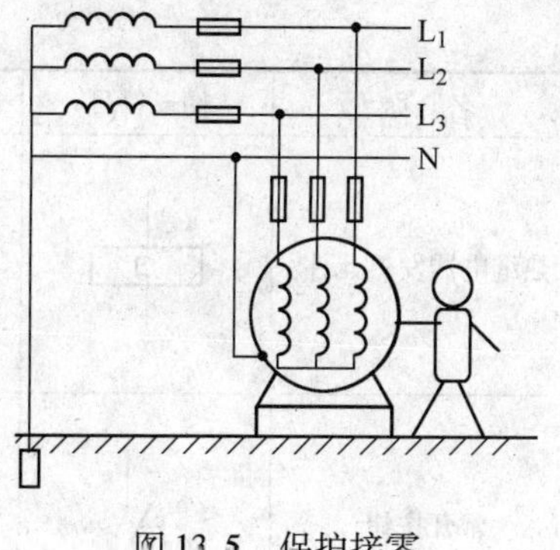

图13-5 保护接零

13.3 普通车床的电气控制

机床一般都是由电动机来拖动，而电动机是通过某种自动控制方式来进行控制。在普通车床中多数都是由继电接触器控制方式来实现其控制。

电气控制线路是由各种有触点的接触器、继电器、按钮、行程开关等组成的控制线路。其作用是实现对电力拖动系统的启动、换向、制动和调速等运行性能的控制；实现对拖动系统的保护；满足生产工艺要求实现生产加工自动化。由于加工对象和生产工艺要求不同，各种机床的电气控制线路也不同。本节主要介绍卧式车床的电气控制线路。

13.3.1 电气原理图的画法及阅读方法

电力拖动电气控制线路主要由各种电器元件（如接触器、继电器、电阻器、开关）和电动机等用电设备组成。为了设计、研究分析、安装维修时阅读方便，在绘制电气控制线路图时，必须使用国家统一规定的图形符号和文字符号，如表13-1所示。

表13-1 常用电器元件图形符号和文字符号（摘自GB/T 4728.2—1998）

名 称	图形符号	文字符号	名 称	图形符号	文字符号
交流电		AC	照明灯的一般符号		EL
不连接的跨越导线			互相连接的交叉导线		
热继电器		KH	接触器常开主触头		KM
接触器常开辅助触点		KM	接触器常闭辅助触点		KM

续表 13-1

名　称	图形符号	文字符号	名　称	图形符号	文字符号
热继电器发热元件		FR	热继电器常闭触点		FR
常开按钮		SB	常闭按钮		SB
单相变压器		TC	熔断器		FU
三相笼型异步电动机	M 3～	M	单级开关	或	SA
三级开关		QS	组合开关		QS
接触器		KM	接地		PE

电气设备图有三类，分述如下：

(1) 电气原理图。电气原理图表示电气控制线路的工作原理，各电器元件的作用和相互之间的关系，而不考虑各电器元件实际安装的位置和实际连线情况。掌握运用电气原理图的方法和技巧，对于分析电气线路，排除机床电路故障是十分有益的。电气原理图一般由主电路、控制电路、保护、配电电路等几部分组成。绘制电气原理图，一般遵循下面的规则：

1) 电气控制线路分主电路和控制电路。主电路用粗线绘出，而控制电路用细线画。一般主电路画在左侧，控制电路画在右侧。

2) 电气控制线路中，同一电器的各导电部件如线圈和触点常常不画在一起，而是用同一文字标明。如接触器的线圈和触点都用 C 表示。

3) 电气控制线路的全部触点都按“平常”状态绘出。“平常”状态对接触器、继电器等是指线圈未通电时的触点状态；对按钮、行程开关是指没有受到外力时的触点位置；

对主令控制器是指手柄置于“零位”时触点位置。图13-6是卧式车床C6140控制线路的工作原理图。

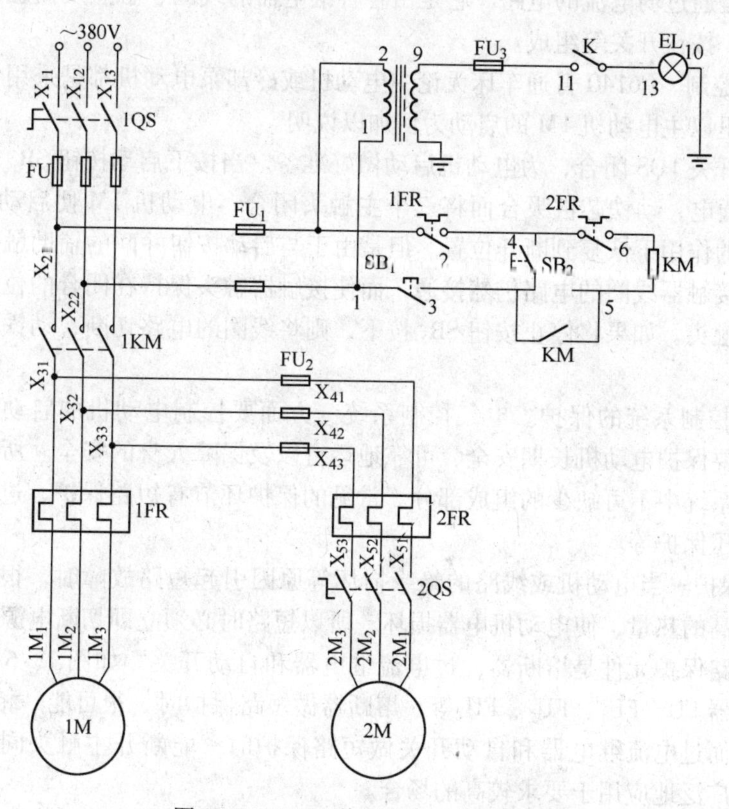

图13-6　C6140普通车床电气原理图

(2) 电气设备安装图。电气设备安装图表示各种电气设备在机床机械设备和电气控制柜的实际安装位置。各电气元件的安装位置是由机床的结构和工作要求决定，如电动机要和被拖动的机械部件在一起，行程开关应放在要取得信号的地方，操作元件放在操作方便的地方，一般电气元件应放在控制柜内。

(3) 电气设备接线图。接线图表示各电气设备之间的实际接线情况。绘制接线图时应把各电气元件的各个部分（如触点与线圈）画在一起；文字符号、元件联接顺序、线路号码编制都必须与电气原理图一致。电气设备安装图和接线图是用于安装接线、检查维修和施工的。

13.3.2　C6140普通车床的电气控制

13.3.2.1　主电路

主电路是通过强电流的电路。强电流经过电源开关、熔断器、接触器主触头、热继电器的热元件流入电动机。该机床有两台电动机：1M为主电动机，2M为冷却泵电动机。三相交流电源通过组合开关1QS将电源引入，FU和1FR分别为主电动机的短路保护和过载保护。1KM为1M和2M电动机的启动、停止用接触器。2QS为2M电动机的接通和断开用组合开关。FU_2和2FR为2M电动机的短路和过载保护。

13.3.2.2 控制和照明电路

控制电路是通过弱电流的电路。它是由各种继电器的线圈、触点及接触器线圈、接触器的辅助触点、按钮开关等组成。

（1）启动控制。C6140 普通车床无论主电动机或冷却泵电动机都是采用了直接启动的控制线路。这里以主电动机 1M 的启动为例加以说明。

先将组合开关 1QS 闭合，为电动机启动做好准备。当按下启动按钮 SB_1 时，交流接触器 KM 的线圈通电，动铁芯被吸合而将三个主触头闭合，电动机 1M 便启动。当松开 SB_1 时，它在弹簧的作用下恢复到断开位置。但是由于与启动按钮并联的辅助触头和主触头同时闭合，因此接触器线圈的电路仍然接通，而使接触器触头保持在闭合的位置。这个辅助触头也叫自锁触头。如果将停止按钮 SB_2 按下，则将线圈的电路切断，动铁芯和触头恢复到断开的位置。

（2）电气控制系统的保护。电气控制系统一方面要控制电动机的启动、运行、制动等，另一方面要保护电动机长期安全，可靠地运行以及保障人身的安全。所以保护环节是任何自动控制系统中不可缺少的组成部分。常见的保护环节有短路保护、过电流保护、过载保护、零电压保护等。

1）短路保护。当电动机或线路的绝缘损坏等原因引起短路故障时，很大的短路电流将导致产生过高的热量，使电动机电器损坏，所以短路时必须立即切断电源。

常用的短路保护元件是熔断器，过电流继电器和自动开关。如图 13-6 所示，起短路保护的是熔断器 FU、FU_1、FU_2、FU_3等。熔断器做短路保护时，很可能一相熔丝熔断，造成单相运行；而过电流继电器和自动开关做短路保护时，能断开主触头同时切断三相电源。所以后者广泛地应用于要求较高的场合。

2）过载保护。负载的突然增大，三相电动机单相运行或欠电压运行都会造成电动机的过载。电动机长期超载运行，电动机绕组温升将超过允许值，其绝缘材料就要变脆，寿命降低，严重时将损坏电动机。如图 13-6 所示，起过载保护的是热继电器 1FR 和 2FR。过载保护一般采用热继电器和自动开关。

3）过电流保护。不正确的启动和过大的负载，都会引起电流的产生，过电流一般比短路电流小，但发生的可能性比短路故障更大，尤其是在频繁正反转启动的重复短时工作制电动机中更是如此。过电流保护一般采用高电流继电器或自动开关，高电流继电器串接在主电路中。

过电流保护广泛应用于直流电动机或绕线转子异步电动机。因笼型异步电动机的短时过电流不会造成严重后果，所以一般不采用过电流保护，而采用短路保护和过载保护。

必须强调指出，短路保护、过电流保护和过载保护虽然都是电流保护，但由于故障电流、动作值以及保护特性、保护要求以及使用的元件不同，他们之间是不能相互替代的。

4）零电压保护。若运行中的电动机因电源电压突然断电而停转，那么在电源电压恢复时，电动机如果自行启动，就可能造成设备损坏和人身事故；而且多台电动机及其他用电设备同时自行启动，也会引起巨大的过电流，瞬间会导致电压下降。为了防止电网失电后恢复供电时电动机自行启动的保护叫做零电压保护。

在许多机床控制线路中，一般都采用按钮发号施令，而不是用控制器操作，利用按钮的自动恢复作用和接触器的自锁作用，电路本身已兼备了零电压保护，所以不必加零电压保护。

（3）照明电路。车床的照明电路由照明变压器 TC、熔断器 FU_3、钮子开关 K 及 36V 照明灯 EL 组成。TC 是将交流 380V 转换为 36V 的降压变压器，熔断器 FU_3为短路保护，合上开关 K，照明灯 EL 亮。照明电路必须接地，以确保人身安全。

13.3.3 普通机床电气控制系统常用电器元件

（1）按钮。按钮通常用来接通或断开控制电路（其中电流很小），从而控制电动机或其他电气设备的运行。

图 13-7 所示的是按钮的外形图和结构与原理示意图。按钮由按钮帽、复位弹簧、桥式动触点、静触点和外壳等组成。其触点允许通过的电流很小，一般不超过 5A。

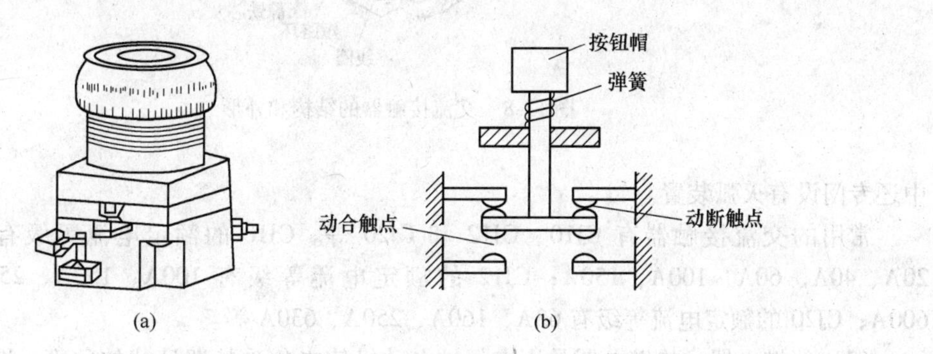

图 13-7 按钮剖面图

（a）外形图；（b）结构与原理示意图

根据使用要求、安装形式、操作方式的不同，按钮的种类很多。根据触点结构不同，按钮可以分为停止按钮（动断按钮）、启动按钮（动合按钮）及复合按钮（动断、动合组合为一体的按钮）。复合按钮在按下按钮帽时，首先断开动断触点，再通过一段时间后接通动合触点，松开按钮帽时，复位弹簧先使动合触点断开，通过一段时间后动开触点才闭合。

（2）交流接触器。交流接触器是用来接通或断开电动机或其他设备主电路的一种控制元件，每小时可开闭数百次。图 13-8 所示为交流接触器的结构和外形。交流接触器主要由电磁机构、触点系统和灭弧系统三部分组成。电磁机构一般为交流电磁机构，也可采用直流电磁机构。吸引线圈为电压线圈，使用时并接在电压相应的控制电源上。交流接触器是利用电磁铁的吸引力而动作的。当吸引线圈通电后，吸引山字形动铁芯，而使常开触头闭合。

根据用途不同，接触器的触头分主触头和辅助触头两种。辅助触头通过电流较小，常接在电动机的控制电路中；主触头可通过较大电流，接在电动机的主电路中。如 CJ10-20 型交流接触器有 3 个常开主触头、4 个辅助触头（2 个常开，2 个常闭）。

当主触头断开时，其间产生电弧，会烧坏触头，并使断开时间延长。因此，必须采取灭弧措施。通常交流接触器的触头都做成桥式，它有两个断点，以降低当触头断开时加在断点上的电压，使电弧容易熄灭；并且相间有绝缘隔板，以免短路。在电流较大的接触器

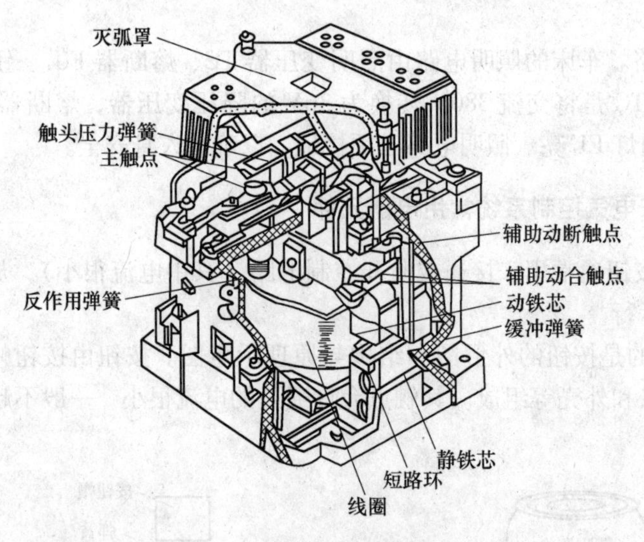

图 13-8 交流接触器的结构和外形

中还专门设有灭弧装置。

常用的交流接触器有 CJ10、CJ12 和 CJ20 等。CJ10 的额定电流等级有 5A、10A、20A、40A、60A、100A、150A；CJ12 的额定电流等级有 100A、150A、250A、400A、600A；CJ20 的额定电流等级有 63A、160A、250A、630A 等。

（3）热继电器。热继电器是用来保护电动机使之免受长期过载的危害，图 13-9 所示为热继电器的结构原理和外形图。它是利用电流的热效应而动作的。图中热元件是一段电阻不大的电阻丝，接在电动机的主电路中。双金属片是由两种具有不同线膨胀系数的金属辗压而成。下层金属的膨胀系数大，而上层的小。当主电路中电流超过容许值而使双金属片受热时，它便向上弯曲，因而脱扣，扣板在弹簧的拉力下将动断触点断开。触点是接在电动机的控制电路中的。控制线路断开而使接触器的线圈断电，从而断开电动机的主电路。

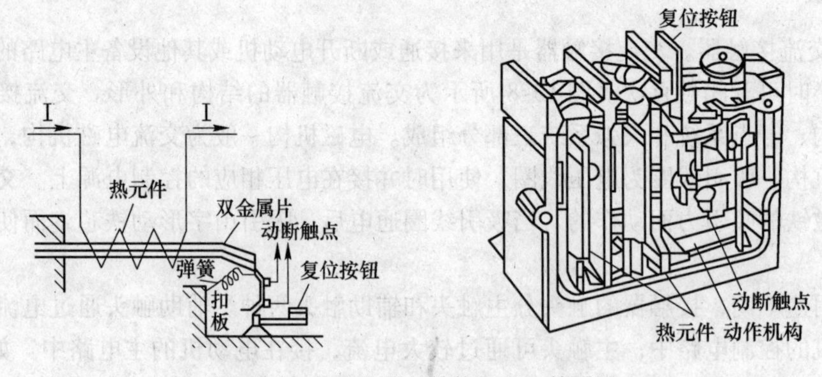

图 13-9 热继电器的结构原理和外形图

由于热惯性，热继电器不能作短路保护。因为发生短路事故时，要求电路立即断开，而热继电器是不能立即动作的。但是这个热惯性也是合乎要求的，在电动机启动或短路过载时，热继电器不会动作，这可避免电动机不必要的停车。如果要热继电器复位，则按下复位按钮即可。

通常用的热继电器有 JR0 及 JR10 等系列。热继电器的主要技术数据是整定电流，所谓整定电流，就是热元件中通过的电流超过此值的 20% 时，热继电器应当在 20min 内动作，如 JR10-10 型的整定电流从 0.25A 到 10A，热元件分 17 个编号。根据整定电流选用热继电器，整定电流与电动机的额定电流一致。

（4）熔断器。熔断器是借助于熔体在电流超出限定值而熔化、分断电流的一种用于过载和短路保护的电器。其最大的特点是结构简单，体积小，重量轻，使用、维护方便，价格低廉，具有很好的经济意义，又由于它的可靠性高，故无论在强电系统或弱电系统中都得到了广泛应用。

熔断器主要由熔断体、触头插座和绝缘底板组成。熔断器接入电路时，熔体串联在电路中，负载电流流过熔体，由于电流热效应而使温度上升。当电路发生过载或短路时，电流大于熔体允许的正常发热电流，使熔体温度急剧上升，超过其熔点而熔断，即断开电路，从而保护了电路和设备。

熔断器按结构分类有半开启式、封闭式。封闭式熔断器又可分为有填料式、无填料式及有填料螺旋式等。常用的熔断器有 RC1 系列插入式熔断器和 RL1 系列螺旋式熔断器两种。

13.3.4 C6140 普通车床电气控制系统的联接

电器安装图和接线图是用于安装接线、检查维修和施工的。图 13-10 和图 13-11 分别是 C6140 普通车床的电器安装图和接线图，与电器原理图相比，阅读或绘制电器安装图和接线图时应注意：（1）各个电气元件的组成部分（如触点与线圈）应画在一起；（2）文字符号、元件联接顺序，线路号码编制必须与电气原理图一致。

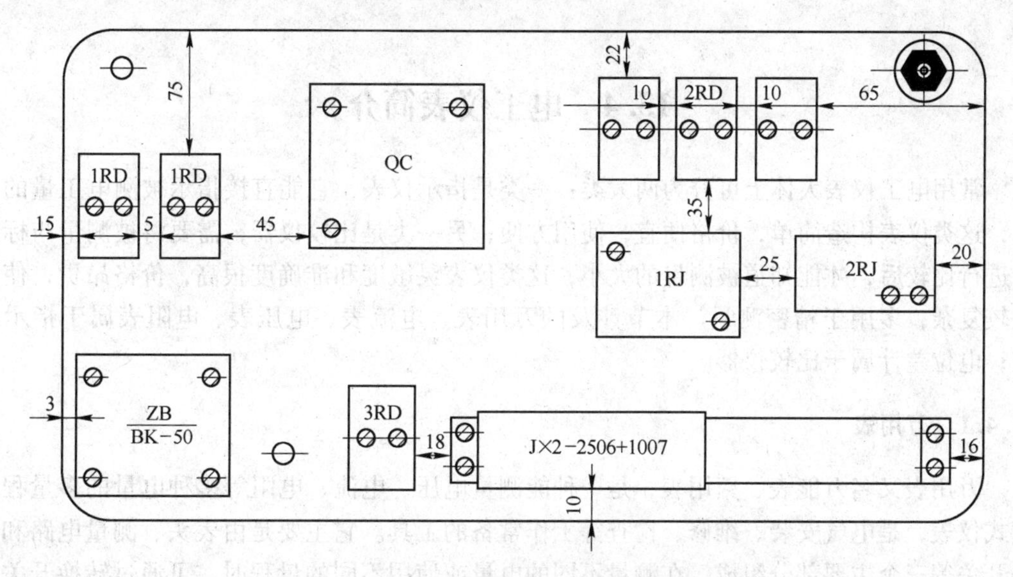

图 13-10 C6140 普通车床配电板上电器装配图

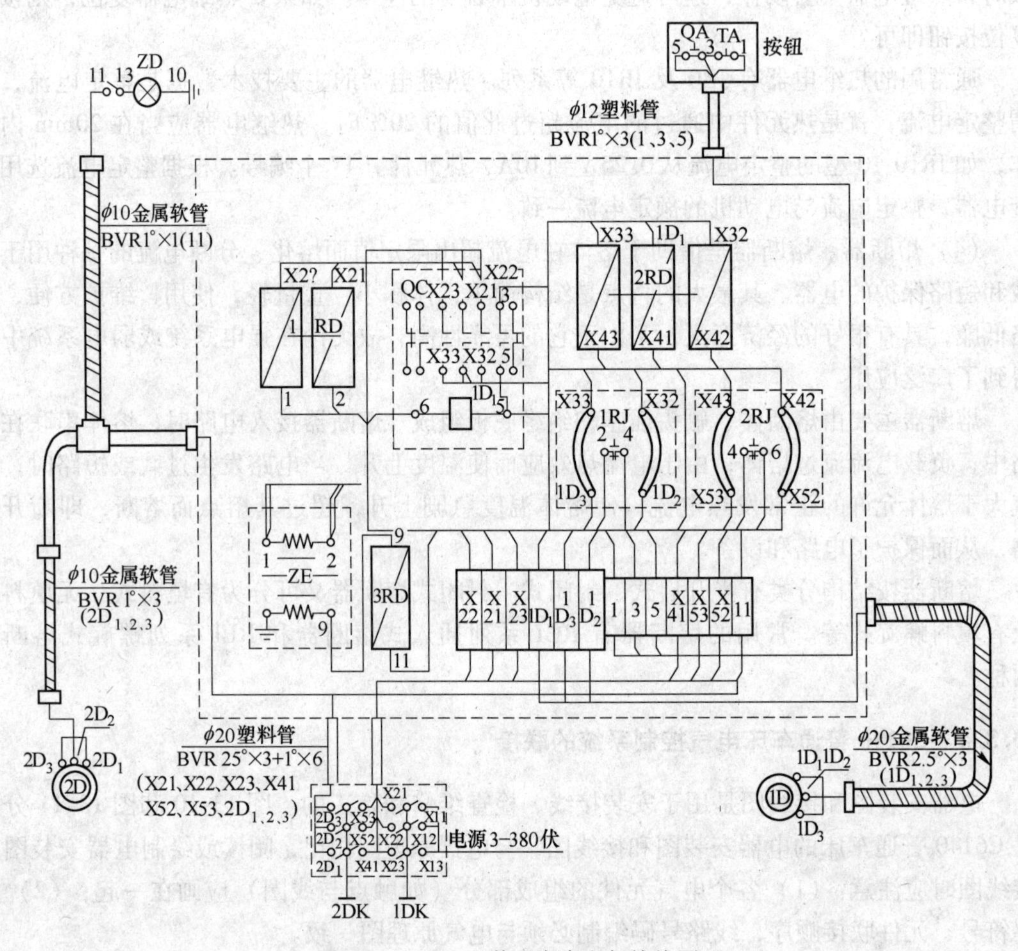

图 13-11 C6140 普通车床电气接线图

13.4 电工仪表简介

常用电工仪表大体上可分为两大类：一类是指示仪表，它能直接指示被测电工量的大小，这类仪表构造简单，价格便宜，使用方便；另一类是比较仪器，需要将被测量与标准量进行比较后，才能知道被测量的大小，这类仪表灵敏度和准确度很高，价格昂贵，使用比较复杂，多用于精密测量。本节涉及的万用表、电流表、电压表、电阻表属于指示仪表；电位差计属于比较仪器。

13.4.1 万用表

万用表又名万能表、繁用表，是一种能测量电压、电流、电阻等多种电量的多量程便携式仪表，是电气安装、维修、检查等工作常备的工具。它主要是由表头、测量电路和转换开关等三个主要部分组成。在测量不同的电量或使用不同的量程时，可通过转换开关进行切换。

13.4.1.1 万用表的使用

万用表的型号很多，但测量原理基本相同，使用方法相近。下面以电工测量中常见的500-B型万用表为例（见图13-12），说明其使用方法。

图13-12 500-B型万用表外形

(1) 使用前的准备。万用表使用前先要调整机械零点，把万用表水平放置好，看表针是否指在电压刻度零点，如不指零，则应旋动机械调零螺丝，使表针准确指在零点上。

万用表有红色和黑色两只表笔（测试棒），使用时应插在表的下方标有“+”和“-”的两个插孔内，红表笔插入“+”插孔，黑表笔插入“-”插孔。

万用表的刻度盘上有许多标度尺，分别对应不同被测量和不同量程，测量时应在与被测电量及其量程相对应的刻度线上读数。

(2) 电流的测量。测量直流电流时，将左边转化开关旋到直流挡“A̲”的位置上，再用右边转换开关选择适当的电流量程，将万用表串联到被测电路中进行测量。测量时注意正负极性必须正确，应按电流从正到负的方向，即由红表笔流入，黑表笔流出。测量大于500mA的电流时，应将红表笔插到“5A”插孔内进行测量。

测量交流电流时，将左右两边转换开关都旋转到交流电流挡“A̰”的位置上，此时量程为5A，应将红表笔插到“5A”插孔内进行测量。

(3) 电压的测量。将右边转换开关转到电压挡“V̰̲”的位置上，再用左边转换开关选择适当的电压量程，将万用表并联在被测电路上进行测量。测量直流电压时，正负极性必须正确，红表笔应接被测电路的高电位端，黑表笔接低电位端。测量大于500V的电压时，应使用高压测试棒，插在“-”和“2500V”插孔内，并应注意安全。

(4) 电阻的测量。将左边转换开关旋到欧姆挡“Ω”的位置上，再用右边转换开关选择适当的电阻倍率。测量前应先调整欧姆零点，将两表笔短接，看表针是否指在欧姆零刻度上，若不指零，应转动欧姆调零旋钮，使表针指在零点。如调不到零，说明表内的电池不足，需更换电池。每次变换倍率挡后，应重新调零。

测量时用红、黑两表笔接在被测电阻两端进行测量，为提高测量的准确度，选择量程时应使表针指在欧姆刻度的中间位置附近为宜，测量值由表盘欧姆刻度线上读数。被测电阻值=表盘欧姆读数×挡位倍率。

测量接在电路中的电阻时，必须首先切断电源，确认该电阻无电流通过时，才能进行测量。测量电阻的欧姆挡是表内电池供电的，如果带电测量，就相当于接入一个外加电源，不但会使测量结果不准确，而且可能烧坏表头。

13.4.1.2 使用万用表时的注意事项

万用表的测量机构和线路都比较复杂，使用中经常变换量程，稍有疏忽就可能造成损坏。因此，测量时要注意下列问题：

(1) 在测量大电流或高电压时，禁止带电转换量程开关，以免损坏转换开关的触点。切忌用电流挡或电阻挡测量电压，否则会烧坏仪表内部电路和表头。

（2）测量直流电量时，正负极性应正确，接反会导致表针反向偏转，引起仪表损坏。在不能分清正负极时，可选用较大量程的挡试测一下，一旦发生指针反偏，应立即更正。

（3）读数时要注意认清所选量程对应的刻度线，尤其是测量交流电压和电流时，容易与直流的刻度线相混。

（4）使用万用表测量时，应注意人身和仪表的安全。测量时，试笔的拿法应像使用钢笔的拿法，注意手指不要触及表笔的金属部分，以保证安全及测量的精确。

（5）使用完毕后，应将旋钮放置在交流电压的最高挡（或空挡位置上），以免造成仪表损坏。存放时应放在干燥通风、无震动、无灰尘的地方或仪表箱内。

13.4.2　电压表和电流表

（1）电流表的使用。测量电路中的电流强度需使用电流表。根据仪表量程数值的大小，电流表可分为安培表、毫安表和微安表等。使用电流表，应根据被测量电流的大小，选择不同的电流表。

用电流表测量某一支路的电流，应把电流表串联在电路中，如图13-13所示。测量直流电流常选用IC_2-A型仪表，使用时应注意仪表的极性与电路的极性一致，即电流由“+”端流入，“-”端流出，否则指针会反转，严重时会打弯指针。测量交流电流则不必区分极性。常用的交流电表有1T、44L、59L、61L、62T、81T、85T等系列。

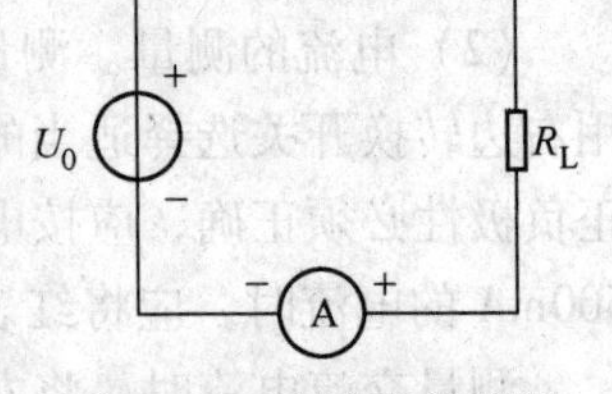

图13-13　电流表的接法

（2）电压表的使用。电压表用于测量电路两端的电压。根据仪表量程数值的大小，电压表可分为伏特表、毫伏表、微伏表和千伏表等。使用电压表应根据被测电压大小，选择不同的电压表。

用电压表测量负载两端的电压，应把电压表并联在负载的两端，如图13-14所示。测量直流电压常选择IC_2-V型仪表，使用时应注意仪表的极性与电路的极性一致，即电压表“+”端接在负载的高电位端，电压表的“-”端接在负载的低电位端。测量交流电压不必区分极性。测量交流电压常选用1T、44L、59L、61L、62L、81T、81L等系列。

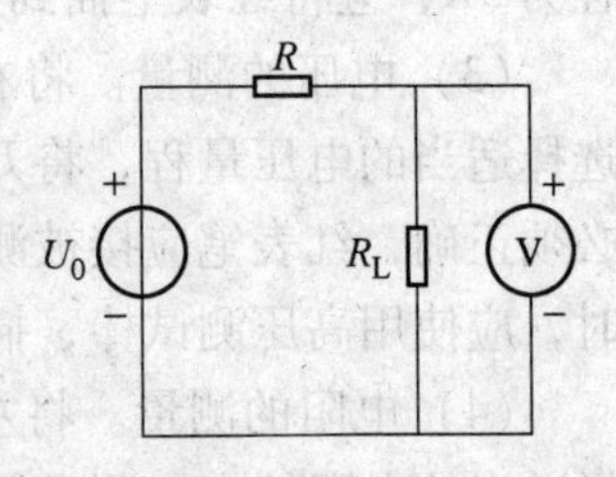

图13-14　电压表的接法

（3）使用电流表和电压表时的注意事项：

1）仪表在测量之前除了要认真检查接线无误外，还必须调整好仪表的机械零位，即在未通电时，用螺钉旋具轻轻旋转调零螺钉，使仪表的指针准确地指在零位刻度线上。

2）使用电流表和电压表进行测量时，必须防止仪表过载而损坏仪表。在被测电流或电压值域未知的情况下，应选择较大量程的仪表进行测量，若测出被测值较小，再换用较小量程的仪表。

3）电流表测量电流时要串联在被测电路中。电压表测量电压时要并联在被测电路两端。如误把电流表并联于被测电路中，将造成被测电路短路，不仅会烧毁电流表，还可能造成更大的事故。若错把电压表串联于被测电路中，将使电路接近于开路，使电路无法工作。

13.4.3　电阻表

电阻表是一种简便、常用的测量高电阻的仪表，主要用来检测供电线路、电动机绕组、电缆、电器设备等的绝缘电阻，以便检验其绝缘程度的好坏。

(1) 电阻表的使用：

1) 使用前的准备工作：

① 测量前须先校表，将电阻表平稳放置，先使 L、E 两端开路，摇动手柄使发动机达到额定转速，这时表头指针应指在“∞”刻度处。然后将 L、E 两端短路，缓慢摇动手柄，指针应指在“0”刻度上。若指针没有指在“0”刻度上，说明该电阻表不能使用，应进行检修。

② 用电阻表测量线路或设备的绝缘电阻，必须在不带电的情况下进行，决不允许带电测量。测量前应先断开被测线路或设备的电源，并对被测设备进行充分放电，清除残存静电荷，以免危及人身安全或损坏仪表。

2) 使用方法。电阻表有三个接线柱，分别标有：L（线路）、E（接地）和 G（屏蔽），测量时将被测绝缘电阻接在 L、E 两个接线柱之间。测量电力线路的绝缘电阻时，将 E 接线柱接地，L 接被测线路；测量电动机、电气设备的绝缘电阻时，将 E 接线柱接设备外壳，L 接电动机绕组或设备内部电路；测量电缆芯线与外壳间的绝缘电阻时，将 E 接线柱接电缆外壳，L 接被测芯线，G 接电缆壳与芯之间的绝缘层上。

接好线后，按顺时针方向摇动手柄，速度由慢到快，并稳定在 120r/min，约 1min 后从表盘读取数值。

(2) 使用电阻表时的注意事项：

1) 电阻表测量用的接线要选用绝缘良好的单股导线，测量时两条线不能绞在一起，以免导线间的绝缘电阻影响测量结果。

2) 测量完毕后，在电阻表没有停止转动或被测设备没有放电之前，不可用手触及被测部位，也不可去拆除连接导线，以免引起触电。

3) 电阻表应定期校验，其方法是直接测量有确定值的标准电阻，检查其测量误差是否在允许范围之内。

13.4.4　直流电位差计

直流电位差计是用比较法测量电压的比较仪器，它的测量准确度高（可达 0.005 级，如 UJ31 型），测量时不由被测电路中取用电流，对被测电路不会有影响，相当于一个内阻为无穷大的电压表，而且量程较小，一般不超过 2V。适于测量微伏级到几百毫伏的直流电压。

(1) 直流电位差计的使用方法。

以 UJ31 型箱式电位差计为例，如图 13-15 所示。它是一种测量低电动势的电位

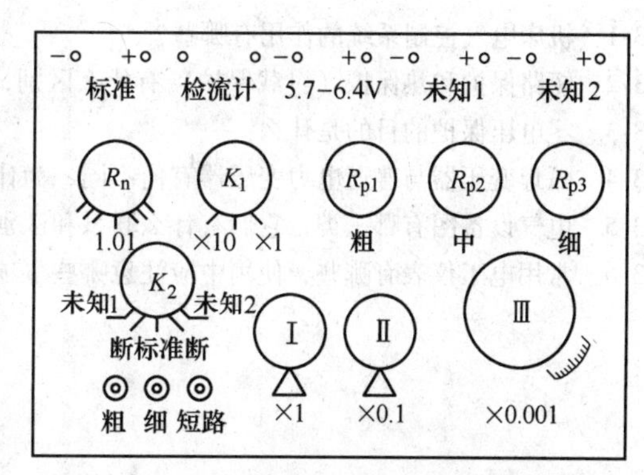

图 13-15　UJ31 型电位差计面板

差计，其测量范围为1μV～17.1mV（K_1 置×1挡）或10μV～171mV（K_1 置×10挡）。

UJ31型电位差计的使用方法：

1）将 K_2 置到“断”，K_1 置于“×1”挡或“×10”挡（视被测量值而定），分别接上标准电池、灵敏电流计、工作电源。被测电动势（或电压）接于“未知1”（或“未知2”）。

2）根据温度修正公式计算标准电池的电动势 $E_n(t)$ 的值，调节 R_n 的示值与其相等。将 K_2 置“标准”挡，按下“粗”按钮，调节 R_{p1}、R_{p2} 和 R_{p3}，使灵敏电流计指针指零，再按下“细”按钮，用 R_{p2} 和 R_{p3} 精确调节至灵敏电流计指针指零。此操作过程称为“校准”。

3）将 K_2 置“未知1”（或“未知2”）位置，按下“粗”按钮，调节读数转盘Ⅰ、Ⅱ使灵敏电流计指零，再按下“细”按钮，精确调节读数转盘Ⅲ使灵敏电流计指零。读数转盘Ⅰ、Ⅱ和Ⅲ的示值乘以相应的倍率后相加，再乘以 K_1 所用的倍率，即为被测电动势（或电压）E_x。此操作过程称作“测量”。

（2）使用直流电位差计时的注意事项：

1）实验前熟悉UJ31型直流电位差计各旋钮、开关和接线端钮的作用。接线路时注意各电源及未知电压的极性。

2）检查并调整电表和电流计的零点，开始时电流计应置于其灵敏度最低挡（×0.01挡），以后逐步提高灵敏度档次。

3）为防止工作电流的波动，每次测电压前都应校准，并且测量时，必须保持标准的工作电流不变，即当 K_2 置“未知1”或“未知2”测量待测电压时，不能调节 R_P 的“粗”、“中”、“细”三个旋钮。

4）测量前，必须预先估算被测电压值，并将测量盘Ⅰ、Ⅱ、Ⅲ调到估算值。

5）使用UJ31型电位差计，调节微调刻度盘Ⅲ时，其刻度线缺口内不属于读数范围，进入这一范围时测量电路已经断开，此时检流计虽回到中间平衡位置亦不是电路达到平衡状态的指示。

复习思考题

13-1 机床电气控制系统的作用有哪些？

13-2 短路保护和热保护（过载保护）有什么区别，各需用何种电器元件？

13-3 零电压保护的目的是什么？

13-4 弧焊变压器与普通电力变压器有何不同，为什么有这些不同之处？

13-5 电气设备图有哪三类，它们有什么联系和区别？

13-6 常用电工仪表有哪些，使用中应注意哪些事项？

参考文献

[1] 王明川，刘晓微，张艳蕊．工程训练［M］．北京：科学出版社，2016.
[2] 王健民．金属工艺学［M］．北京：中国电力出版社，2009.
[3] 张力真，等．金属工艺学实习教材［M］．3 版．北京：高等教育出版社，2001.
[4] 张发廷，李戬．工程训练［M］．北京：国防工业出版社，2014.
[5] 中国机械工程学会焊接学会．焊接手册［M］．北京：机械工业出版社，2015.
[6] 潘丽萍．电工电子工程训练［M］．杭州：浙江大学出版社，2010.
[7] 郑志军，胡青春．机械制造工程训练［M］．广州：华南理工大学出版社，2015.
[8] 崔明铎．工程训练［M］．北京：机械工业出版社，2011.
[9] 周殿明．简明钳工实用手册［M］．北京：机械工业出版社，2014.
[10] 丁德全．金属工艺学［M］．北京：机械工业出版社，2011.
[11] 王英杰．金属工艺学［M］．北京：机械工业出版社，2015.
[12] 陆怡，田磊，等译．铸造实用手册（中文版）［M］．北京：冶金工业出版社，2014.
[13] 杨钢，罗天洪．工程训练与创新［M］．北京：科学出版社，2016.
[14] 孙永吉．机械制造工程训练全程指导［M］．北京：电子工业出版社，2015.
[15] 刘庆胜，陈金水．工程训练［M］．北京：高等教育出版社，2005.
[16] 赵越超，马壮．机械制造实习教程［M］．沈阳：东北大学出版社，2000.
[17] 徐萃萍，赵树国．工程材料与成型工艺［M］．北京：冶金工业出版社，2010.
[18] 清华大学金属工艺学教研组．金属工艺学实习教材［M］．3 版．北京：高等教育出版社，2003.
[19] 刘雄伟．数控机床操作与编程培训教材［M］．北京：机械工业出版社，2003.
[20] 黄明宇，徐钟林．金工实习［M］．北京：机械工业出版社，2004.
[21] 冯俊，周郴知．工程训练基础教程［M］．北京：北京理工大学出版社，2005.
[22] 梁延德．工程训练教程［M］．大连：大连理工大学出版社，2005.
[23] 邵念勤．机械制造基础［M］．西安：西安地图出版社，2007.
[24] 宋昭祥．现代制造工程技术实践［M］．北京：机械工业出版社，2008.
[25] 曾珊琪．模具制造技术［M］．北京：化工工业出版社，2008.

冶金工业出版社部分图书推荐

书 名	作 者	定价(元)
中国冶金百科全书·金属塑性加工	本书编委会	248.00
加热炉（第4版）（本科教材）	王 华	45.00
机械基础实验综合教程（本科教材）	常秀辉	32.00
金属学与热处理（本科教材）	陈惠芬	39.00
铝合金无缝管生产原理与工艺	邓小民	60.00
中型H型钢生产工艺与电气控制	郭新文	55.00
材料成形计算机辅助工程（本科教材）	洪慧平	28.00
机械设计基础（本科教材）	侯长来	42.00
型钢孔型设计（本科教材）	胡 彬	45.00
楔横轧零件成形技术与模拟仿真	胡正寰	48.00
环保机械设备设计（本科教材）	江 晶	45.00
轧制工程学（第2版）（本科教材）	康永林	46.00
金属压力加工概论（第3版）（本科教材）	李生智	32.00
金属压力加工工艺学（本科教材）	柳谋渊	46.00
炼钢机械（第2版）（本科教材）	罗振才	32.00
轧制测试技术（本科教材）	宋美娟	28.00
机械制造工艺及专用夹具设计指导（第2版）	孙丽媛	20.00
金属塑性成形力学（本科教材）	王 平	26.00
冶金设备及自动化（本科教材）	王立萍	29.00
机械制造设备设计（本科教材）	王启义	35.00
钢材的控制轧制与控制冷却（第2版）（本科教材）	王有铭	32.00
金属压力加工原理（本科教材）	魏立群	26.00
金属塑性成形原理（本科教材）	徐 春	28.00
炼铁机械（第2版）（本科教材）	严允进	38.00
轧钢厂设计原理（本科教材）	阳 辉	46.00
金属压力加工实习与实训教程（高等实验教材）	阳 辉	26.00
电液比例与伺服控制（本科教材）	杨征瑞 等	36.00
金属学原理（第2版）（本科教材）	余永宁	160.00
冷连轧带钢机组工艺设计	张向英	29.00
材料成型设备（本科教材）	周家林	46.00
冶金热工基础（本科教材）	朱光俊	30.00
液压传动与气压传动（本科教材）	朱新才	39.00
轧钢机械（第3版）（本科教材）	邹家祥	49.00